建筑CAD施工图系列丛书

# 别墅建筑CAD资料集

## 二层 / 三层 / 农村 / 其它

主　编：樊思亮 刘 嘉 杨佳力

中国林业出版社
China Forestry Publishing House

图书在版编目（C I P）数据

别墅建筑 / 樊思亮, 刘嘉, 林 园 主编. -- 北京 :中国林业出版社, 2015.5
（建筑CAD施工图系列）

ISBN 978-7-5038-7947-0

Ⅰ. ①别… Ⅱ. ①樊… ②刘… ③林… Ⅲ. ①别墅－建筑设计－计算机辅助设计－AutoCAD软件 Ⅳ. ①TU241.1-39

中国版本图书馆CIP数据核字(2015)第069508号

本书编委会

主　　编：樊思亮　刘　嘉　林　园

副 主 编：尹丽娟　孔　强　郭　超　杨仁钰

参与编写人员：

陈　婧　张文媛　陆　露　何海珍　刘　婕　夏　雪　王　娟　黄　丽　程艳平　高丽媚
汪三红　肖　聪　张雨来　陈书争　韩培培　付珊珊　高囡囡　杨微微　姚栋良　张　雷
傅春元　邹艳明　武　斌　陈　阳　张晓萌　魏明悦　佟　月　金　金　李琳琳　高寒丽
赵乃萍　裴明明　李　跃　金　楠　邵东梅　李　倩　左文超　李凤英　姜　凡　郝春辉
宋光耀　于晓娜　许长友　王　然　王竞超　吉广健　马宝东　于志刚　刘　敏　杨学然

中国林业出版社 · 建筑与家居出版分社

责任编辑：王　远　李　顺

出版咨询：（010）83143569



出 版：中国林业出版社（100009 北京西城区德内大街刘海胡同7号）
网 站：http://lycb.forestry.gov.cn/
印 刷：北京卡乐富印刷有限公司
发 行：中国林业出版社
电 话：（010）83143500
版 次：2016年7月第1版
印 次：2016年7月第1次
开 本：889mm×1194mm 1／8
印 张：32
字 数：200千字
定 价：128 .00元

# 前 言

自前几年组织相关单位编写CAD图集（内容涵盖建筑、规划、景观、室内等内容）以来，现CAD系列图书在市场也形成一定规模，从读者对整个系列图集反映来看，值得整个编写团队欣慰。

本系列丛书的出版初衷，是致力于服务广大设计同行。作为设计者，没有好的参考资料，仅以自身所学，很难快速有效提高。从这方面看，CAD系列的出版，正好能解决设计同行没有参考材料，没有工具书的困惑。

本套四册书从广场景观、住宅区景观、别墅建筑、教育建筑这几个现阶段受大家关注的专题入手，每分册收录项目案例近100项，基本能满足相关设计人员所需要材料的要求。

就整套图集的全面性和权威性而言，我们联合了近20所建筑计院所编写这套图集，严格按照建筑及施工设计标准制定规范，让设计师在设计和制作施工图时有据可依，有章可循，并且能依此类推，应用至其他施工图中。

另外，我们对这套书作了严格的版权保护，光盘进行了严格的加密，这也是对作品提供者的保护和认同，我们更希望读者们有版权保护的意识，为我国的版权事业贡献力量。

如一位策划编辑所言，最终检验我们付出劳动的验金石——市场，才会给我们最终的答案。但我们仍然信心百倍。

施工图是建筑设计中既基础而又非常重要的一部分，无论对于刚入行的制图员，还是设计大师，都是必不可少的一门技能。但这绝非一朝一夕能练就，就像一句古语："千里之行，始于足下"，希望广大的设计者能从这里得到些东西，抑或发现些东西，我们更希望大家提出意见，甚或是批评，指导我们做得更好！

编著者

2016年3月

# 目 录 Contents

## A 二层别墅 Two-story villa



## B 三层别墅 Three-villa

## C 农村别墅 Rural house

# 目录 Contents



## D 其它别墅
## Other types of villas

# 二层 / 三层 / 农村 / 其它

# >北京市北美风格别墅方案图

**设计说明**

建筑类型：独栋别墅　　设计风格：北美风格
高度类别：多层建筑　　图纸张数：6张
图纸深度：方案（初设图）　　建筑面积：344.75㎡
结构形式：钢筋混凝土结构　　地上层数：2层

**内容简介**

本套图纸包括：建筑设计说明，总图，各层平面图、立面图、剖面图，共6张图纸。
总开间x进深：14.8x12.6米　建筑面积：344.75平方米　占地面积：160.44平方米

北立面图

东立面图

南立面图

西立面图

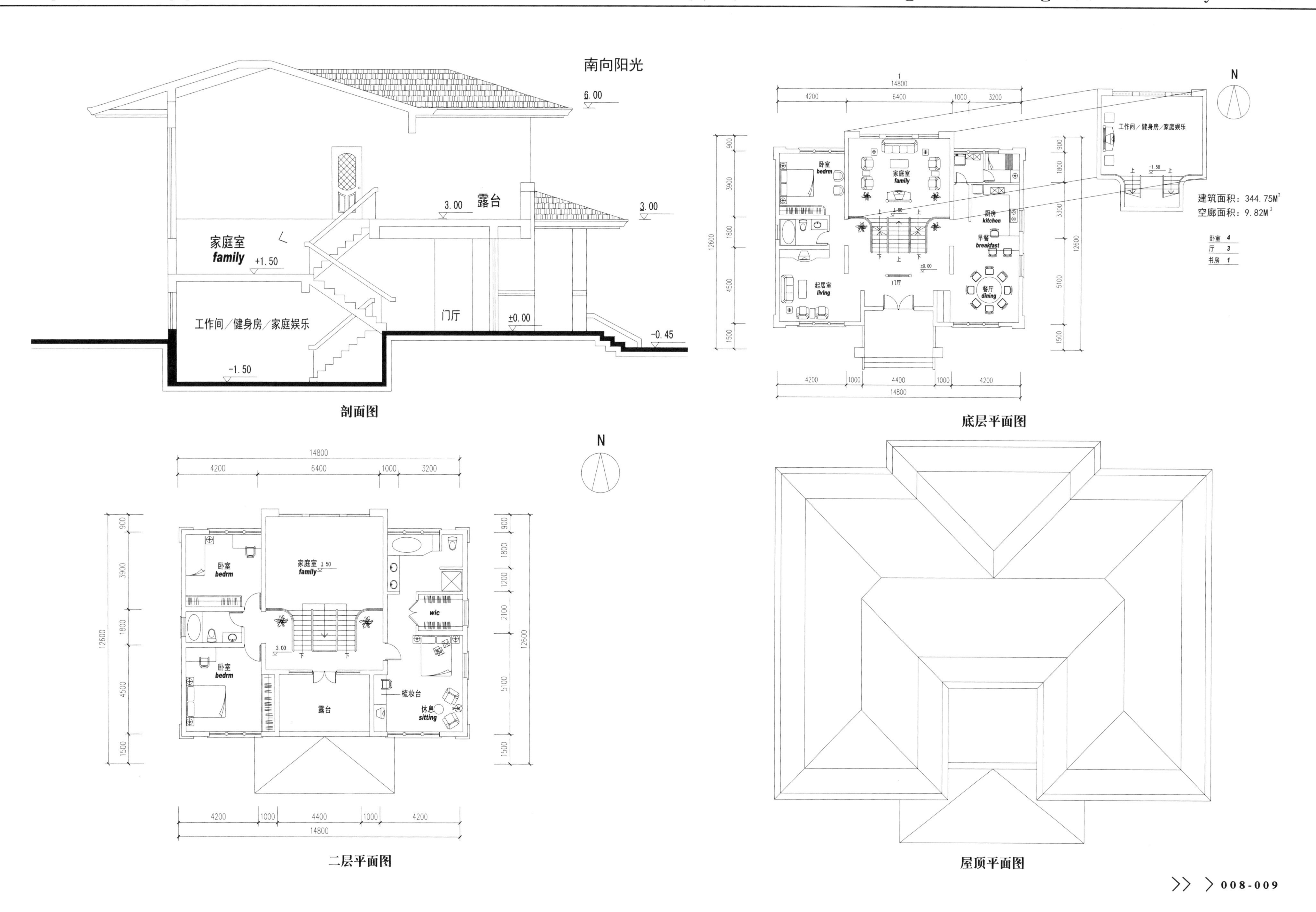
南向阳光
6.00
3.00
露台
3.00
家庭室
family
+1.50
工作间／健身房／家庭娱乐
门厅
±0.00
-0.45
-1.50
剖面图
卧室
bedrm
家庭室
family
厨房
kitchen
早餐
breakfast
起居室
living
门厅
餐厅
dining
工作间／健身房／家庭娱乐
建筑面积：344.75M²
空廊面积：9.82M²
卧室 4
厅 3
书房 1
底层平面图
wic
梳妆台
休息
sitting
露台
二层平面图
屋顶平面图

# >北京市欧式风格建筑设计扩初图

**设计说明**

建筑类型：独栋别墅
高度类别：多层建筑
图纸深度：扩初图
结构形式：钢筋混凝土结构

设计风格：欧陆风格
图纸张数：21张
建筑面积：706.24㎡㎡
地上层数：2层

**内容简介**

本套图纸包括：建筑设计说明，各层平面图、立面图、剖面图、卫生间详图、楼梯详图、墙身图，共21张图纸。
总开间x进深：14.8x18.4米　建筑面积：706.24㎡平方米　地上建筑面积：434.38平方米

立面图

立面图

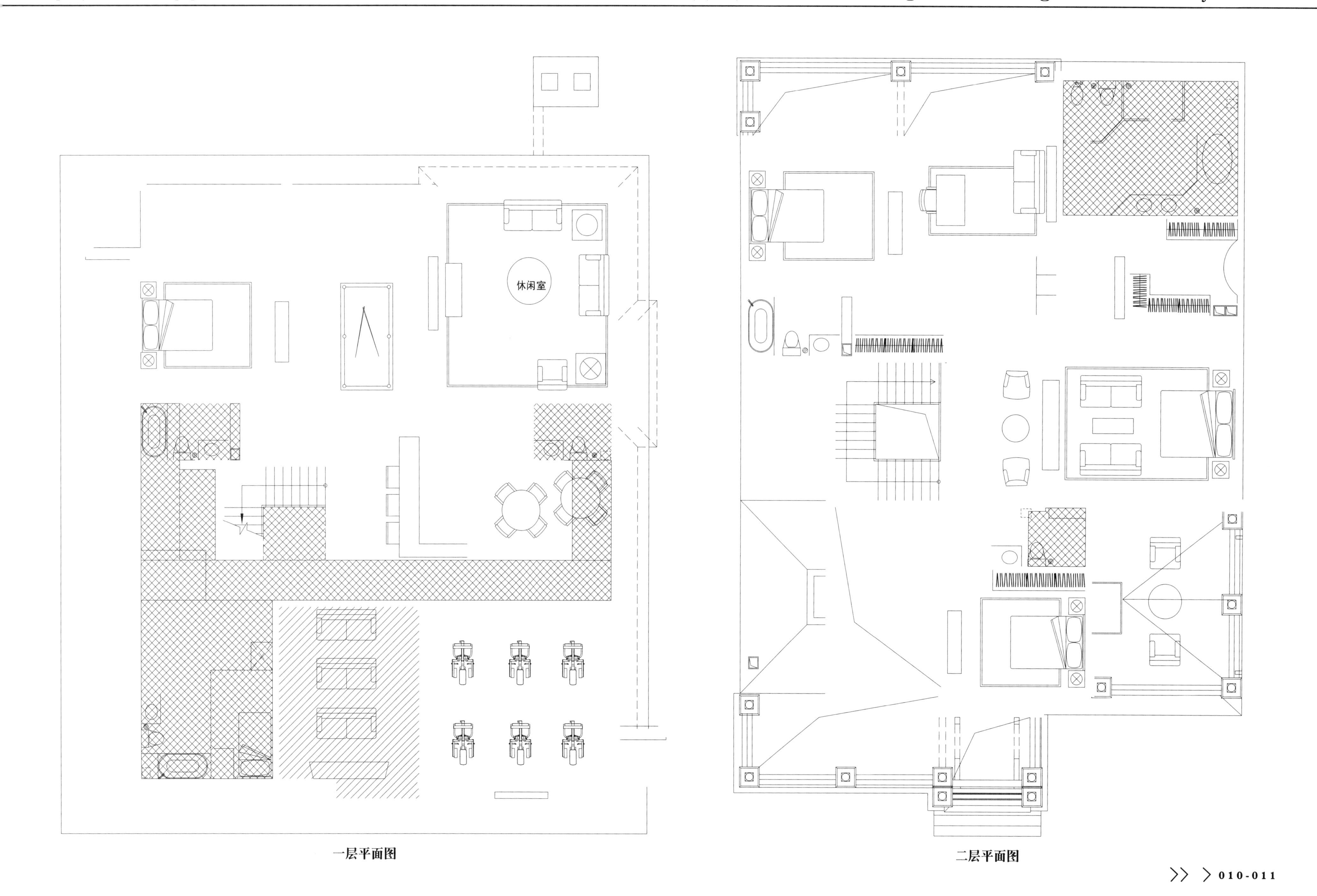


一层平面图

二层平面图

# >北京市中式别墅建筑扩初图

**设计说明**

建筑类型：独栋别墅　　设计风格：中式风格
高度类别：多层建筑　　图纸张数：7张
图纸深度：方案（初设图）　　建筑面积：216.08㎡
结构形式：钢筋混凝土结构　　地上层数：2层

**内容简介**

本套图纸包括：建筑设计说明，各层平面图、剖面图、节点详图，共7张图纸。
总开间x进深：13.8x18.3米　建筑面积：216.08平方米　　占地面积：252.54平方米

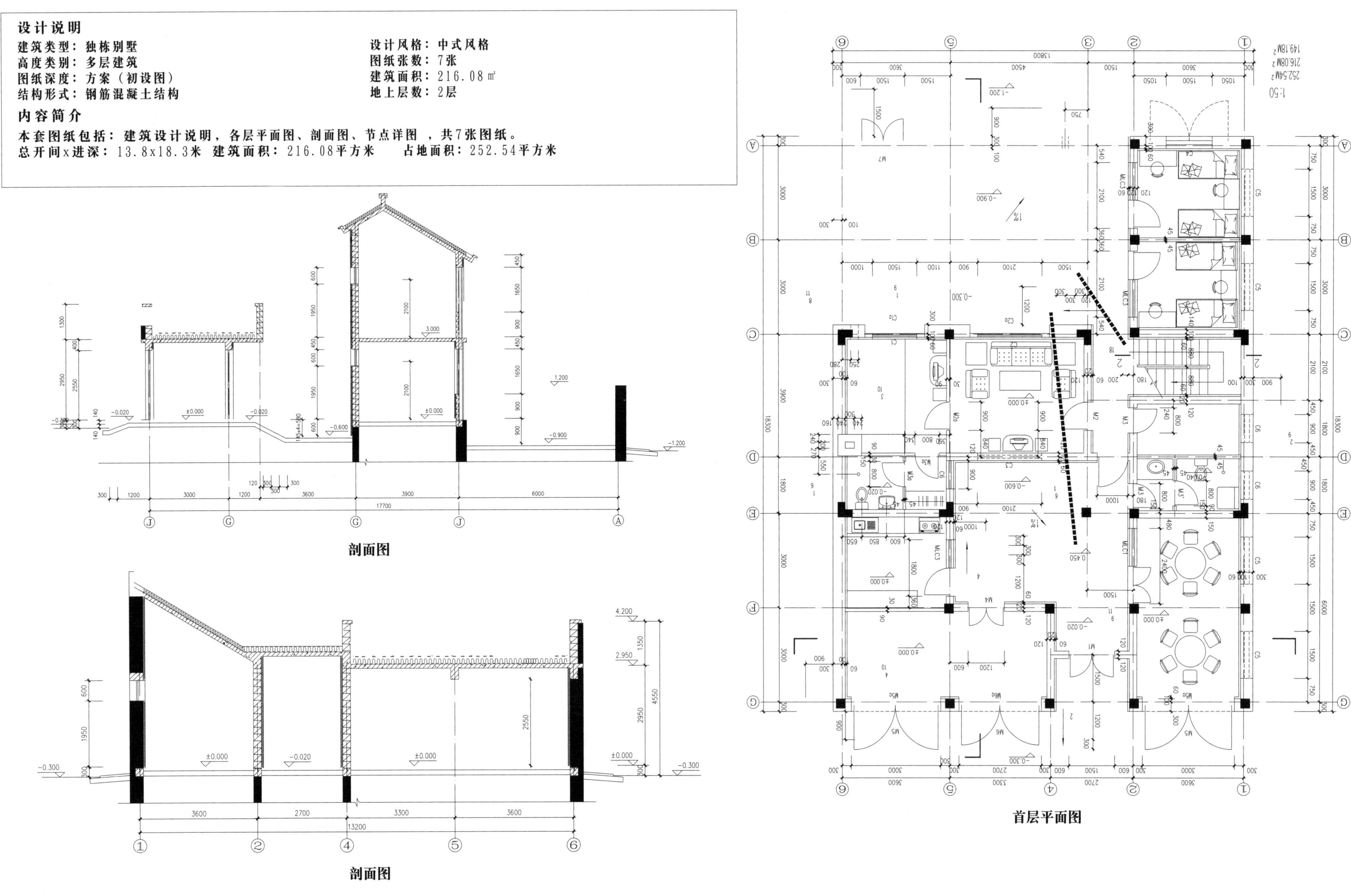

剖面图

剖面图

首层平面图

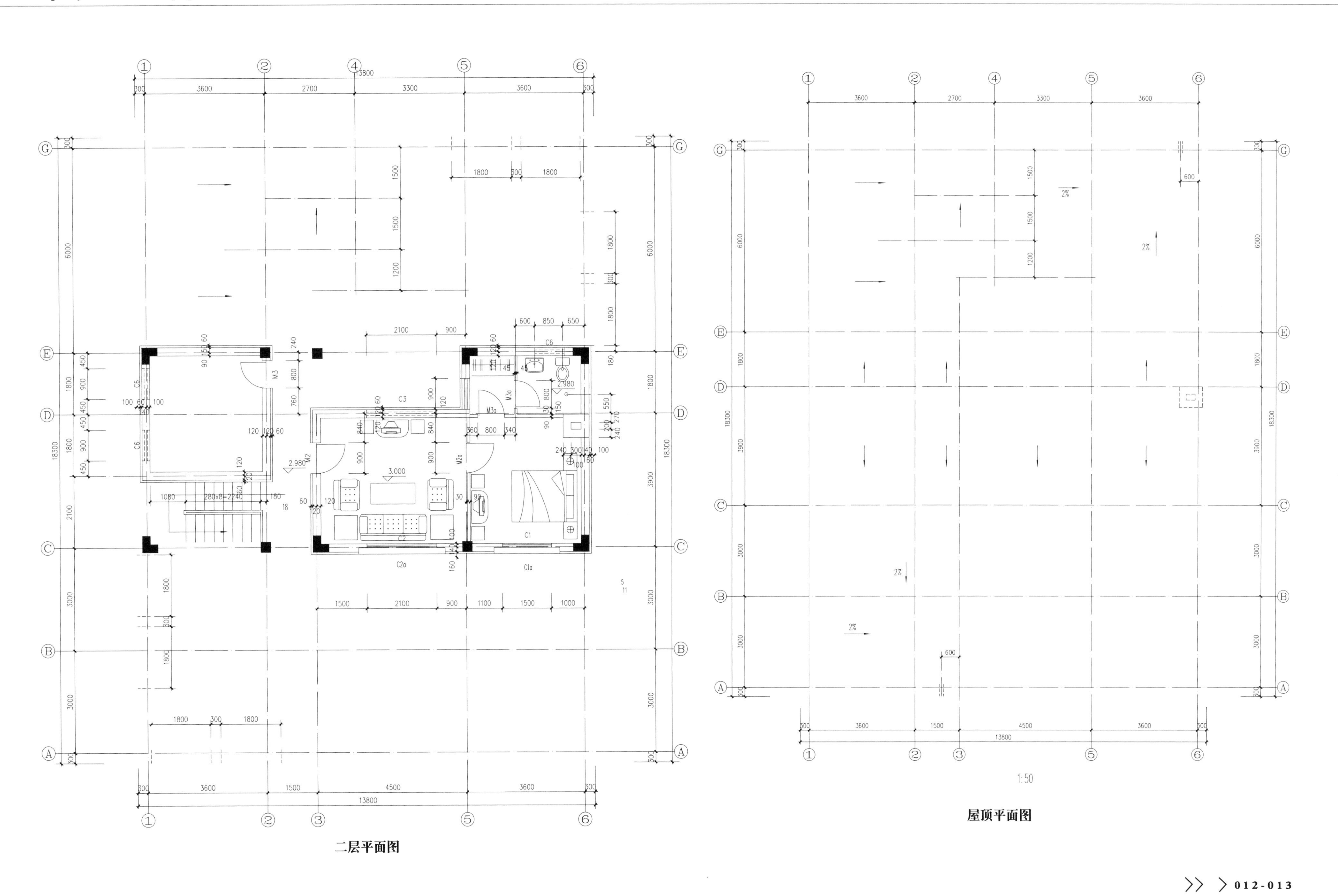

二层平面图

1:50

屋顶平面图

本项目解压密码：11594547

# >北京市中式别墅建筑扩初图（G2型）

**设计说明**

建筑类型：独栋别墅　　设计风格：中式风格
高度类别：多层建筑　　图纸张数：7张
图纸深度：方案（初设图）　　建筑面积：220.83㎡
结构形式：钢筋混凝土结构　　地上层数：2层

**内容简介**

本套图纸包括：各层平面图、剖面图、节点详图，共7张图纸。
总开间x进深：13.8x18.3米　建筑面积：220.83平方米　占地面积：260.23平方米

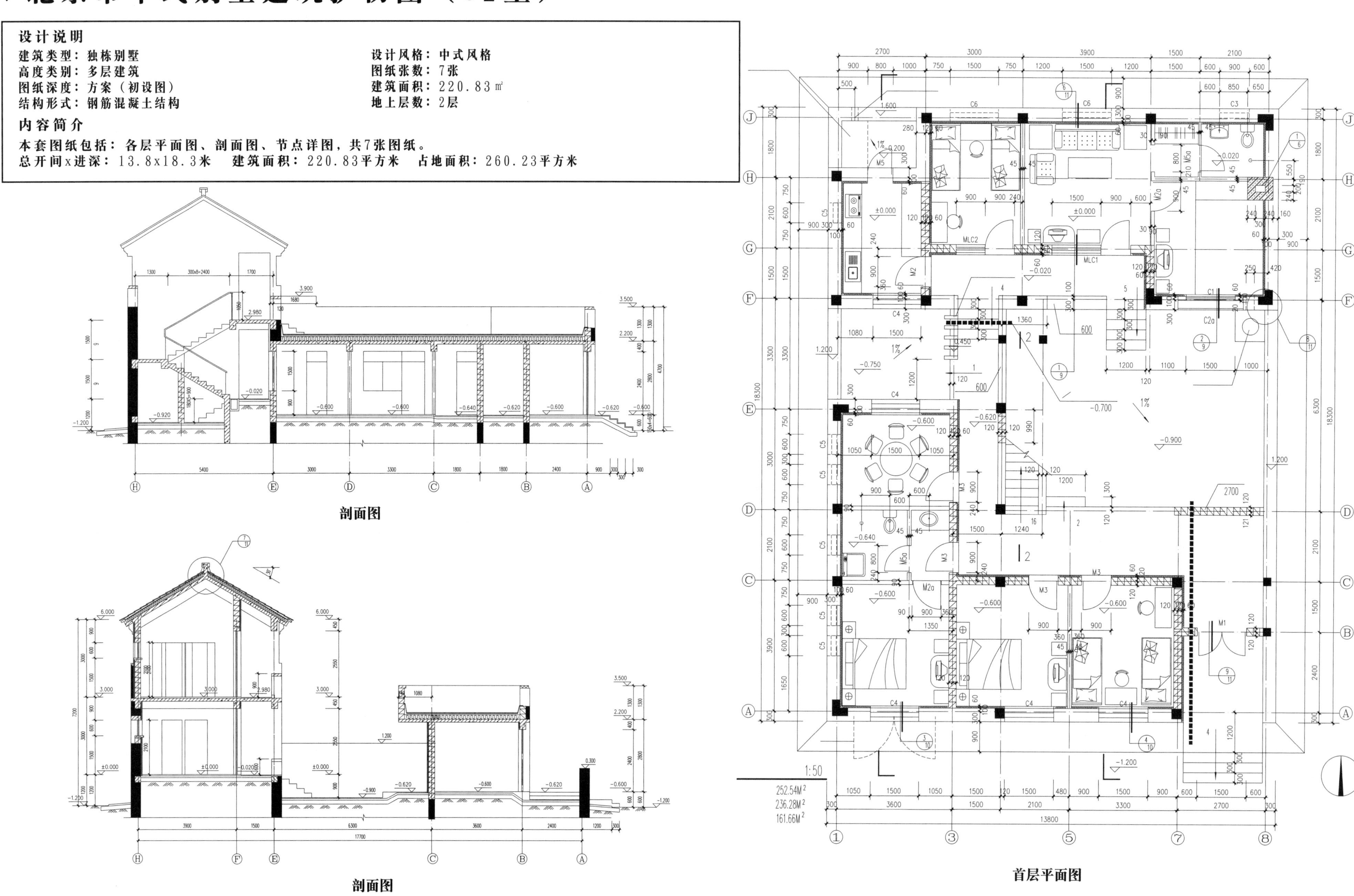

剖面图

剖面图

首层平面图

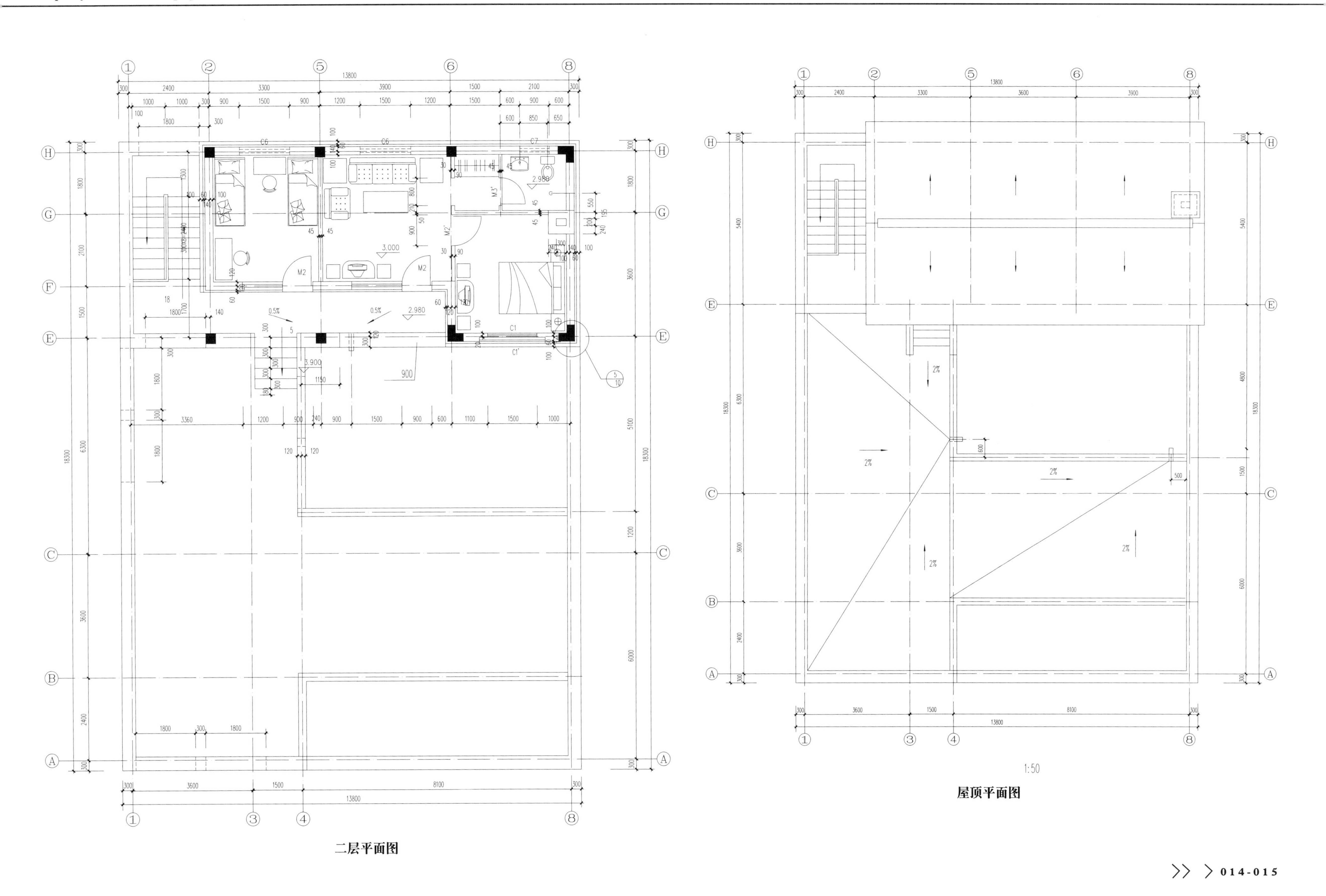

二层平面图

1:50

屋顶平面图

# >北京市中式别墅建筑扩初图（C型）

**设计说明**

建筑类型：独栋别墅　　设计风格：中式风格
高度类别：多层建筑　　图纸张数：7张
图纸深度：方案（初设图）　　建筑面积：236.28㎡
结构形式：钢筋混凝土结构　　地上层数：2层

**内容简介**

本套图纸包括：各层平面图、剖面图、节点详图，共7张图纸。
总开间x进深：13.8x18.3米　建筑面积：236.28平方米　占地面积：252.54平方米

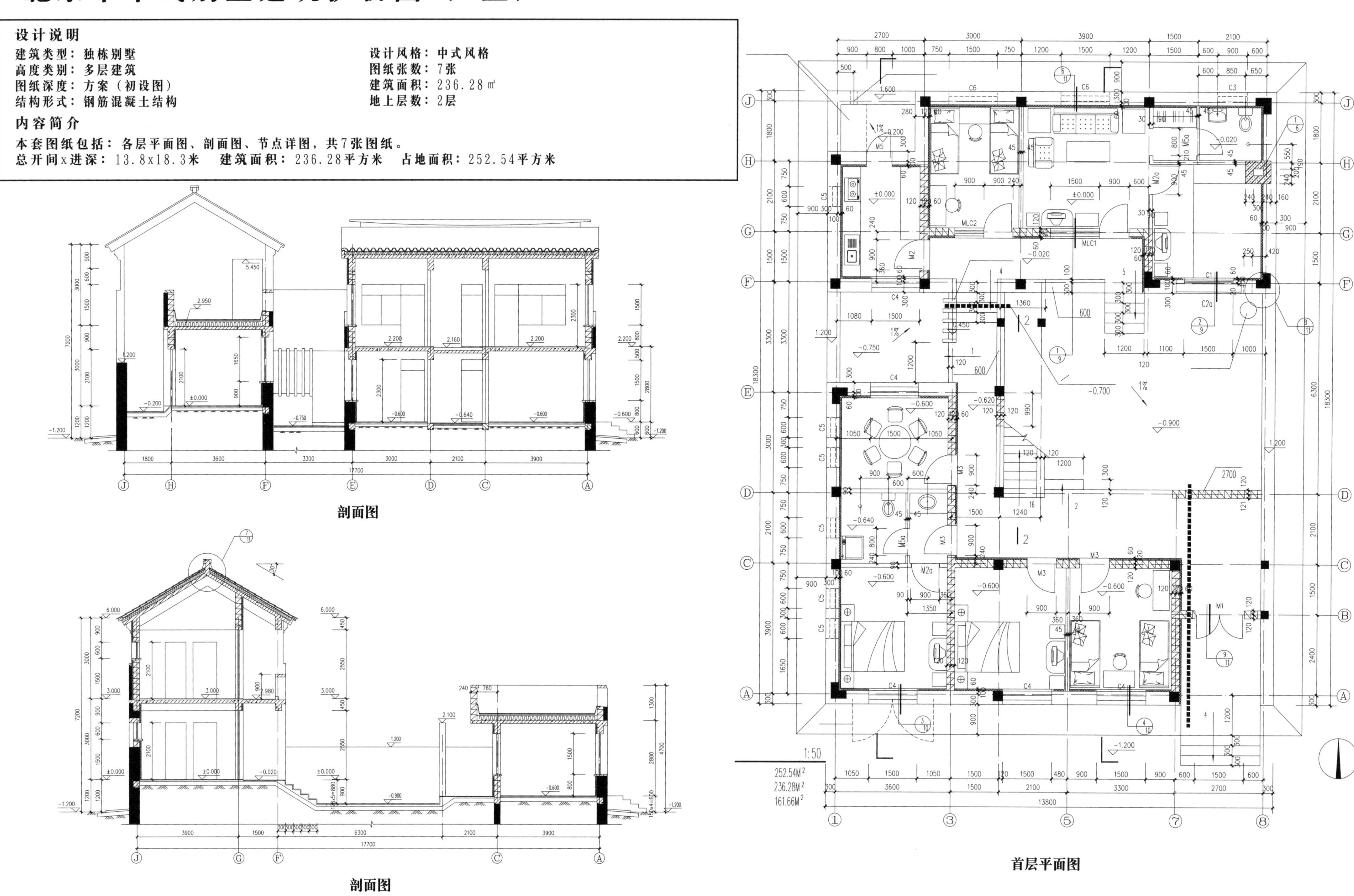

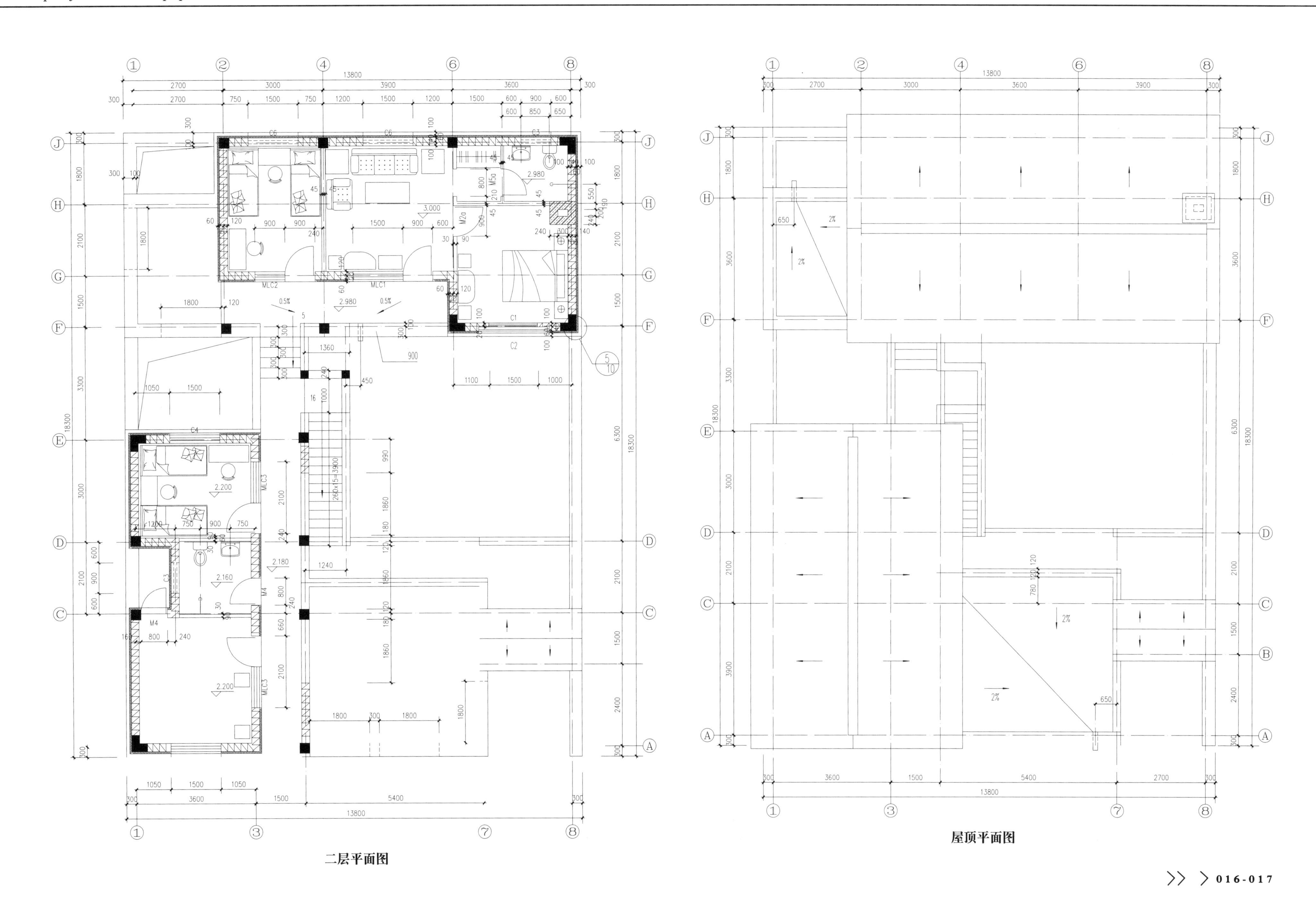

二层平面图

屋顶平面图

# >部队别墅楼建筑方案

**设计说明**

建筑类型：独栋别墅
高度类别：多层建筑
图纸深度：方案（初设图）
结构形式：钢筋混凝土结构

设计风格：欧陆风格
图纸张数：4张
地上层数：2层

**内容简介**

本套图纸包括：各层平面图、立面图、剖面图、节点详图、门窗表，共4张图纸。
总开间x进深：13.24x11.94米

立面面图

立面面图

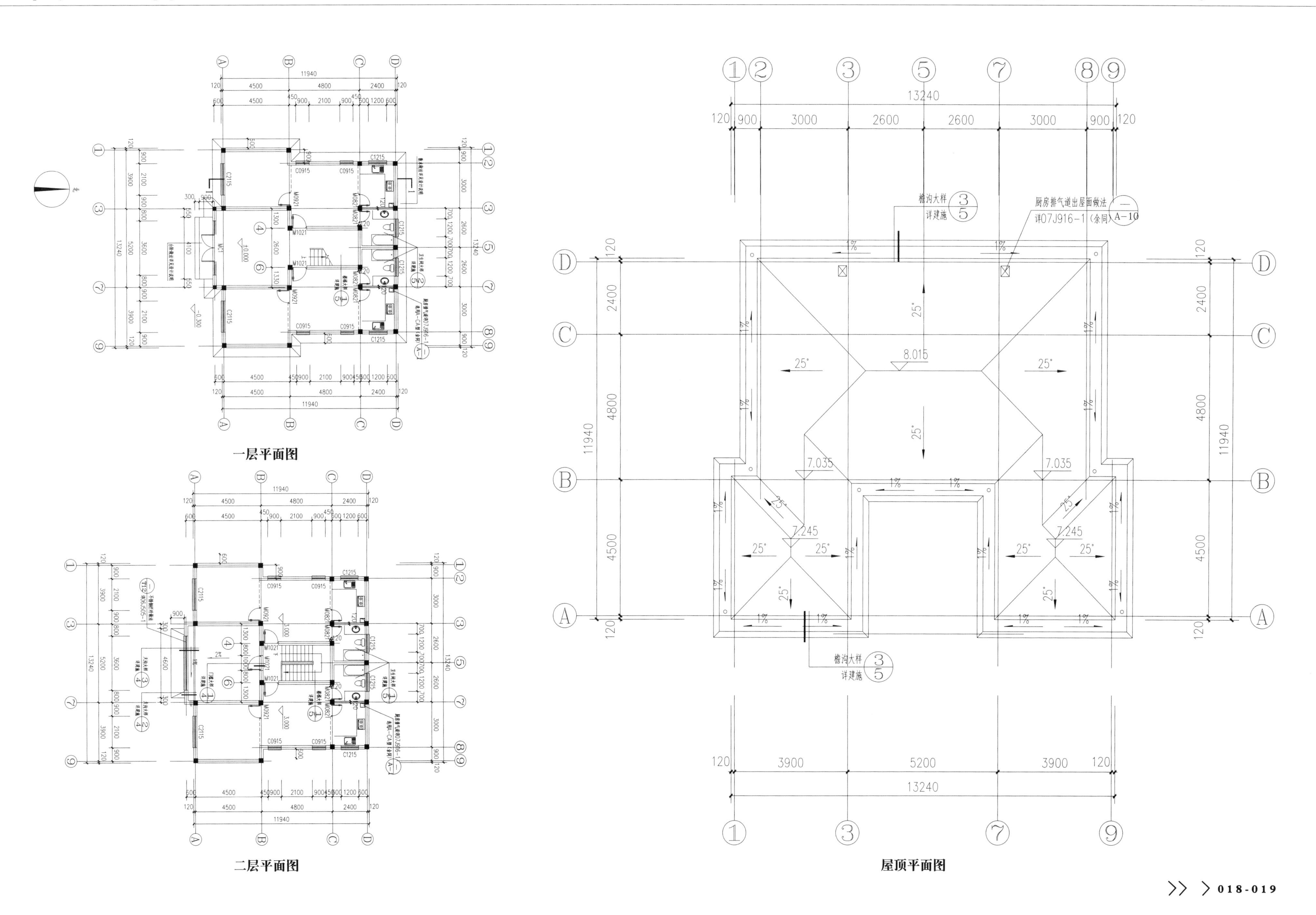
一层平面图
二层平面图
屋顶平面图
檐沟大样 详建施
厨房排气道出屋面做法 详07J916-1（余同）
8.015
7.035
7.245
25°
1%
13240
11940

# >北美风情独栋别墅扩初图

**设计说明**

建筑类型：独栋别墅　　设计风格：北美风格
高度类别：多层建筑　　图纸张数：11张
图纸深度：方案（初设图）　　地上层数：2层
结构形式：钢筋混凝土结构　　建筑面积：504.36㎡

**内容简介**

本套图纸包括：各层平面图、立面图、节点详图，共11张图纸。
总开间x进深：19.14x17.34米　用地面积：194.64㎡　建筑高度：11.42m　建筑面积：504.36㎡

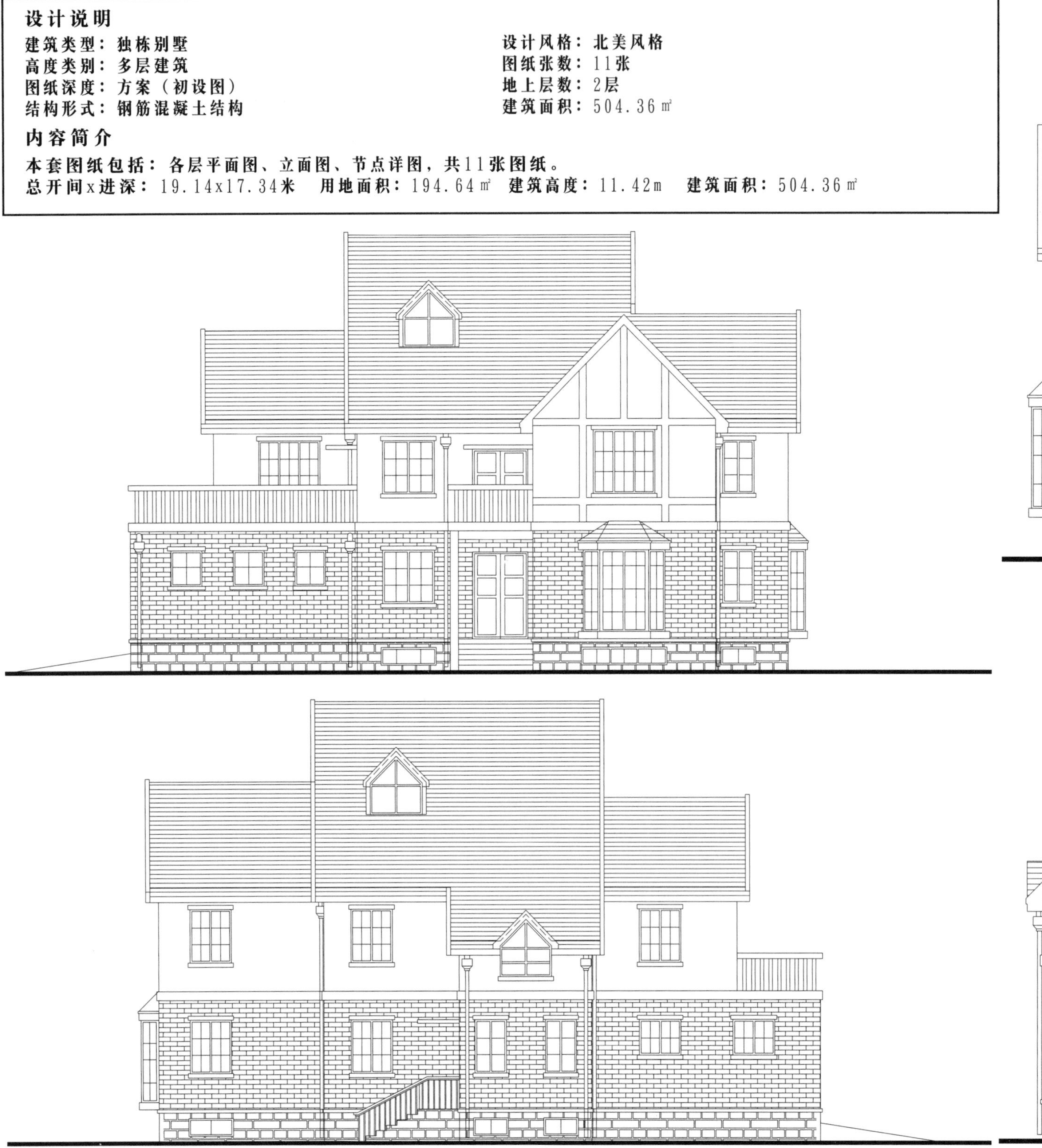

立面面图

立面面图

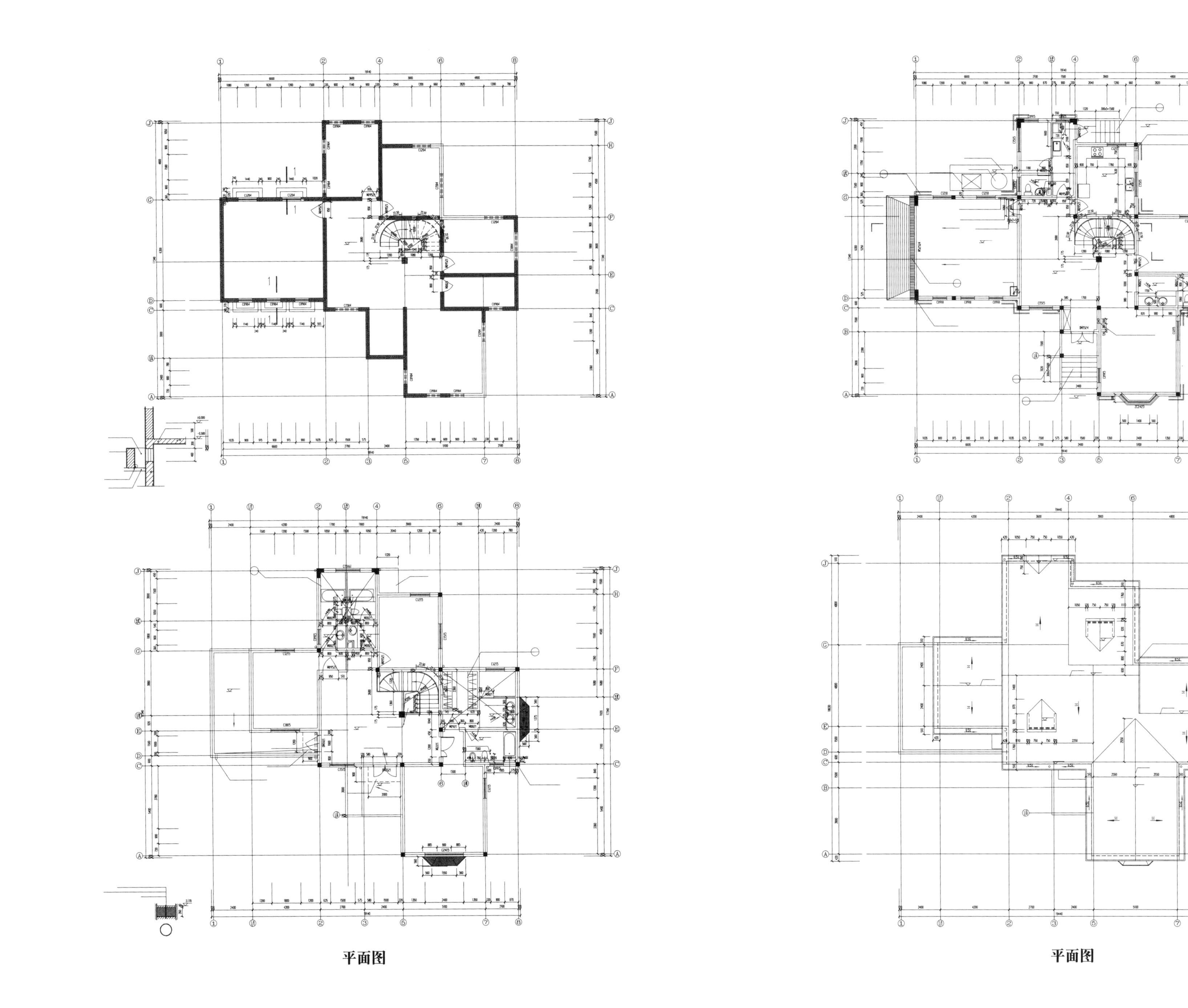

平面图

平面图

# >度假别墅建筑方案图

**设计说明**

建筑类型：独栋别墅　　设计风格：北美风格
高度类别：多层建筑　　图纸张数：1张
图纸深度：方案（初设图）　　地上层数：2层
结构形式：钢筋混凝土结构　　建筑面积：273.1㎡

**内容简介**

本套图纸包括：各层平面图、立面图 ，共1张图纸。
总开间x进深：17.4x12.9米　总建筑面积：273.1平方米

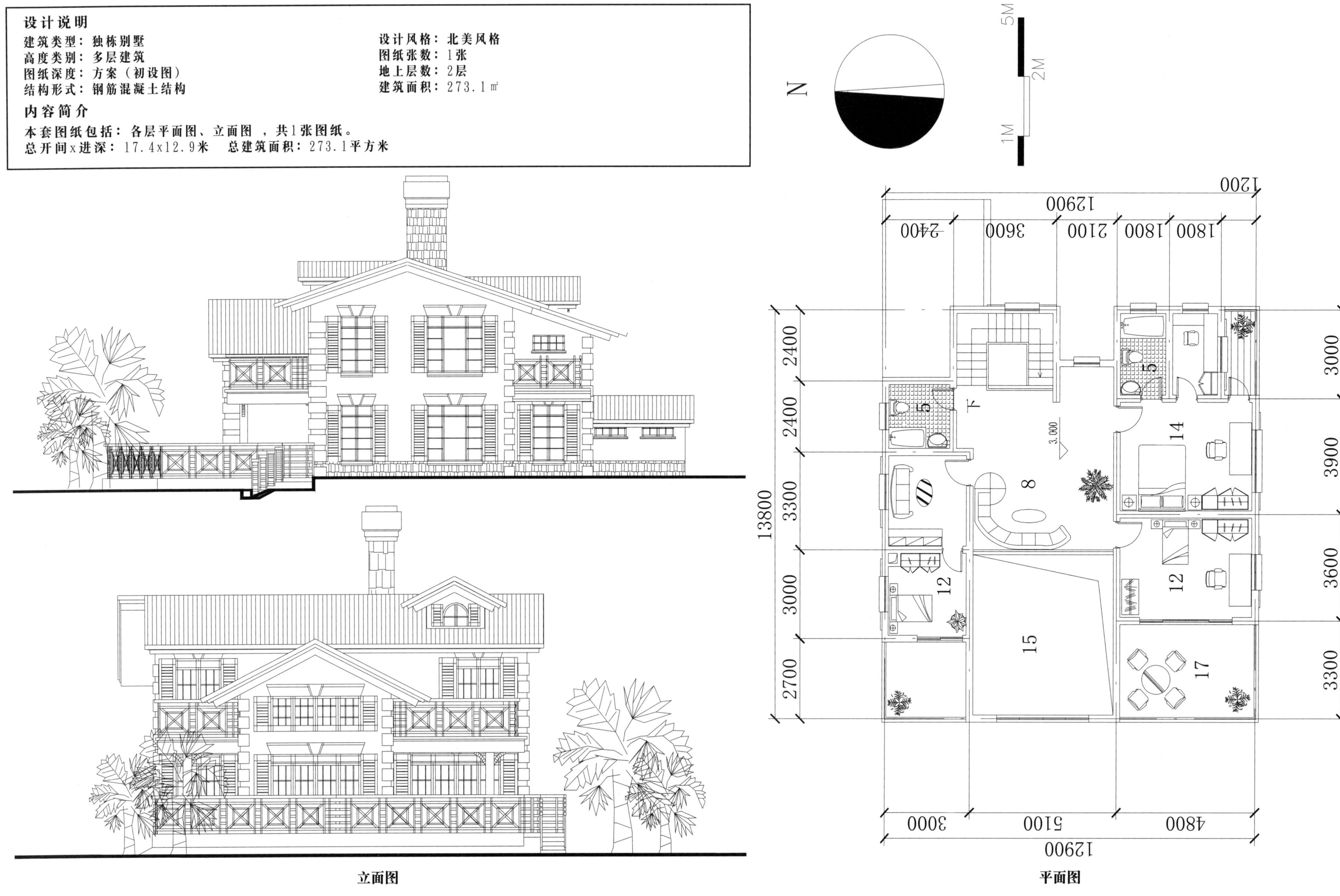

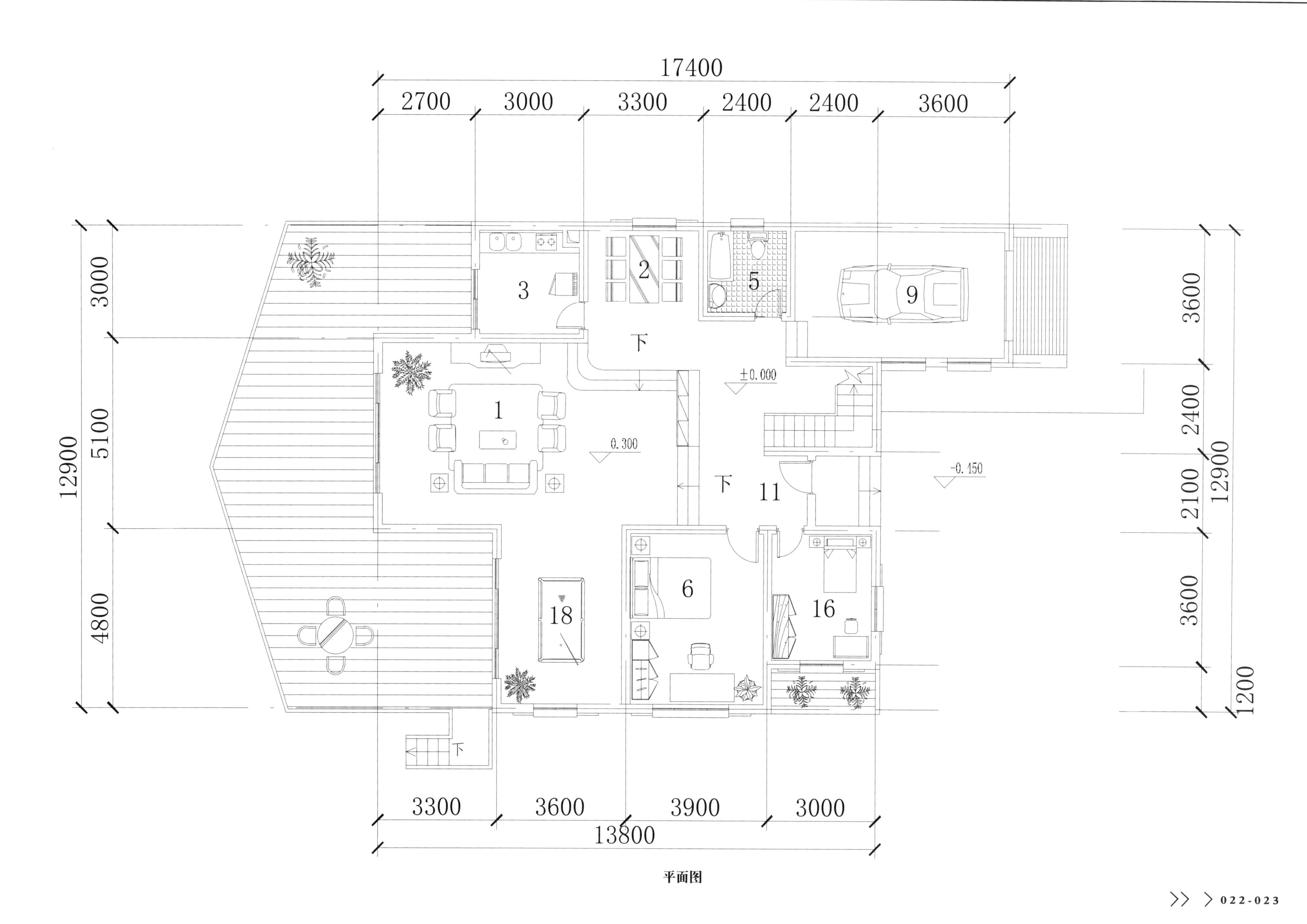
17400
2700
3000
3300
2400
2400
3600
12900
3000
5100
4800
3600
2400
2100
12900
3600
1200
3300
3600
3900
3000
13800
1
2
3
5
6
9
11
16
18
下
±0.000
0.300
-0.150

平面图

# >度假别墅建筑扩初图

**设计说明**

建筑类型：独栋别墅
高度类别：多层建筑
图纸深度：方案（初设图）
结构形式：钢筋混凝土结构

设计风格：中式风格
图纸张数：8张
地上层数：2层
建筑面积：566㎡

**内容简介**

本套图纸包括：各层平面图、立面图、剖面图，共8张图纸。
总开间x进深：22.4x16.75米

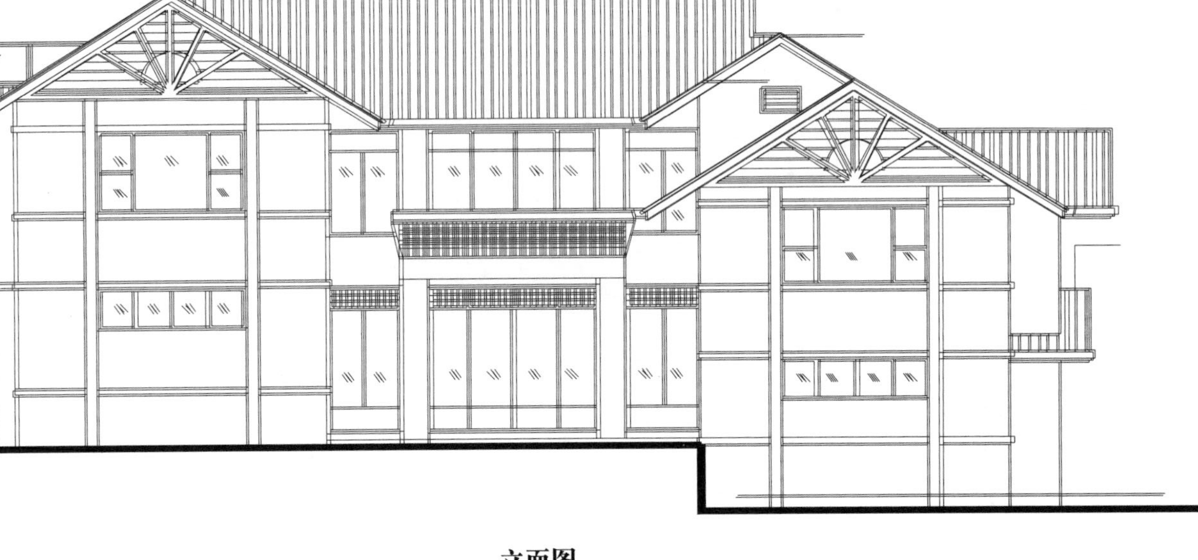

立面图

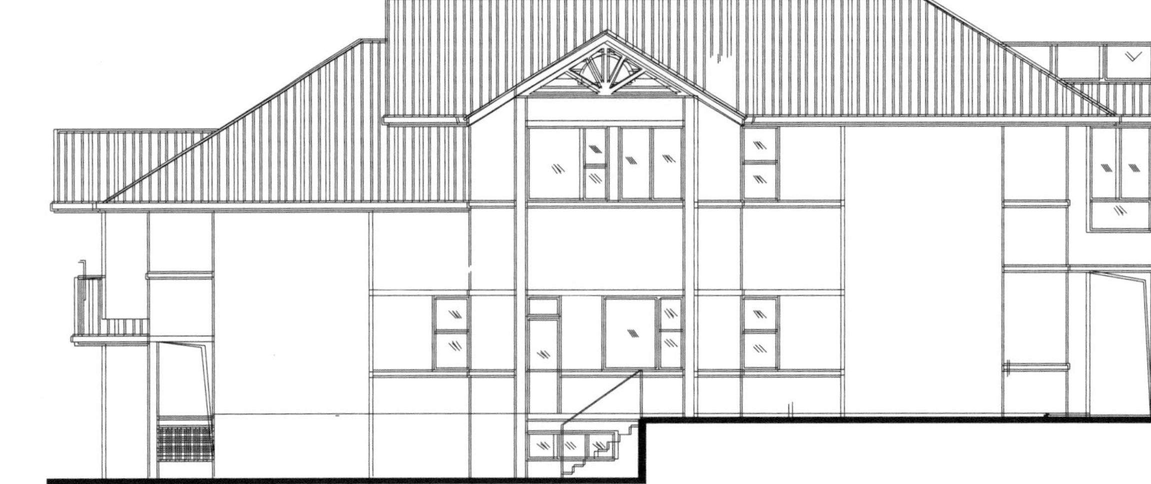

立面图

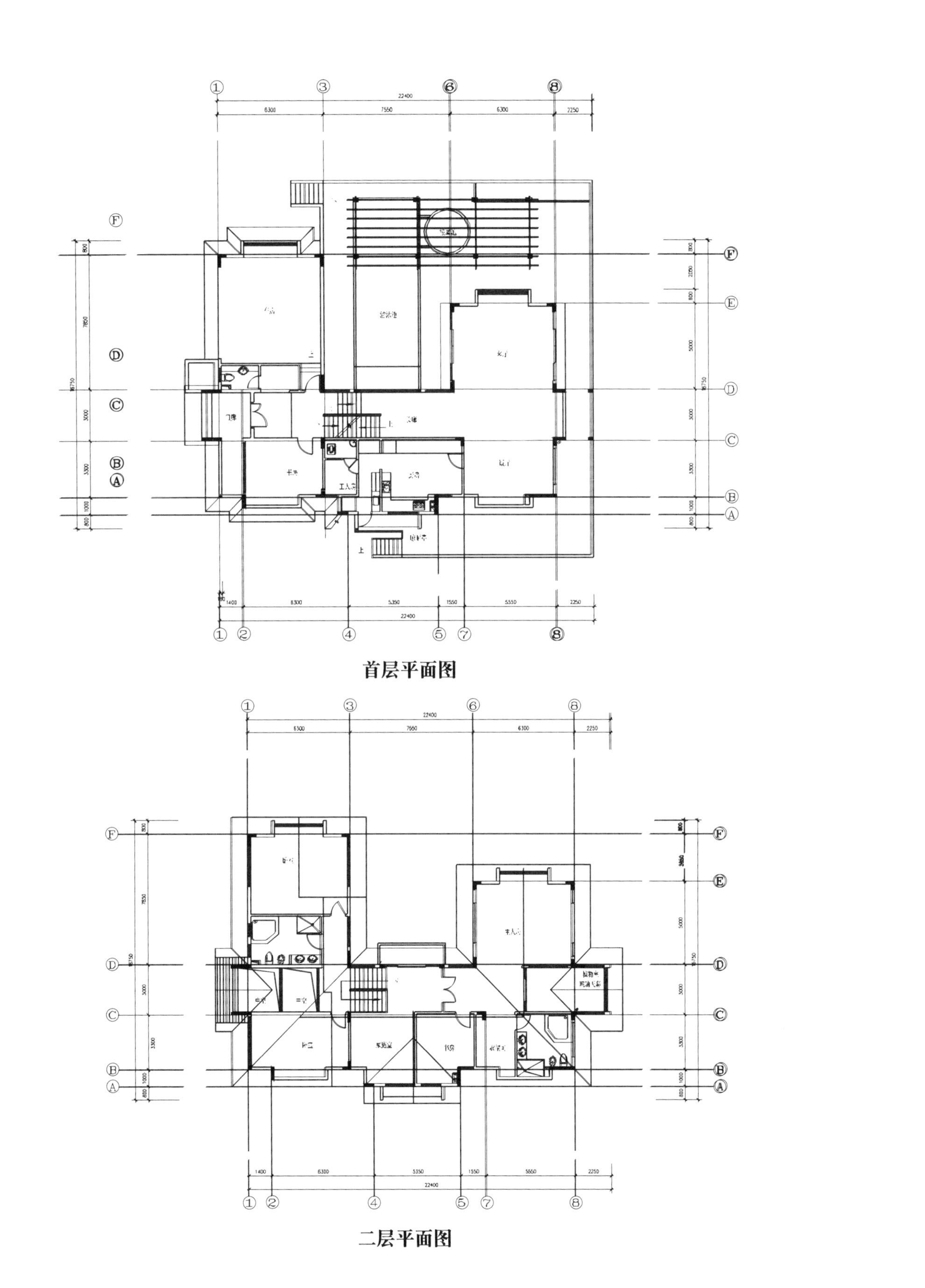

首层平面图

二层平面图

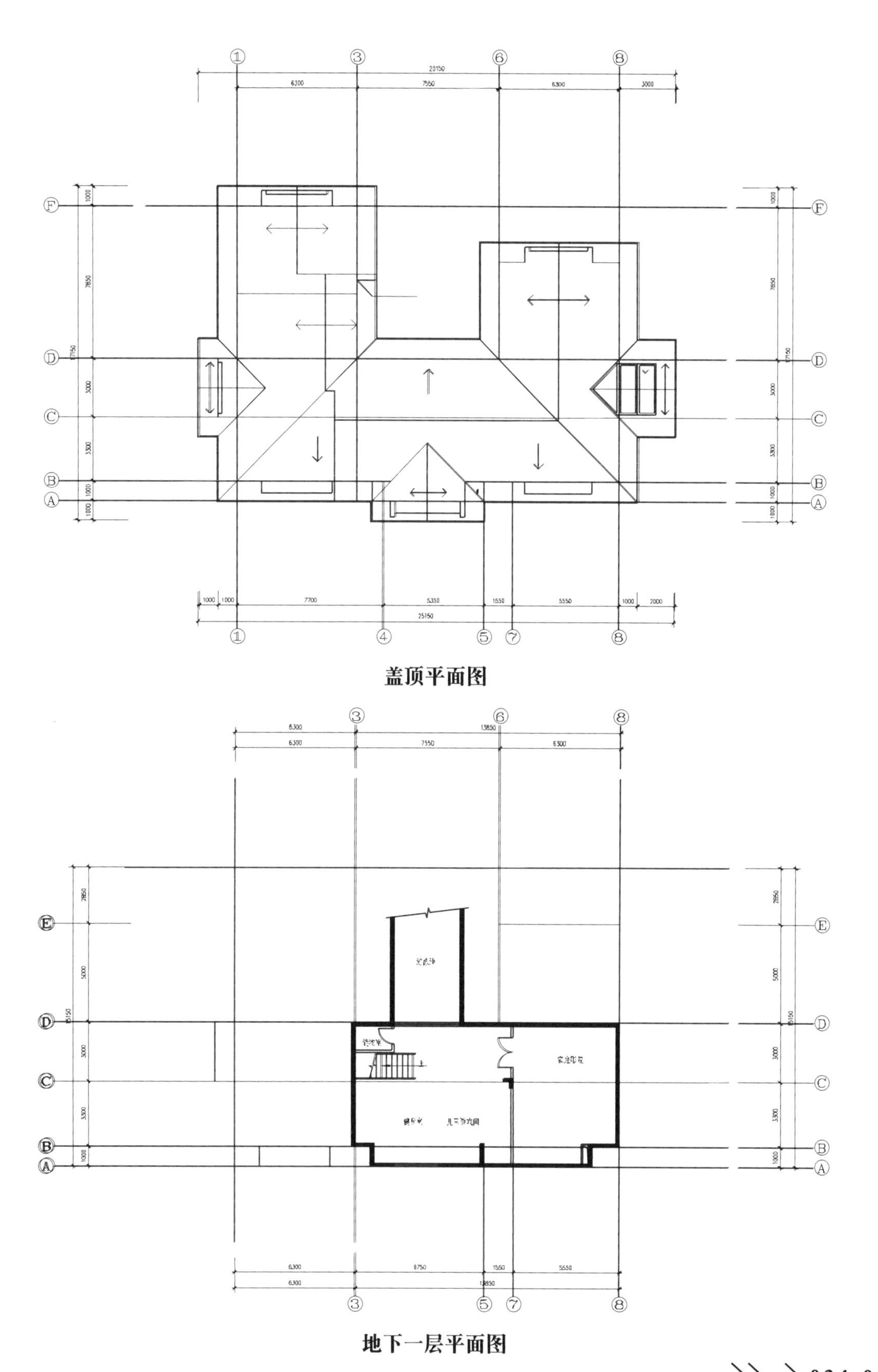

盖顶平面图

地下一层平面图

# >豪华欧式别墅建筑方案图（带阁楼）

**设计说明**

建筑类型：独栋别墅
高度类别：多层建筑
图纸深度：方案（初设图）
结构形式：钢筋混凝土结构

设计风格：欧陆风格
图纸张数：5张
地上层数：2层
建筑高度：2m

**内容简介**

本套图纸包括：各层平面图、立面图，共5张图纸。
总开间x进深：11.4 x15米

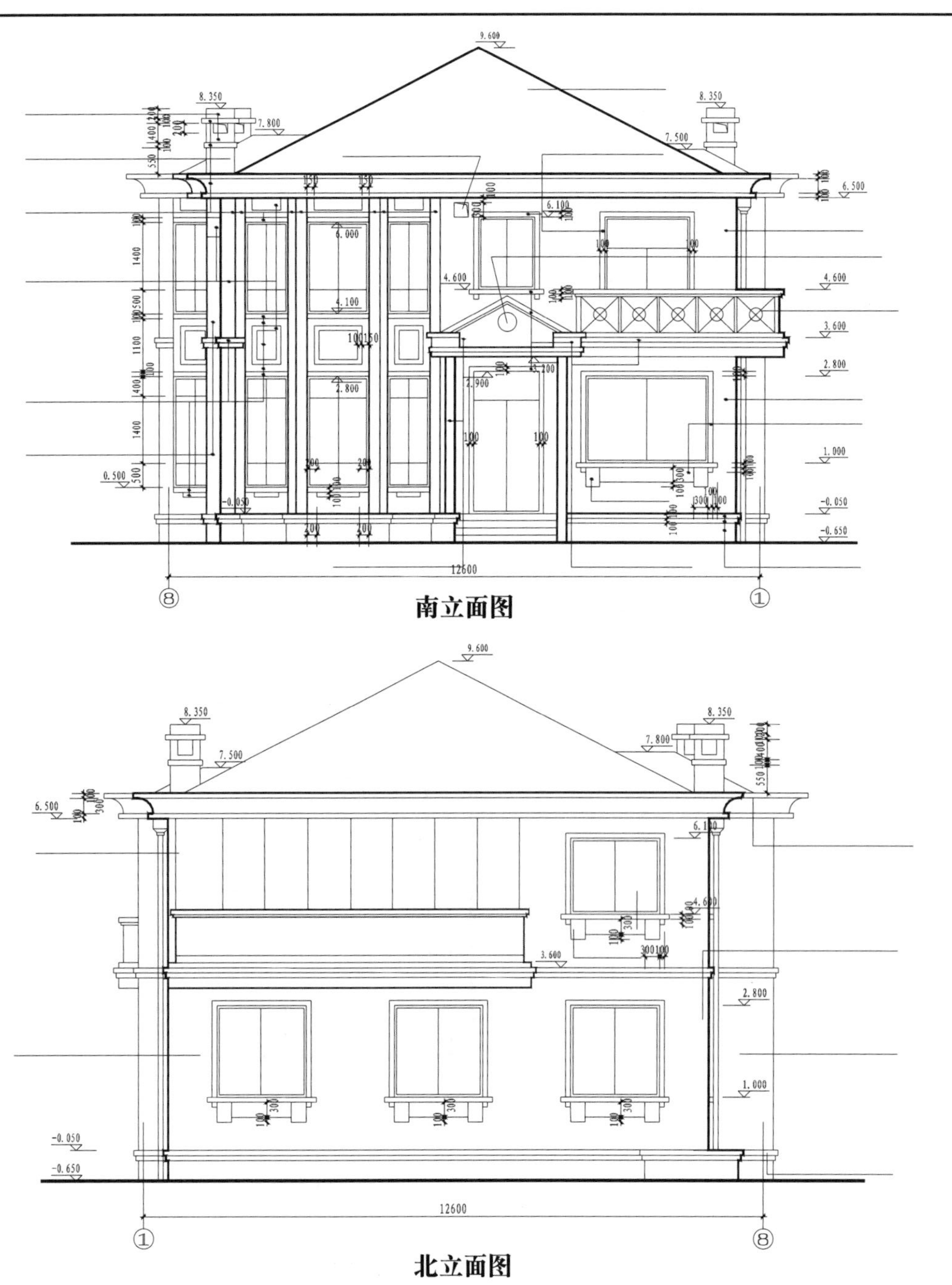

南立面图

北立面图

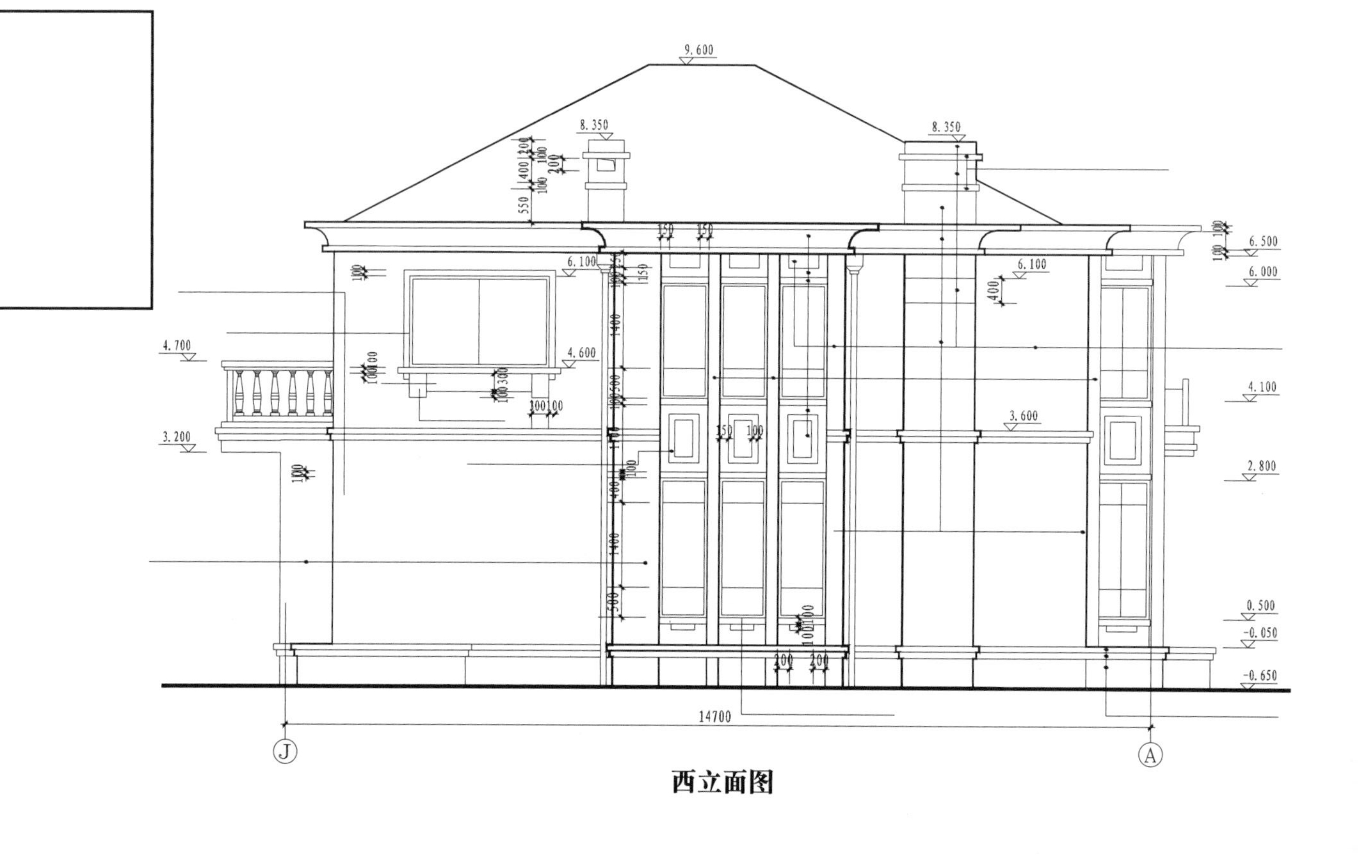

西立面图

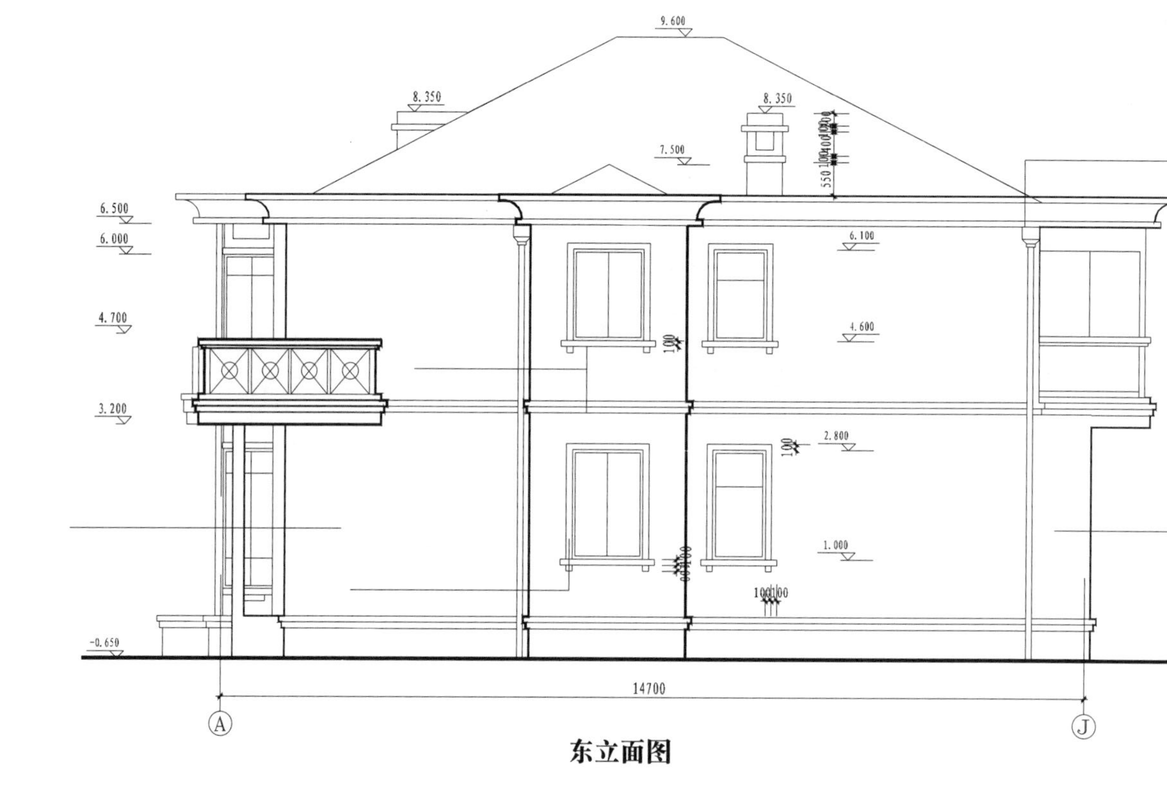

东立面图

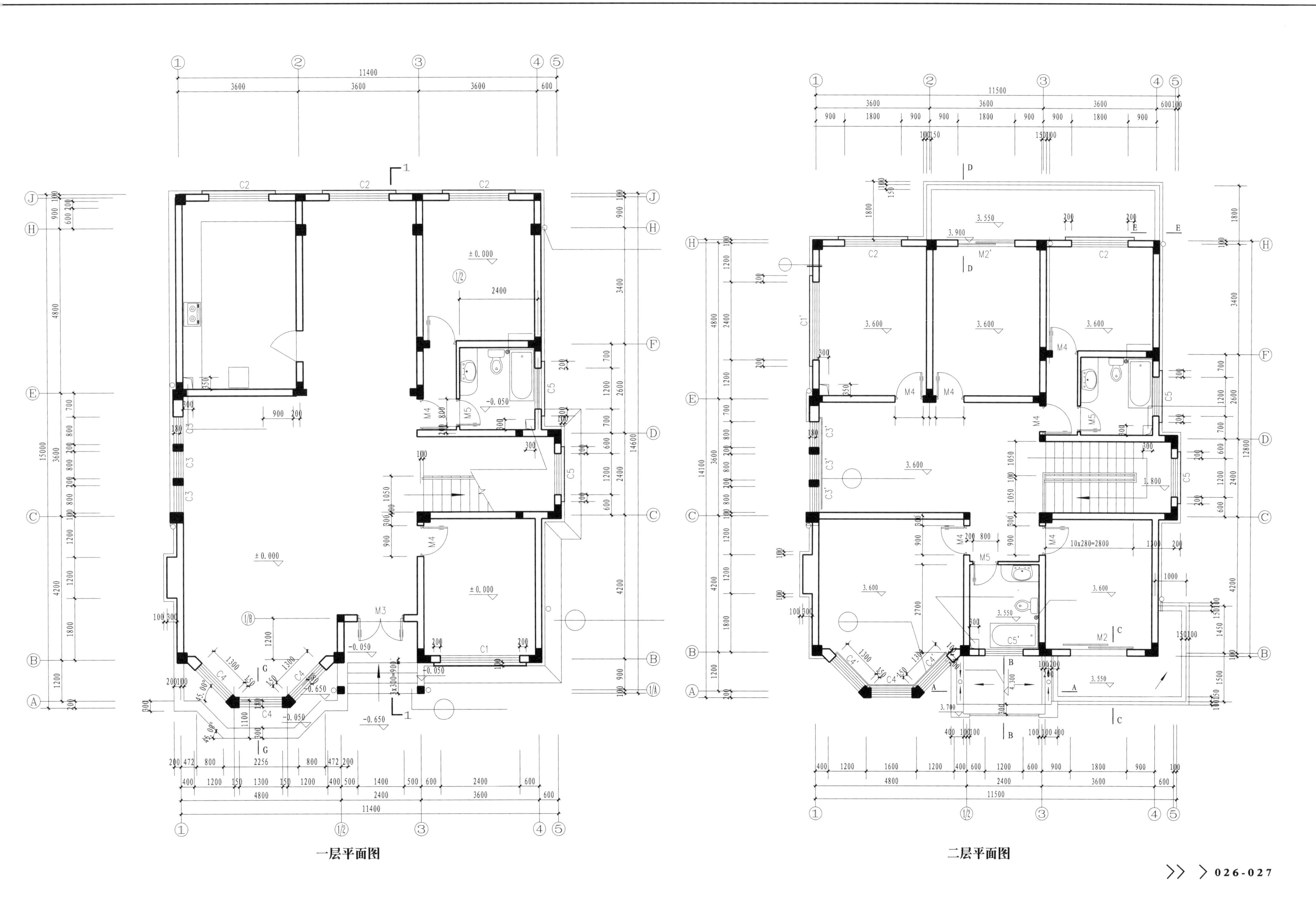
一层平面图
二层平面图

# >休闲别墅方案图（350平方米）

**设计说明**

建筑类型：独栋别墅
高度类别：多层建筑
图纸深度：方案（初设图）
结构形式：钢筋混凝土结构

设计风格：欧陆风格
图纸张数：2张
地上层数：2层
总建筑面积：350m²

**内容简介**

本套图纸包括：各层平面图、立面图，共2张图纸。
总开间x进深：16.2x12.9米

西立面图

南立面图

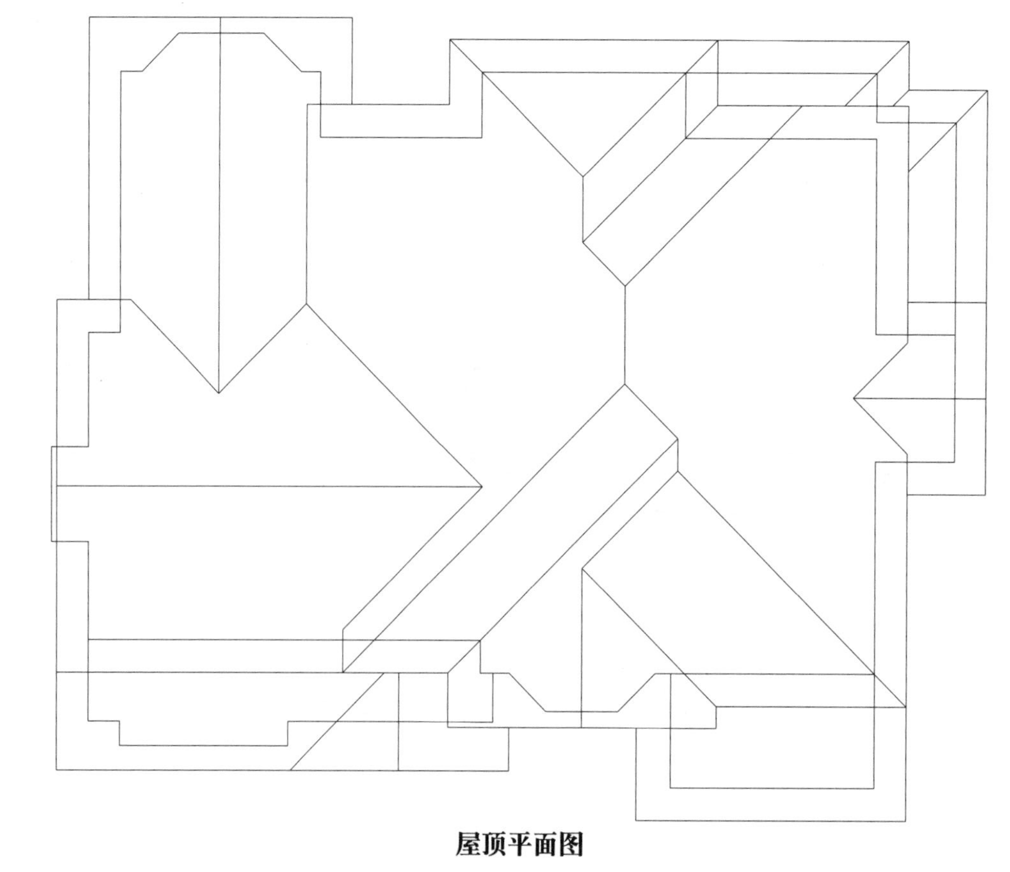

屋顶平面图

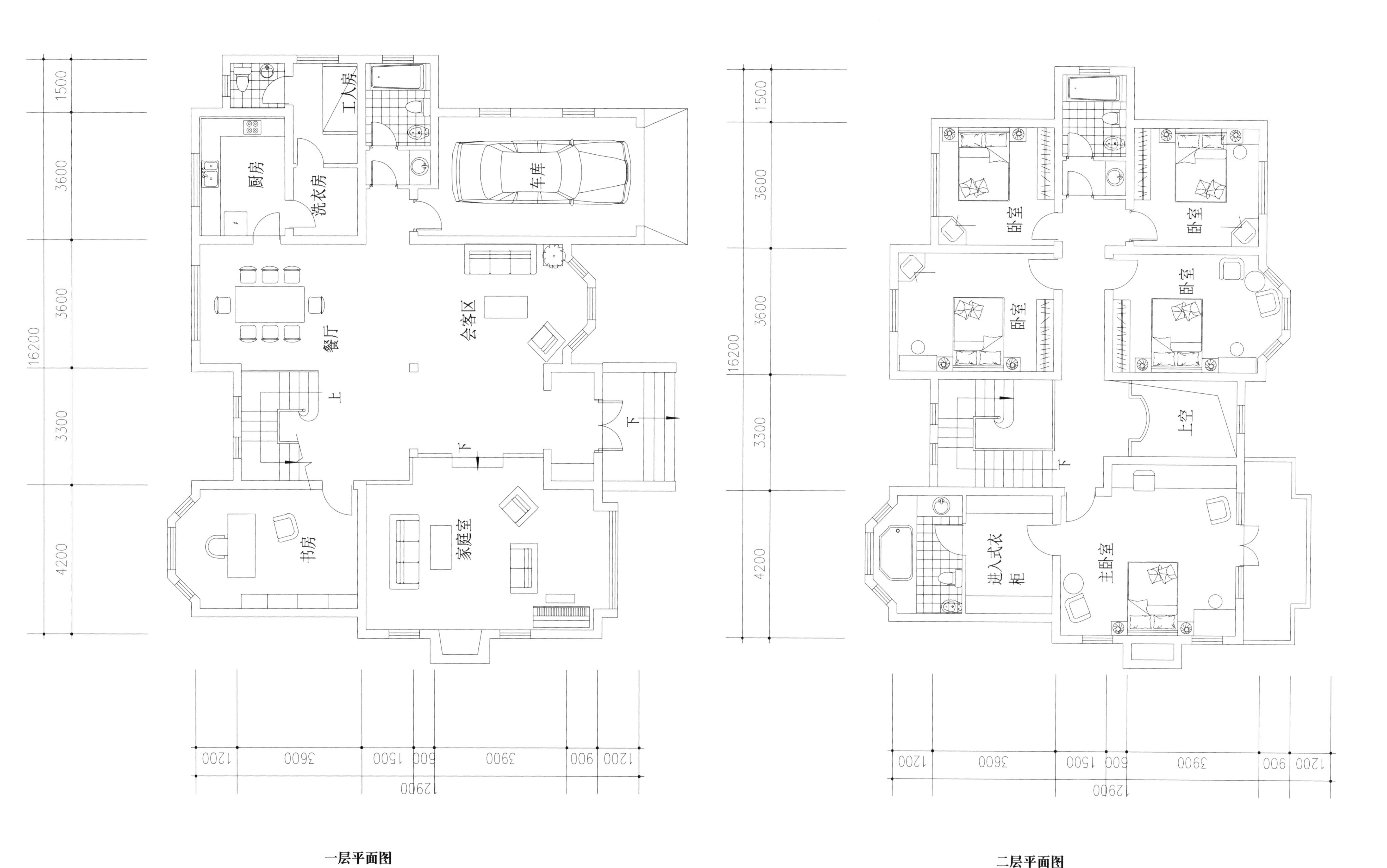
1500
3600
3600
3300
4200
16200
厨房
洗衣房
工人房
车库
餐厅
会客区
上
下
下
书房
家庭室
1200
3600
1500
600
3900
900
1200
12900
卧室
卧室
卧室
卧室
上空
下
进入式衣柜
主卧室

一层平面图

二层平面图

# >休闲别墅方案图（387平方米）

**设计说明**

建筑类型：独栋别墅
高度类别：多层建筑
图纸深度：方案（初设图）
结构形式：钢筋混凝土结构

设计风格：欧陆风格
图纸张数：2张
地上层数：2层
总建筑面积：387㎡

**内容简介**

本套图纸包括：各层平面图、立面图，共2张图纸。
总开间x进深：15.9x16.2米

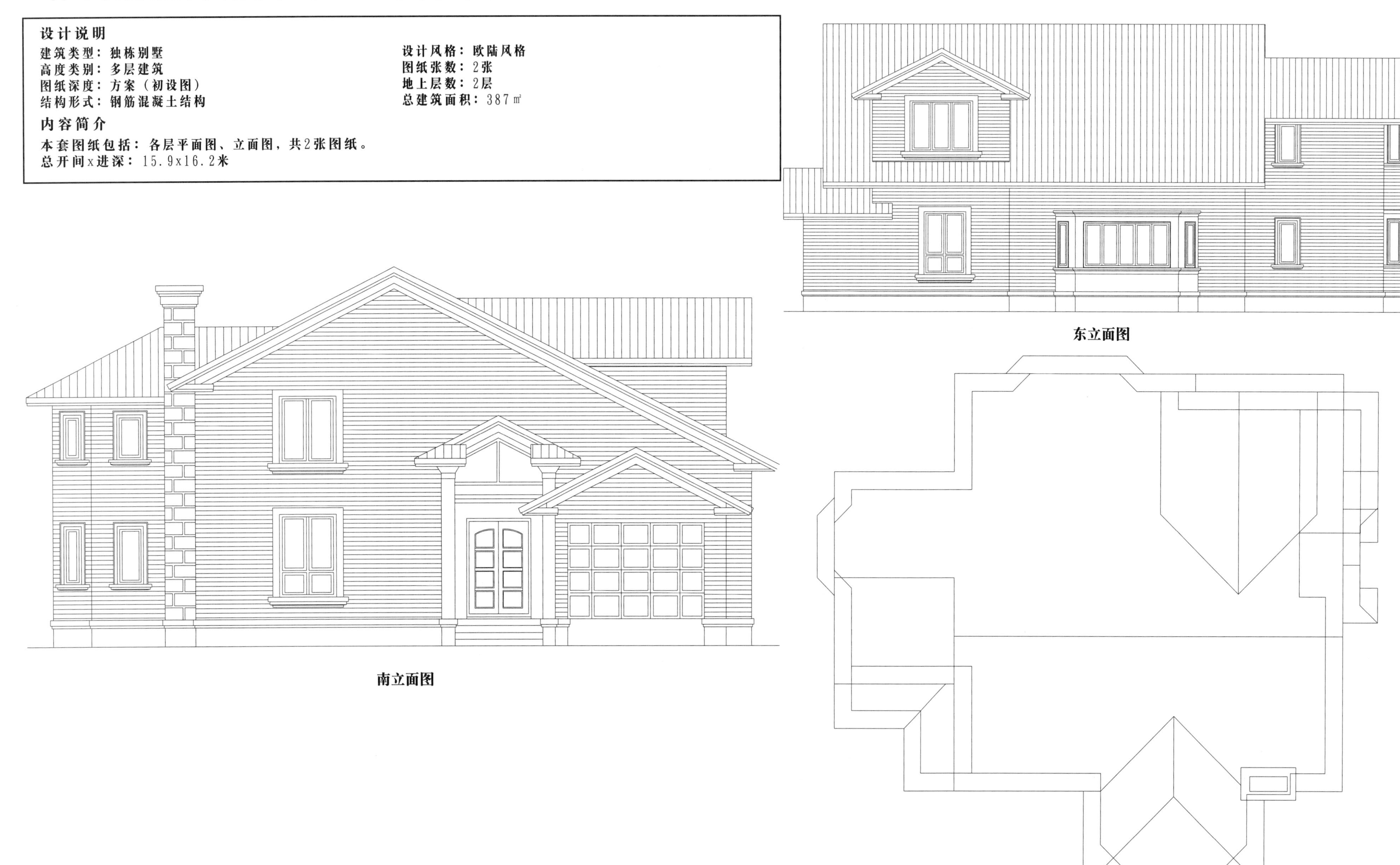

东立面图

南立面图

屋顶平面图

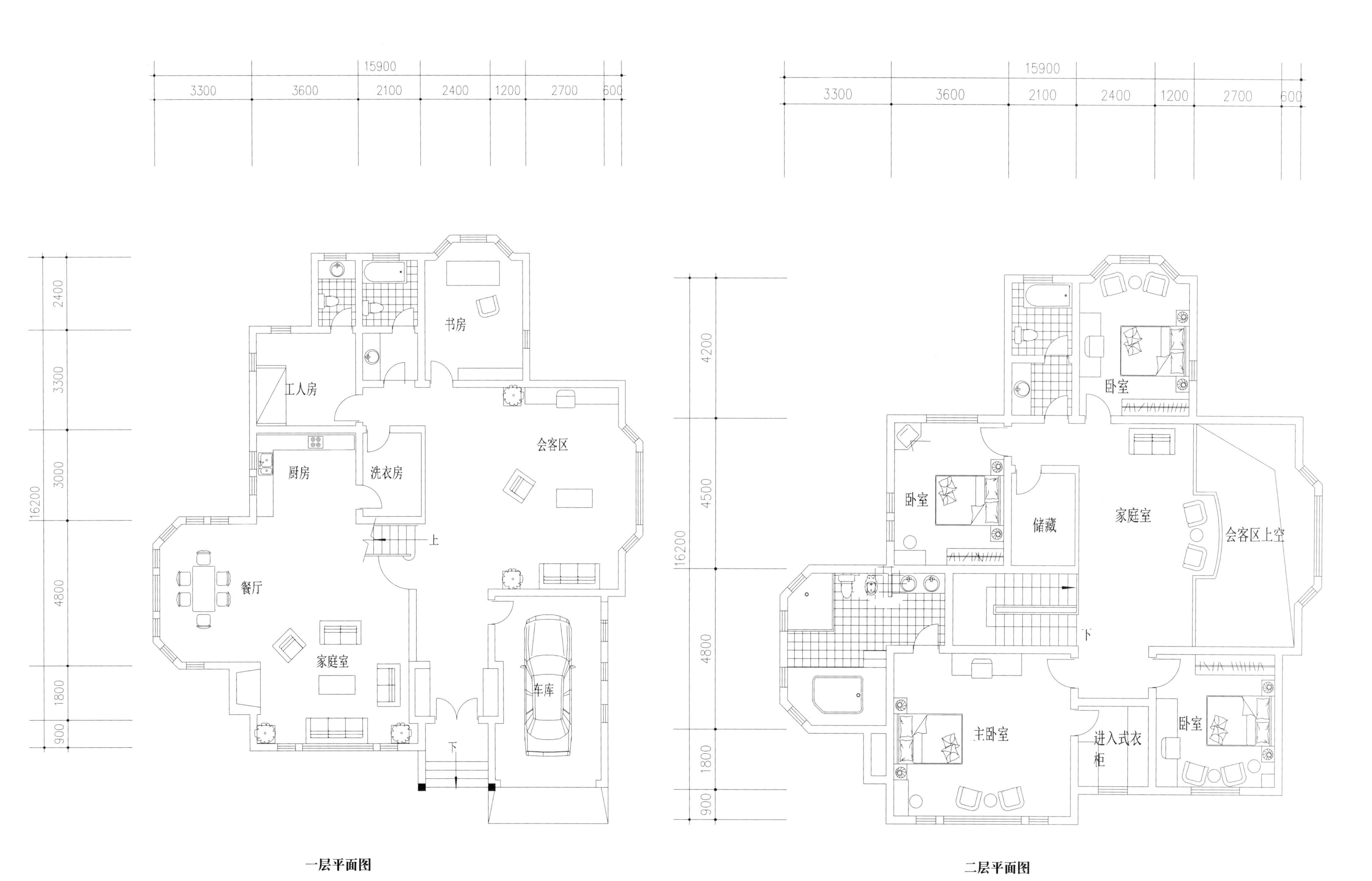
15900
3300
3600
2100
2400
1200
2700
600
16200
2400
3300
3000
4800
1800
900
书房
工人房
会客区
厨房
洗衣房
上
餐厅
家庭室
车库
下
4200
4500
卧室
储藏
家庭室
会客区上空
主卧室
进入式衣柜


一层平面图

二层平面图

# > 农村复式别墅建筑施工图

**设计说明**

建筑类型：独栋别墅
高度类别：多层建筑
图纸深度：施工图
结构形式：钢筋混凝土结构

设计风格：现代风格
图纸张数：20张
地上层数：2层
建筑面积：192.6㎡

**内容简介**

本套图纸包括：建筑设计总说明，门窗表，梯段栏杆扶手详图，各层平面图，立面图，剖面图，节点详图，散水做法、楼梯平面图、台阶、坡道，楼梯结构平面、剖面。
总开间x进深：7.4x11.1米

南立面图

西立面图

东立面图

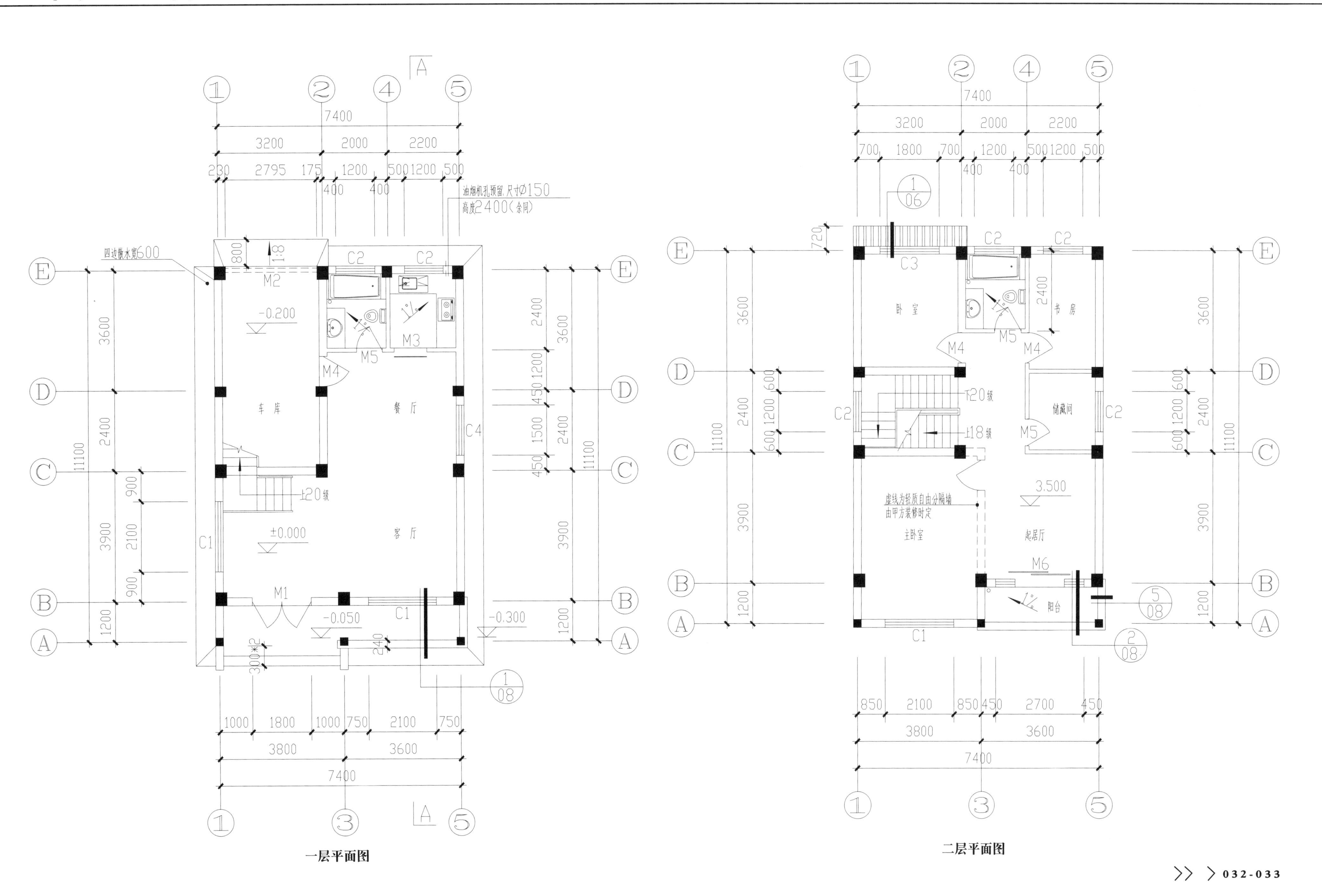
四边散水宽600
油烟机孔预留,尺寸Ø150
高度2400(余同)
车库
餐厅
客厅
M1
M2
M3
M4
M5
C1
C2
C4
-0.200
±0.000
-0.050
-0.300
±20级
卧室
书房
储藏间
主卧室
起居厅
阳台
虚线为轻质自由分隔墙
由甲方装修时定
3.500
↑20级
↑18级
M6
C3

一层平面图

二层平面图

# 〉英式别墅建筑方案图

**设计说明**

建筑类型：独栋别墅　　设计风格：欧陆风格
高度类别：多层建筑　　图纸张数：1张
图纸深度：方案（初设图）　　地上层数：2层
结构形式：钢筋混凝土结构　　建筑高度：10.1米

**内容简介**

本套图纸包括：各层平面图、立面图、剖面图。共1张图纸。
总开间x进深：17.1x19.2米　建筑高度：10.1米

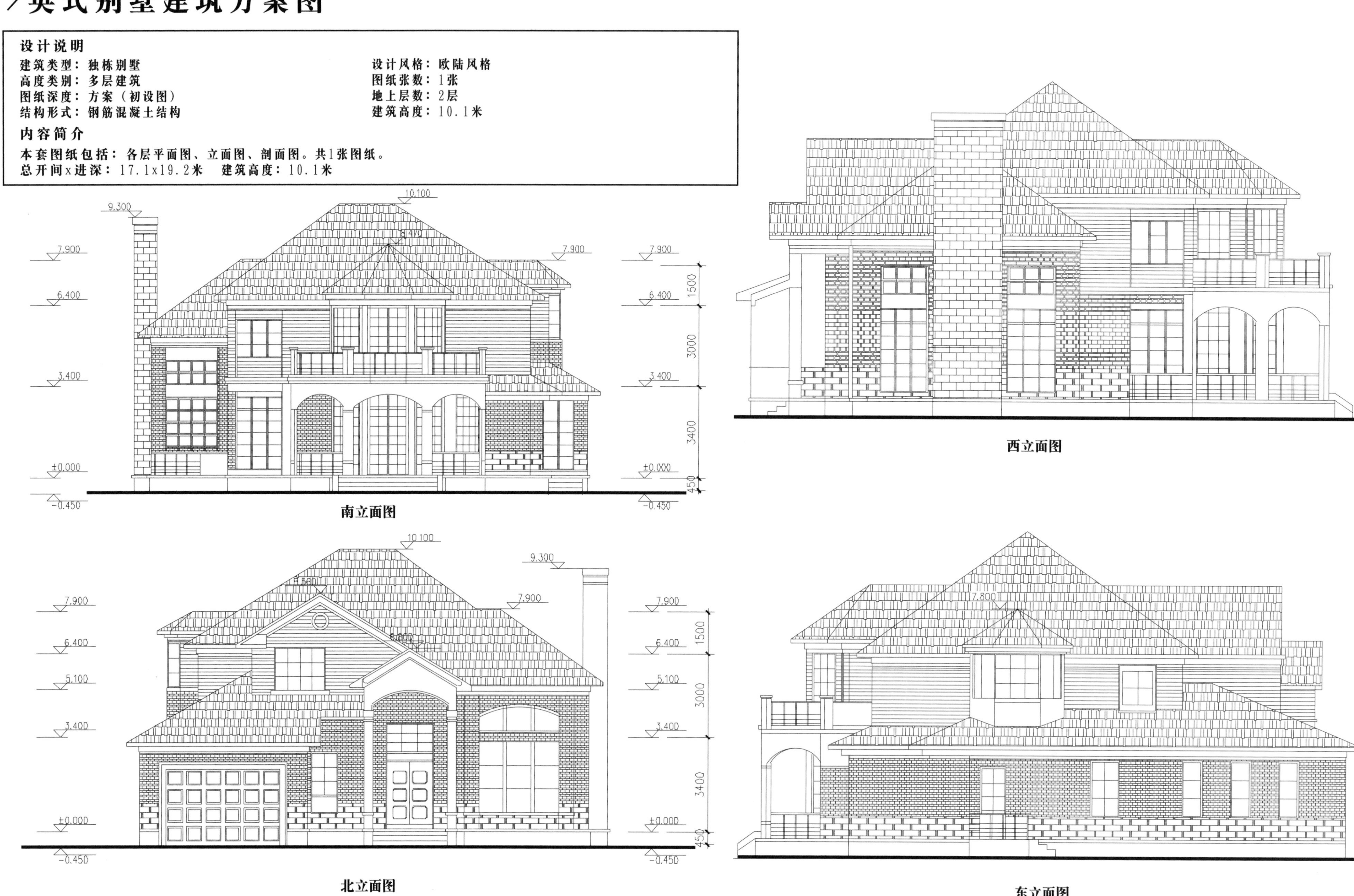

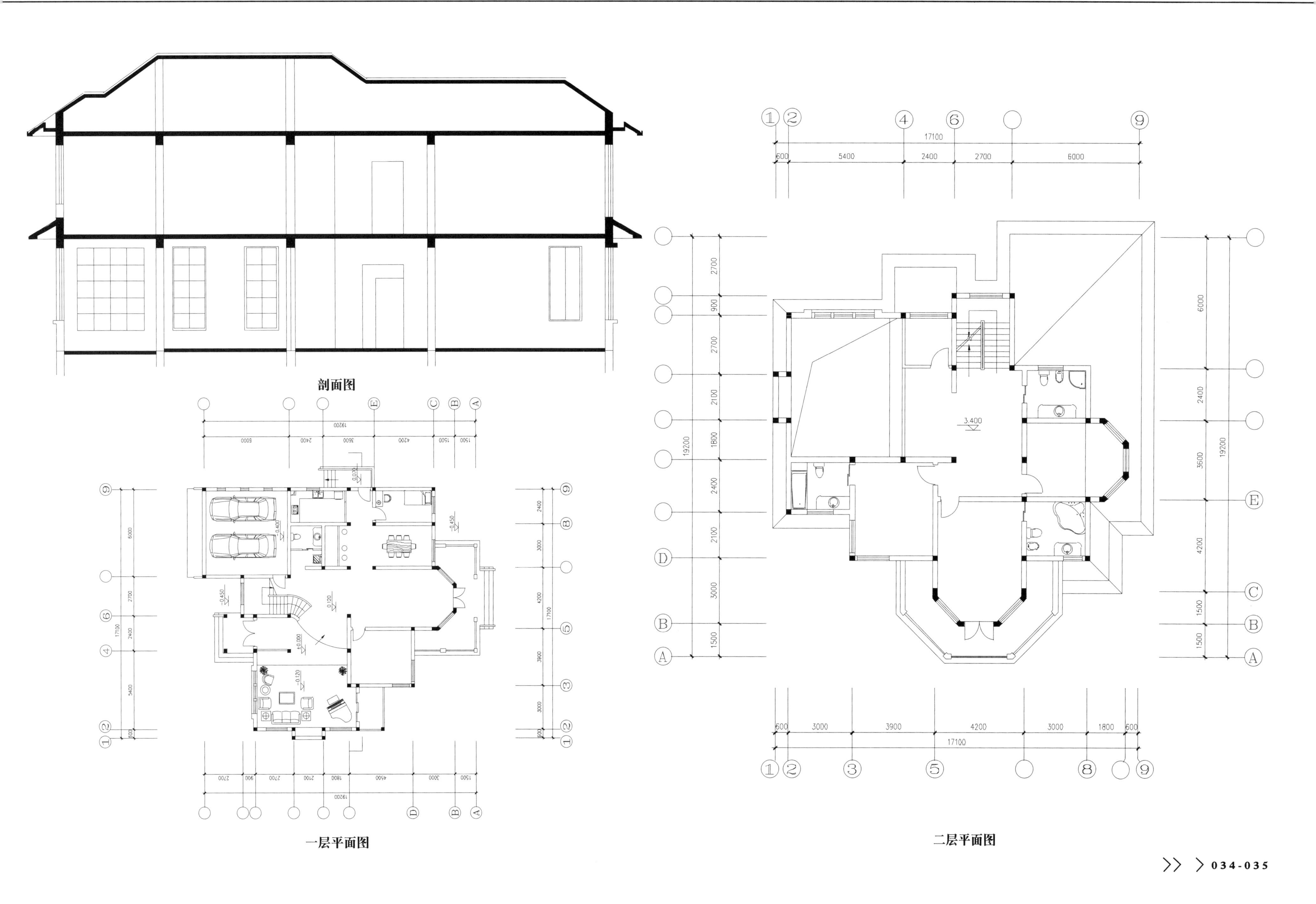
剖面图
一层平面图
二层平面图
17100
600
5400
2400
2700
6000
19200
3000
3900
4200
1800
1500
2100
900
3.400

本项目解压密码：21278058

# > 独栋别墅建筑方案设计

**设计说明**

建筑类型：独栋别墅
高度类别：多层建筑
图纸深度：方案（初设图）
结构形式：钢筋混凝土结构

设计风格：欧陆风格
图纸张数：8张
地上层数：2层
建筑面积：271 ㎡

**内容简介**

本套图纸包括：各层平面图、立面图、剖面图，共8张图纸。
用地面积：161 ㎡　建筑面积：271平方米　占地面积161平方米

立面图

立面图

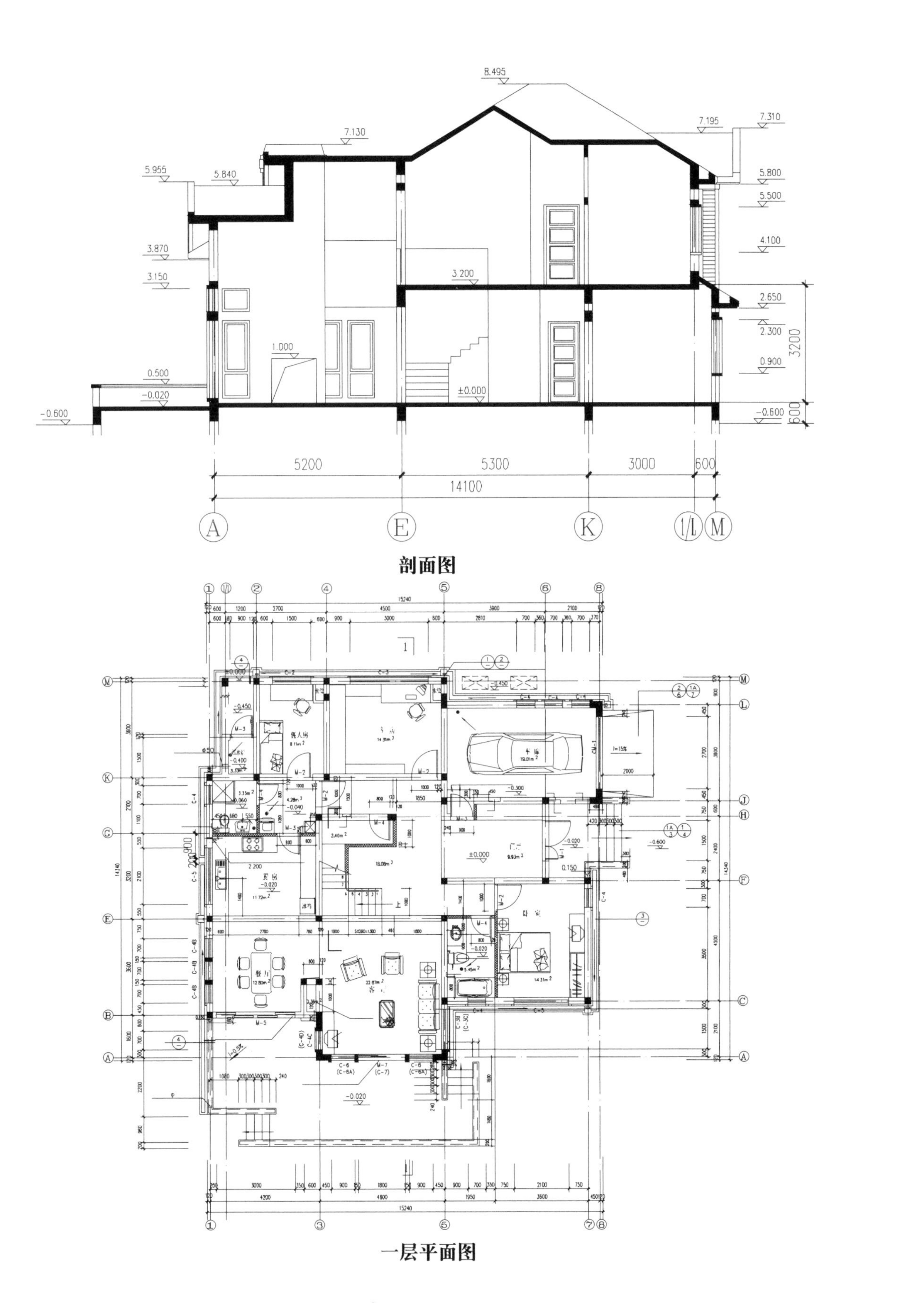


剖面图

一层平面图

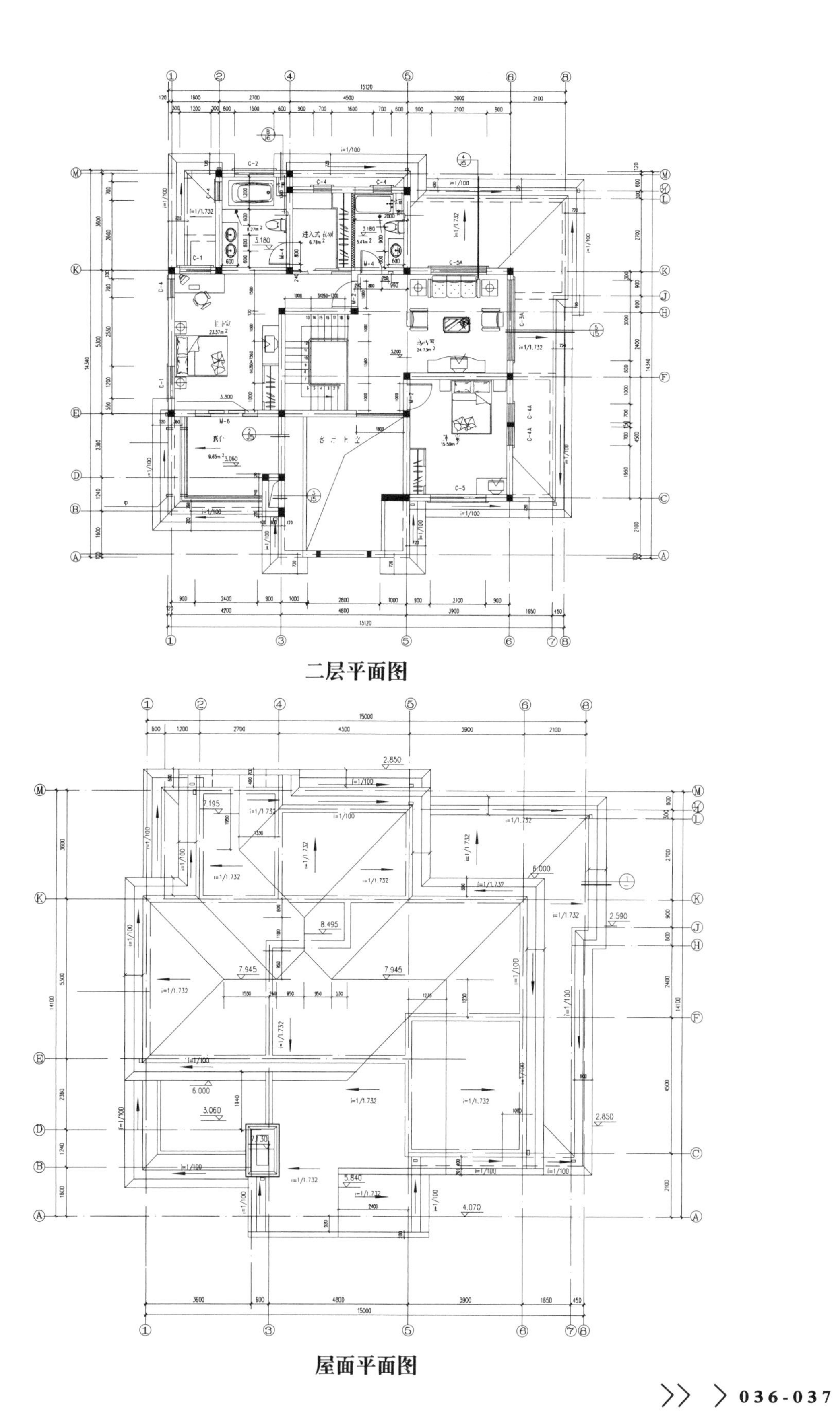

二层平面图

屋面平面图

# > 安徽省别墅建筑施工图

**设计说明**

建筑类型：独栋别墅　　　　设计风格：中式风格
高度类别：多层建筑　　　　图纸张数：8张
图纸深度：施工图　　　　　地上层数：2层
结构形式：砌体结构　　　　建筑面积：308.4㎡

**内容简介**

本套图纸包括：各层平面图、立面图、剖面图、墙身大样、门窗大样，共8张图纸。
建筑高度：6m　本工程耐火等级为二级，抗震设防烈度为6度

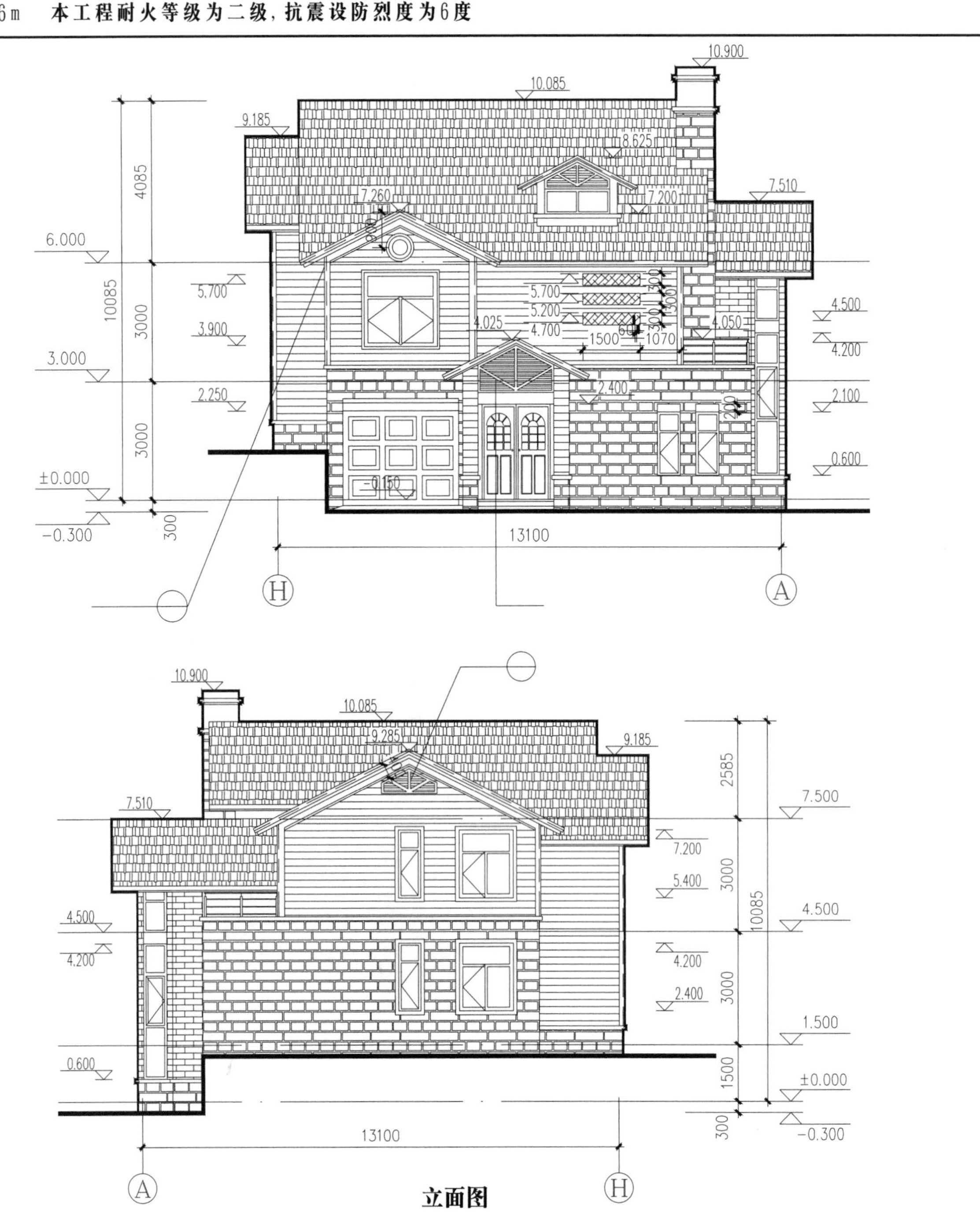

立面图

立面图

剖面图

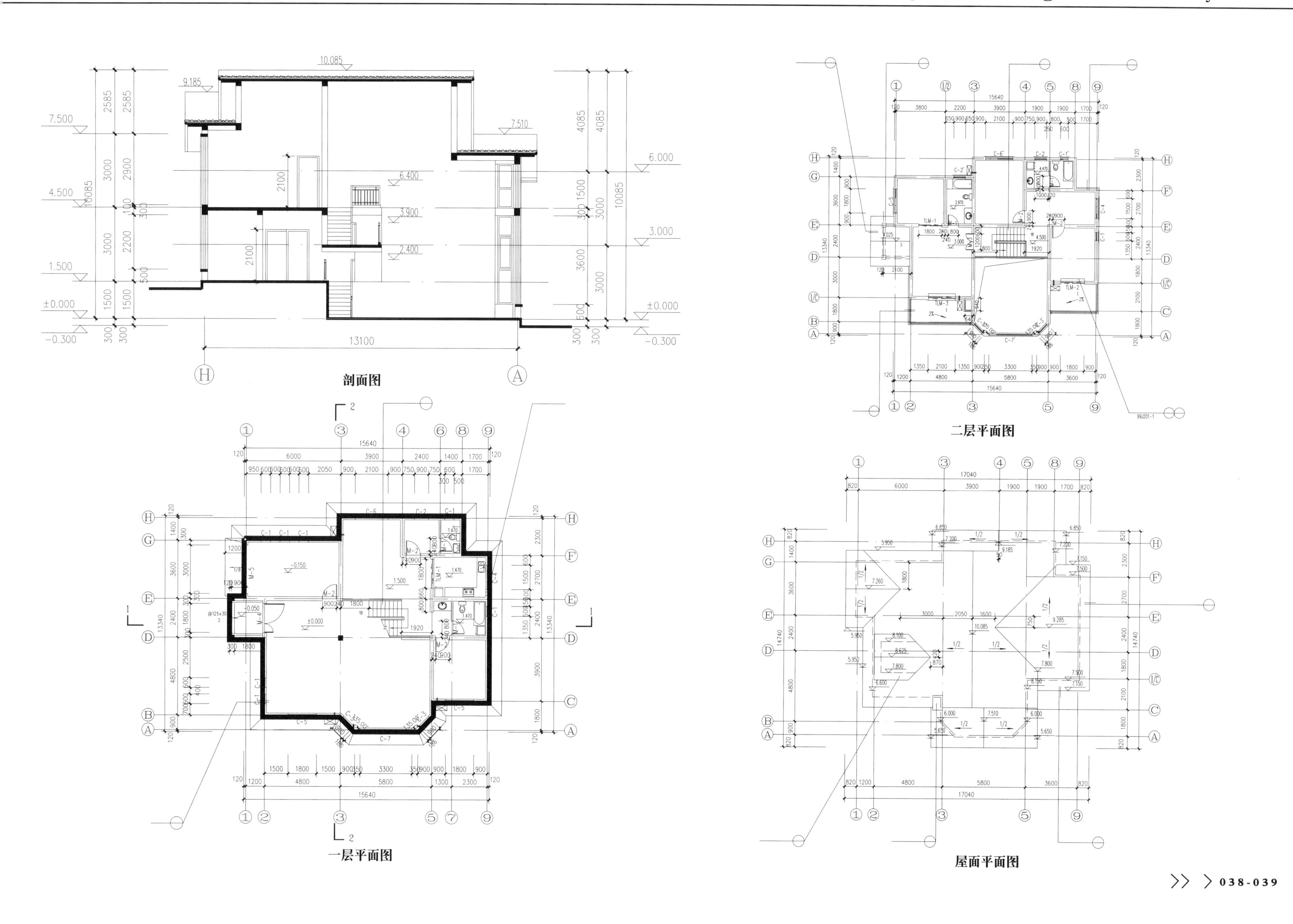
剖面图
二层平面图
一层平面图
屋面平面图

# > 东莞市坡屋顶别墅建筑施工图

**设计说明**

建筑类型：独栋别墅　　设计风格：欧陆风格
高度类别：多层建筑　　图纸张数：10张
图纸深度：施工图　　地上层数：2层
结构形式：钢筋混凝土结构　　建筑面积：276.08㎡

**内容简介**

本套图纸包括：建筑设计总说明、建筑构造用料做法、各层平面图、立面图、剖面图、楼梯大样、门窗大样、节点大样
总开间x进深：9.8x16.1米　用地面积：158.91㎡　建筑高度：6.90m

立面图

立面图

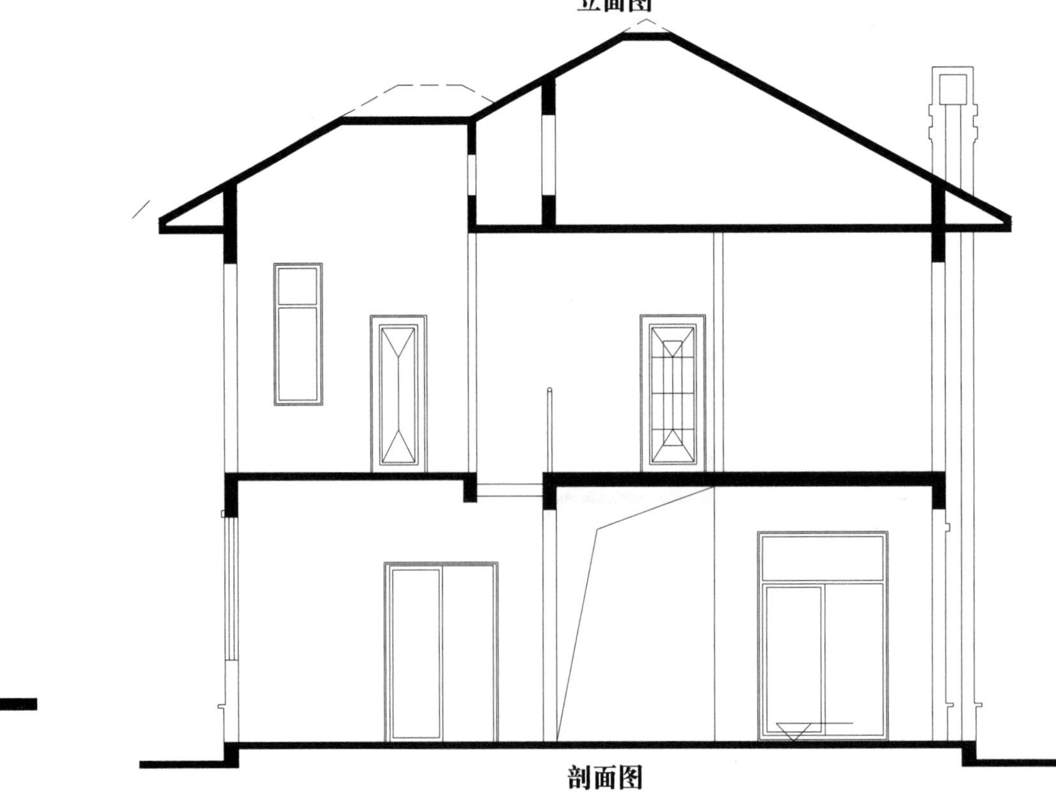

剖面图

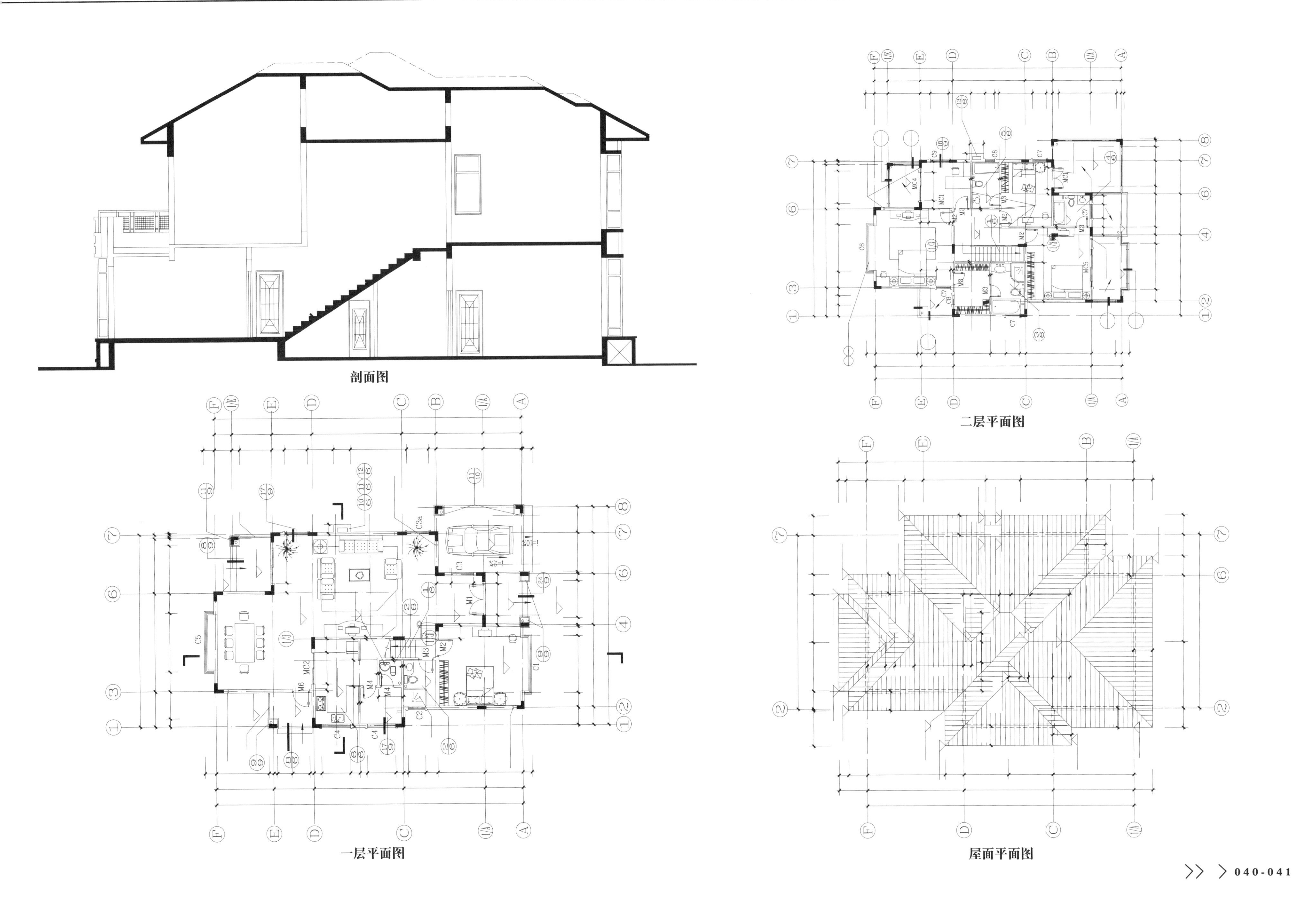

剖面图

二层平面图

一层平面图

屋面平面图

# > 仪征花园二层别墅建筑施工图

**设计说明**

建筑类型：独栋别墅　　设计风格：中式风格
高度类别：多层建筑　　图纸张数：6张
图纸深度：施工图　　地上层数：2层
结构形式：钢筋混凝土结构　　建筑面积：225.7㎡

**内容简介**

本套图纸包括：施工说明、总平面图、各层平面图、立面图、大样图、门窗详图，共6张图纸。
总开间x进深：9.9x14.9米　建筑高度：8.82米

立面图

立面图

立面图

剖面图

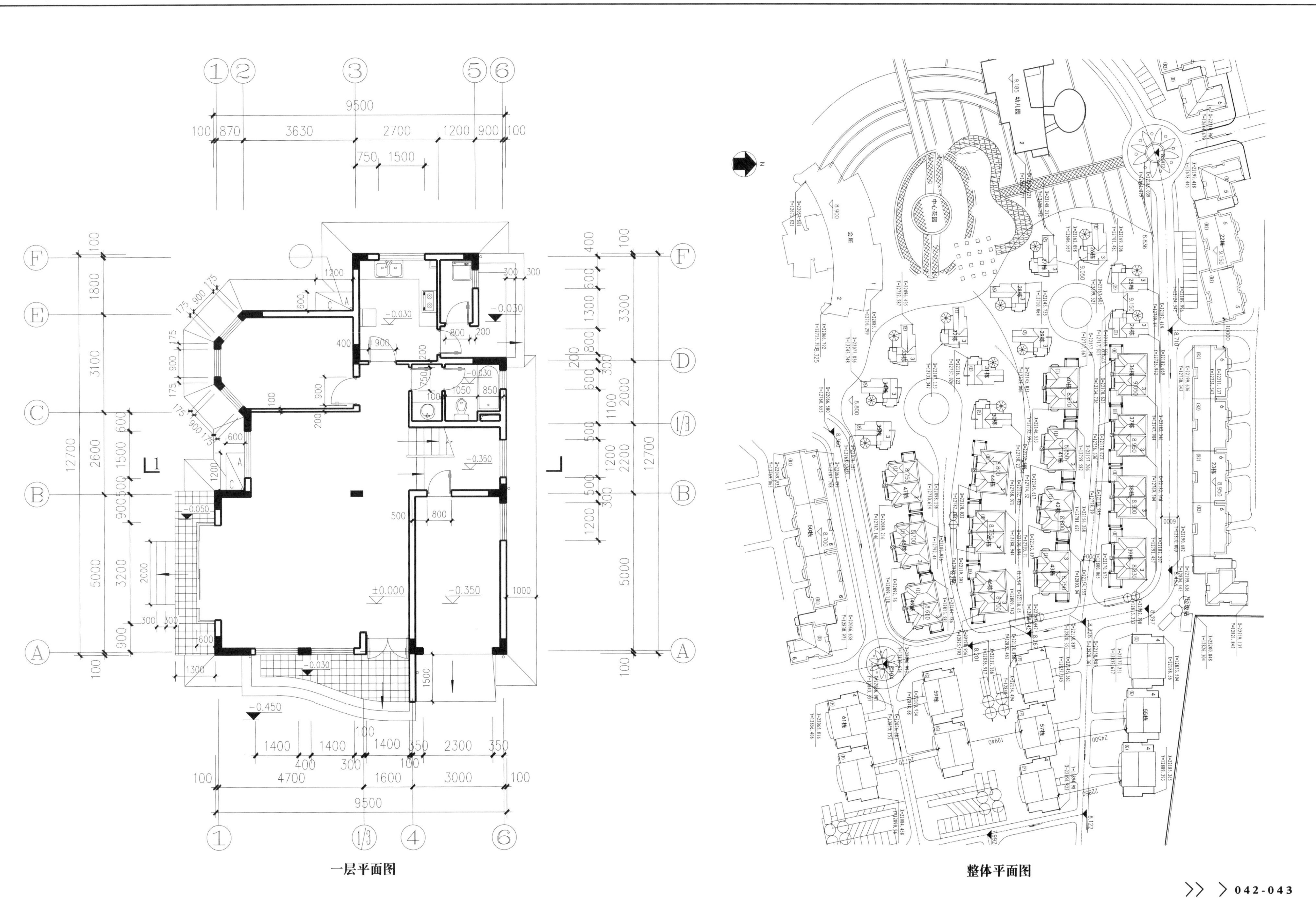
9500
100
870
3630
2700
1200
900
750
1500
12700
1800
3100
2600
5000
±0.000
-0.350
-0.030
-0.050
-0.450
4700
1600
3000
3300
2000
2200
中心花园
会所
幼儿园

一层平面图

整体平面图

本项目解压密码：47450576

# >英式独栋别墅建筑施工图

**设计说明**

| | |
|---|---|
| 建筑类型：独栋别墅 | 设计风格：欧陆风格 |
| 高度类别：多层建筑 | 设计流派：新古典 |
| 图纸深度：施工图 | 图纸张数：24张 |
| 结构形式：钢筋混凝土结构 | 地上层数：2层 |

**内容简介**

本套图纸包括：设计说明、各层平面图、立面图、剖面图、节点详图，共24张图纸。

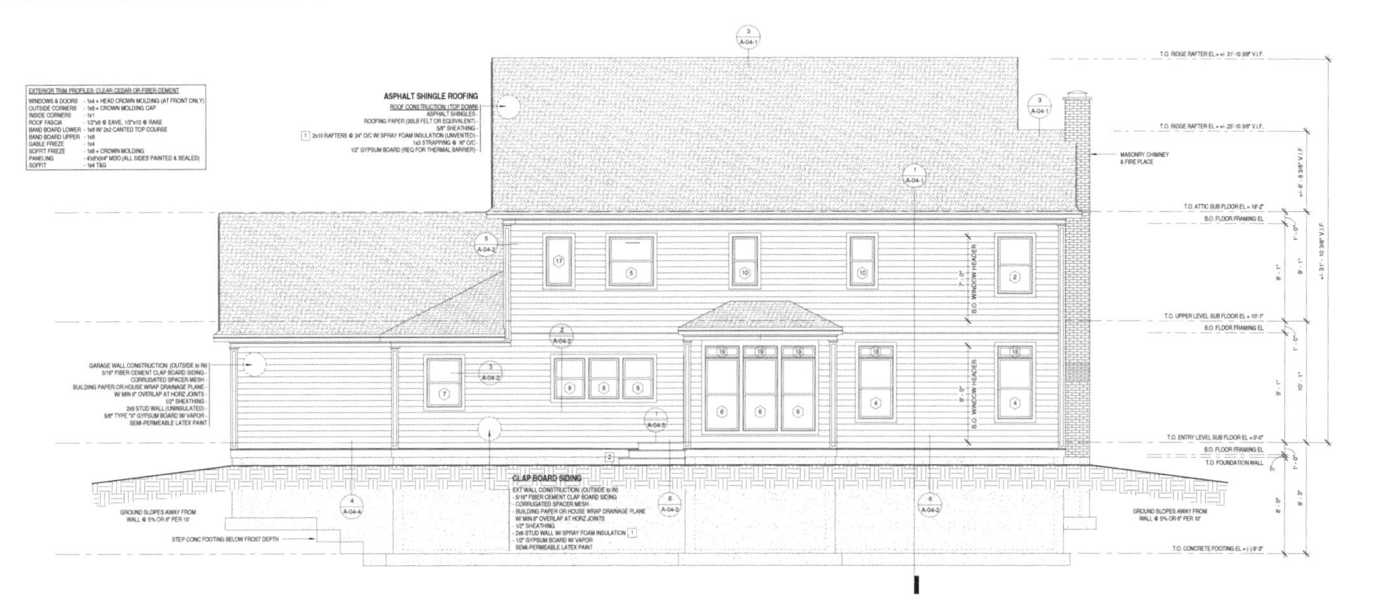


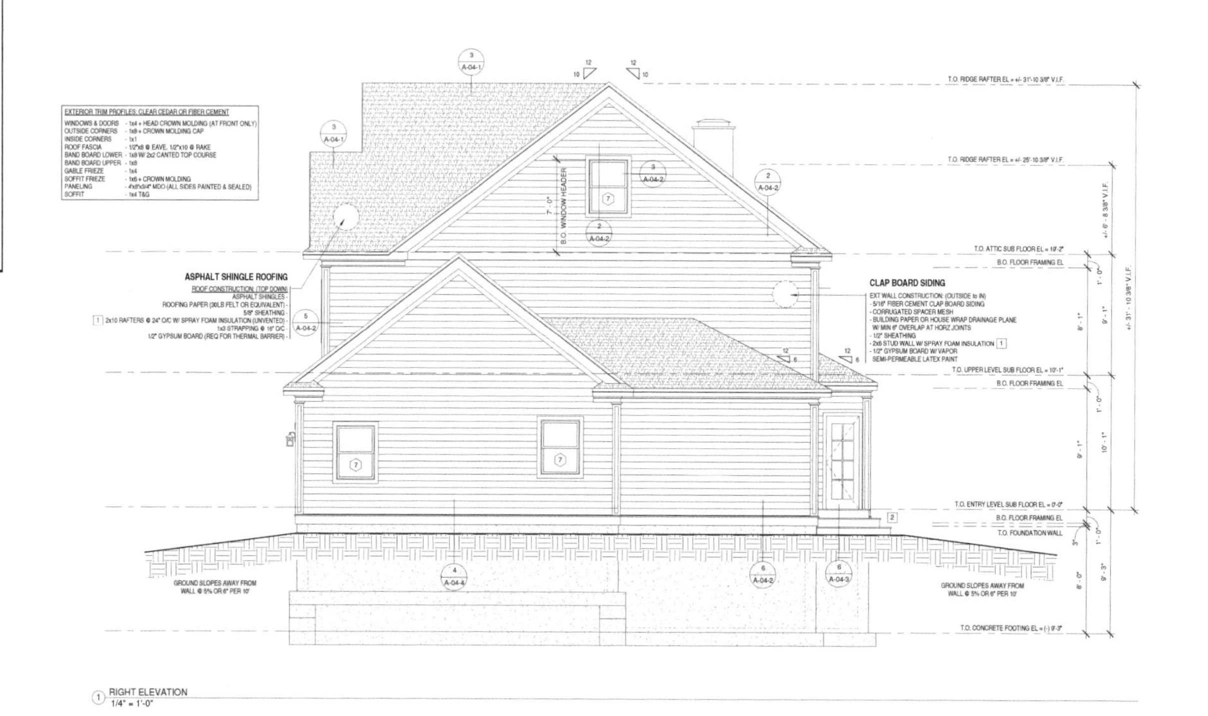


立面图

立面图

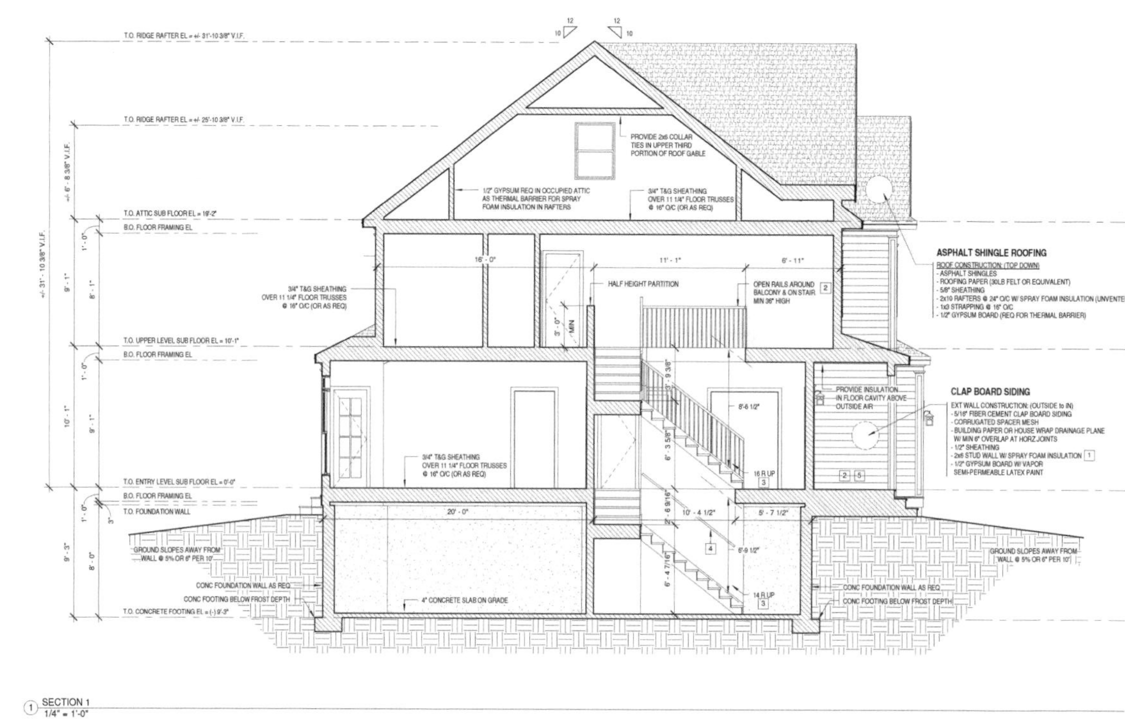


剖面图

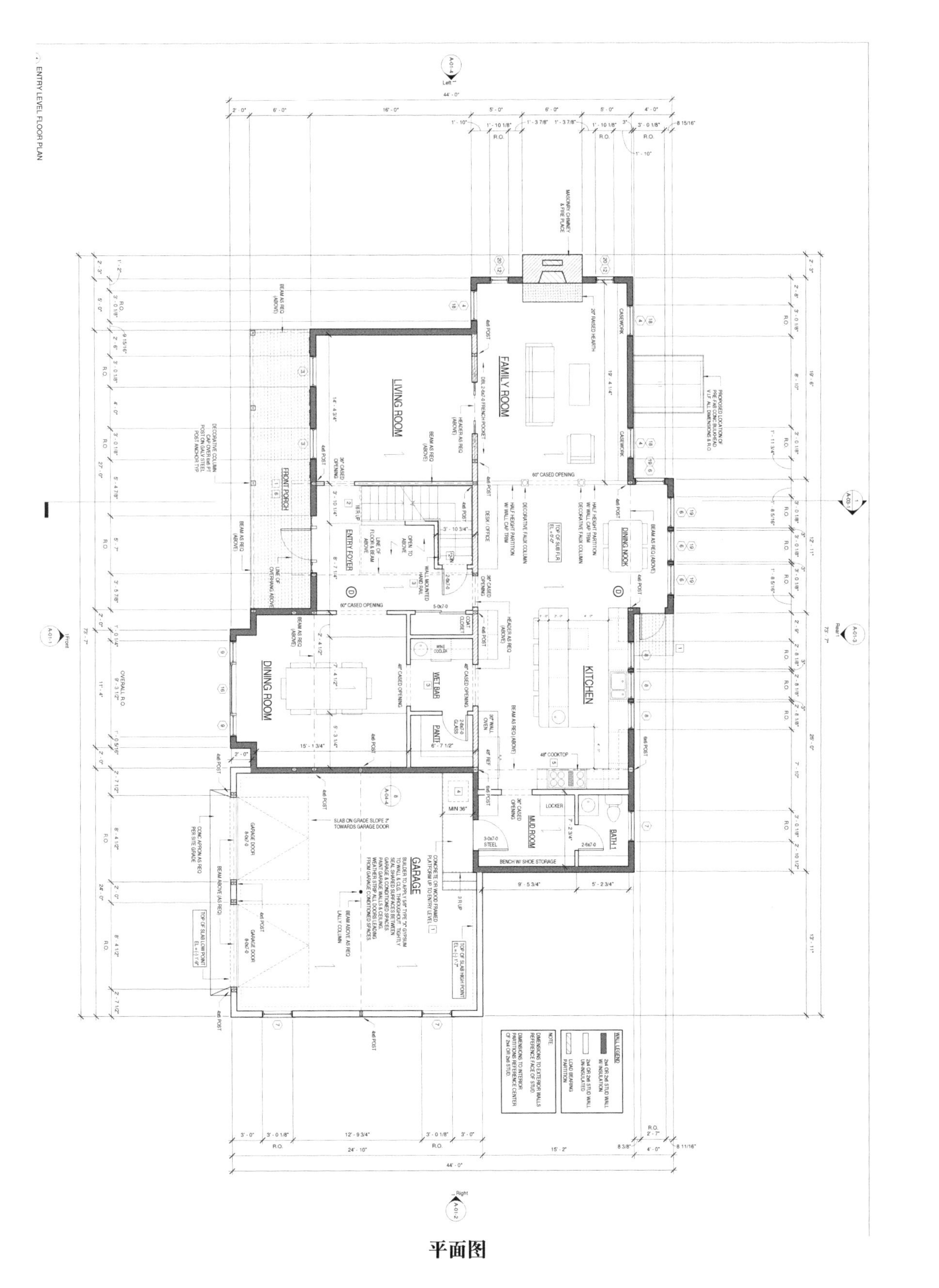
ENTRY LEVEL FLOOR PLAN
FAMILY ROOM
LIVING ROOM
DINING NOOK
KITCHEN
BATH 1
MUD ROOM
WET BAR
PANTRY
ENTRY FOYER
FRONT PORCH
DINING ROOM
GARAGE
MASONRY CHIMNEY & FIRE PLACE
WALL LEGEND
NOTE:

平面图

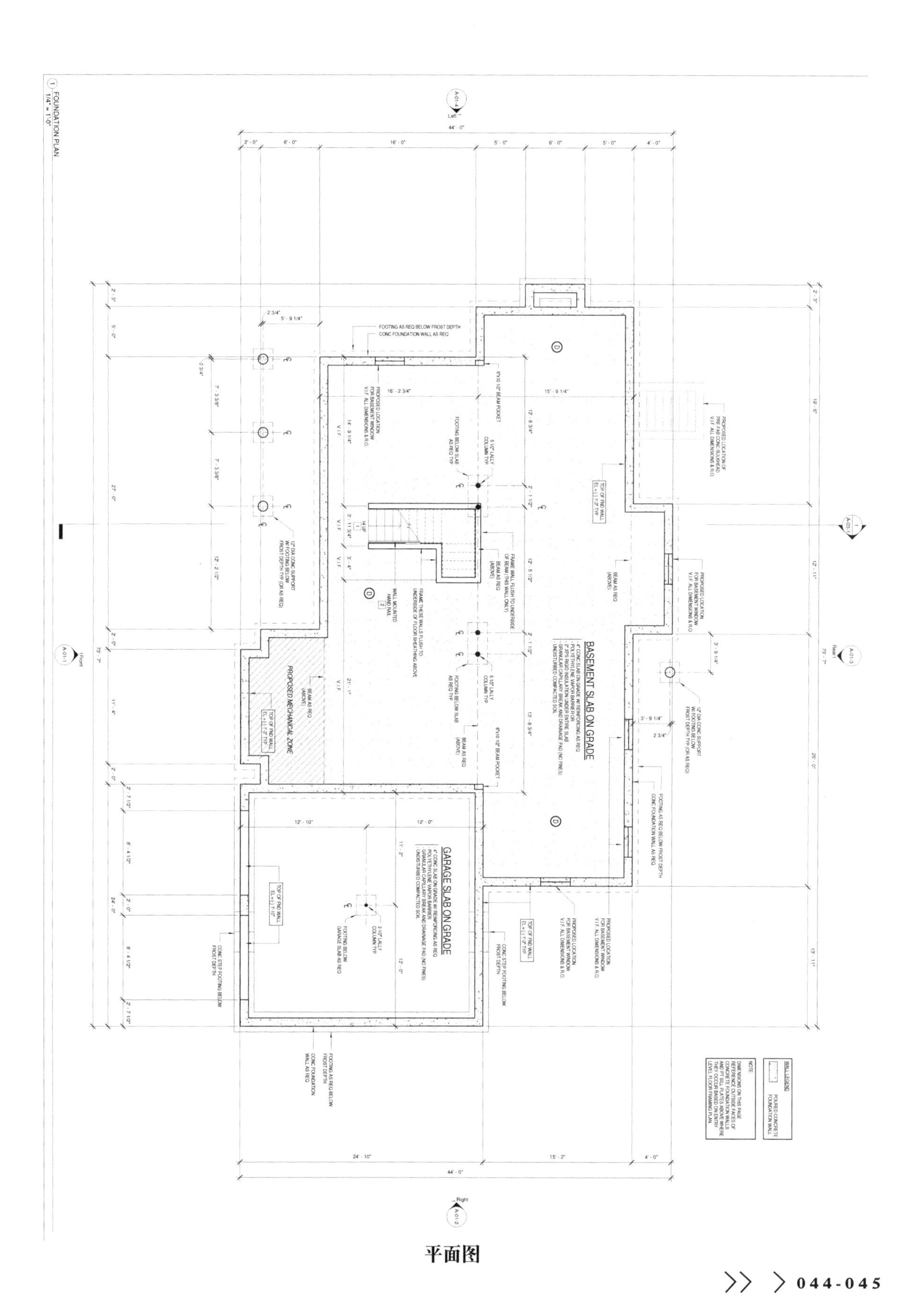
FOUNDATION PLAN
1/4" = 1'-0"
BASEMENT SLAB ON GRADE
GARAGE SLAB ON GRADE
PROPOSED MECHANICAL ZONE
WALL LEGEND
POURED CONCRETE FOUNDATION WALL
NOTE:

平面图

本项目解压密码：76150880

# >长沙威尼斯小城二层高档别墅建筑施工图

**设计说明**

建筑类型：独栋别墅　　设计风格：欧陆风格
高度类别：多层建筑　　设计流派：新古典
图纸深度：施工图　　图纸张数：11张
结构形式：钢筋混凝土结构　　地上层数：2层

**内容简介**

本套图纸包括：设计说明、做法表、各层平面图、立面图、剖面图、门窗表、门窗大样、节点详图。
总开间x进深：21.6x22.8米　建筑面积：553.37㎡　用地面积：350.81㎡

立面图

立面图

剖面图

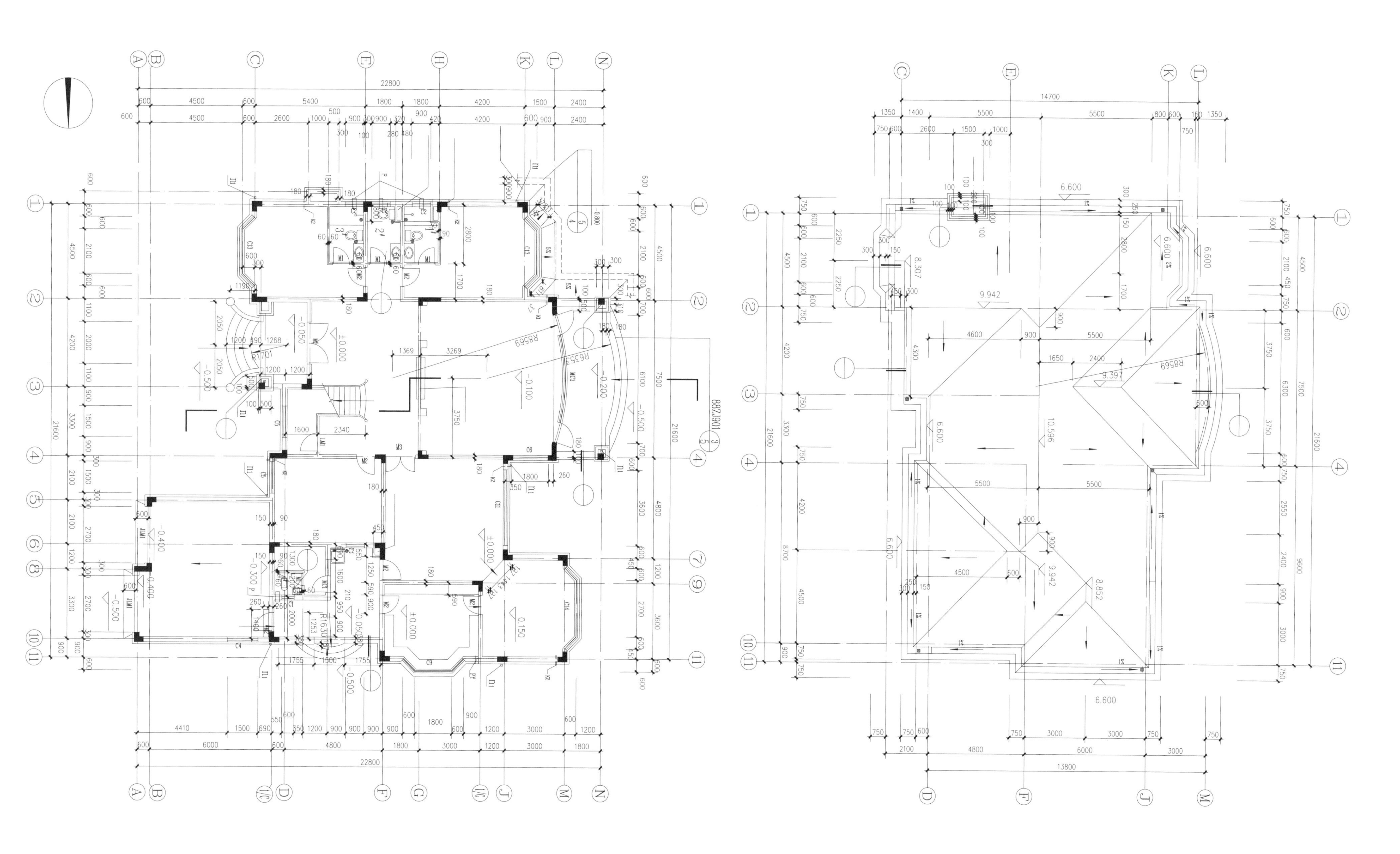

一层平面图

屋面平面图

# > 重庆市西班牙式高级别墅建筑施工图

**设计说明**

建筑类型：独栋别墅
高度类别：多层建筑
图纸深度：施工图
结构形式：钢筋混凝土结构

设计风格：欧陆风格
设计流派：新古典
图纸张数：11张
地上层数：2层

**内容简介**

本套图纸包括：设计说明、做法表、各层平面图、立面图、剖面图、门窗表、门窗大样、节点详图。
总开间x进深：21.6x22.8米　建筑面积：553.37㎡　用地面积：350.81㎡

立面图

立面图

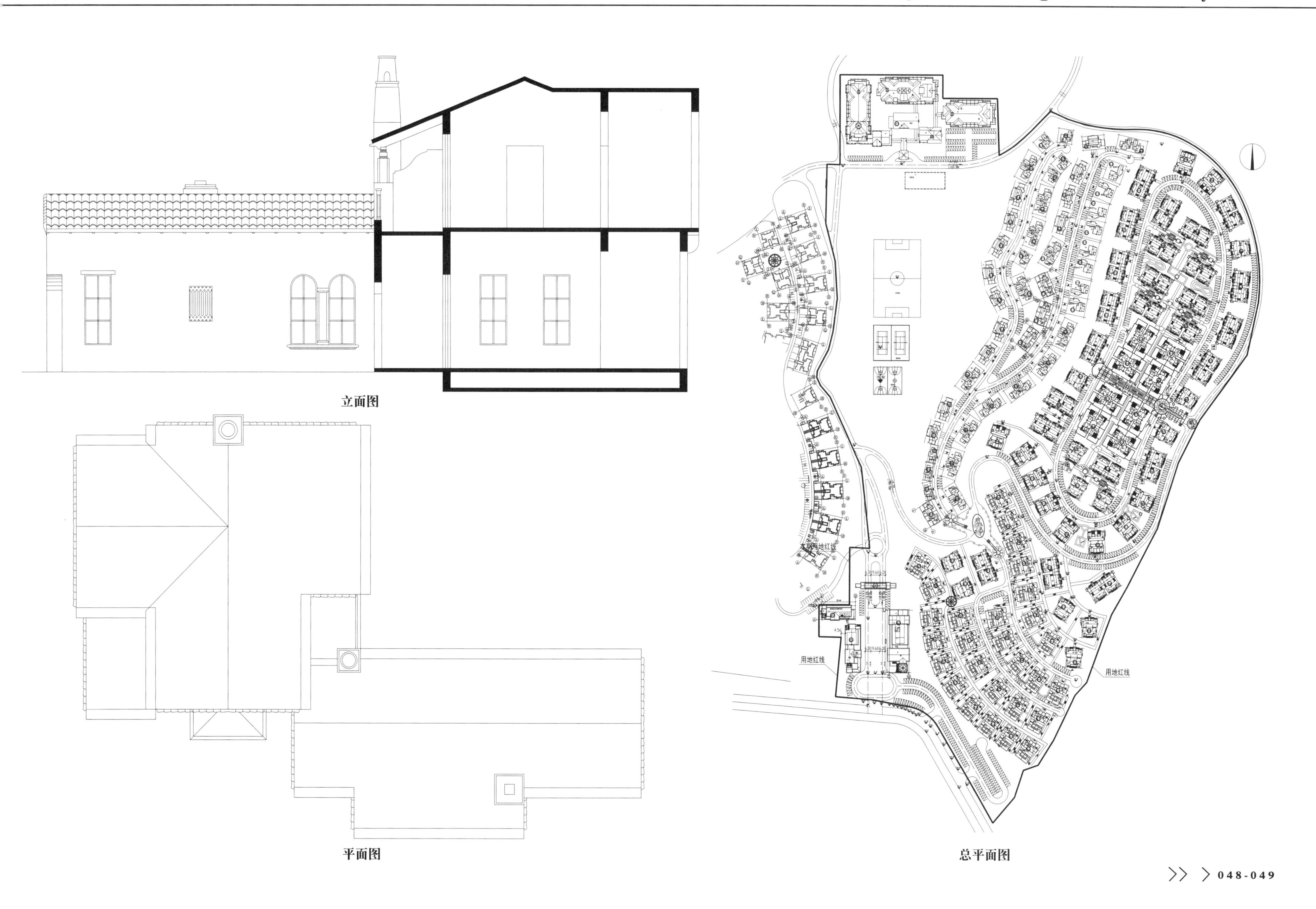


立面图

平面图

总平面图

# >别墅设计方案集A-08型别墅

**设计说明**

建筑类型：独栋别墅　　建筑面积：300m²
高度类别：多层建筑　　设计高度：8.5m
图纸深度：施工图　　图纸张数：8张
结构形式：框架结构　　地上层数：2层

**内容简介**

本套图纸包括：本套图纸包括图纸目录、图纸说明、工程作法、门窗表、各层建筑平面、立面、剖面图、卫生间详图、楼梯间详图、墙身大样、檐口作法等，共8张图纸。

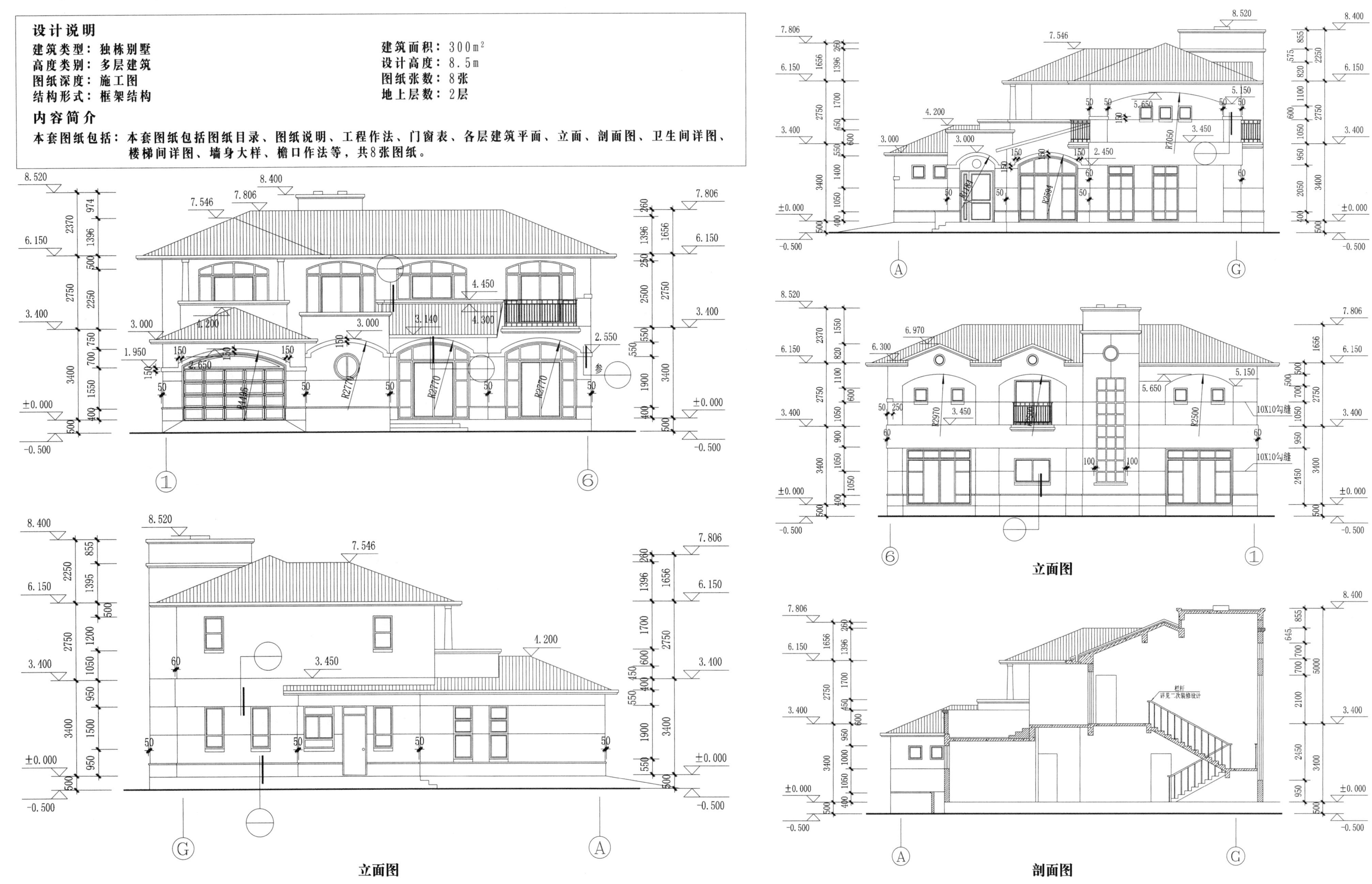

立面图

立面图

剖面图

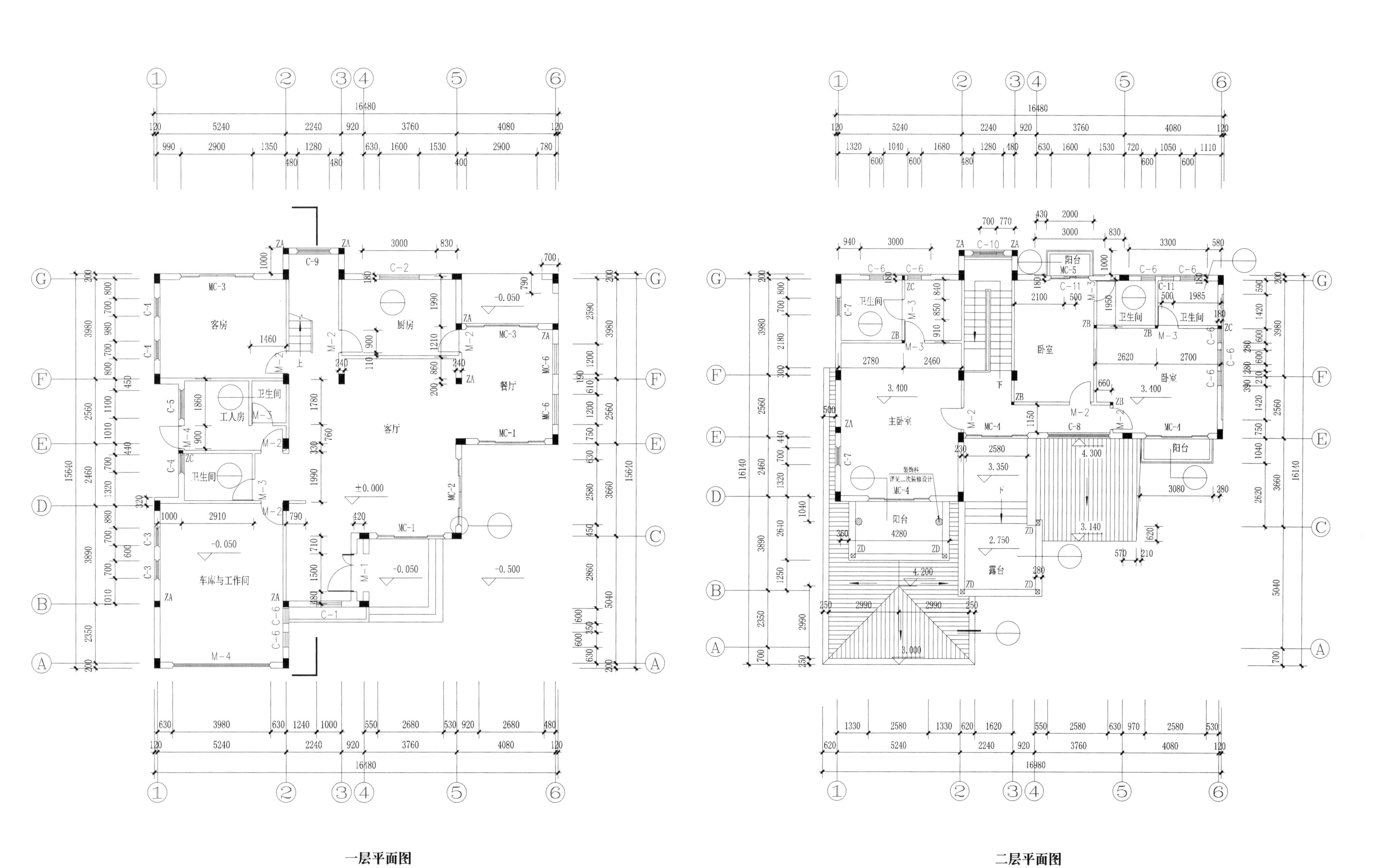
客房
厨房
餐厅
客厅
工人房
卫生间
车库与工作间
±0.000
-0.050
-0.500
卧室
主卧室
阳台
露台
3.400
3.350
2.750
4.300
3.140
4.200
3.000

一层平面图

二层平面图

# >别墅设计方案集A-14型别墅

**设计说明**

| | |
|---|---|
| 建筑类型：独栋别墅 | 建筑面积：428m² |
| 高度类别：多层建筑 | 设计高度：10.6m |
| 图纸深度：施工图 | 图纸张数：12张 |
| 结构形式：框架结构 | 地上层数：2层 |

**内容简介**

本套图纸包括：本套图纸包括图纸目录、图纸说明、工程作法、门窗表、各层建筑平面、立面、剖面图、楼梯间详图、墙身大样、檐口作法等。共12张图纸。

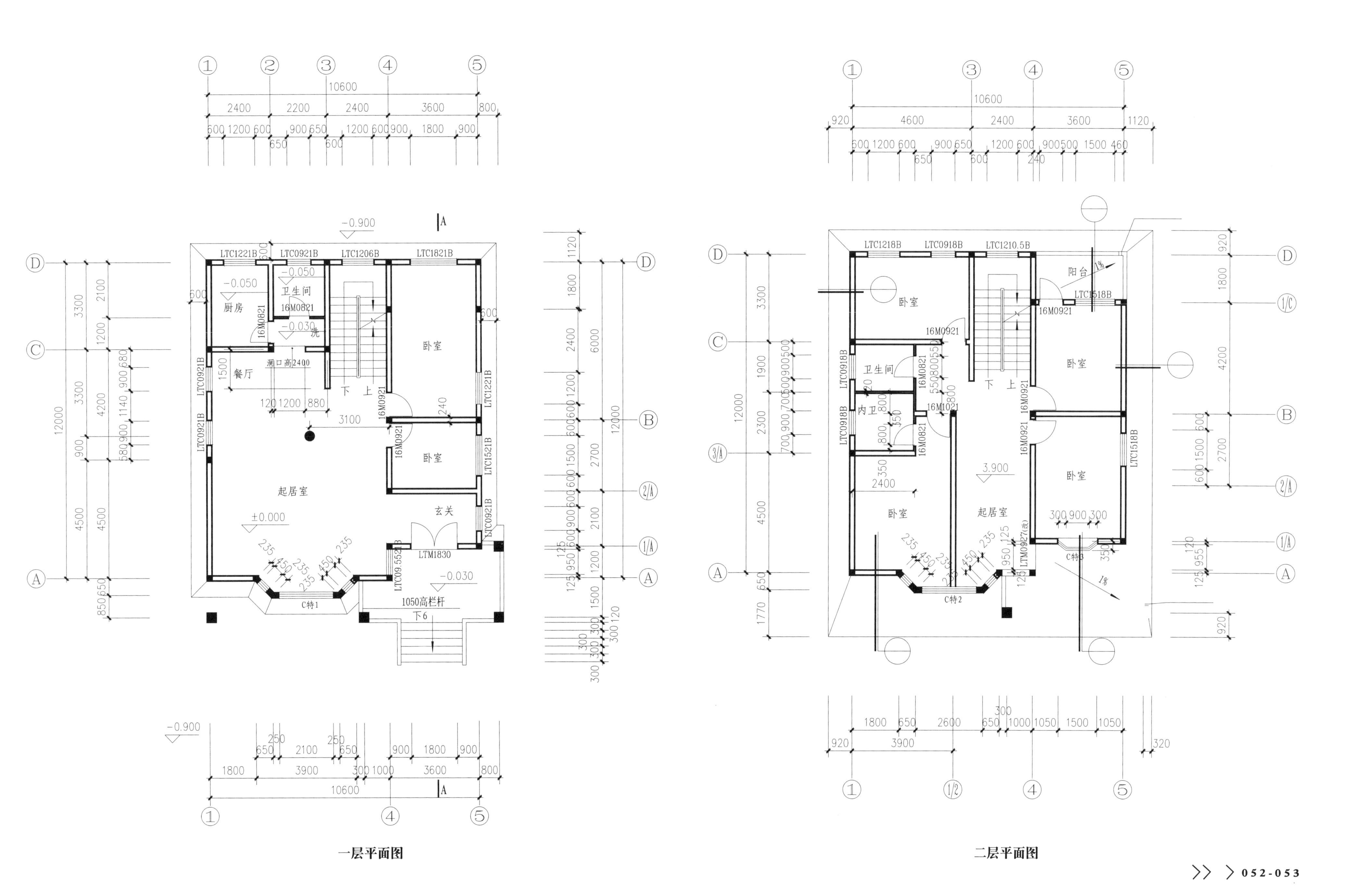


一层平面图

二层平面图

# >经典别墅

**设计说明**

建筑类型：独栋别墅
高度类别：多层建筑
图纸深度：施工图
结构形式：钢筋混凝土结构

图纸张数：12张
地上层数：2层

**内容简介**

本套图纸包括：本套图纸包括各层平面图及立面图，楼梯扶手等节点详图，门窗表等。共12张图纸。

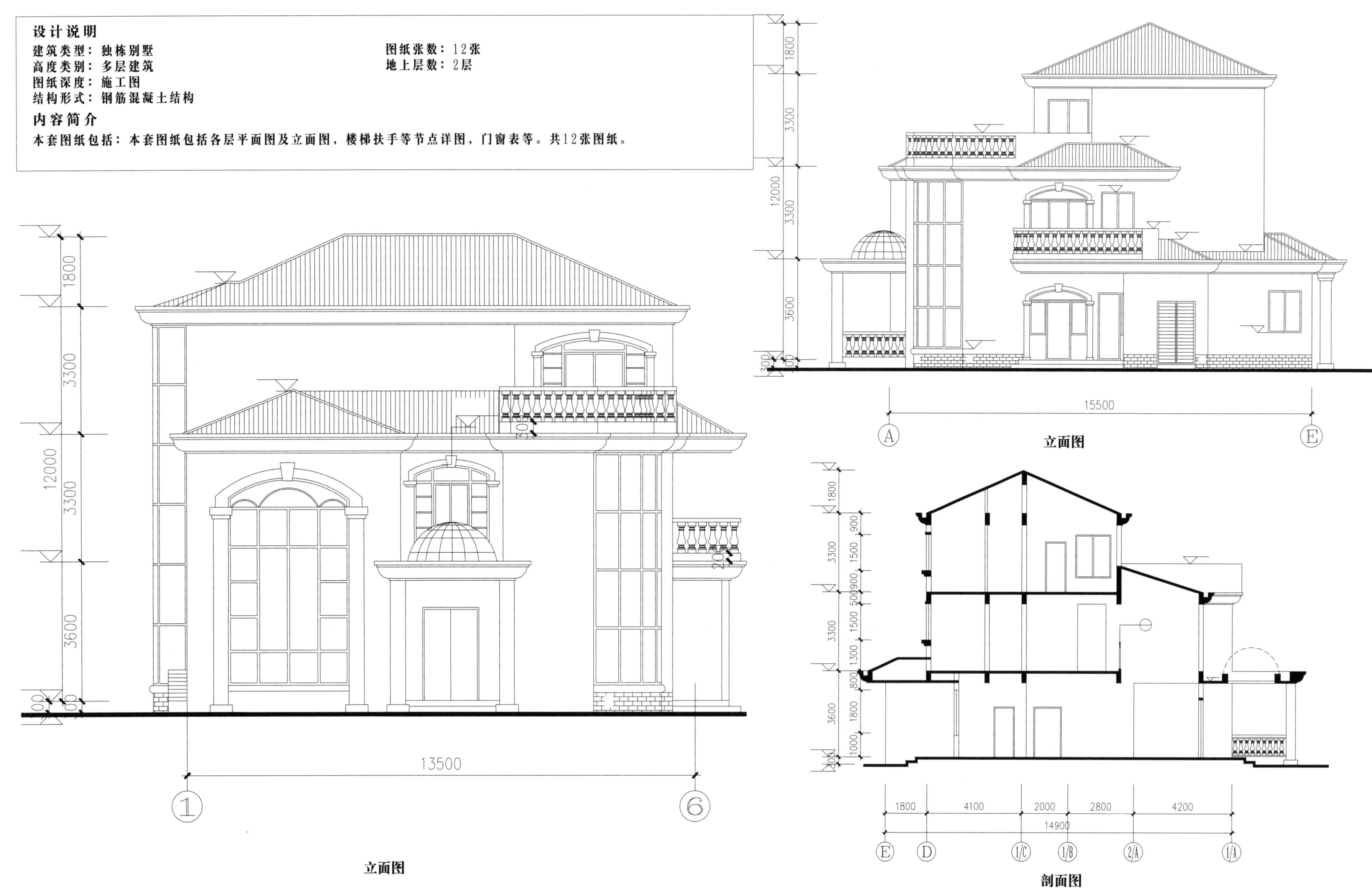

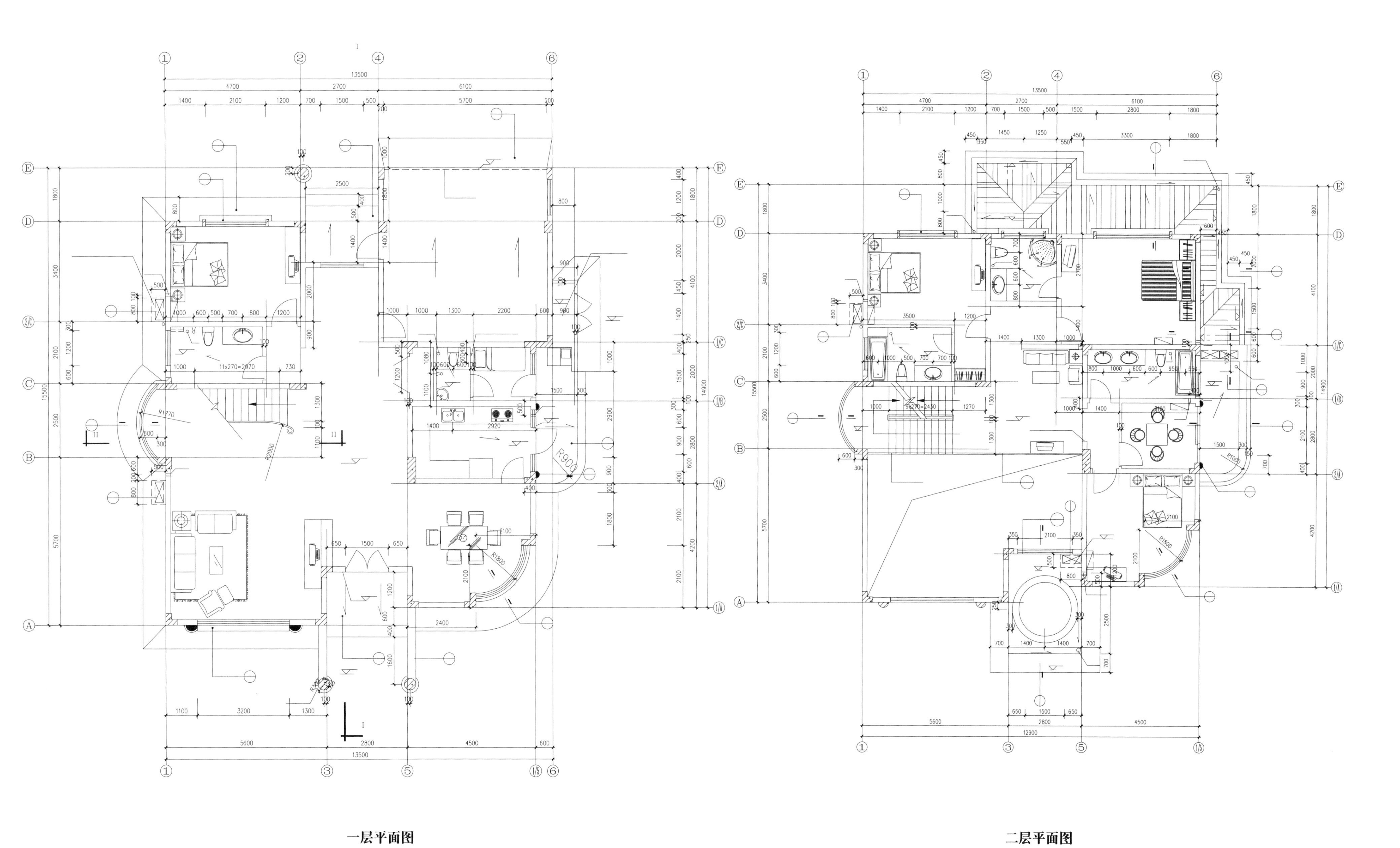

一层平面图

二层平面图

本项目解压密码：47450576

# > 二层别墅建筑施工图

**设计说明**

建筑类型：联排别墅
高度类别：多层建筑
图纸深度：施工图
结构形式：钢筋混凝土结构

设计风格：中式风格
设计流派：新中式
图纸张数：12张
地上层数：2层

**内容简介**

本套图纸包括：本套图纸包括各层建筑平面图、立面图、剖面图、墙身大样、楼梯间详图、檐口作法等，共9张图纸。
建筑高度：12.75m

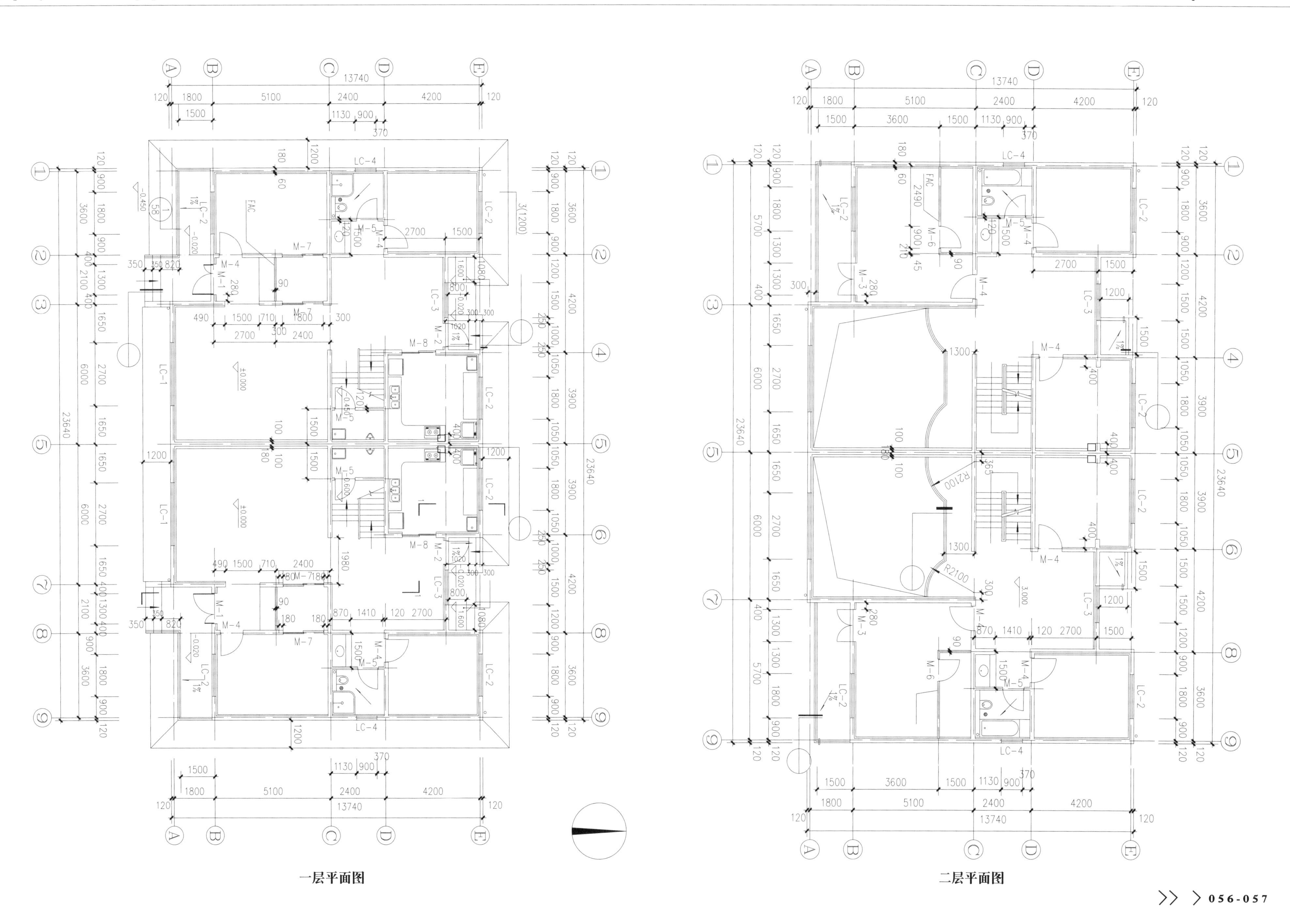

一层平面图

二层平面图

# >欧式风格别墅建筑施工图

**设计说明**

建筑类型：独栋别墅　　设计风格：欧陆风格
高度类别：多层建筑　　设计流派：新古典
图纸深度：施工图　　图纸张数：15张
结构形式：砌体结构　　地上层数：2层

**内容简介**

本套图纸包括：本套图纸包括各层建筑平面、立面、剖面图、卫生间详图、楼梯间详图、墙身大样、檐口作法等。
建筑面积：400㎡　建筑高度：8.1m

立面图

立面图

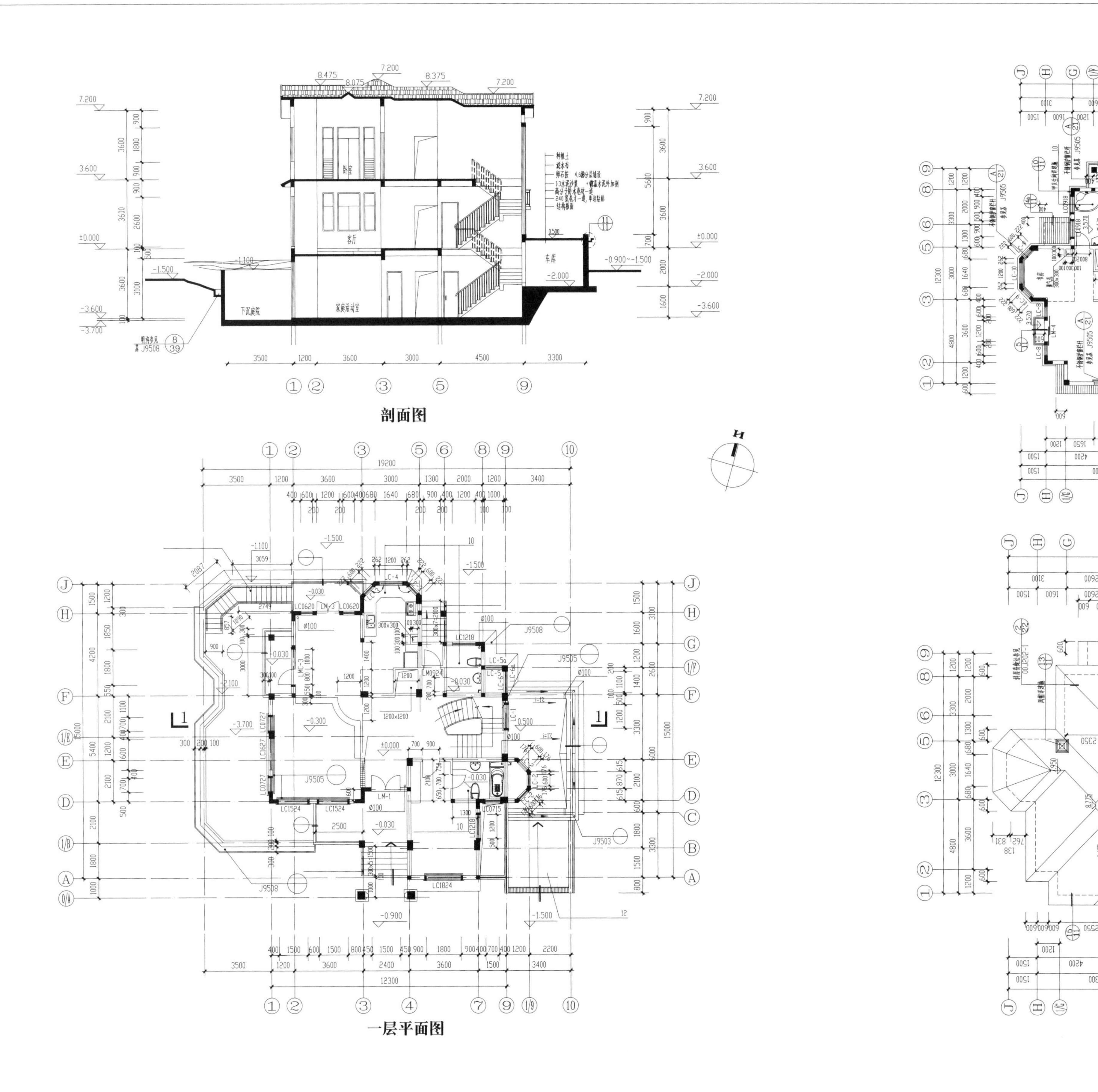
剖面图
一层平面图
二层平面图
屋面平面图

本项目解压密码：03746105

# > 小别墅建筑结构方案图

**设计说明**

建筑类型：独栋别墅　　建筑面积：387.92m²
高度类别：多层建筑　　建筑高度：11m
图纸深度：方案图　　图纸张数：12张
结构形式：砖混结构　　地上层数：2层

**内容简介**

本套图纸包括：本套图纸包括图纸说明、各层建筑平面、立面、剖面图、檐口作法等，共12张图纸.
设计功能包括：客厅、厨房、卧室等

立面图

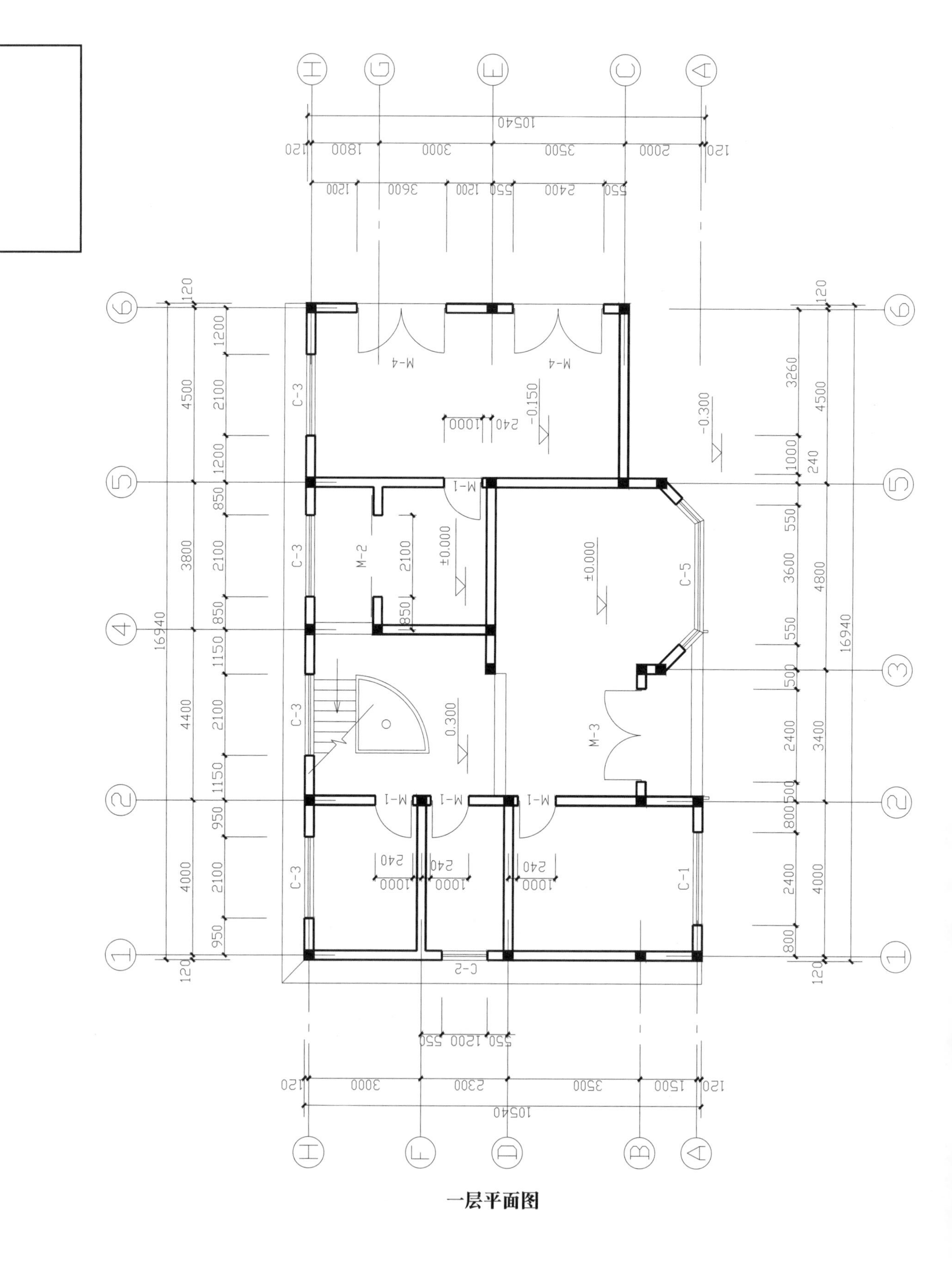


一层平面图

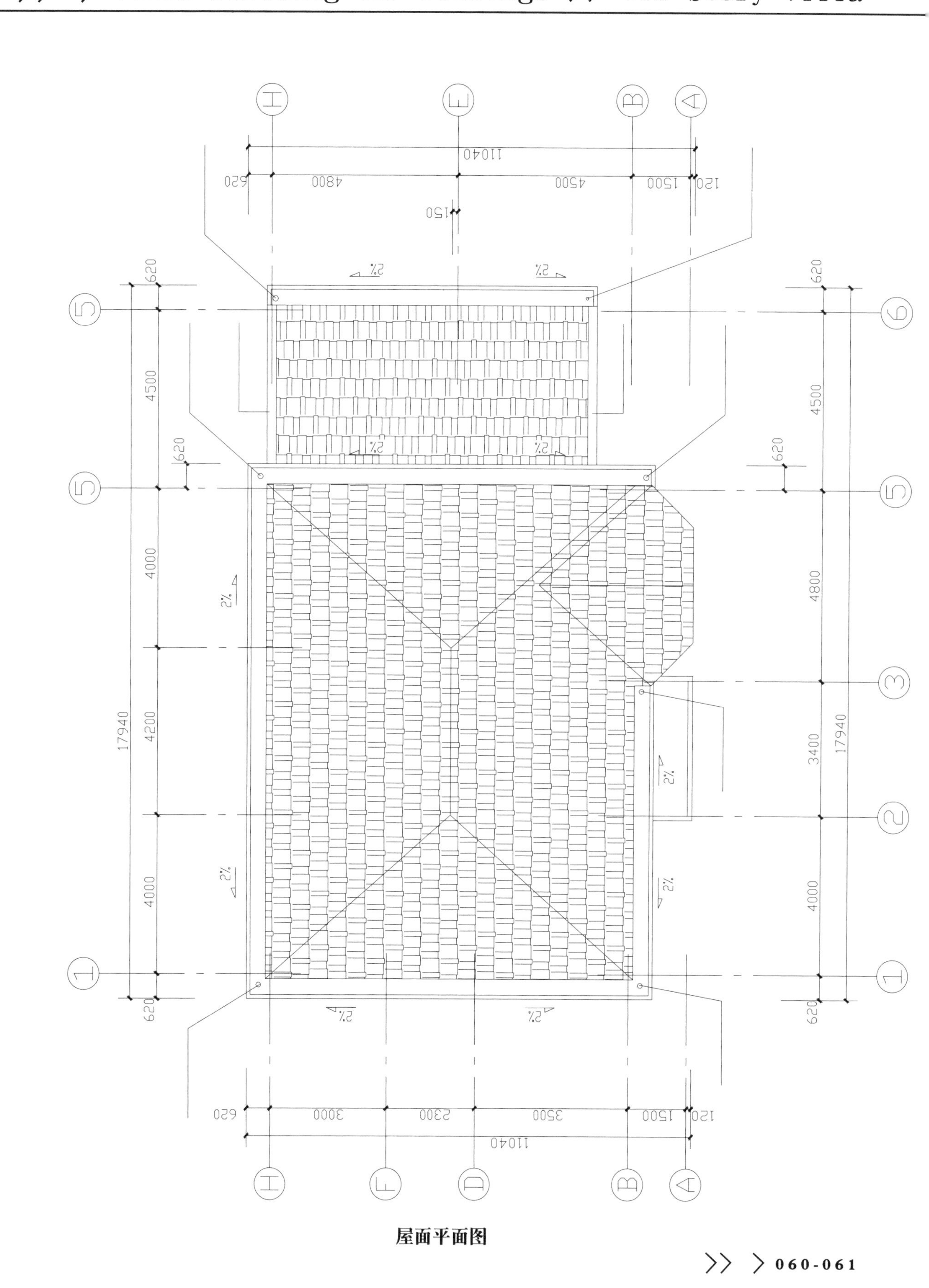

二层平面图

阁楼平面图

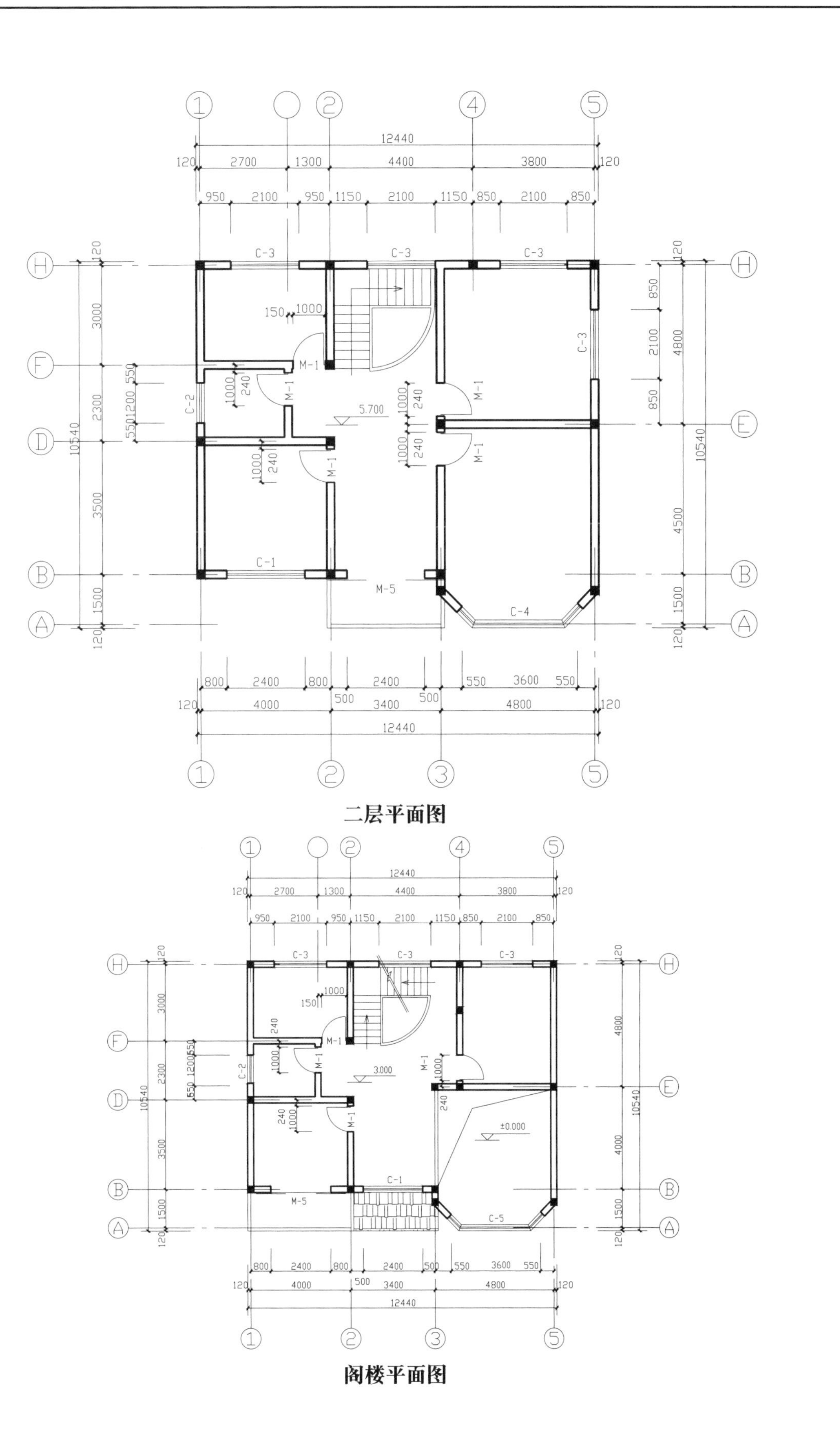

屋面平面图

# > 坡地豪华别墅建筑施工图

**设计说明**

建筑类型：独栋别墅　　设计风格：欧陆风格
高度类别：多层建筑　　设计流派：新古典
图纸深度：方案图　　图纸张数：10张
结构形式：砖混结构　　地上层数：2层

**内容简介**

本套图纸包括：平面图、立面图、剖面图、楼梯大样、门窗表、门窗大样、节点详图。
总开间x进深：14.1x21米

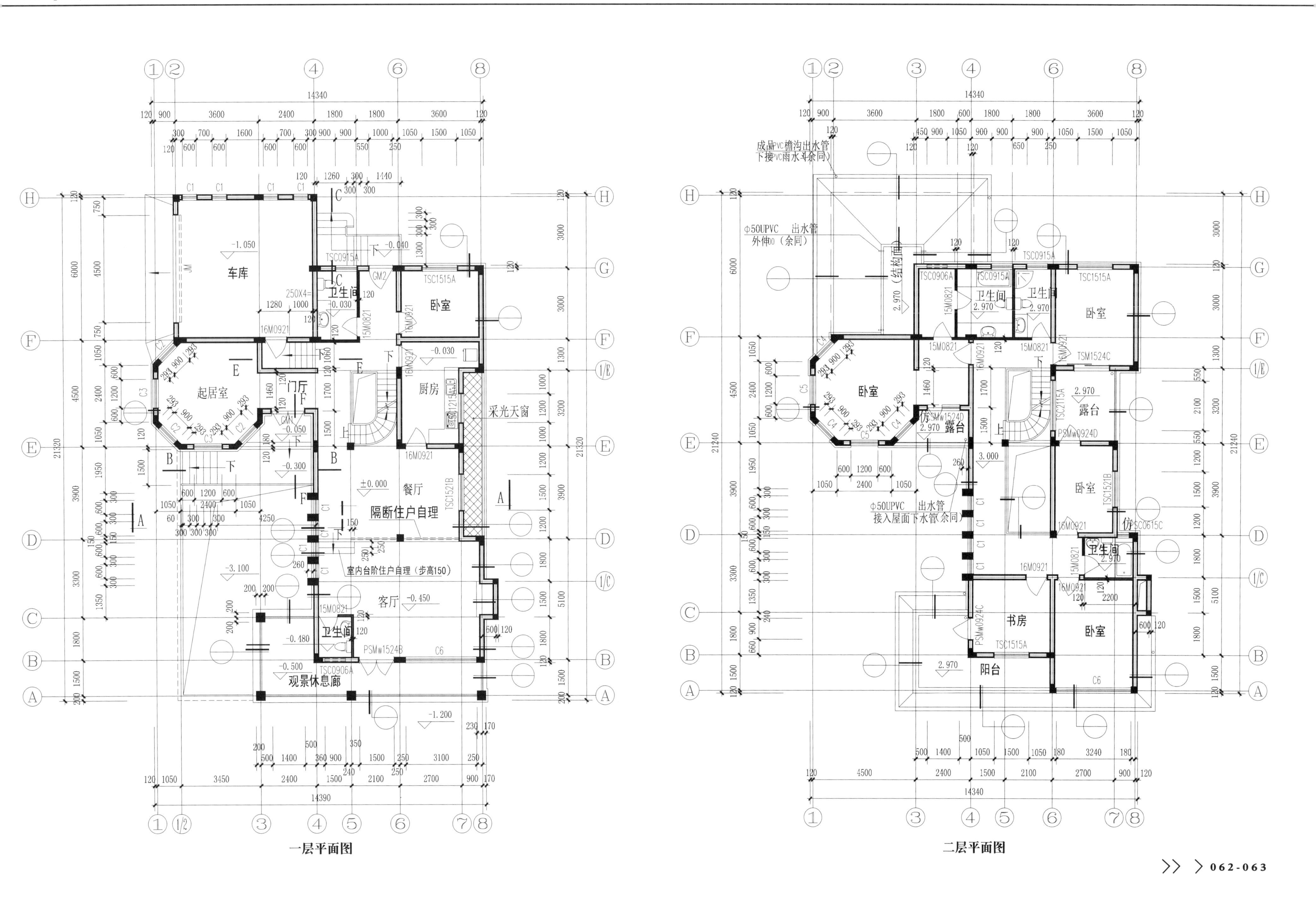
车库
卫生间
卧室
起居室
门厅
厨房
采光天窗
餐厅
隔断住户自理
室内台阶住户自理（步高150）
客厅
观景休息廊
卧室
卫生间
露台
书房
阳台
Φ50UPVC 出水管
外伸𝟎（余同）
成品PVC檐沟出水管
下接PVC雨水斗余同）
Φ50UPVC 出水管
接入屋面下水管(余同)

一层平面图

二层平面图

# >独栋别墅建筑施工图

**设计说明**

建筑类型：独栋别墅　　设计风格：欧陆风格
高度类别：多层建筑　　设计流派：新古典
图纸深度：方案图　　建筑面积：199.6㎡
结构形式：钢筋混凝土结构　　地上层数：2层

**内容简介**

本套图纸包括：各层平面图、建筑设计施工说明、立面图、剖面图、楼梯、下沉庭院详图、门窗详图、节点详图。
总开间x进深：14.1x17.8米　用地面积：690.9㎡　容积率：0.75　建筑密度：28.5%　建筑高度：13.7m

立面图

立面图

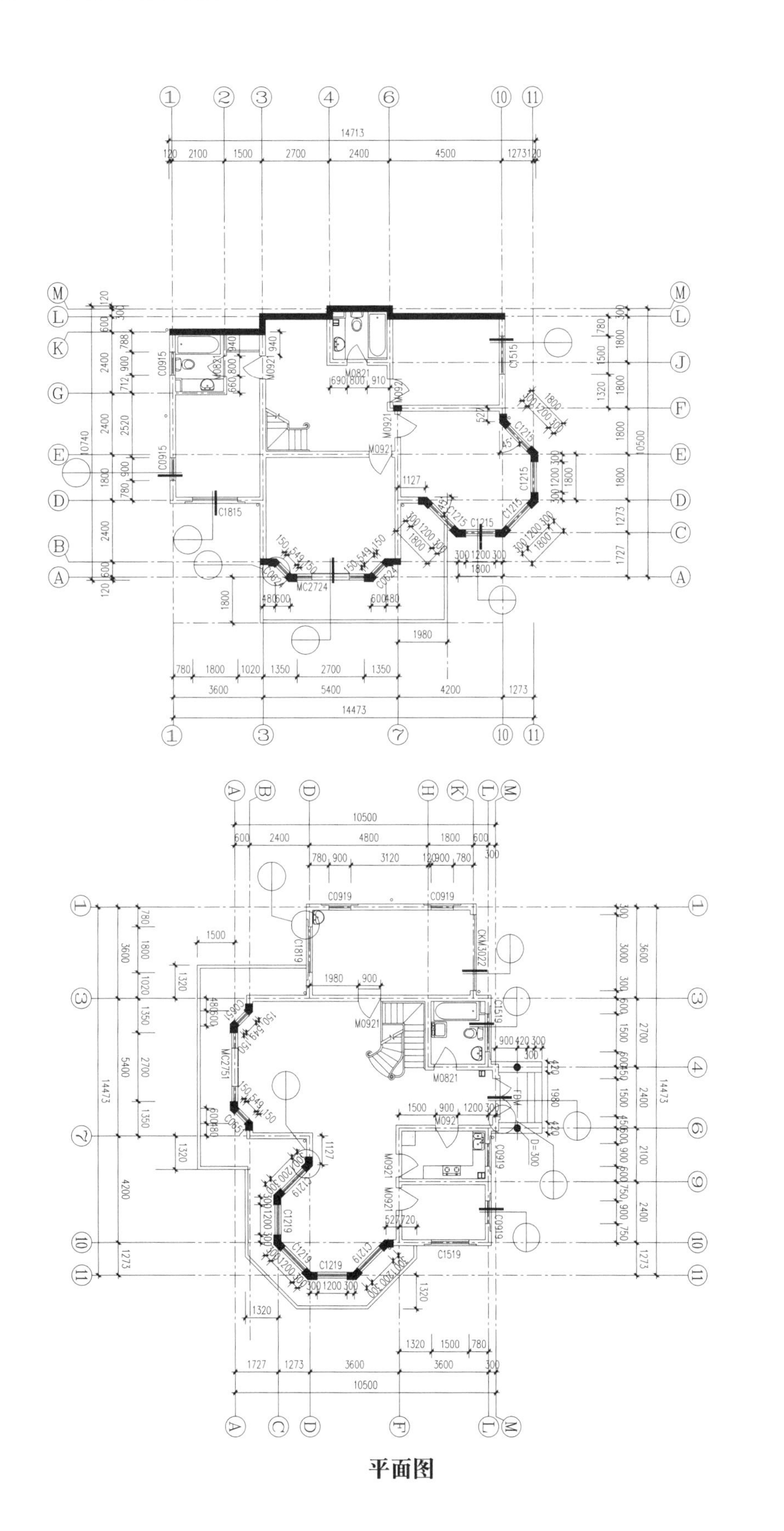

平面图

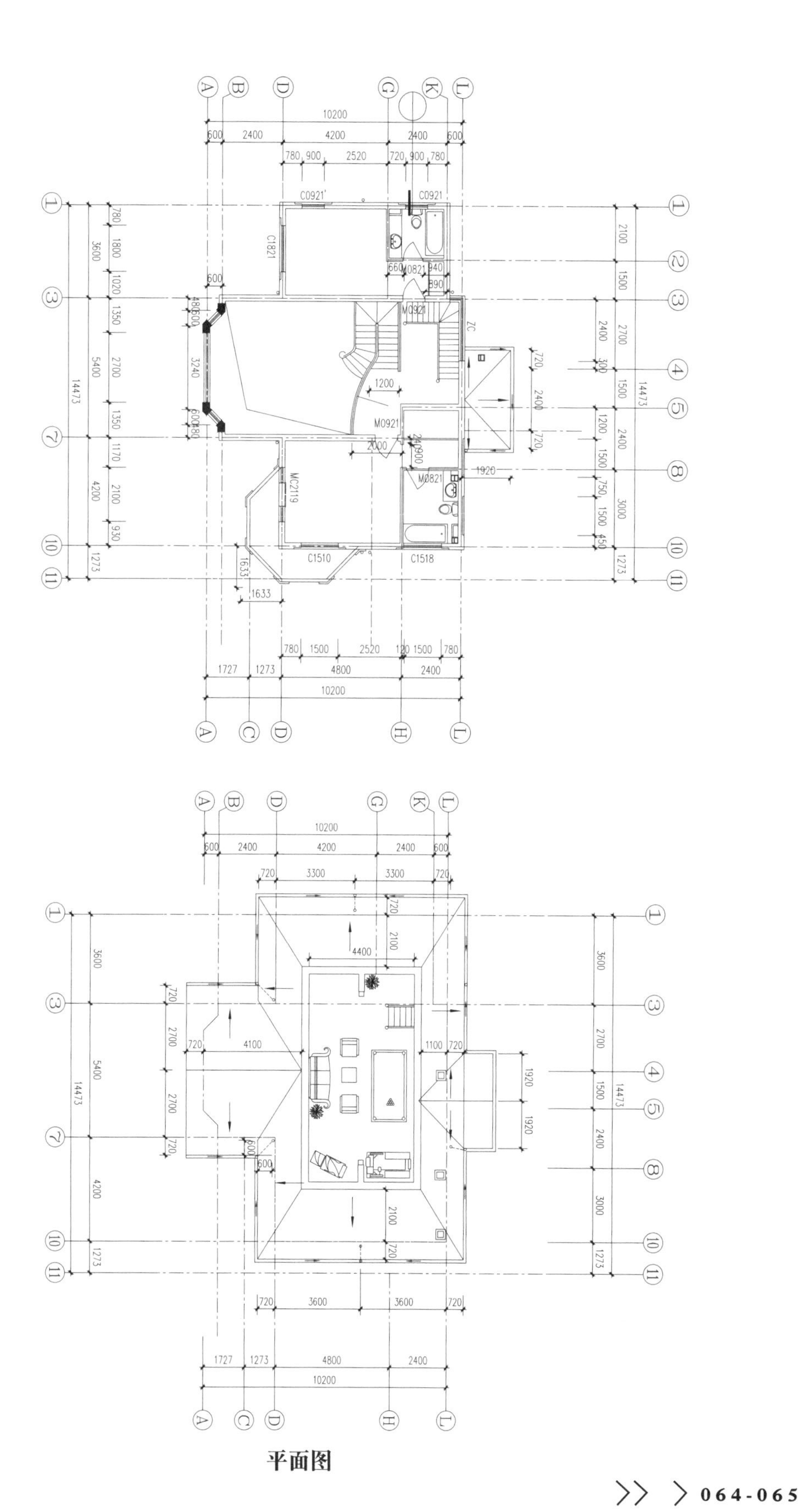

平面图

本项目解压密码：58998364

# >杭州云栖碟谷B型别墅建筑施工图

**设计说明**

建筑类型：独栋别墅
高度类别：多层建筑
图纸深度：方案图
结构形式：砌体结构

设计风格：北美风格
设计流派：新古典
图纸张数：9张
地上层数：2层

**内容简介**

本套图纸包括：图纸目录、工程作法、门窗表、各层建筑平面、立面、剖面图、楼梯间详图、墙身大样等，共9张图纸。
建筑高度：9.06m

南立面图

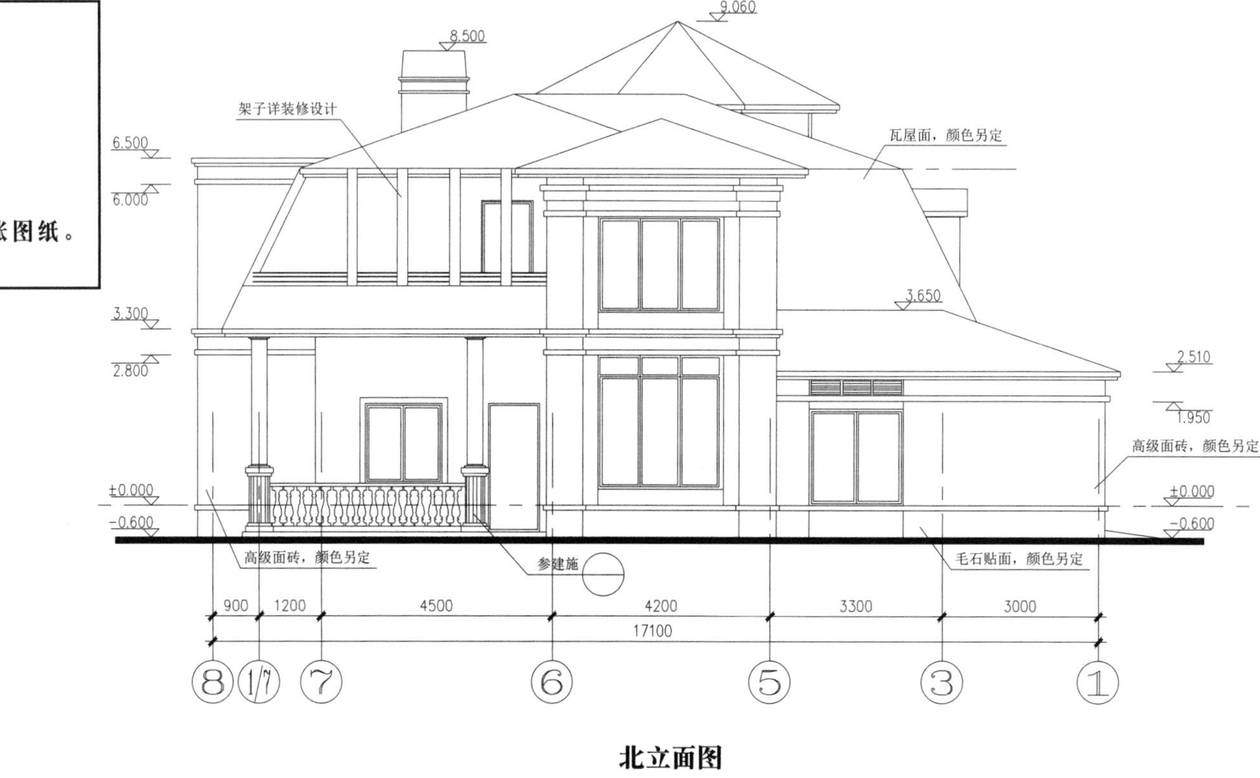

北立面图

西立面图

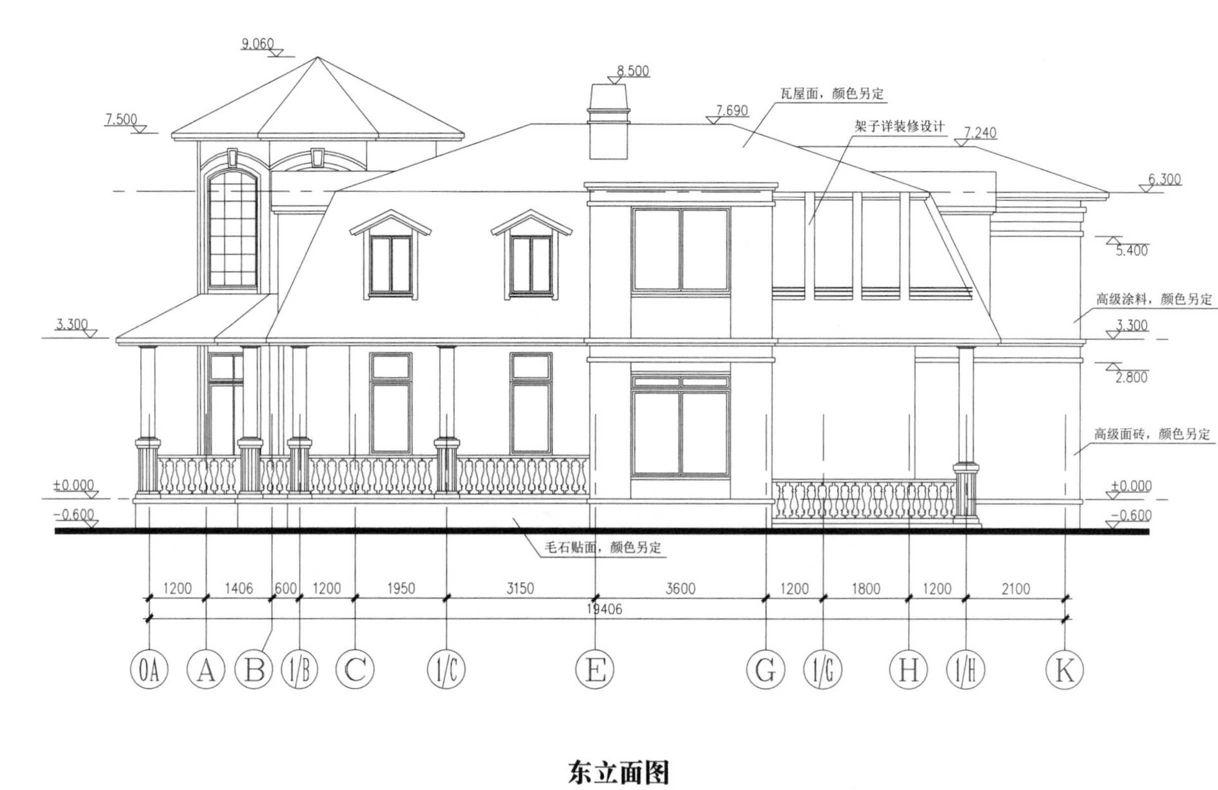

东立面图

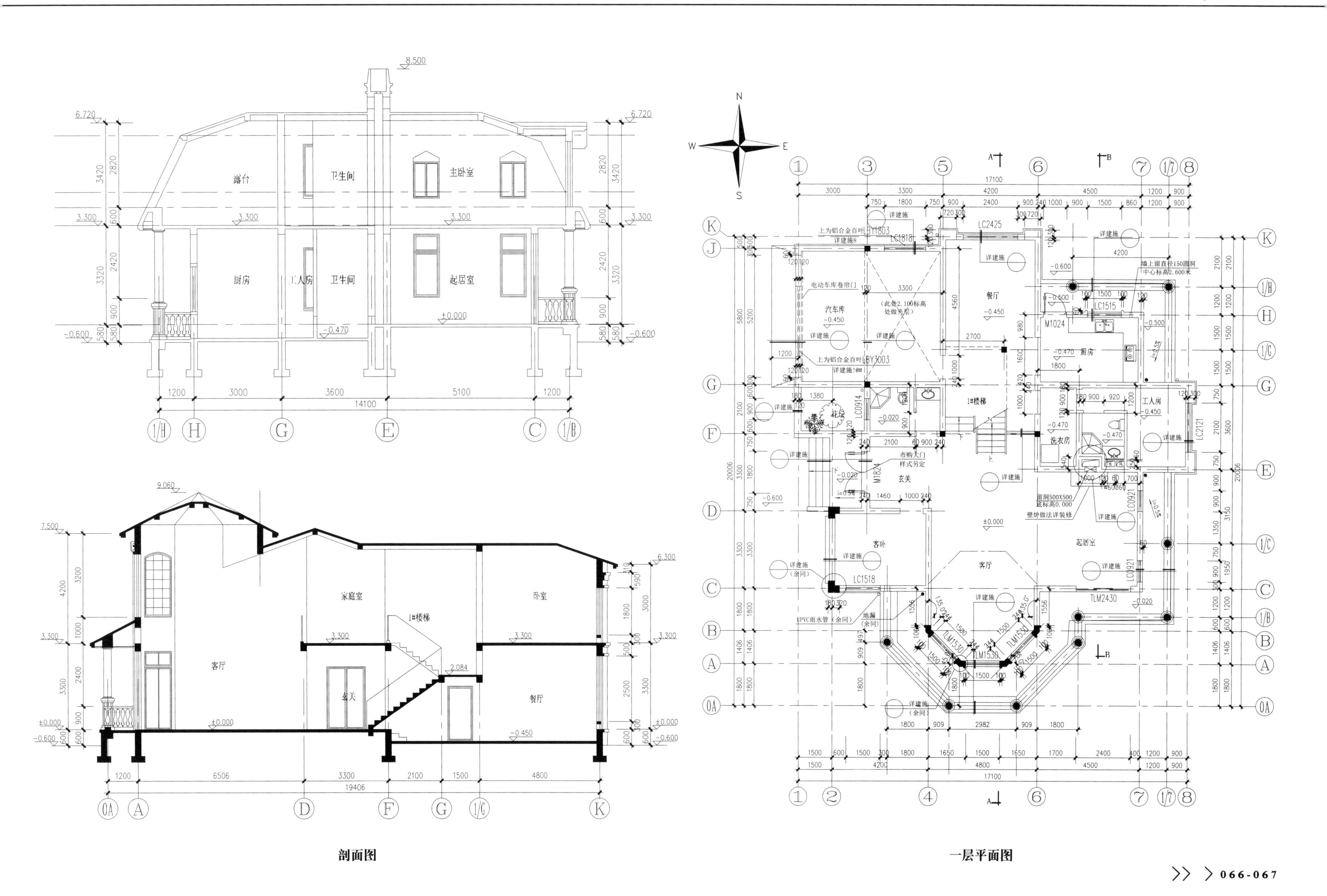
露台
卫生间
主卧室
厨房
工人房
卫生间
起居室
家庭室
1#楼梯
卧室
客厅
玄关
餐厅
汽车库
电动车库卷帘门
餐厅
厨房
工人房
洗衣房
玄关
客房
起居室
客厅

剖面图

一层平面图

本项目解压密码：18828813

# > 东莞市三层欧式风格别墅建筑设计方案图（含效果图）

**设计说明**

建筑类型：独栋别墅　　设计风格：欧陆风格
高度类别：多层建筑　　设计流派：新古典
图纸深度：方案（初设图）　　图纸张数：30张
结构形式：钢筋混凝土结构　　地上层数：3层

**内容简介**

本套图纸包括：各层平面图，立面图，剖面图，门窗表及门窗大样，大样图，总平面图，效果图。
建筑面积：576㎡　用地面积：216.97㎡　建筑高度：12.227m

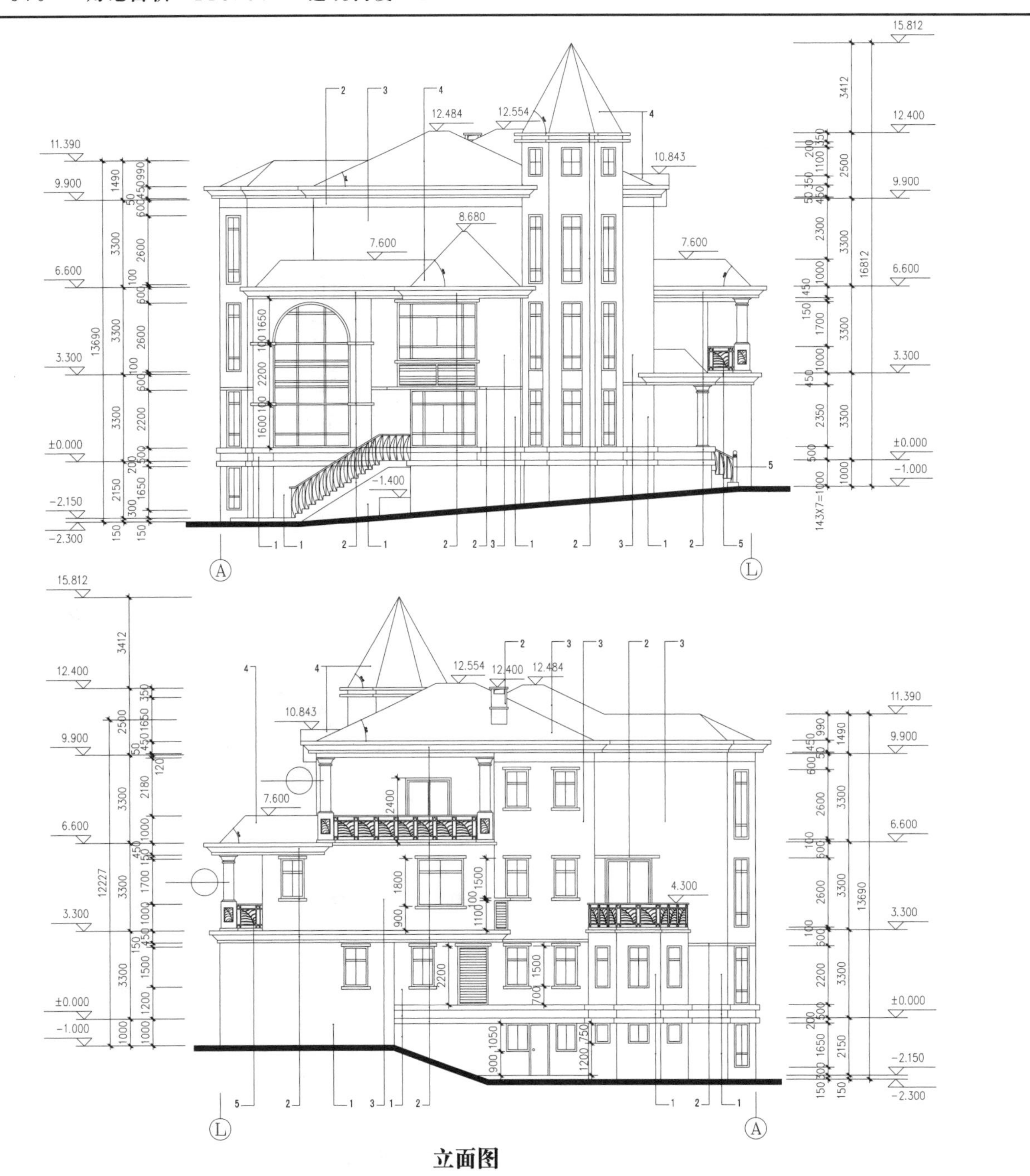

立面图

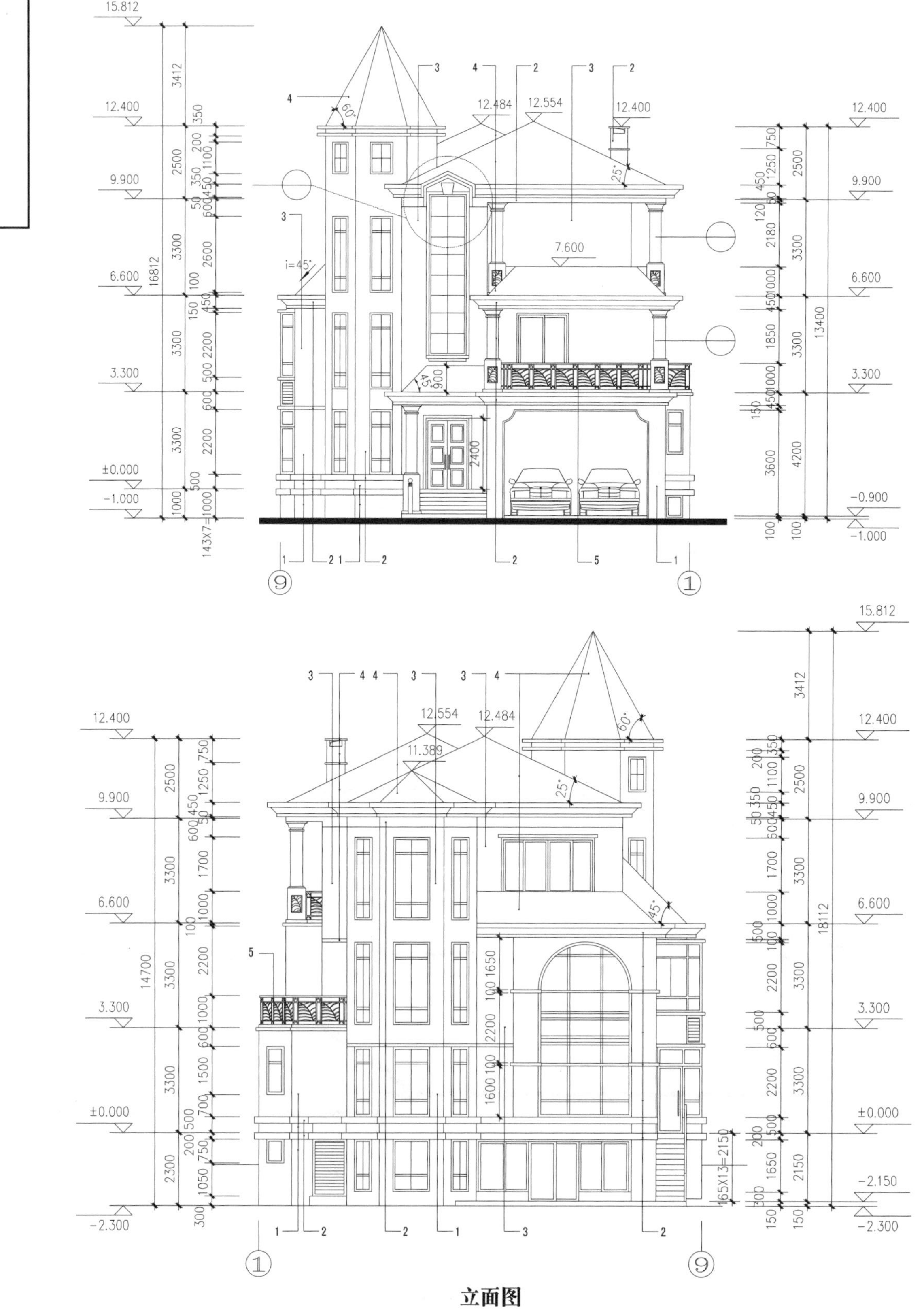

立面图

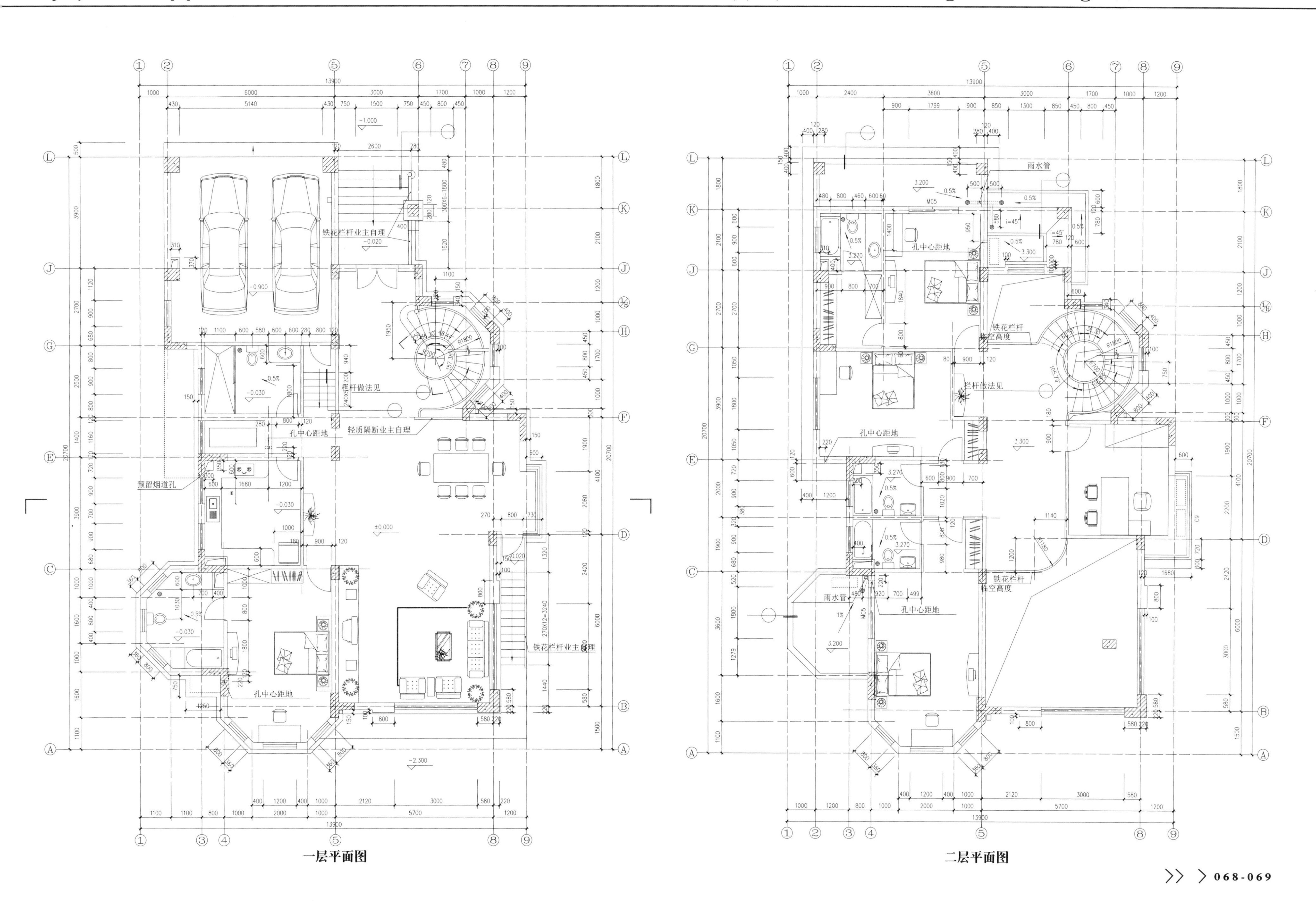


一层平面图

二层平面图

# > 独幢别墅方案设计图纸

**设计说明**

建筑类型：独栋别墅　　图纸张数：6张
高度类别：多层建筑　　地上层数：3层
图纸深度：方案
结构形式：钢筋混凝土结构

**内容简介**

本套图纸包括：各层平面图，剖面图，平面图。共6张图纸。

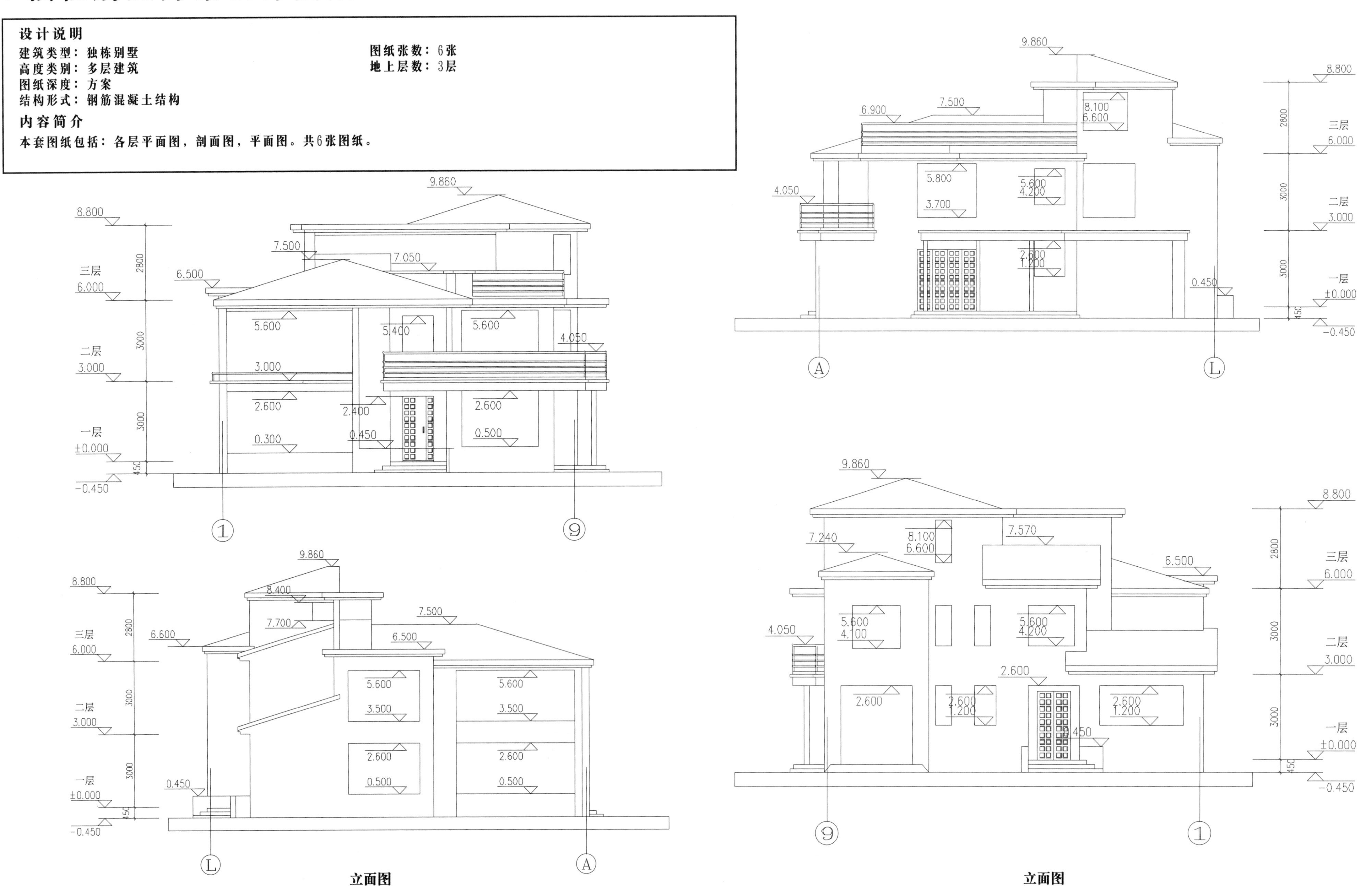

立面图

立面图

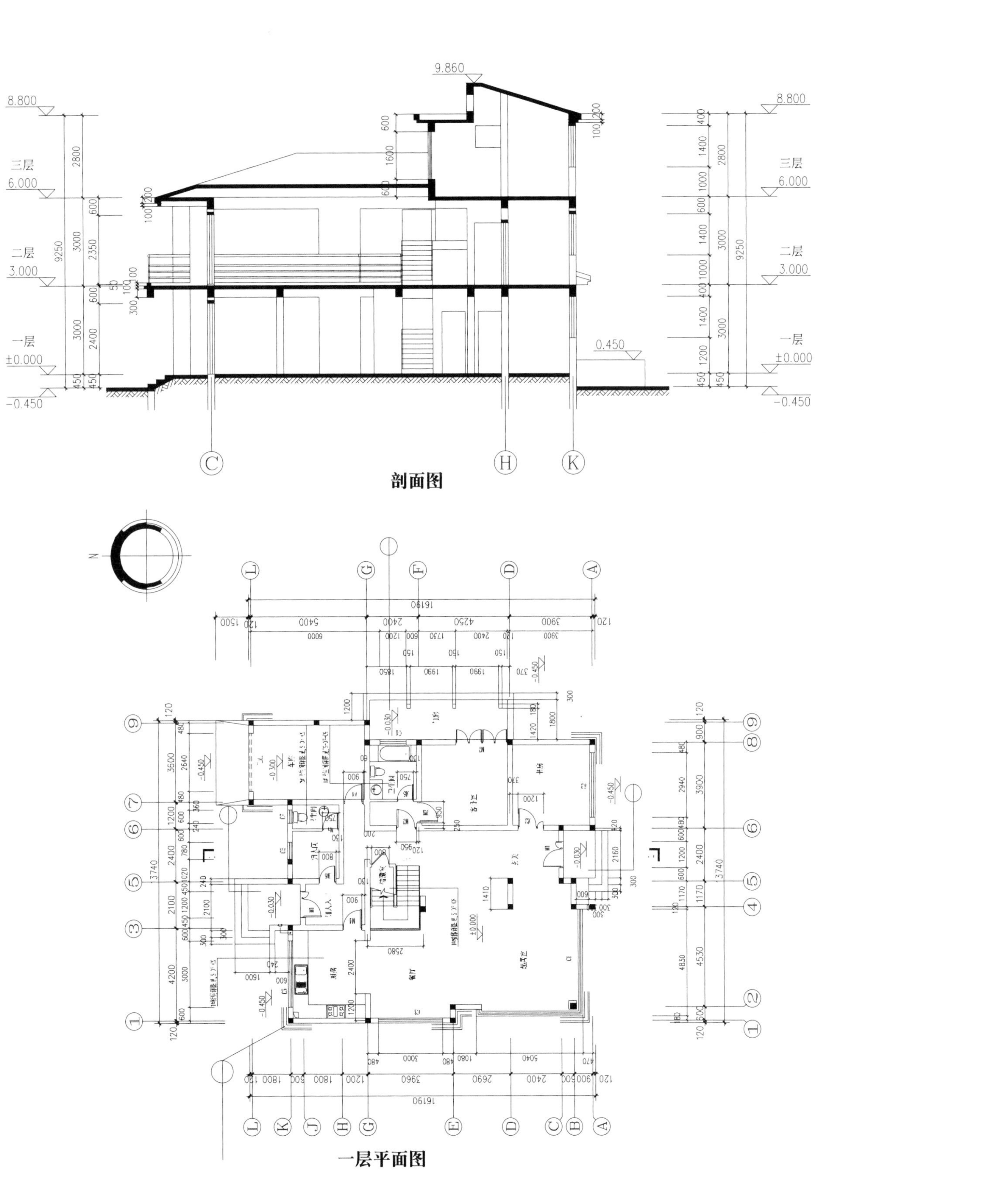


剖面图

一层平面图

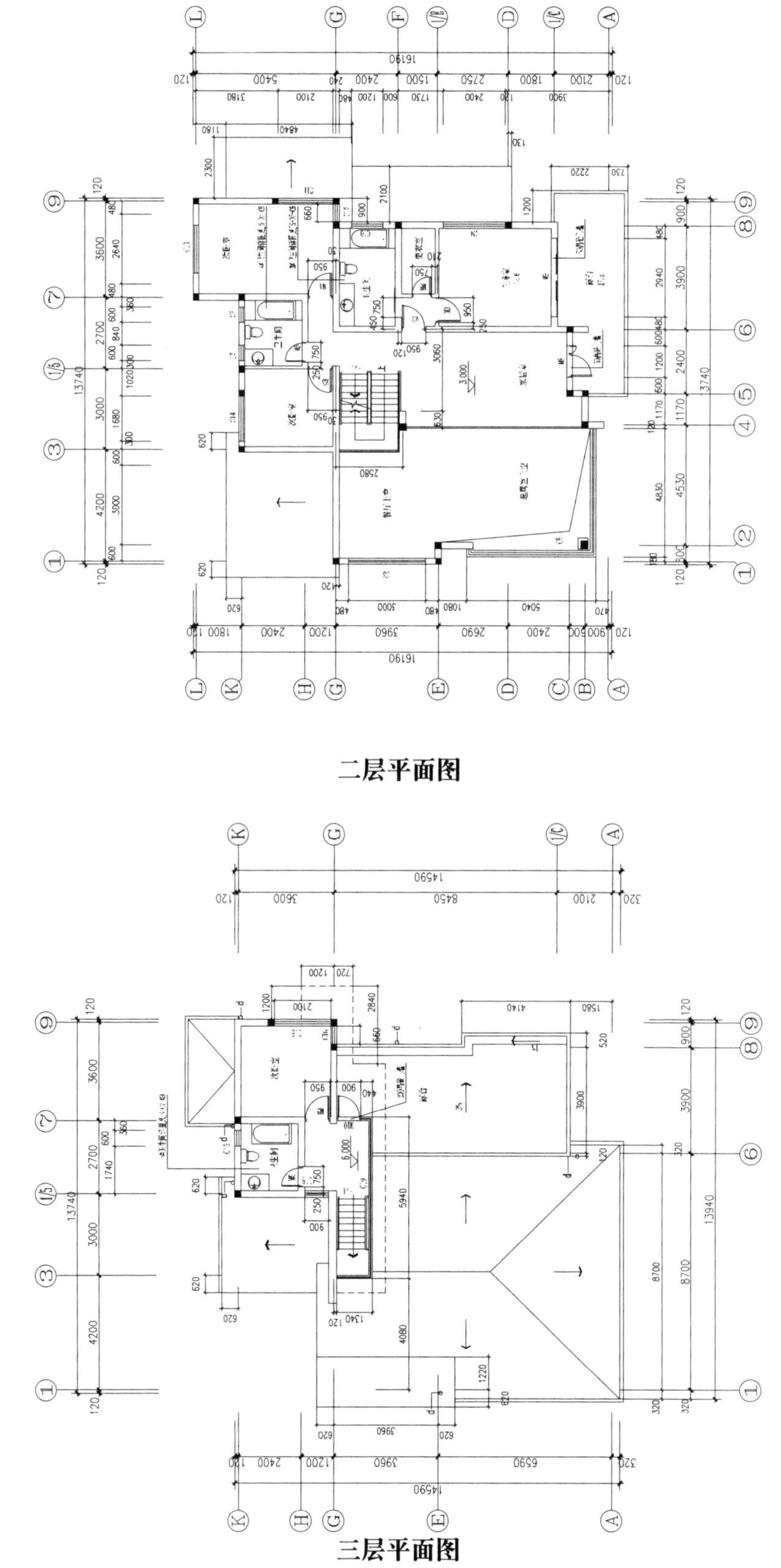

二层平面图

三层平面图

# >北美风格独栋别墅建筑方案图

**设计说明**

建筑类型：独栋别墅
高度类别：多层建筑
图纸深度：方案（初设图）
结构形式：钢筋混凝土结构

设计风格：北美风格
设计流派：新古典
图纸张数：5张
地上层数：3层

**内容简介**

本套图纸包括：各层平面图，立面图。共5张图纸。
总开间x进深：14.4x16.5米

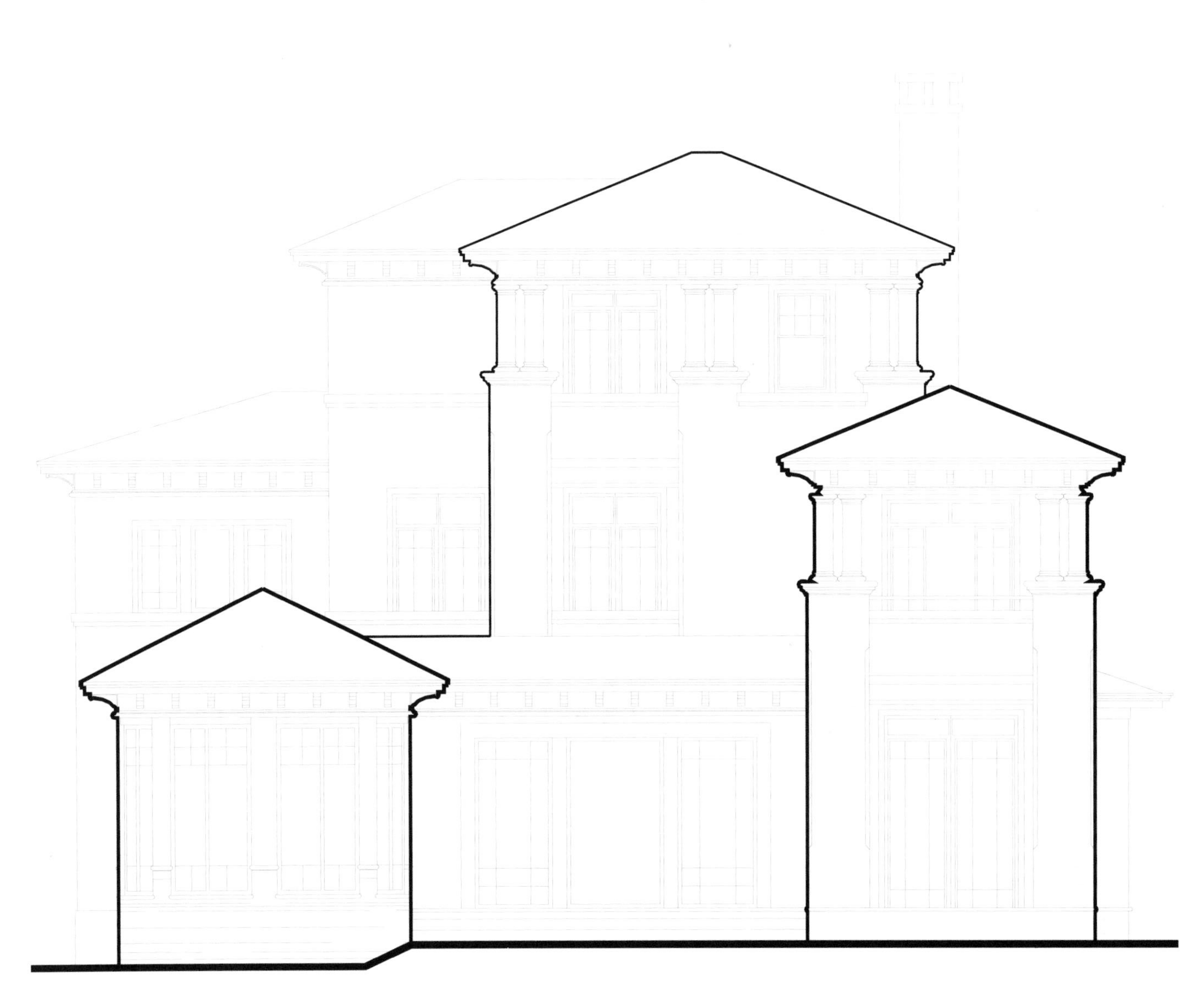

立面图

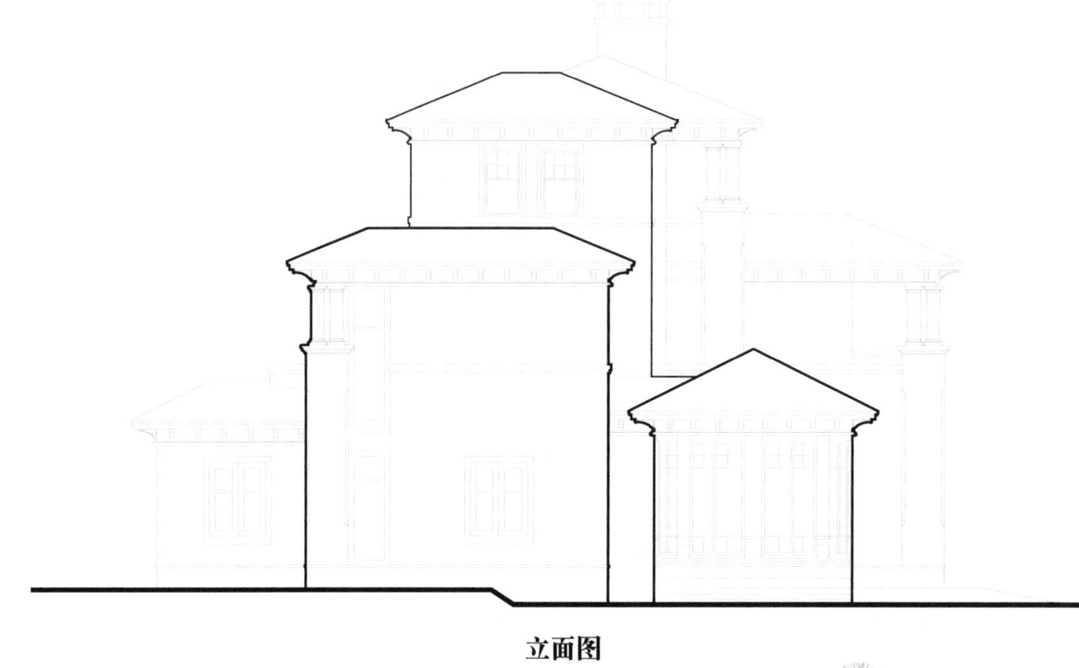

立面图

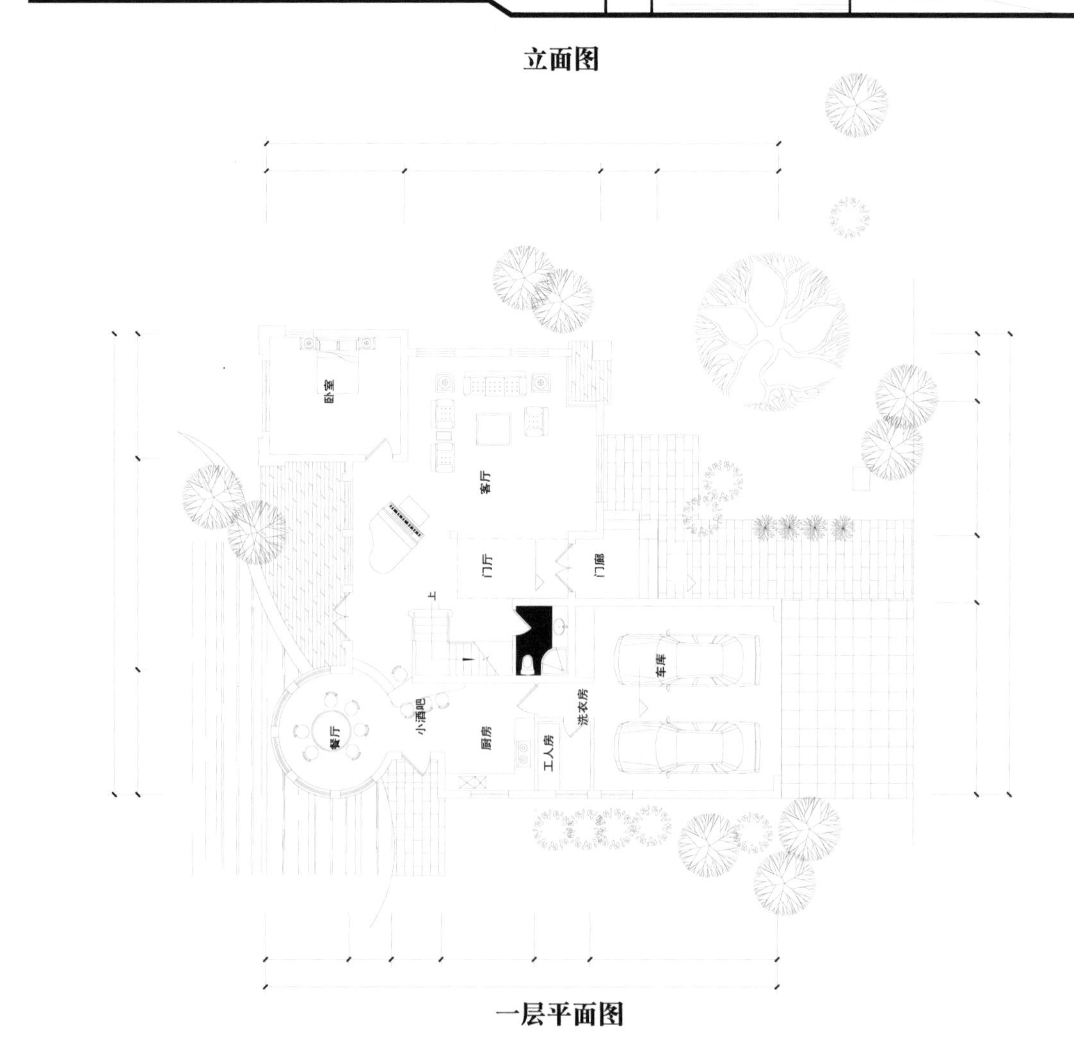


一层平面图

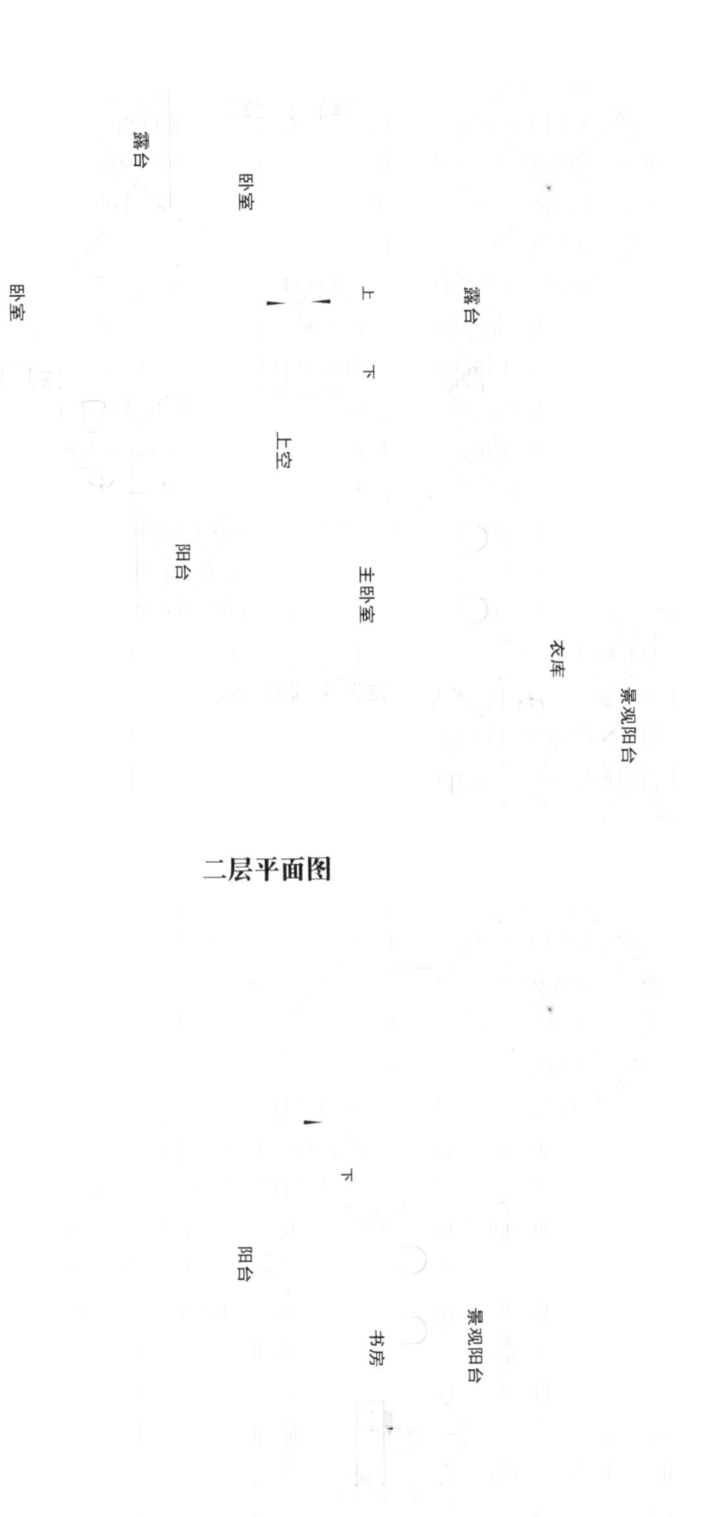


二层平面图

下

阳台

书房

景观阳台

三层平面图

屋顶平面图

# > 北欧风情别墅建筑方案

**设计说明**

建筑类型：独栋别墅　　设计风格：中式风格
高度类别：多层建筑　　设计流派：新中式
图纸深度：方案（初设图）　　图纸张数：4张
结构形式：钢筋混凝土结构　　地上层数：3层

**内容简介**

本套图纸包括：各层平面图、立面图。共4张图纸。
总开间x进深：21.9x12.9米　总建筑面积：452平方米

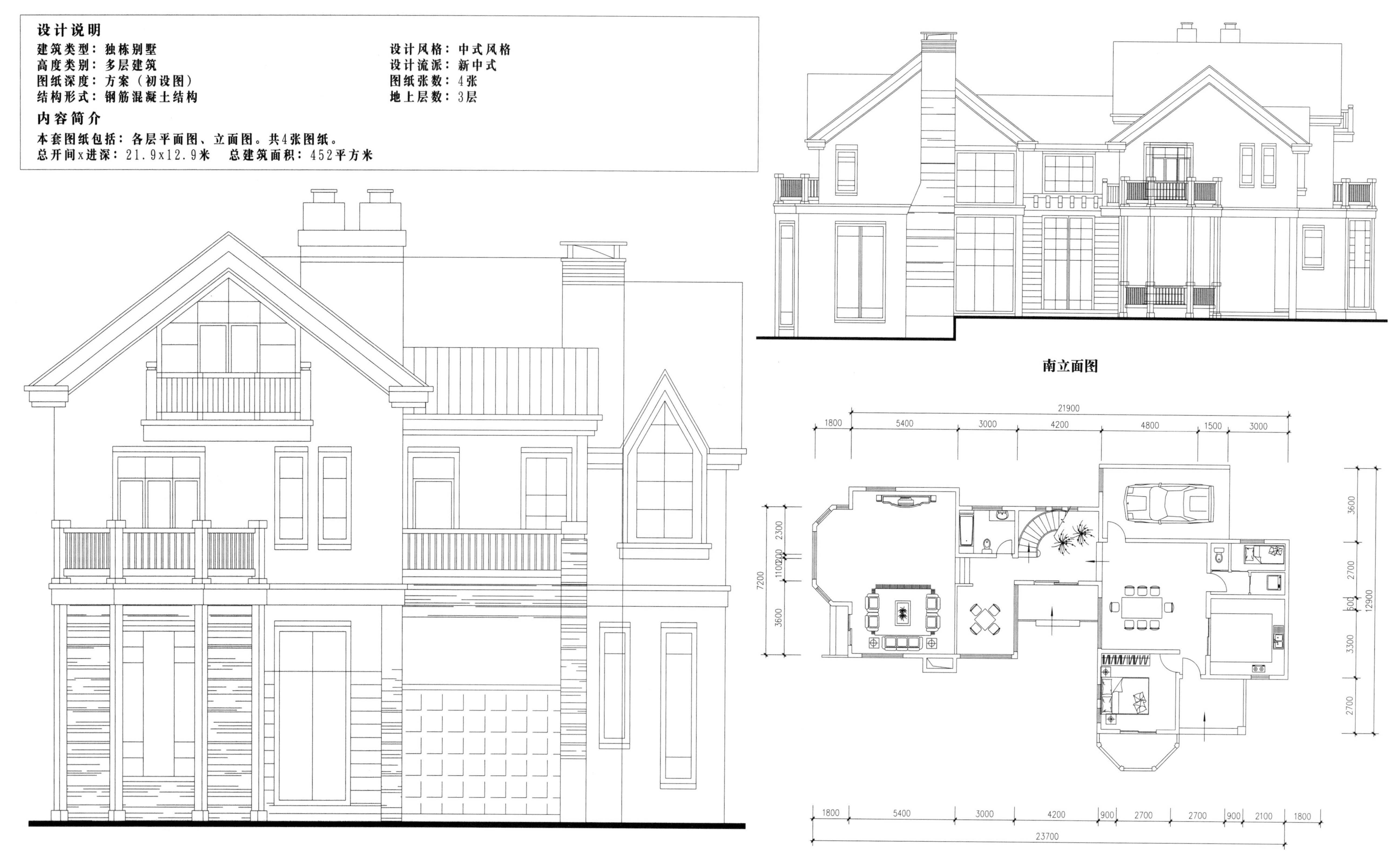


西立面图

南立面图

一层平面图

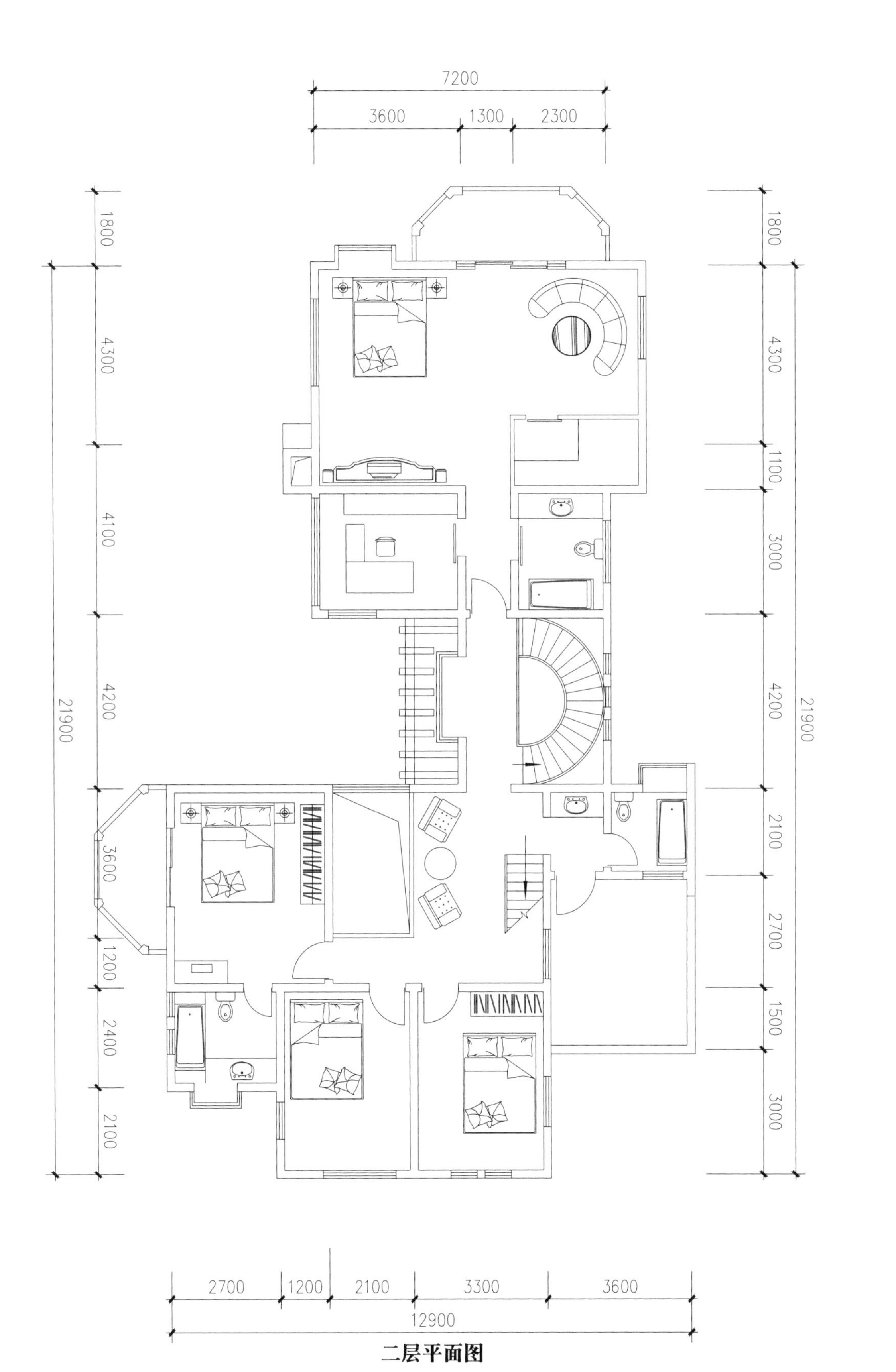
7200
3600
1300
2300
1800
4300
1100
4100
3000
4200
21900
3600
2100
2700
1200
2400
1500
2100
2700
1200
2100
3300
3600
12900

二层平面图

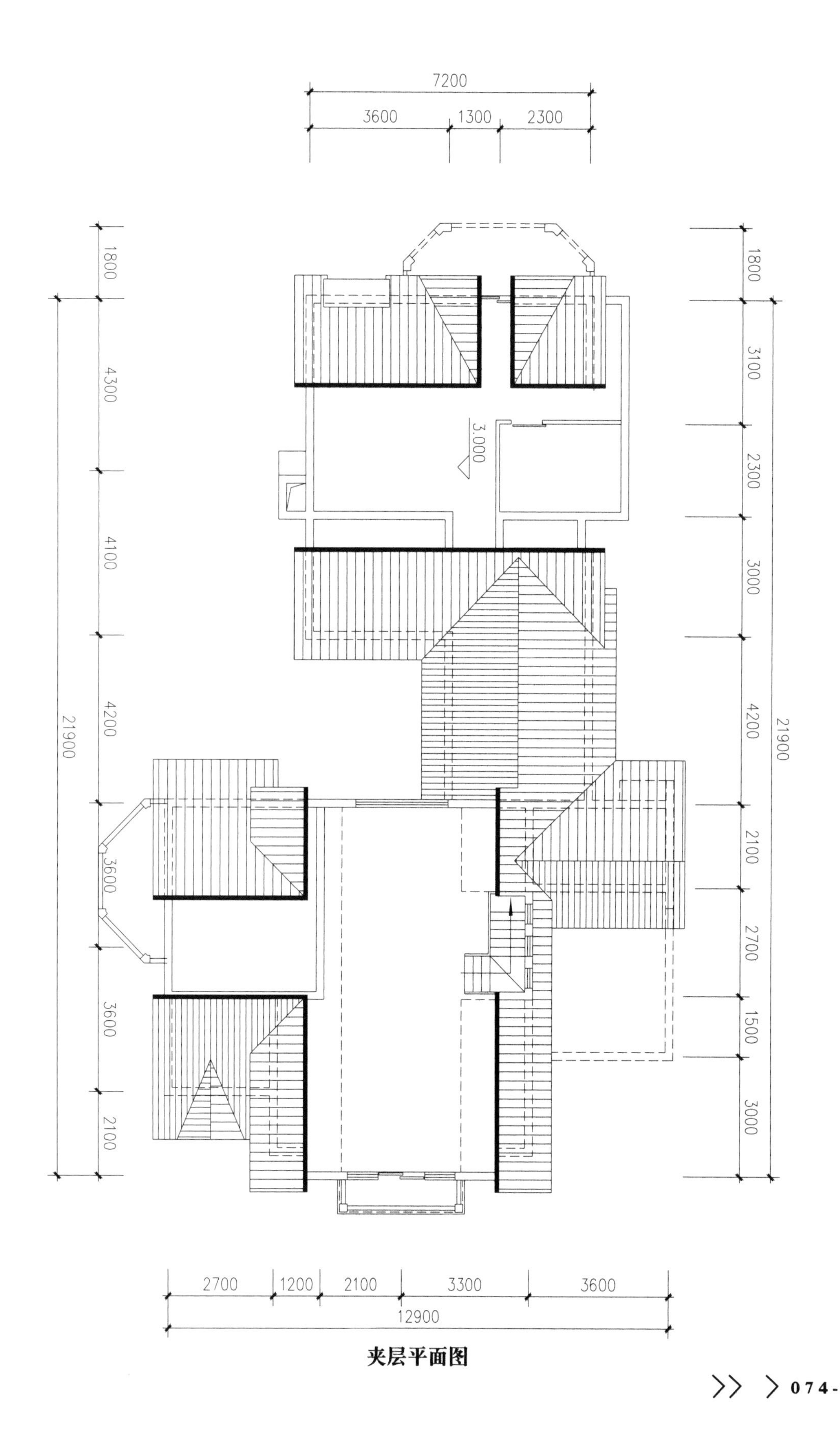
7200
3600
1300
2300
1800
4300
3100
2300
4100
3000
3.000
4200
21900
3600
2100
2700
1500
3000
2100
2700
1200
2100
3300
3600
12900

夹层平面图

# >别墅建筑扩初图（含效果图）

**设计说明**

建筑类型：独栋别墅　　设计风格：北美风格
高度类别：多层建筑　　设计流派：新古典
图纸深度：方案（初设图）　　图纸张数：6张
结构形式：钢筋混凝土结构　　地上层数：3层

**内容简介**

本套图纸包括：底层平面图、二层平面图、三层平面图、天平平面图、立面图、剖面图、窗台线角大样、入口门廊大样。
总开间x进深：13.5x14.3米

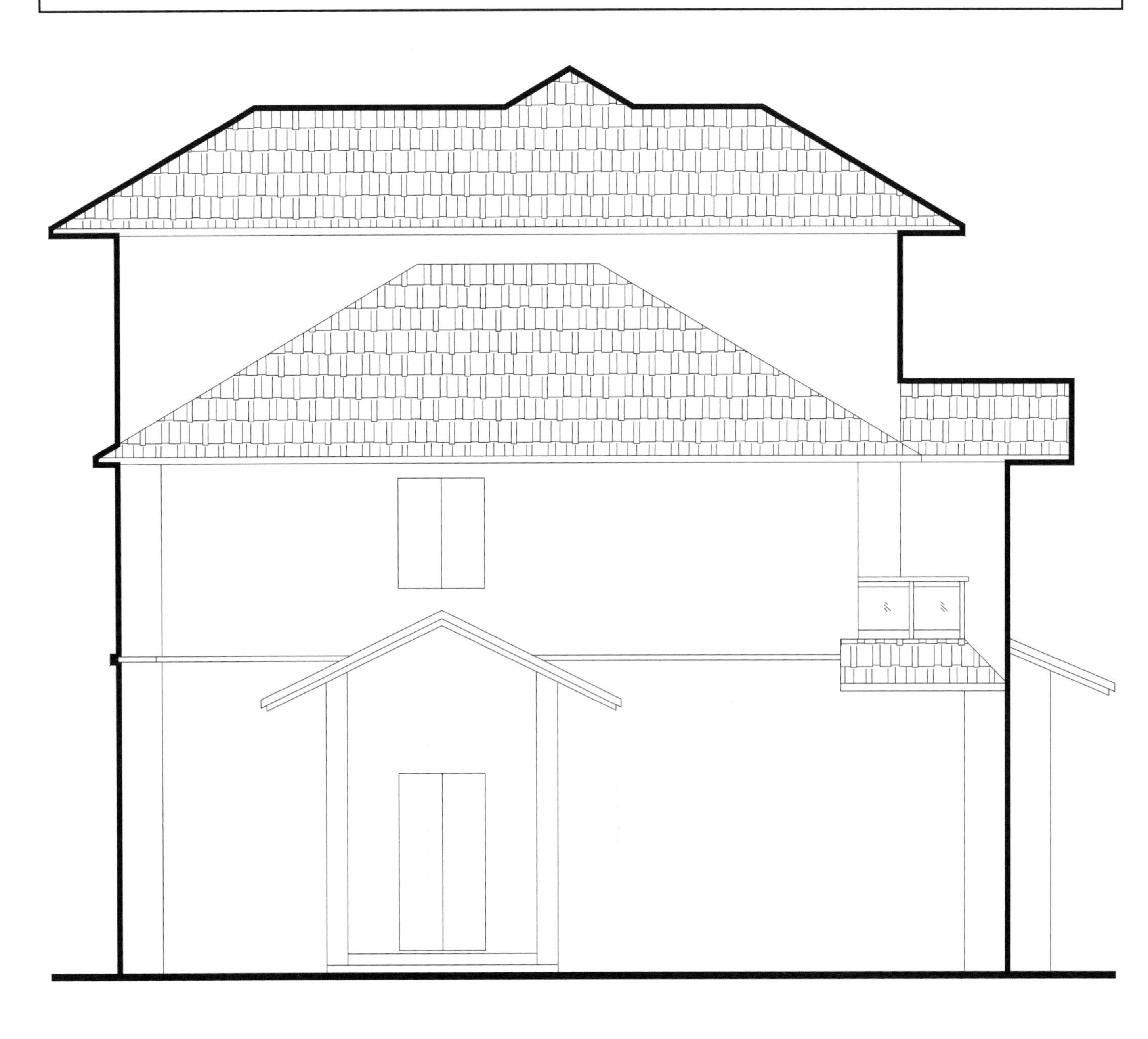

西立面图

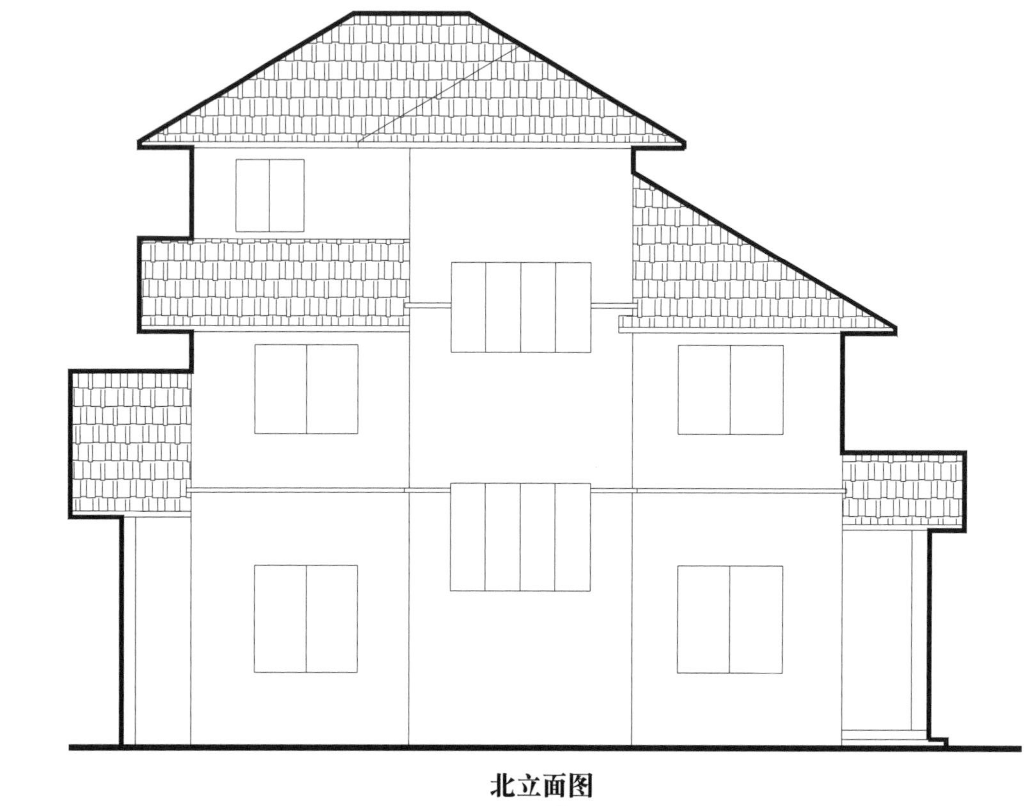

北立面图

南立面图

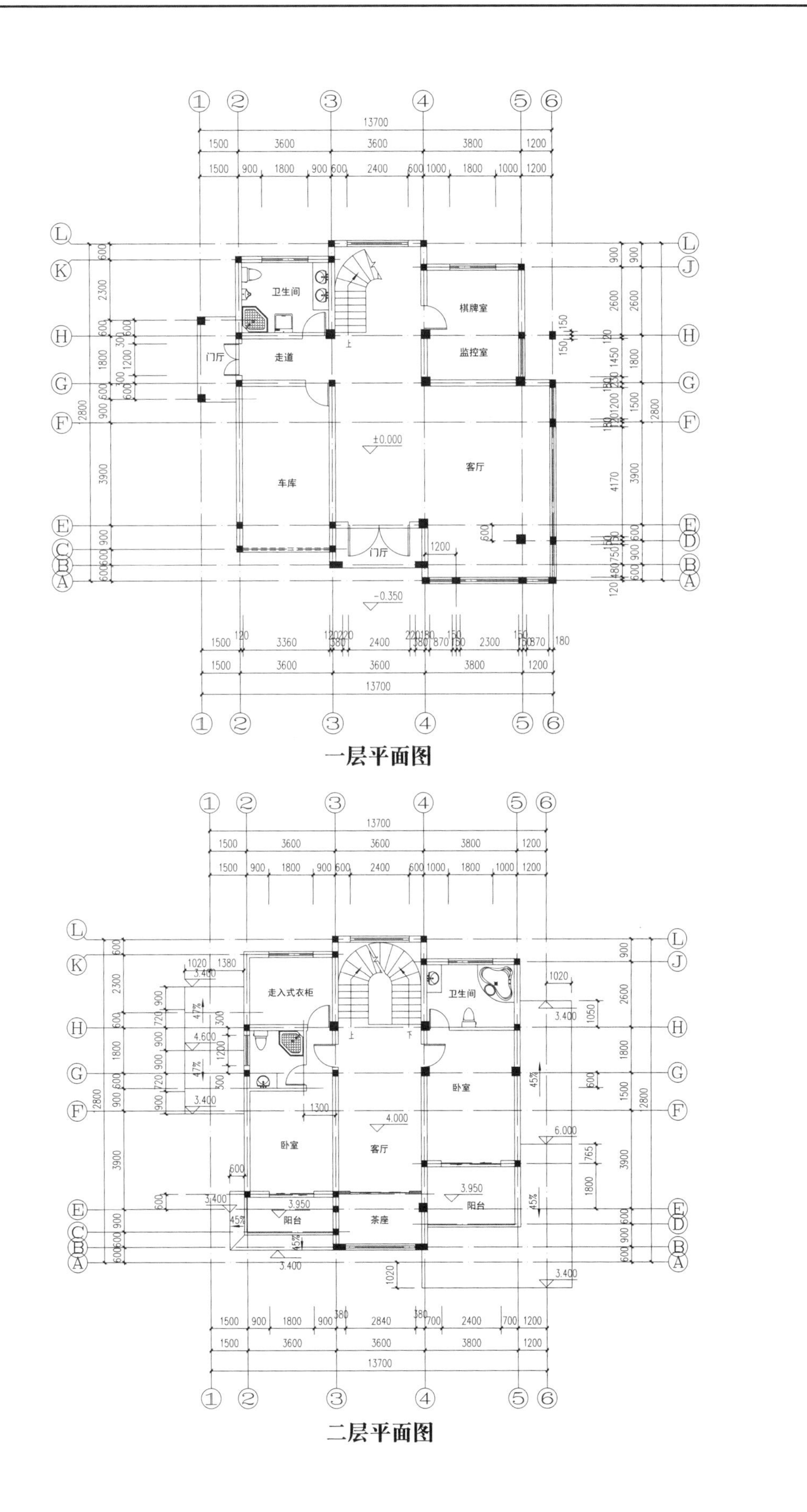


一层平面图

二层平面图

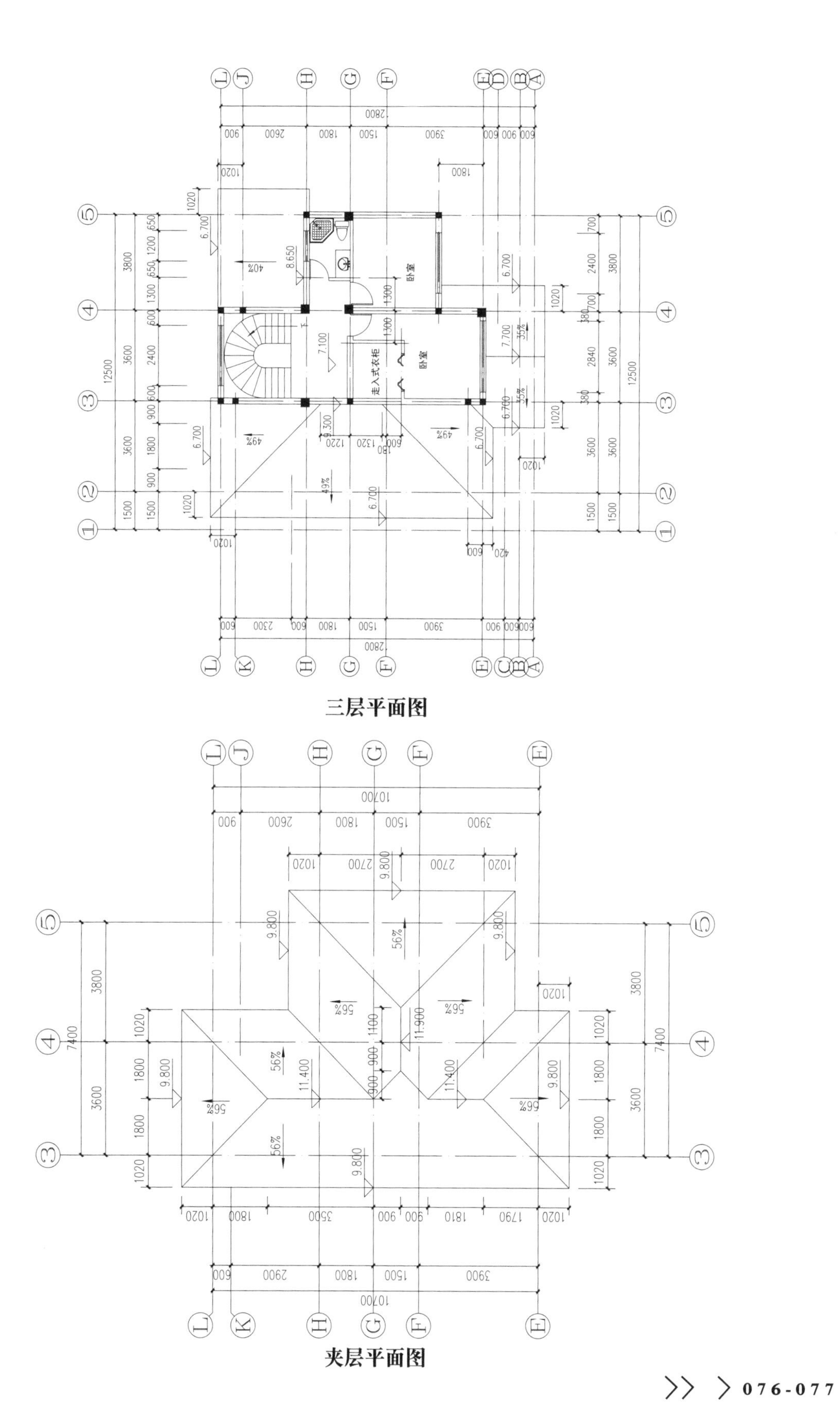


三层平面图

夹层平面图

# >豪华别墅建筑施工图

**设计说明**

建筑类型：独栋别墅
高度类别：多层建筑
图纸深度：方案（初设图）
结构形式：钢筋混凝土结构

设计风格：欧陆风格
设计流派：新古典
图纸张数：20张
地上层数：3层

**内容简介**

本套图纸包括：设计说明、做法表、各层平面图、立面图、剖面图、门窗表、门窗大样、楼梯大样、节点详图。
总开间x进深：11.7x24.6米　建筑面积：813㎡

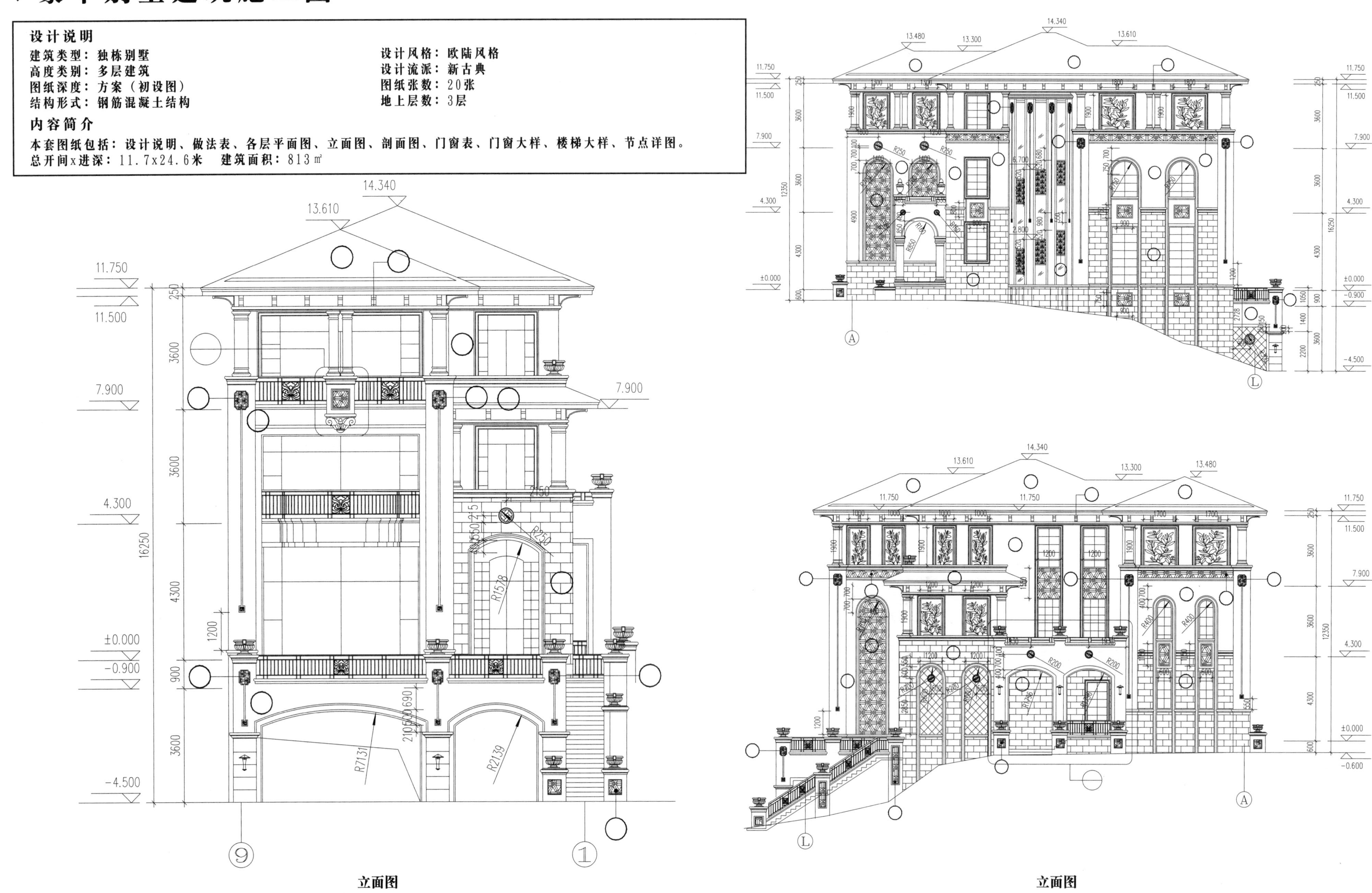


立面图

立面图

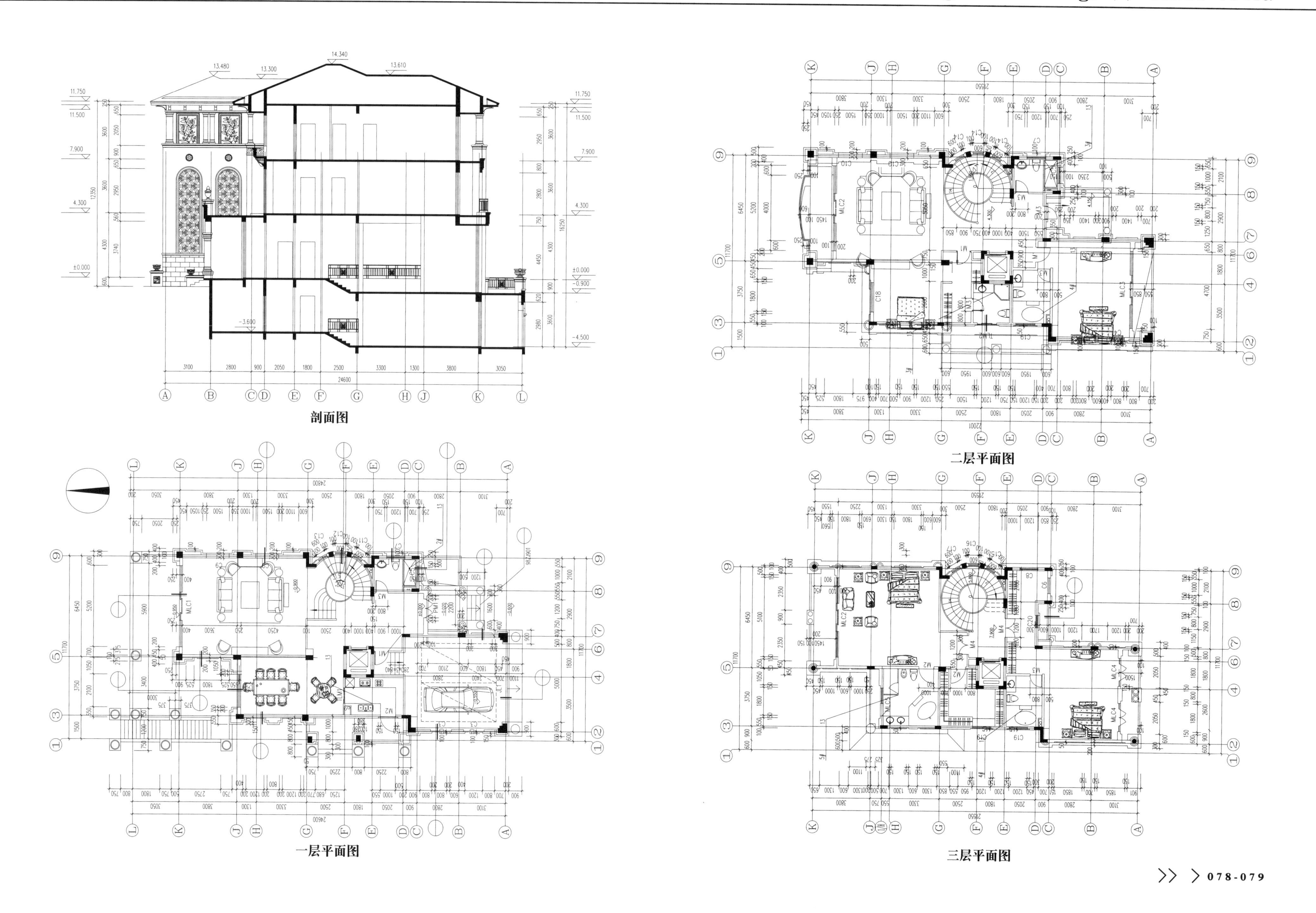

剖面图

二层平面图

一层平面图

三层平面图

# >欧式别墅建筑方案图

**设计说明**

建筑类型：独栋别墅
高度类别：多层建筑
图纸深度：方案（初设图）
结构形式：钢筋混凝土结构

设计风格：欧陆风格
设计流派：新古典
图纸张数：9张
地上层数：3层

**内容简介**

本套图纸包括：平面图、立面图、剖面图。共9张图纸。
总开间x进深：14.14x12.14米　建筑高度：12.1米

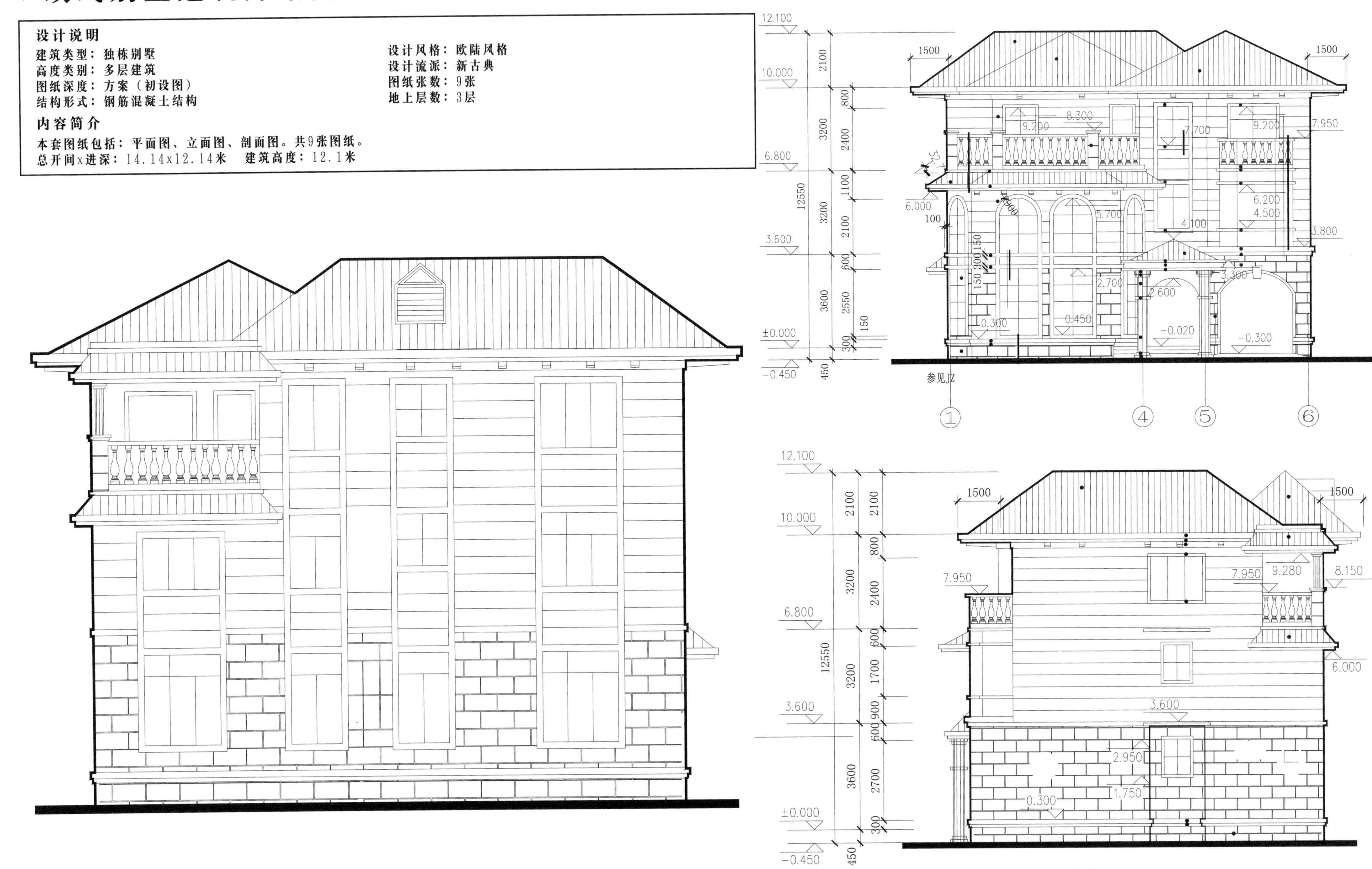


立面图

立面图

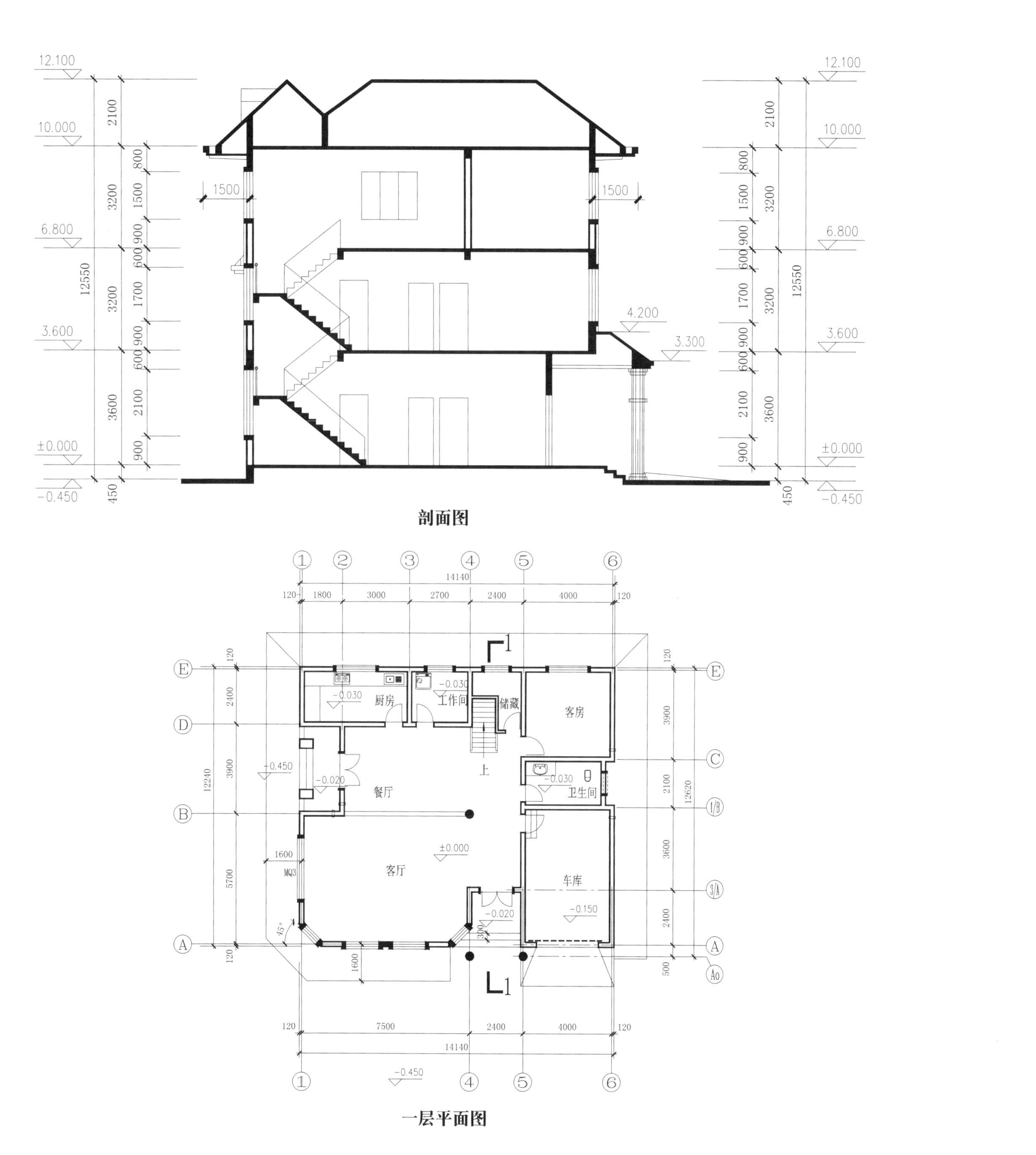


剖面图

一层平面图

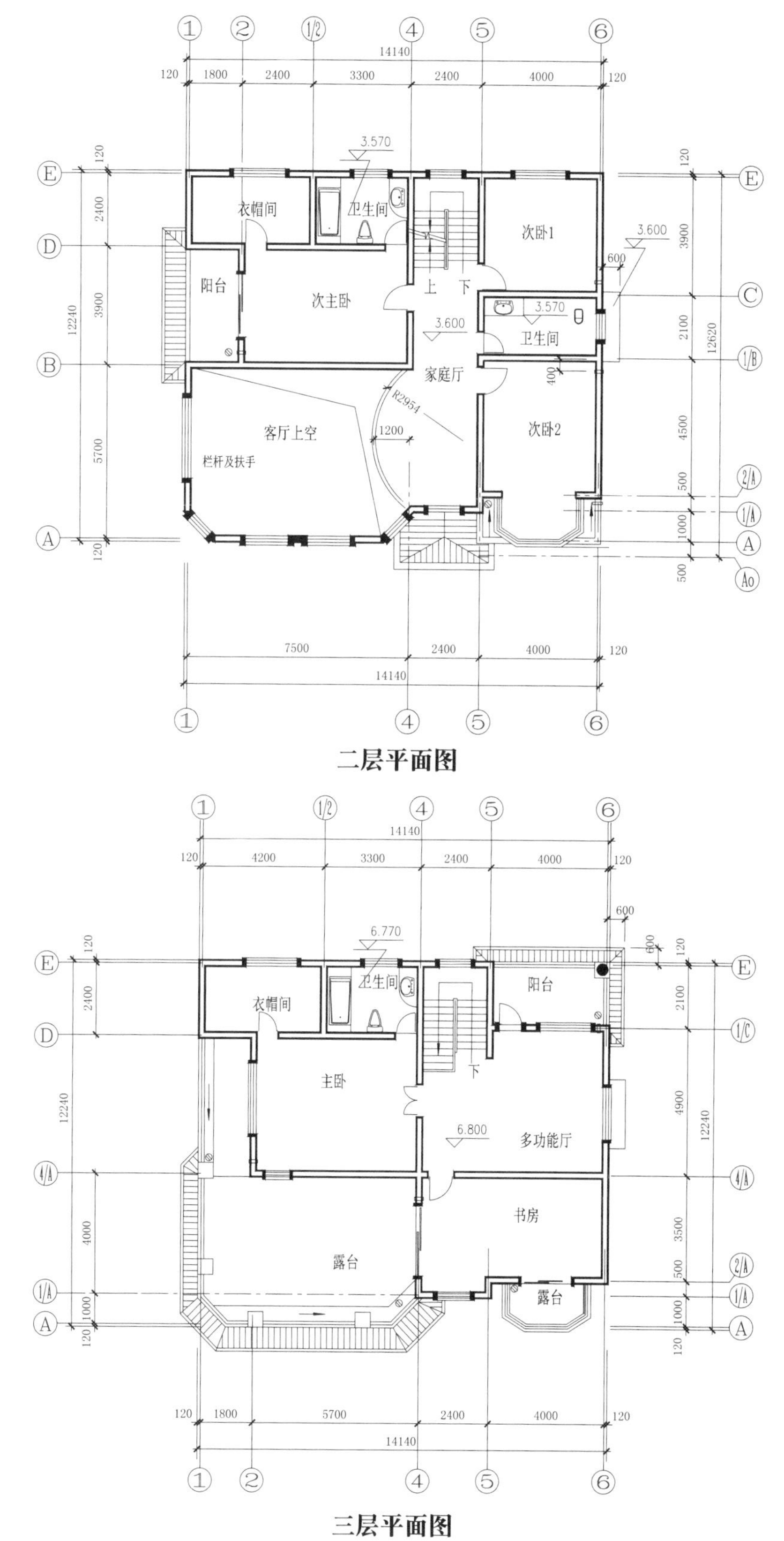


二层平面图

三层平面图

# 〉坡屋顶别墅方案图

**设计说明**

建筑类型：独栋别墅
高度类别：多层建筑
图纸深度：方案（初设图）
结构形式：钢筋混凝土结构

设计风格：现代风格
设计流派：现代
图纸张数：7张
地上层数：3层

**内容简介**

本套图纸包括：各层的平面图、立面图。共7张图纸。
总开间x进深：15.84x16.14米

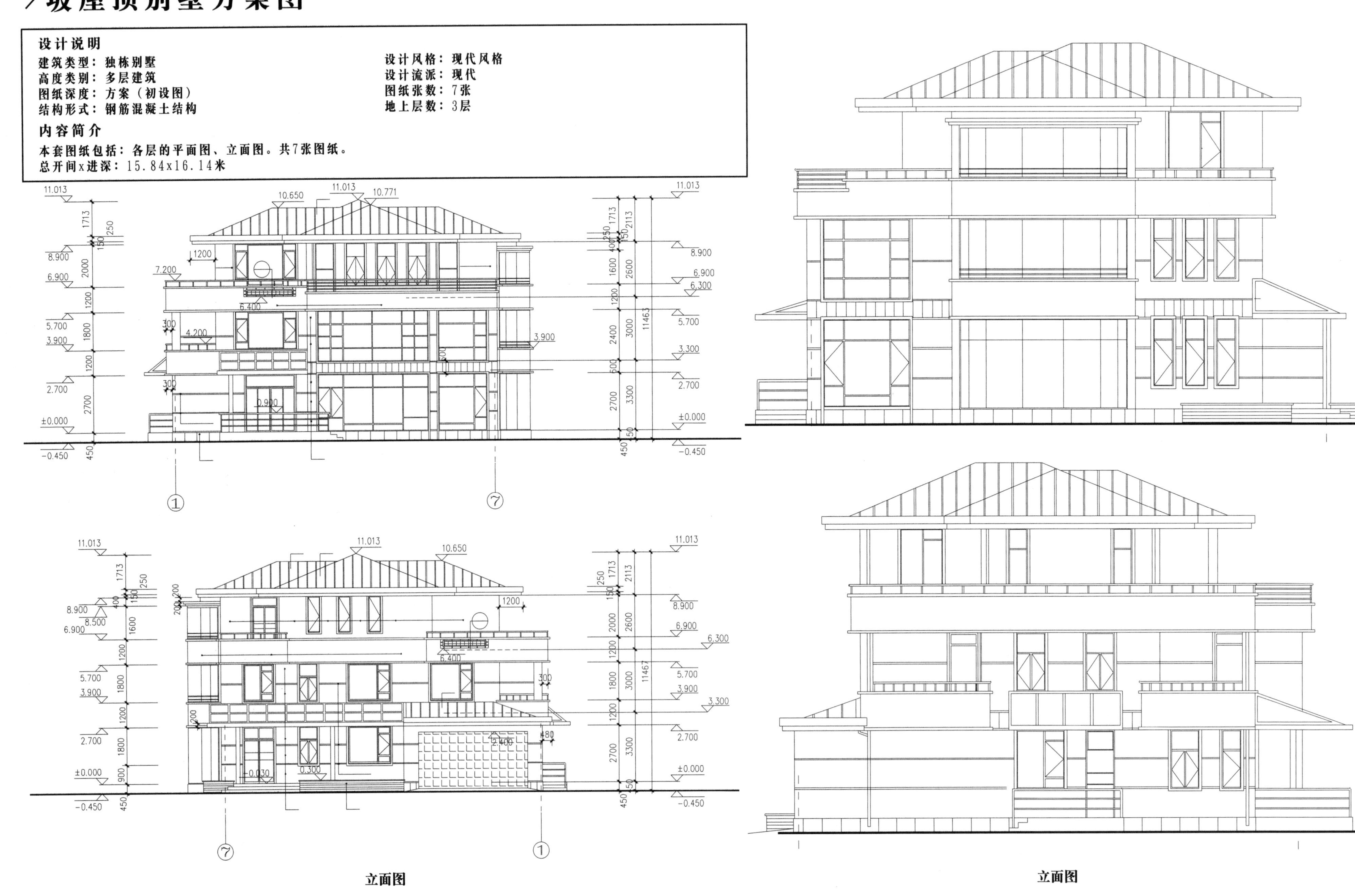

立面图

立面图

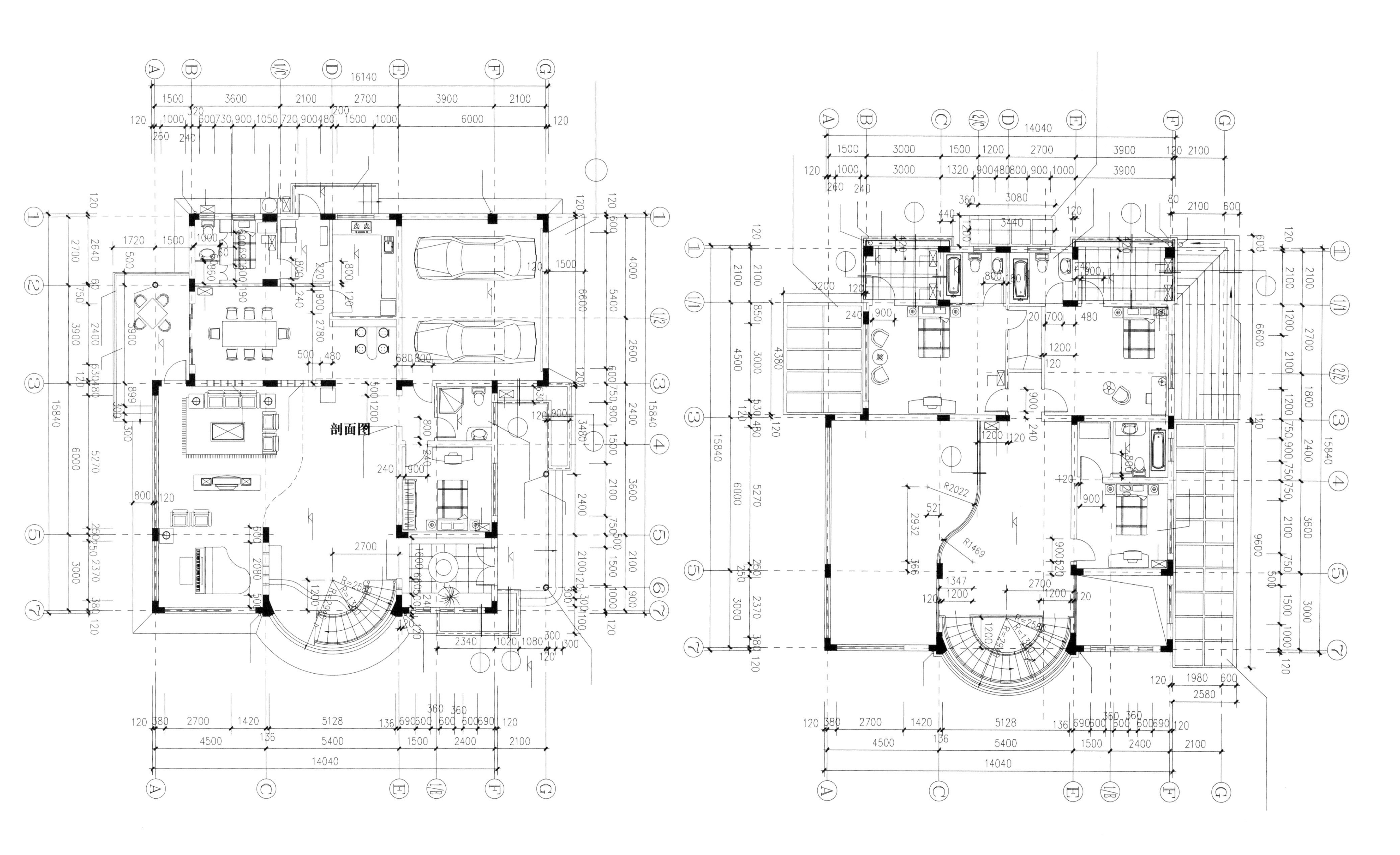
剖面图
一层平面图
二层平面图

# >西班牙风格独栋别墅建筑扩初图

**设计说明**

建筑类型：独栋别墅　　设计风格：欧陆风格
高度类别：多层建筑　　设计流派：新古典
图纸深度：方案（初设图）　　图纸张数：6张
结构形式：钢筋混凝土结构　　地上层数：3层

**内容简介**

本套图纸包括：各层平面图、立面图、剖面图、门窗表、门窗大样、楼梯大样、卫生间大样、节点详图。
总开间x进深：14.14x13.64米　建筑面积：342㎡

立面图

立面图

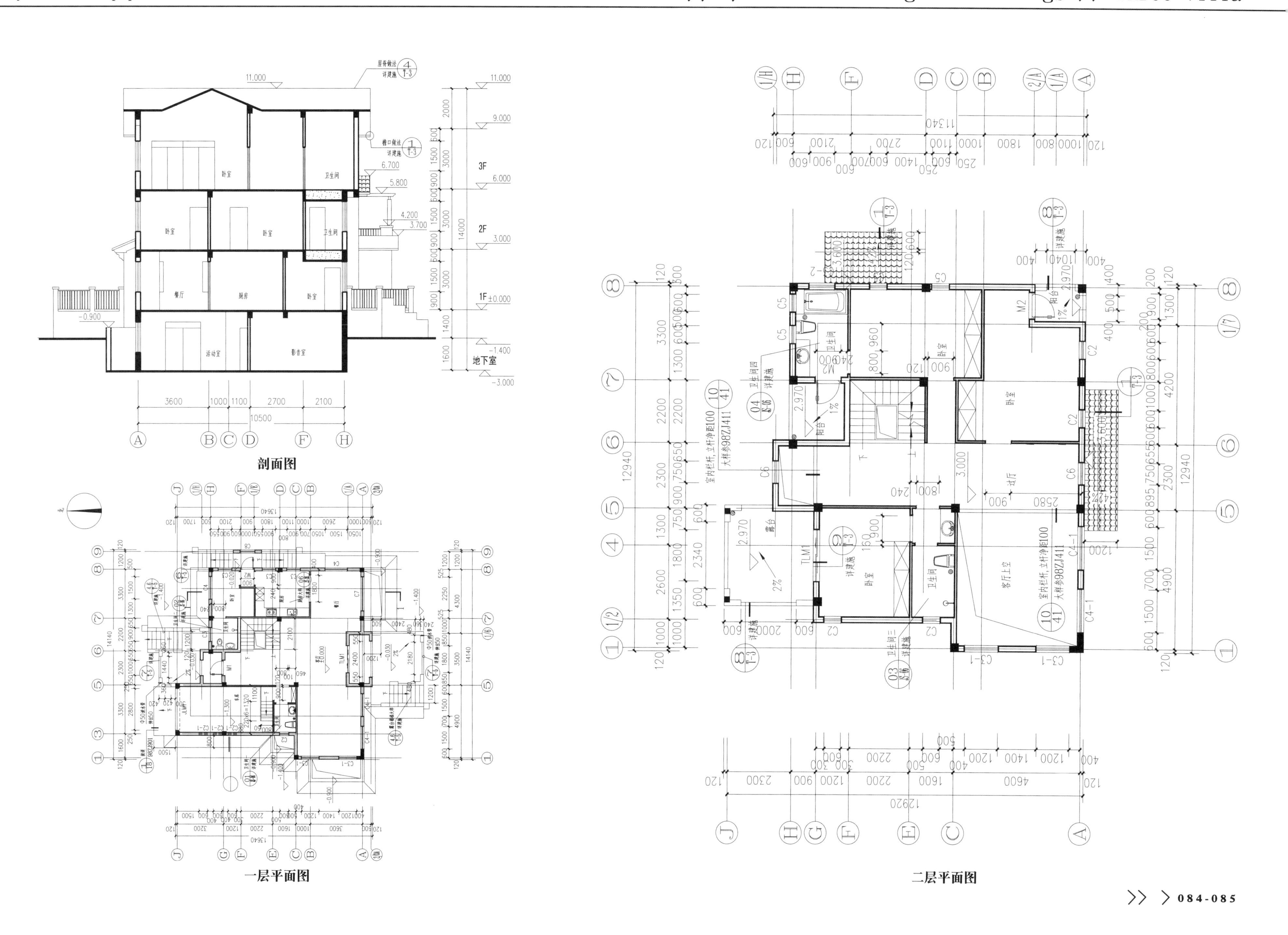


剖面图

一层平面图

二层平面图

本项目解压密码：03746105

# > 英伦风格别墅建筑扩初图

**设计说明**

建筑类型：独栋别墅
高度类别：多层建筑
图纸深度：方案（初设图）
结构形式：钢筋混凝土结构

设计风格：欧陆风格
设计流派：新古典
图纸张数：11张
地上层数：3层

**内容简介**

本套图纸包括：总平面图、平面图、立面图、剖面图、节点详图、门窗表、门窗大样。共11张图纸。
总开间x进深：18.34x13.49米

西立面图

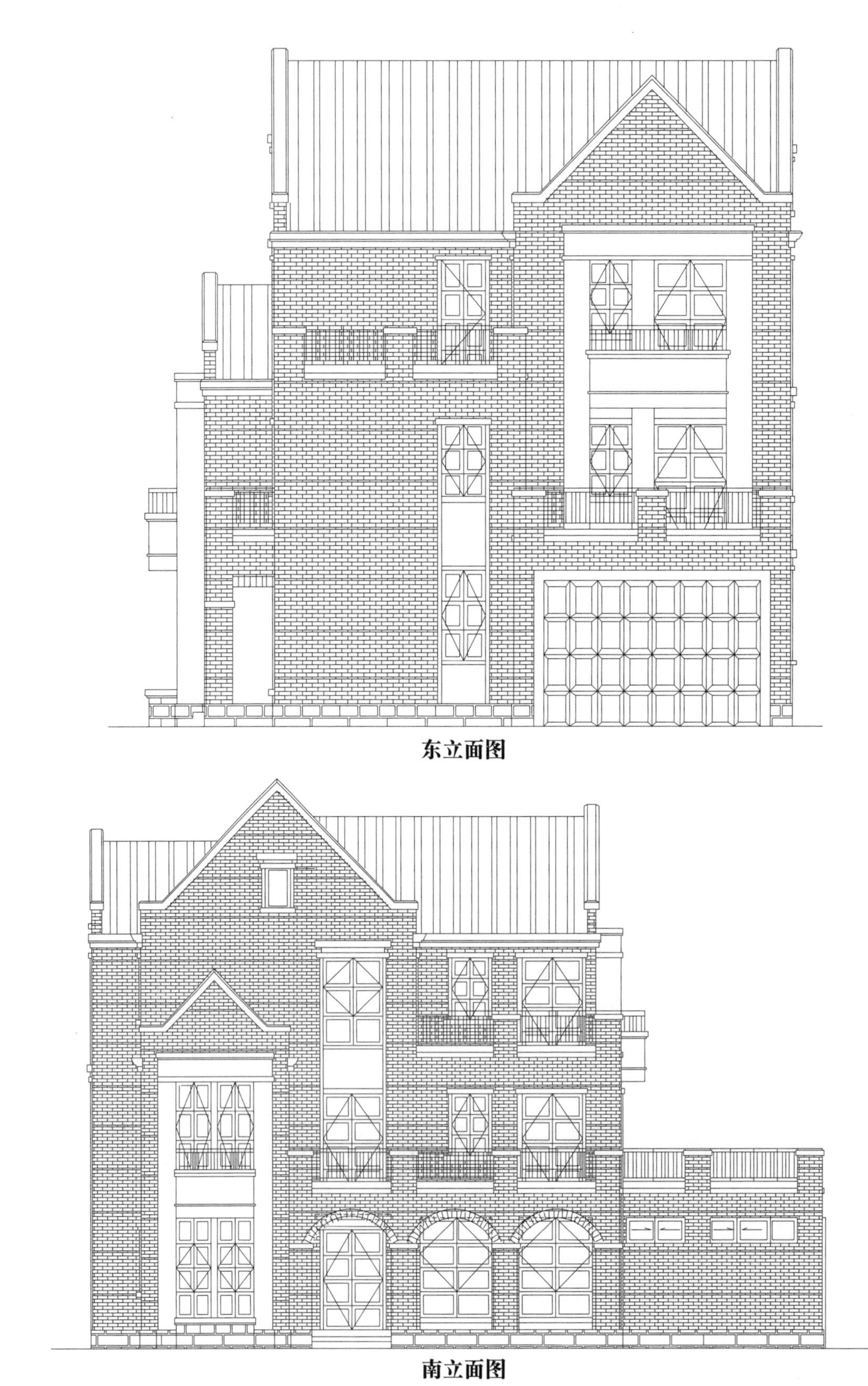

东立面图

南立面图

南立面图

剖面图

剖面图

屋顶平面图

本项目解压密码：62678634

# >生态休闲别墅

**设计说明**

建筑类型：独栋别墅
高度类别：多层建筑
图纸深度：方案（初设图）
结构形式：钢筋混凝土结构

图纸张数：9张
地上层数：3层

**内容简介**

本套图纸包括：地型图，负一层平面，一层平面，二层平面，屋顶平面，各立面图

立面图

立面图

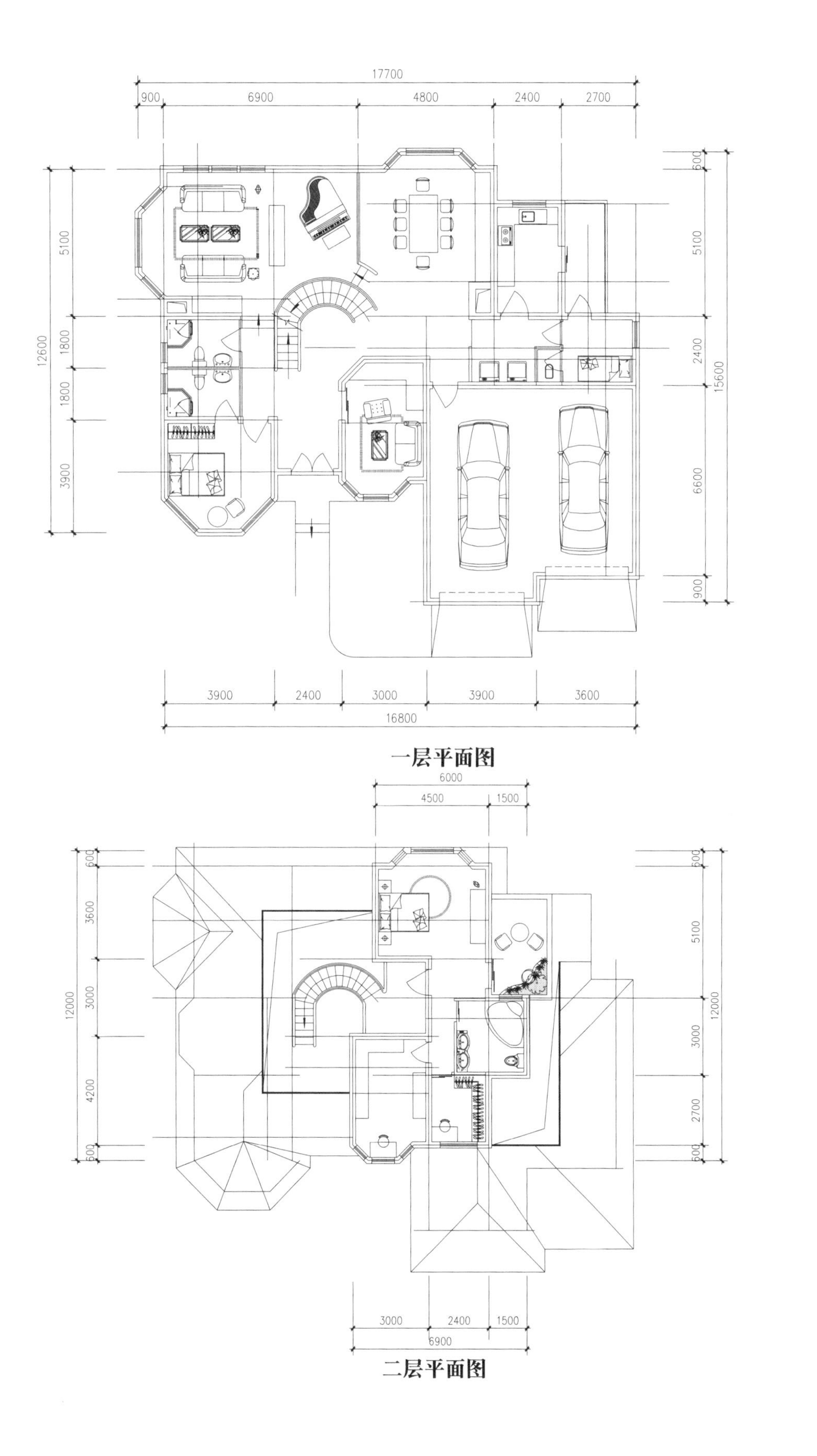

一层平面图

二层平面图

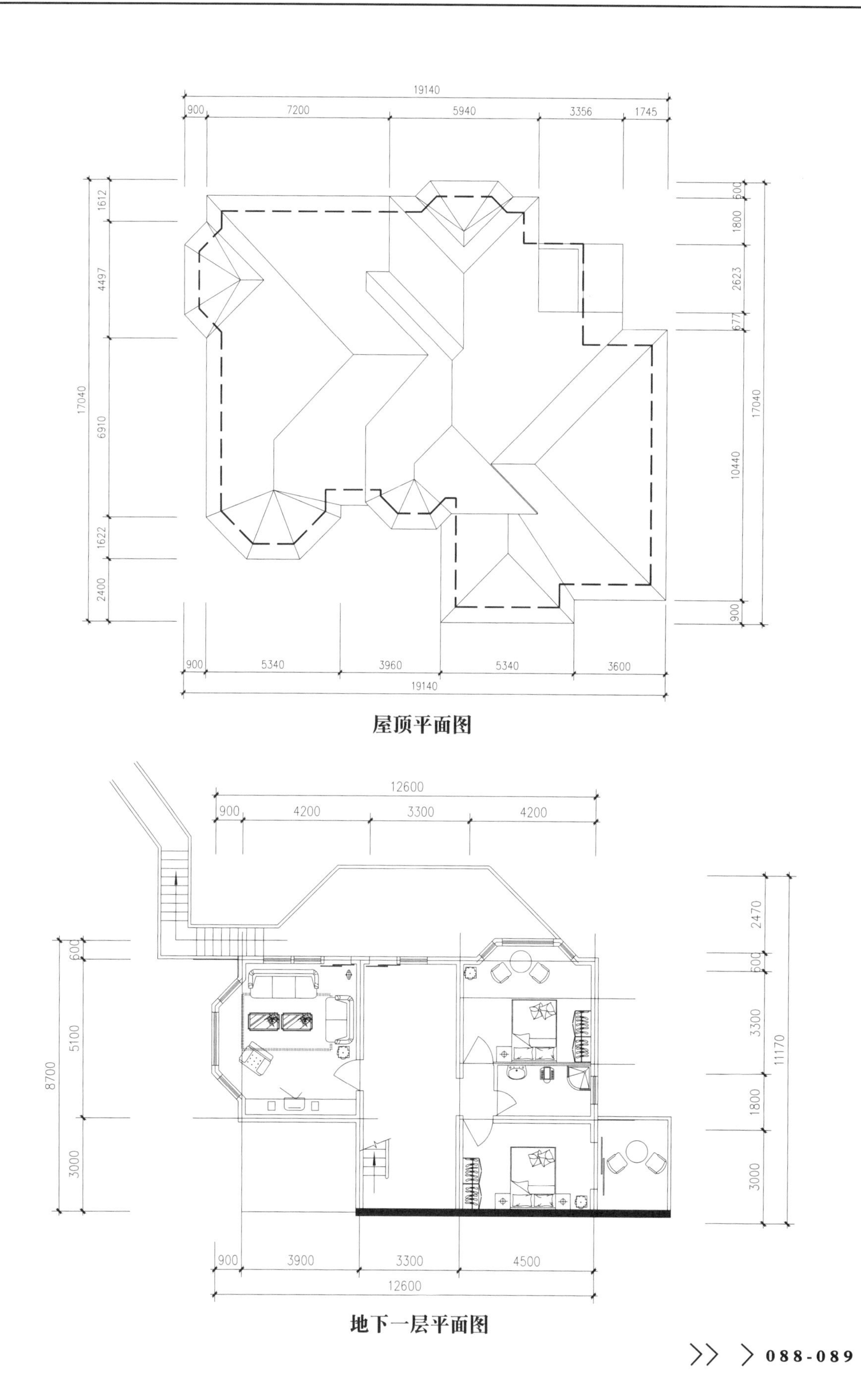

屋顶平面图

地下一层平面图

本项目解压密码：21278058

# > 一个别墅方案

**设计说明**

建筑类型：独栋别墅
高度类别：多层建筑
图纸深度：方案
结构形式：钢筋混凝土结构

图纸张数：5张
地上层数：3层

**内容简介**

本套图纸包括：南、西、北、东立面图，各层平面图，共5张图纸。

东立面图

北立面图

南立面图

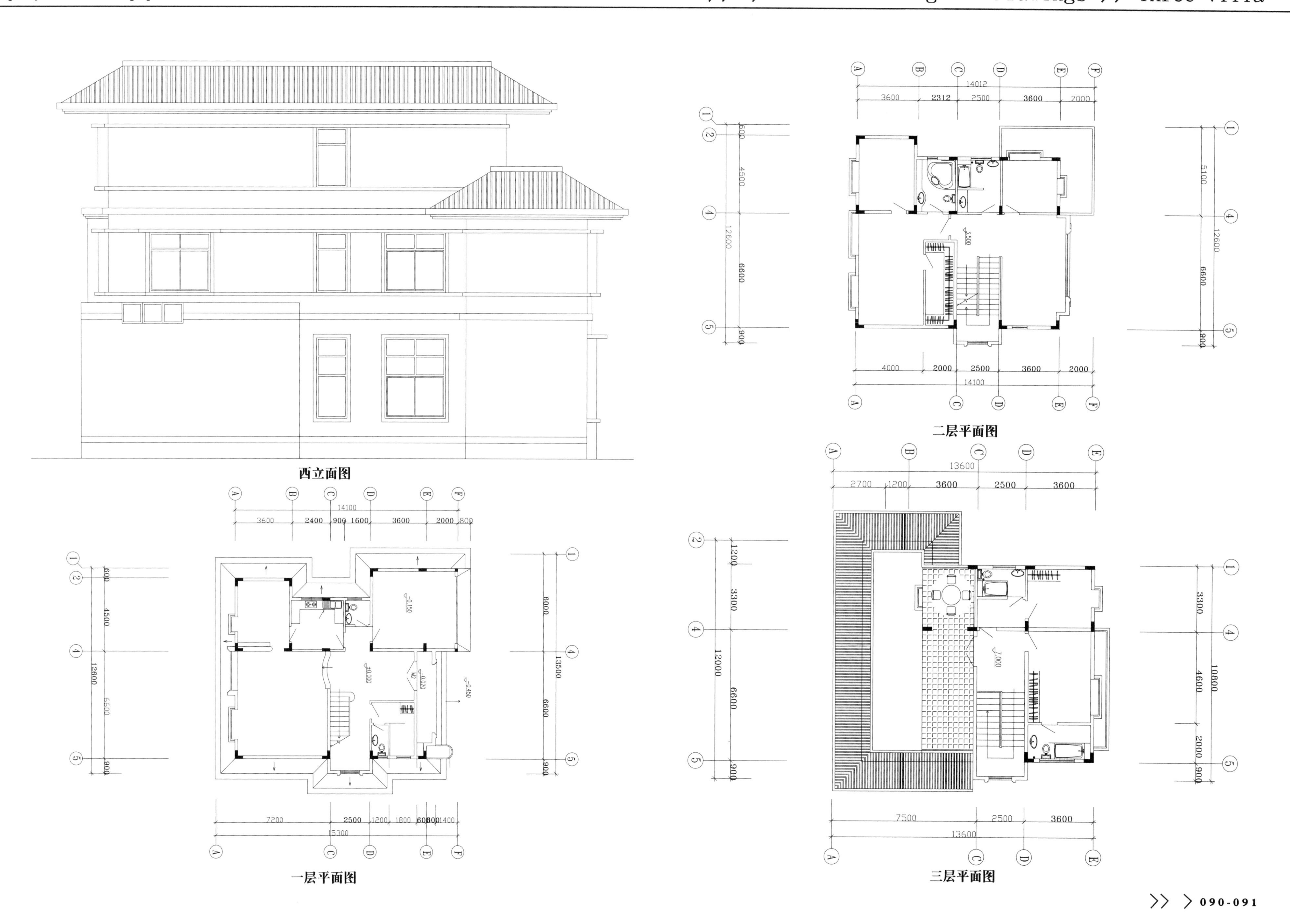
西立面图
二层平面图
一层平面图
三层平面图

# > 上海市玫瑰园二层豪华别墅建筑施工图

**设计说明**

建筑类型：独栋别墅
高度类别：多层建筑
图纸深度：方案
结构形式：钢筋混凝土结构

设计风格：北美风格
设计流派：新古典
图纸张数：14张
地上层数：3层

**内容简介**

本套图纸包括：设计说明、做法表、各层平面图、立面图、剖面图、门窗表、门窗大样、楼梯大样、节点详图。
总开间x进深：28.79x19.3米　建筑面积：759.4㎡　建筑高度：8.35m

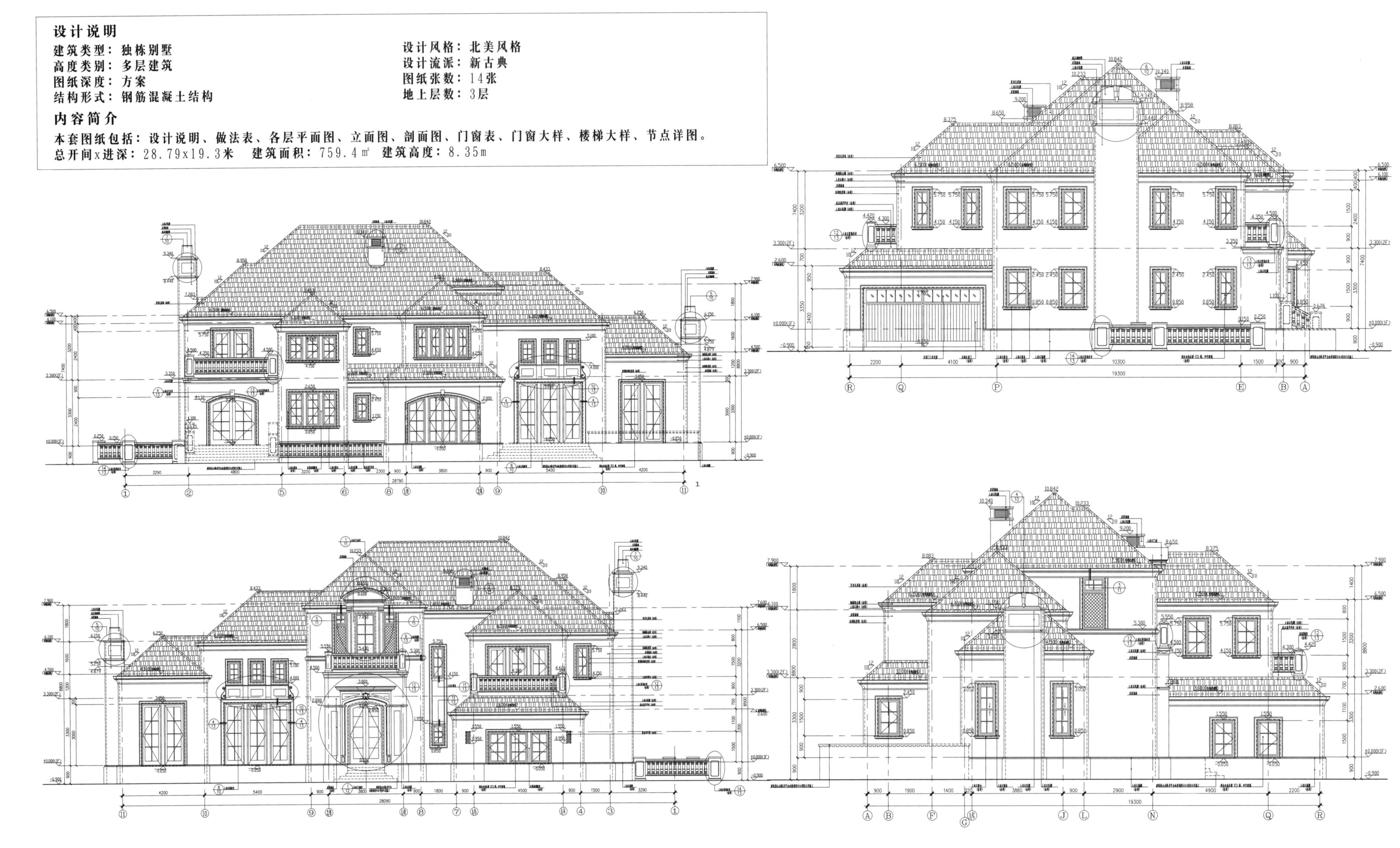

立面图

立面图

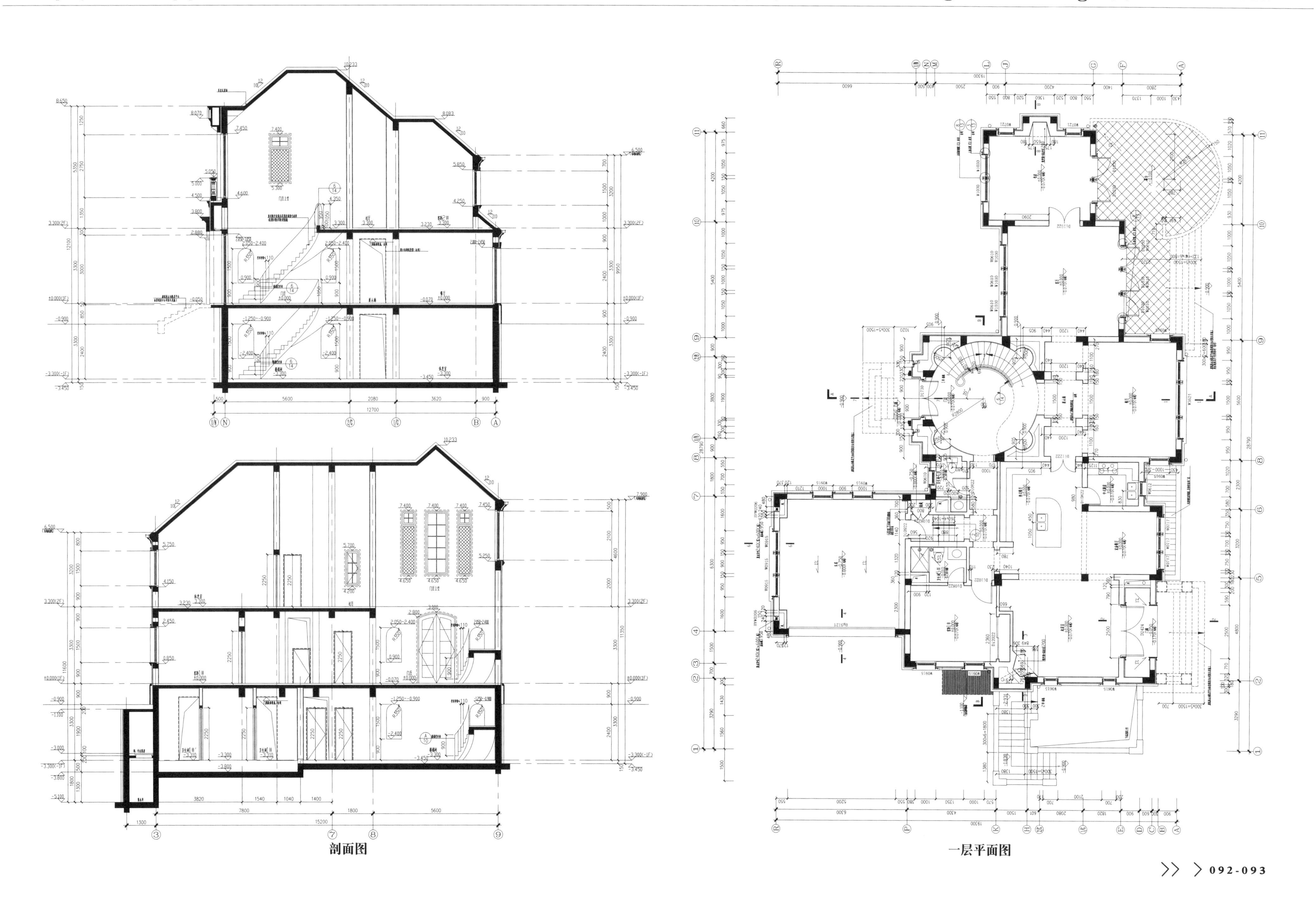

剖面图

一层平面图

# >贵州市独栋别墅建筑施工图

**设计说明**

建筑类型：独栋别墅　　设计风格：中式风格
高度类别：多层建筑　　设计流派：新中式
图纸深度：施工图　　图纸张数：24张
结构形式：钢筋混凝土结构　　地上层数：3层

**内容简介**

本套图纸包括：设计说明、节能设计说明、各层平面图、立面图、剖面图、门窗表、门窗大样、楼梯大样、节点详图。
总开间x进深：16.6x12.3米　建筑面积：482㎡　建筑高度：9.9m

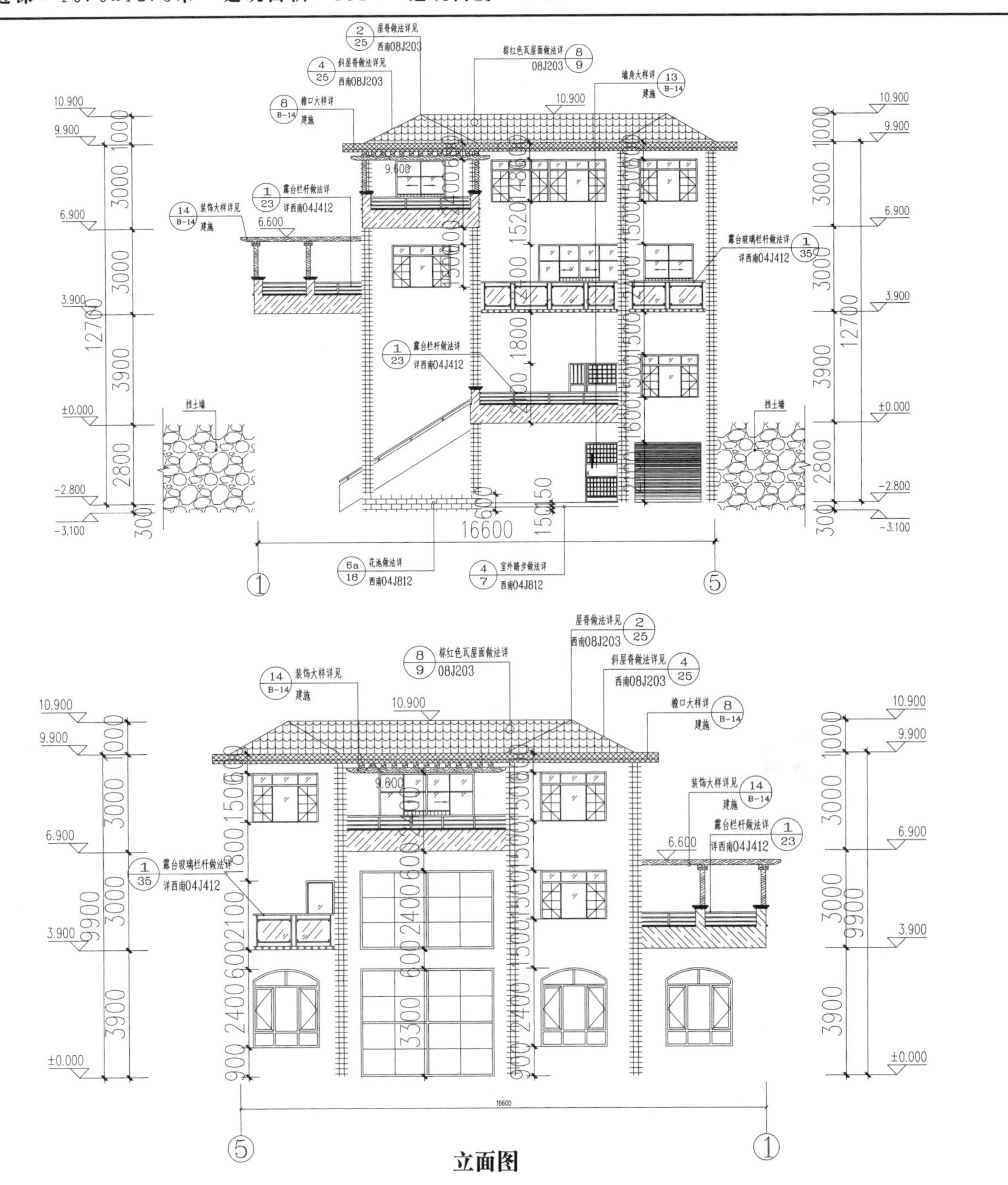

立面图

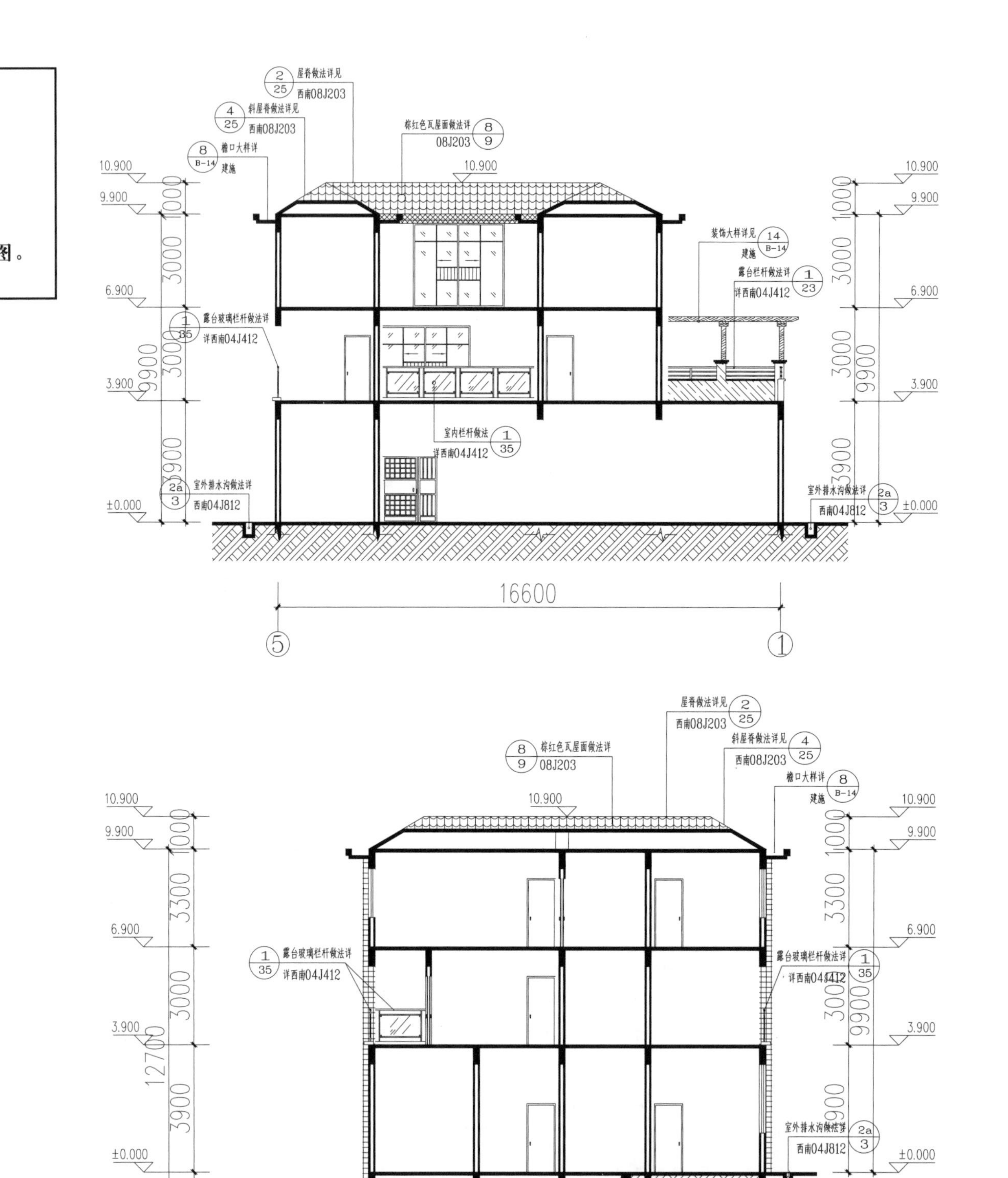

剖面图

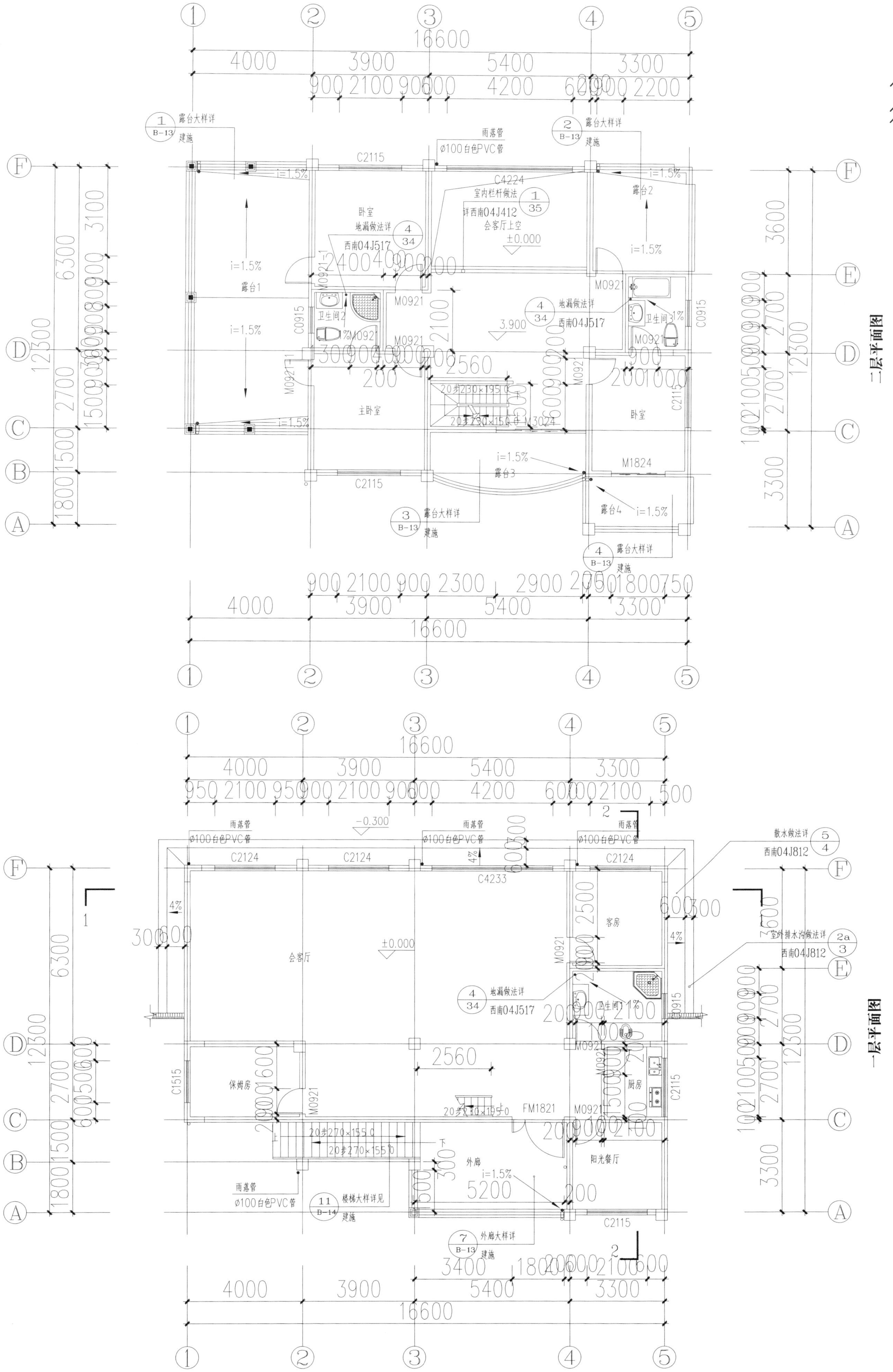
16600
4000
3900
5400
3300
露台大样详
建施
雨落管
ø100白色PVC管
C2115
C4224
室内栏杆做法
详西南04J412
会客厅上空
±0.000
卧室
地漏做法详
西南04J517
露台1
露台2
卫生间2
卫生间3
主卧室
M0921
C0915
3.900
20步230×195.0
20步230×150.0
M3024
i=1.5%
露台3
露台4
M1824
C2115
会客厅
客房
保姆房
厨房
阳光餐厅
外廊
卫生间1
C2124
C4233
C1515
C2215
FM1821
-0.300
散水做法详
西南04J812
室外排水沟做法详
20步270×155.0
楼梯大样详见
外廊大样详
2560
5200

二层平面图

一层平面图

# > 内蒙古三层花园洋房建筑施工图

**设计说明**

建筑类型：联排别墅
高度类别：多层建筑
图纸深度：施工图
结构形式：钢筋混凝土结构

设计风格：现代风格
设计流派：现代图
图纸张数：24张
地上层数：3层

**内容简介**

本套图纸包括：各层平面图、立面图、剖面图、门窗表、门窗大样、楼梯大样、节点详图。
总开间x进深：9x15.1米　建筑面积：1498㎡　用地面积：514㎡　建筑高度：8.55m

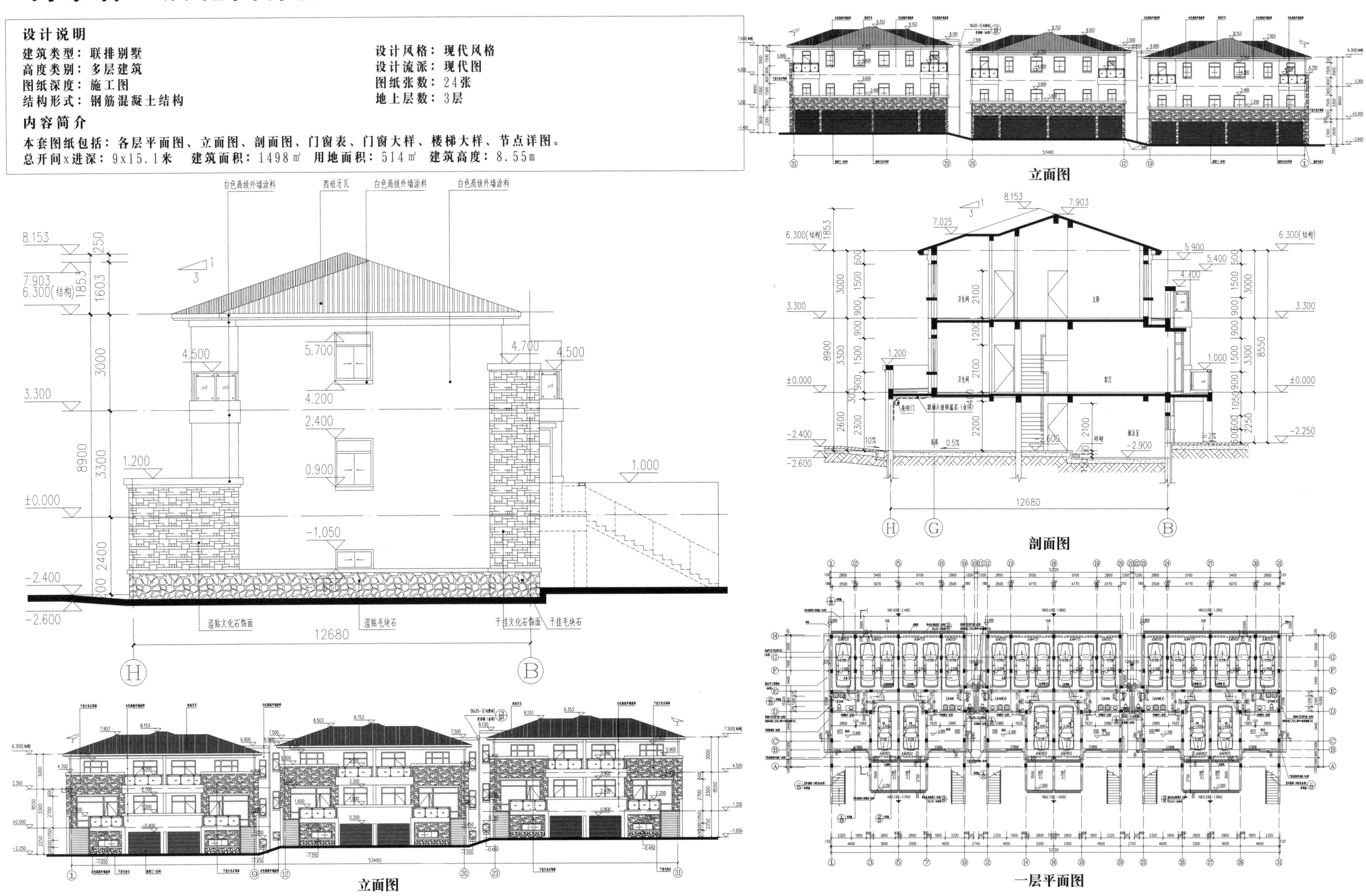

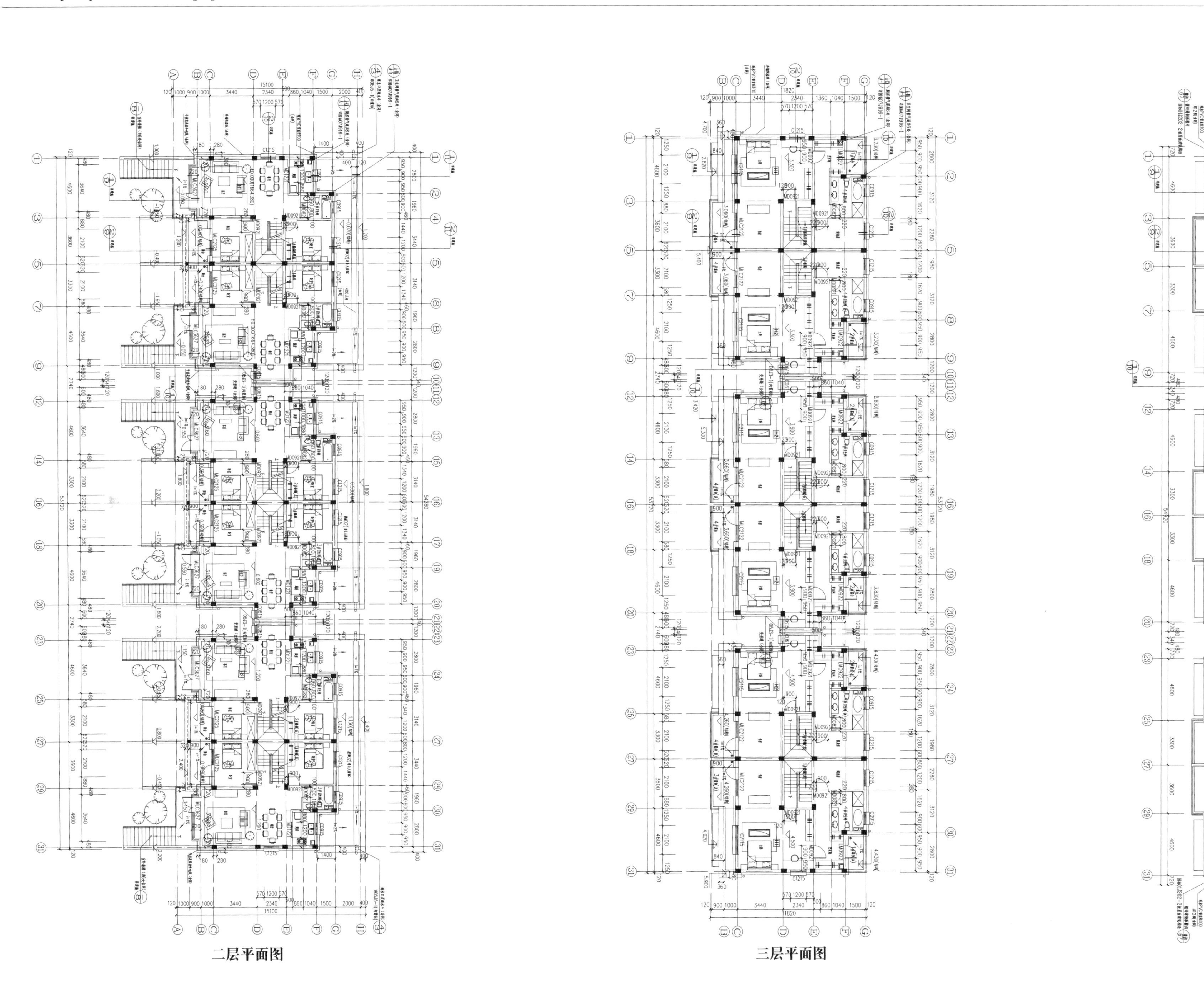

二层平面图

三层平面图

屋顶平面图

本项目解压密码：18828813

# > 长沙市三层西班牙风格别墅建筑施工图

**设计说明**

建筑类型：独栋别墅　　设计风格：欧陆风格
高度类别：多层建筑　　设计流派：新古典
图纸深度：施工图　　图纸张数：16张
结构形式：钢筋混凝土结构　　地上层数：3层

**内容简介**

本套图纸包括：设计说明、做法表、各层平面图、立面图、剖面图、门窗表、门窗大样、楼梯大样、节点详图。

总开间x进深：11.2x15米　建筑面积：331.43㎡　用地面积：120.12㎡　建筑高度：11.6m

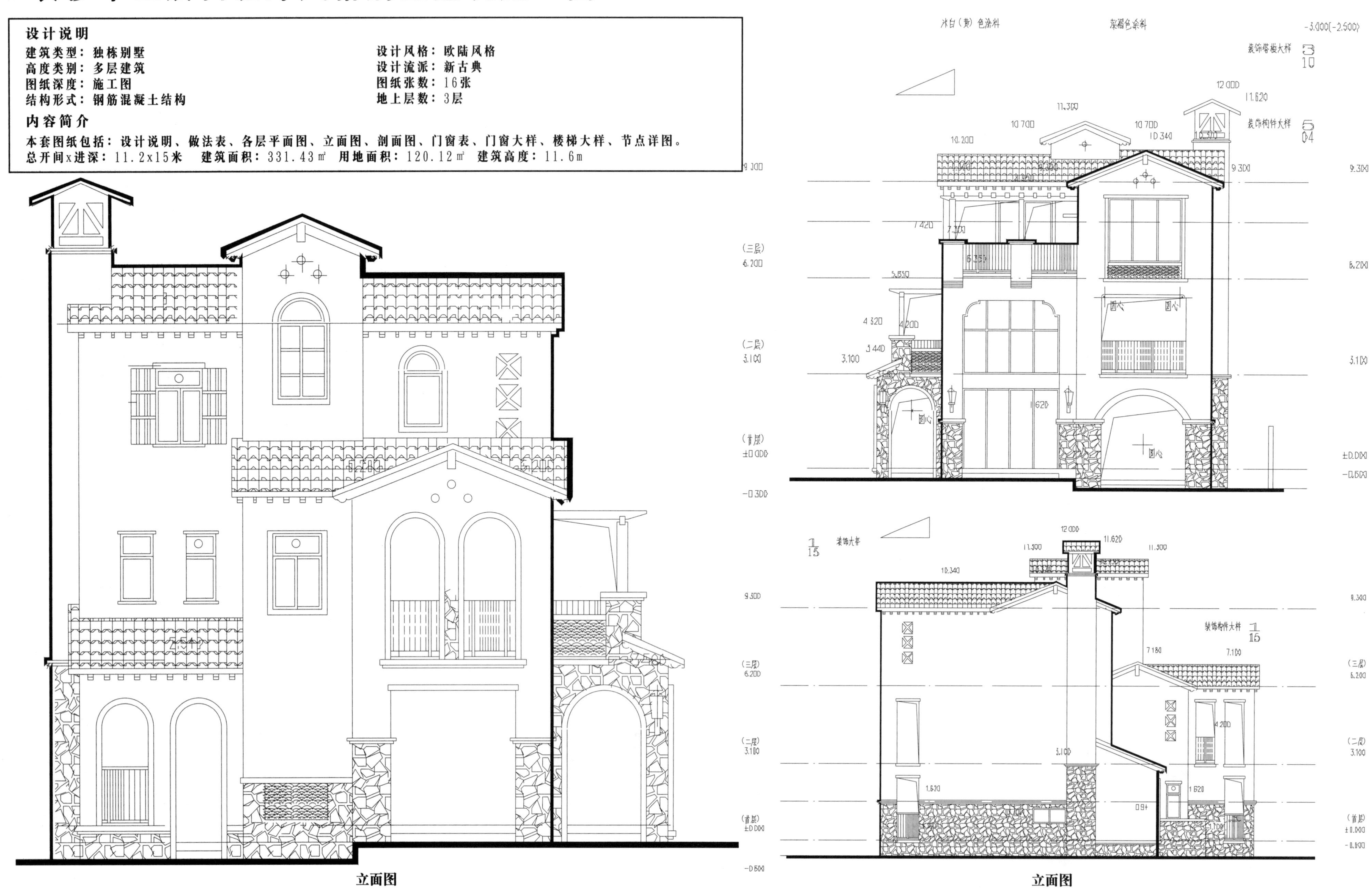

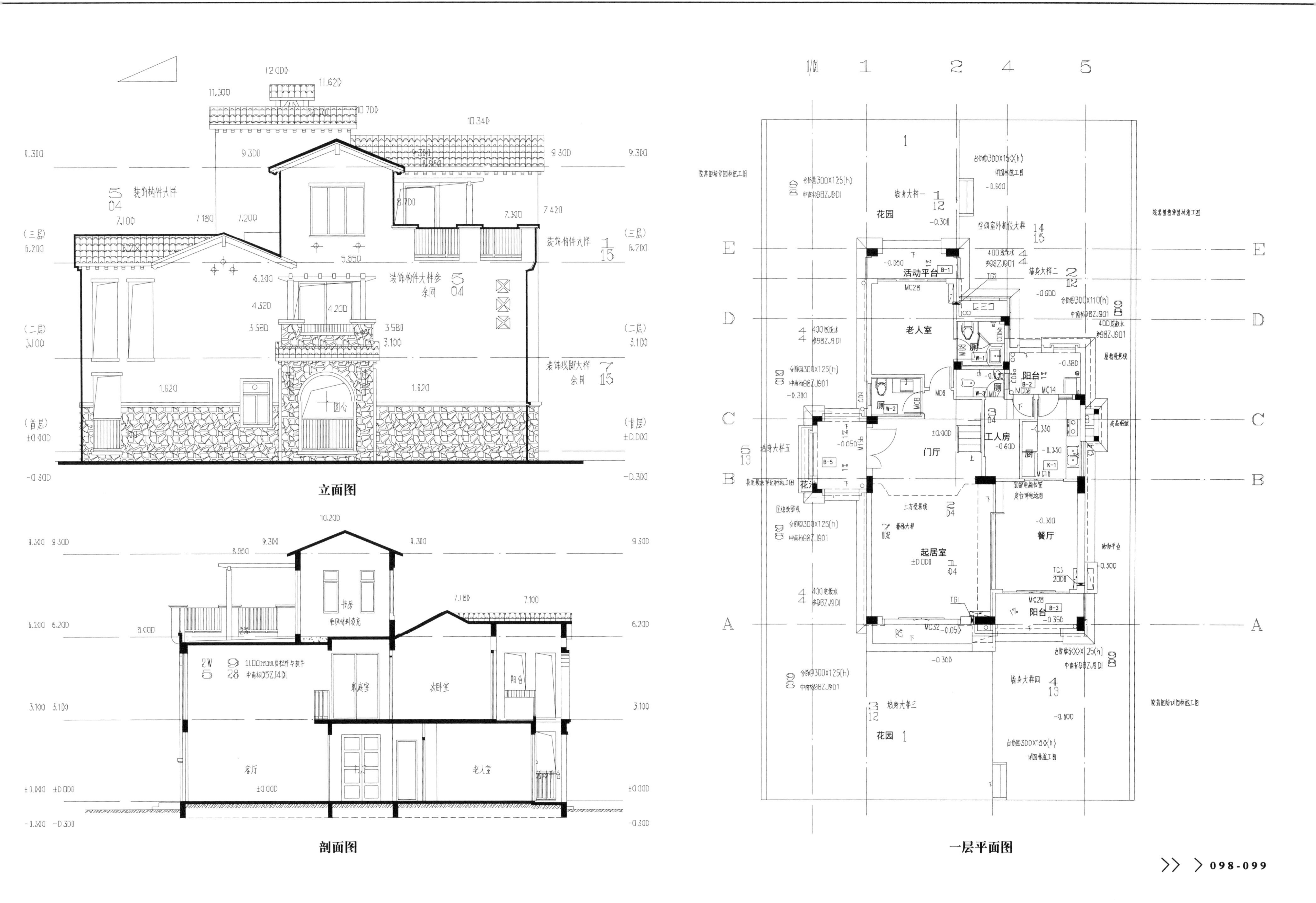
立面图
剖面图
一层平面图
老人室
门厅
起居室
餐厅
工人房
活动平台
阳台
花园
客厅
书房

本项目解压密码：58538227

# > 浙江新古典风格别墅建筑施工图

**设计说明**

建筑类型：独栋别墅　　设计风格：欧陆风格
高度类别：多层建筑　　设计流派：新古典
图纸深度：施工图　　图纸张数：36张
结构形式：钢筋混凝土结构　　地上层数：3层

**内容简介**

本套图纸包括：施工图设计总说明，立面图，剖面图，楼梯详图，各层平面图，墙身大样，门窗表，门窗大样。
总开间x进深：64.1x20.9米　建筑面积：1938.8㎡　建筑高度：11.13m

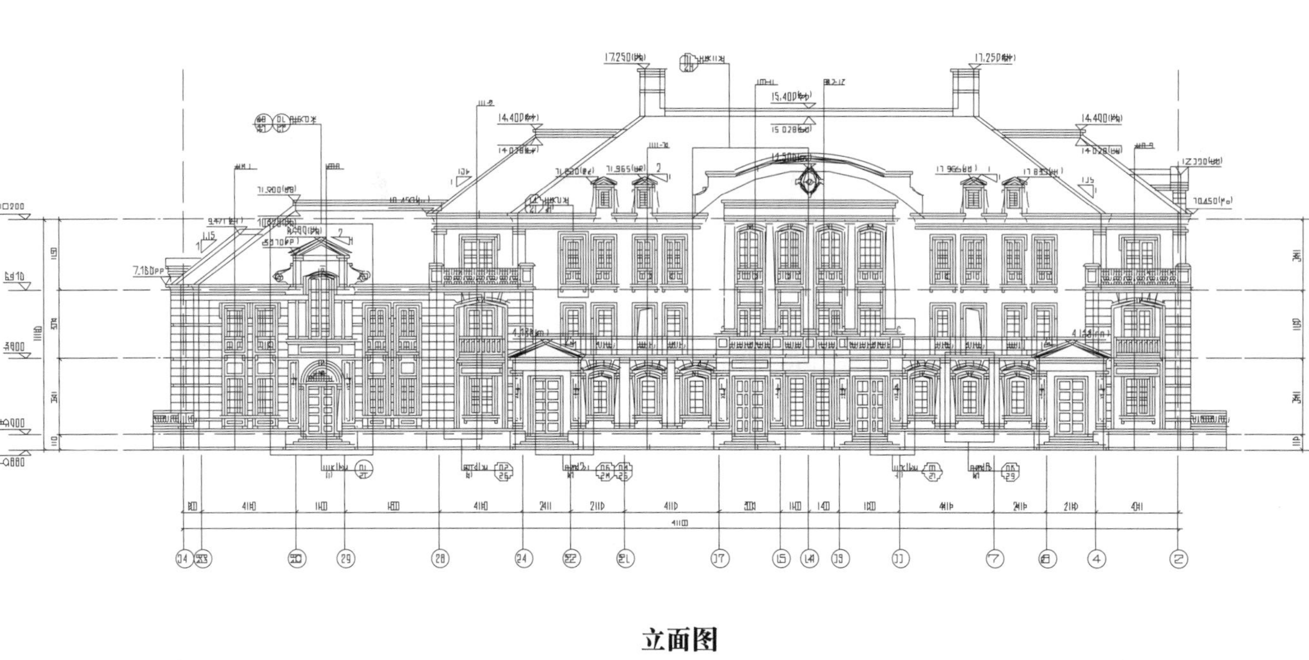

立面图

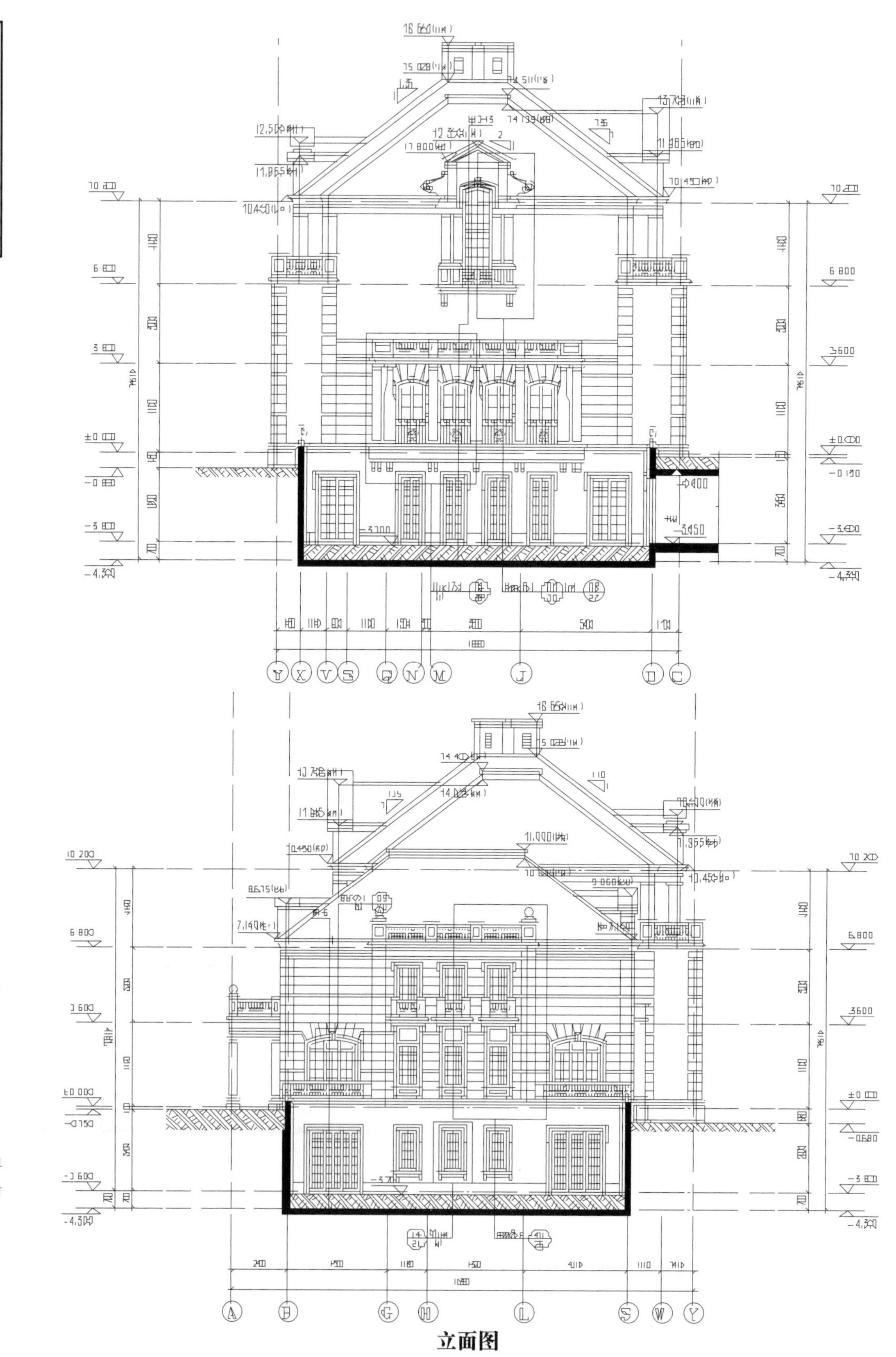

立面图

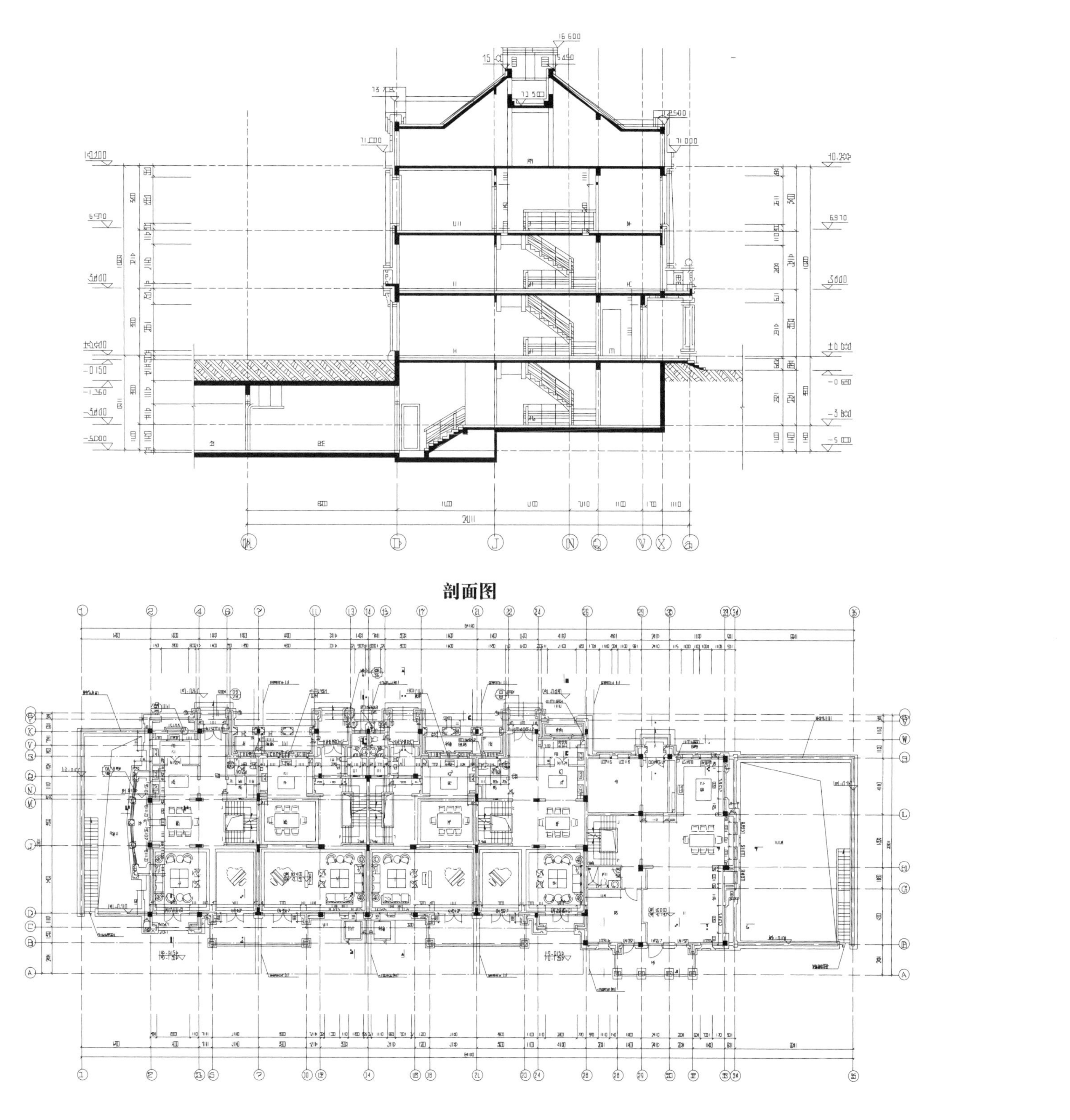

剖面图

一层平面图

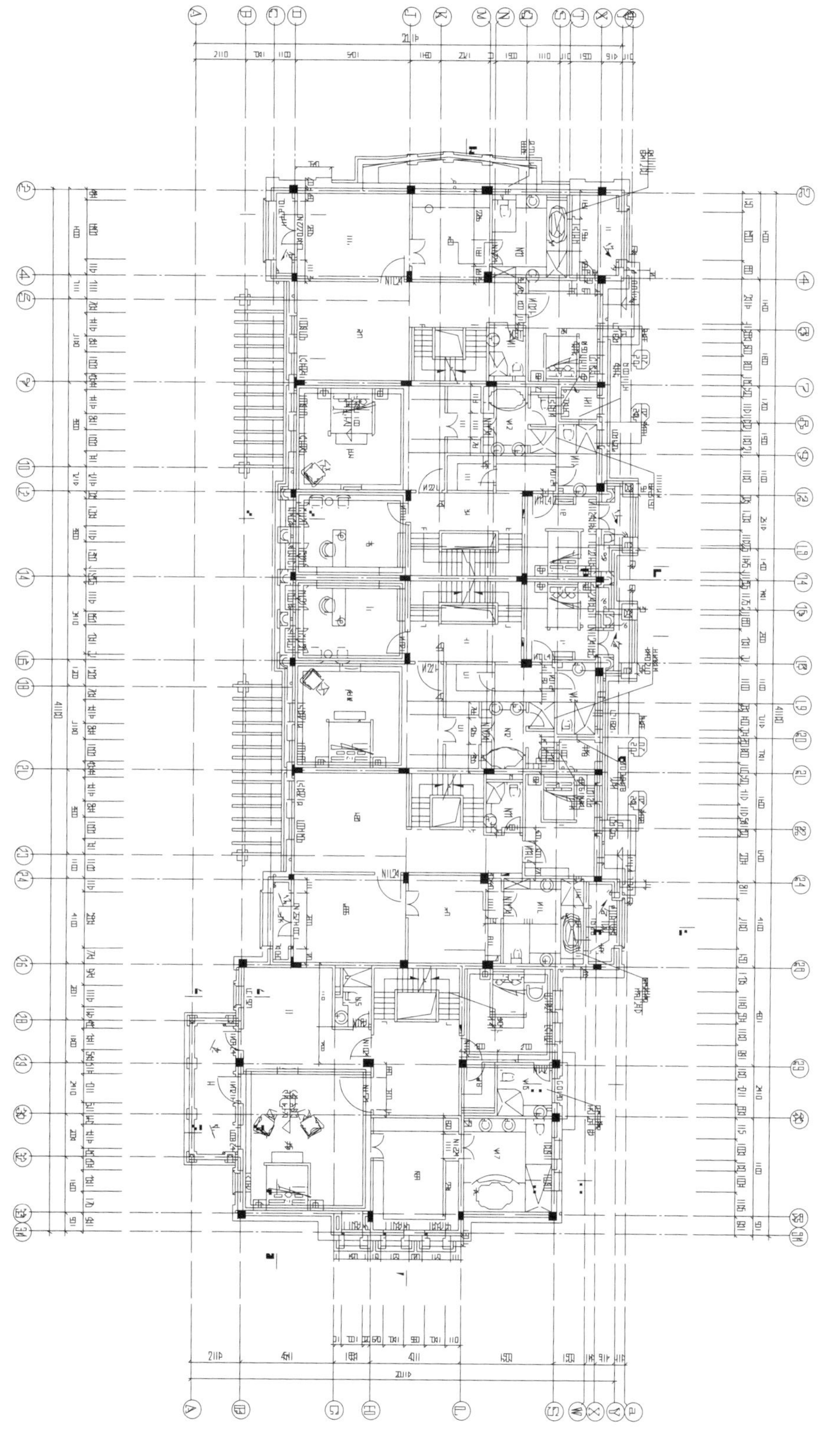

二层平面图

本项目解压密码：47450576

# >北京市三层别墅全套施工图

**设计说明**

建筑类型：独栋别墅
高度类别：多层建筑
图纸深度：施工图
结构形式：钢筋混凝土结构

图纸张数：9张
地上层数：3层

**内容简介**

本套图纸包括：立面图，各层平面图。共9张图纸。
建筑面积：1170㎡　总建筑面积1170平方米

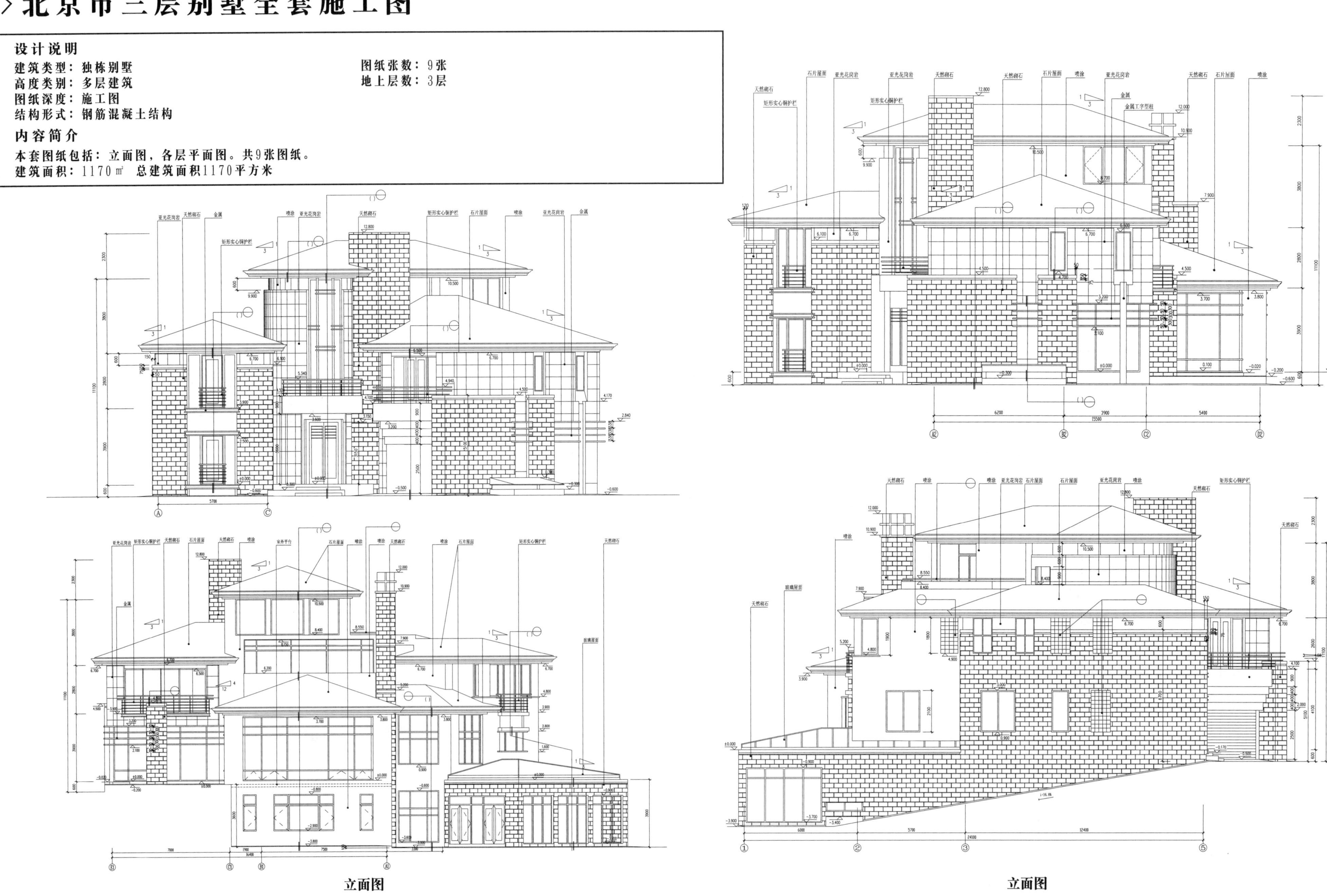

立面图

立面图

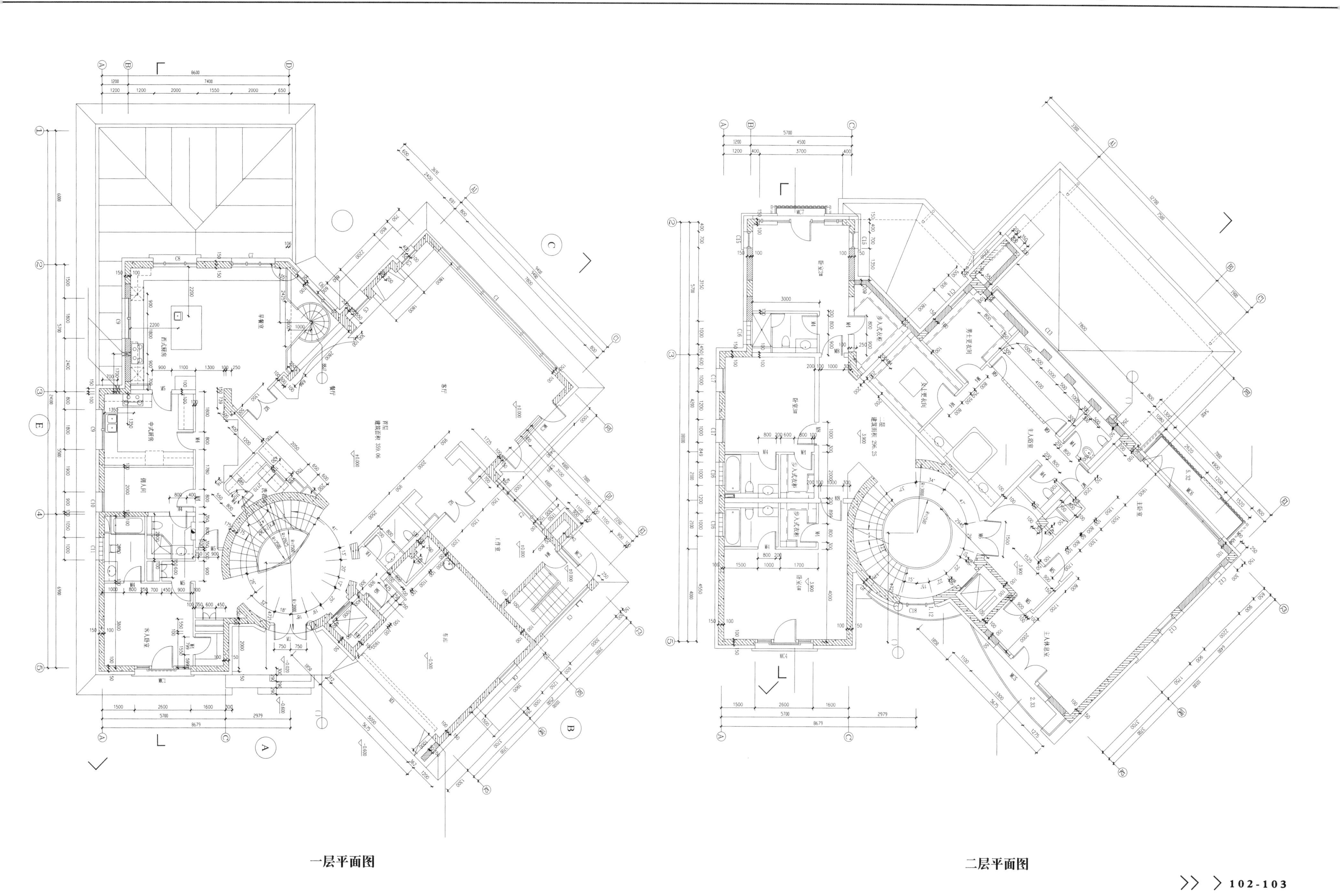
首层
建筑面积 359.06
客厅
餐厅
早餐室
西式厨房
中式厨房
佣人间
客人卧室
工作室
车库
二层
建筑面积 296.25
卧室2#
卧室3#
卧室4#
步入式衣柜
男士更衣间
女士更衣间
主人浴室
主卧室
主人休息室

一层平面图

二层平面图

# >别墅施工图建施图纸

**设计说明**

建筑类型：独栋别墅
高度类别：多层建筑
图纸深度：施工图
结构形式：钢筋混凝土结构

图纸张数：17张
地上层数：3层

**内容简介**

本套图纸包括：立面图，剖面图，平面图，节点详图，门窗表 。共17张图纸。

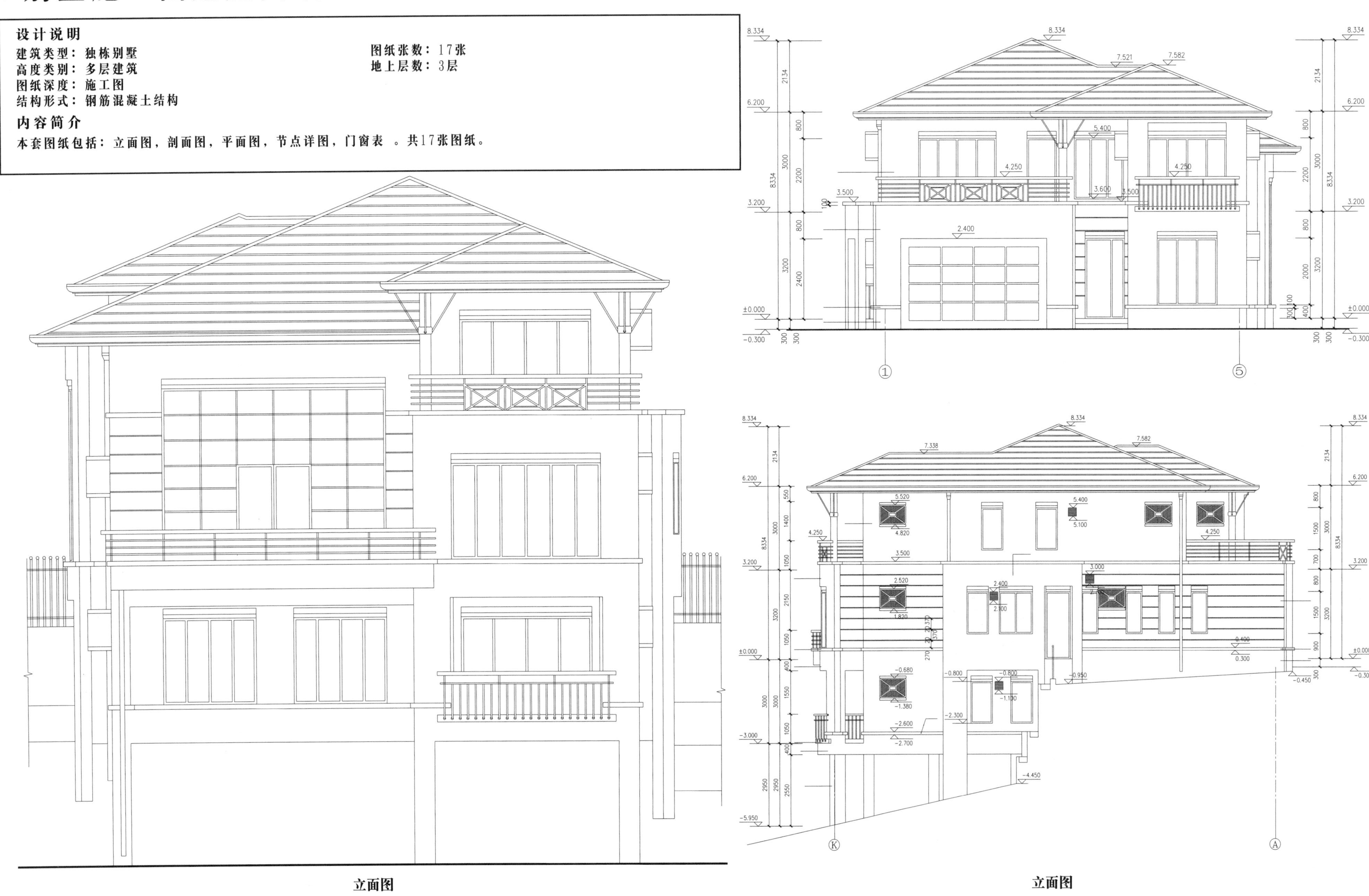

立面图

立面图

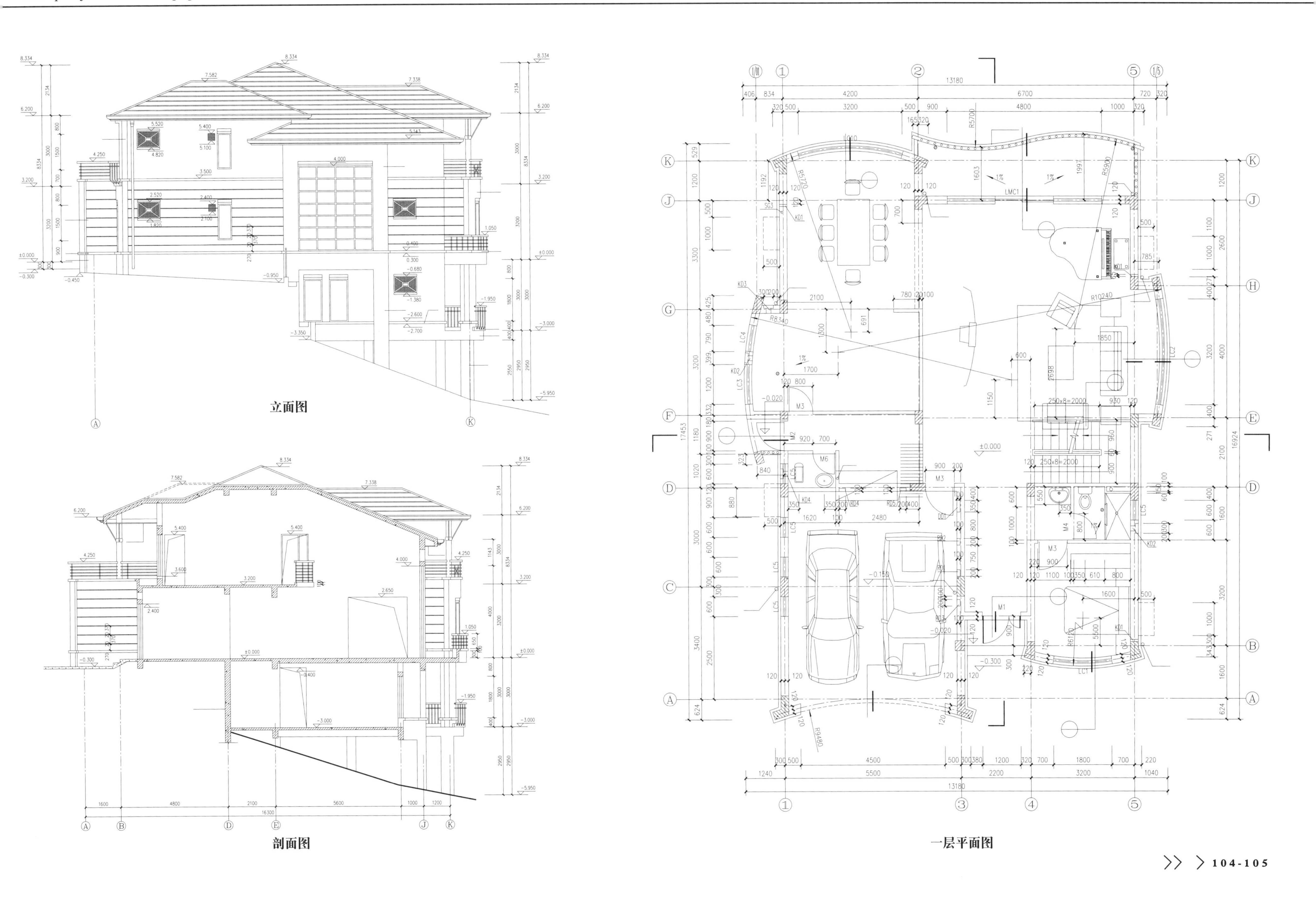

立面图

剖面图

一层平面图

本项目解压密码：43153146

# > 独立小型别墅建筑施工图

**设计说明**

建筑类型：独栋别墅
高度类别：多层建筑
图纸深度：施工图
结构形式：钢筋混凝土结构

图纸张数：12张
地上层数：3层

**内容简介**

本套图纸包括：立面图、剖面图、各层的平面图、大量节点详图、设计说明。共12张图纸。

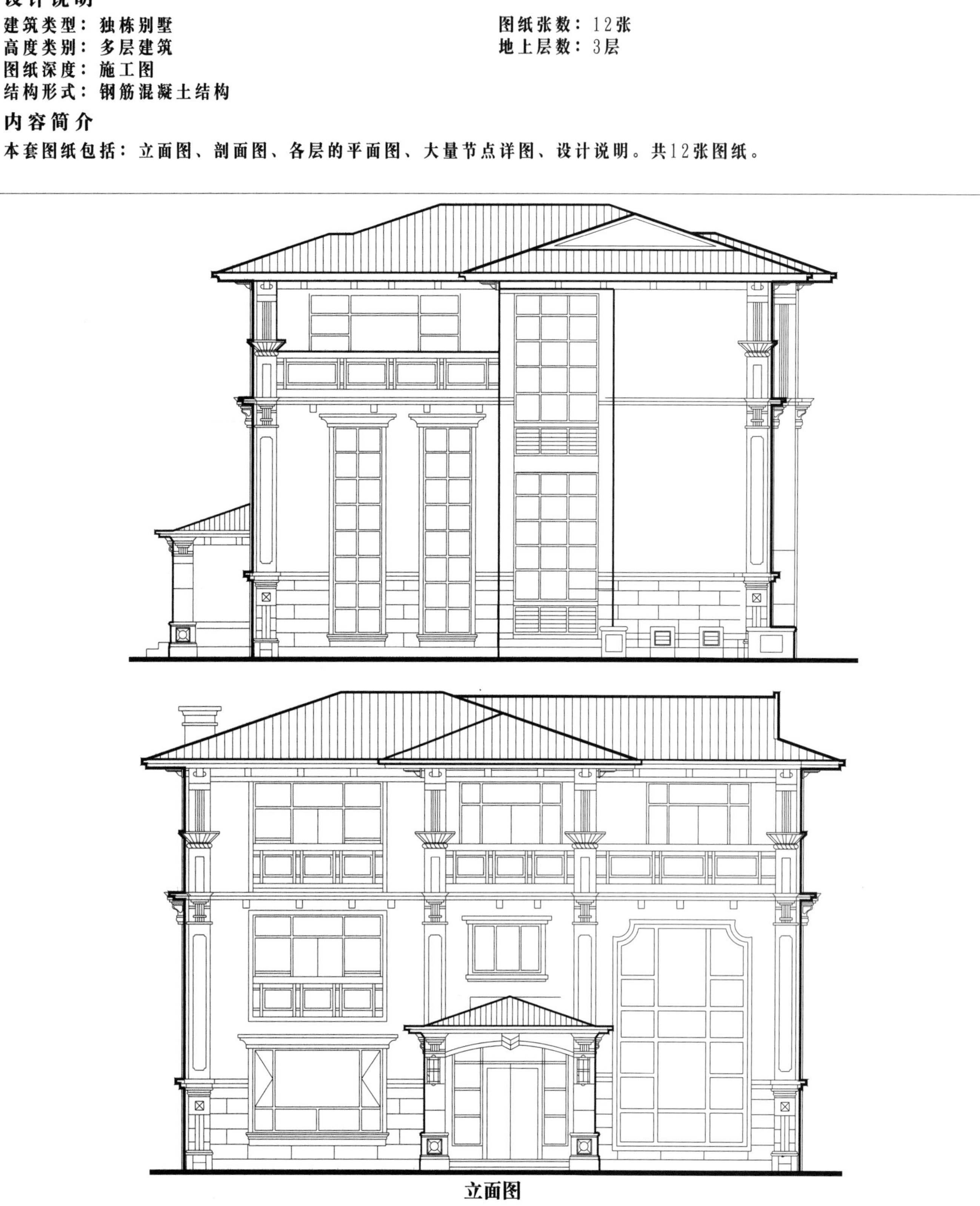

立面图

立面图

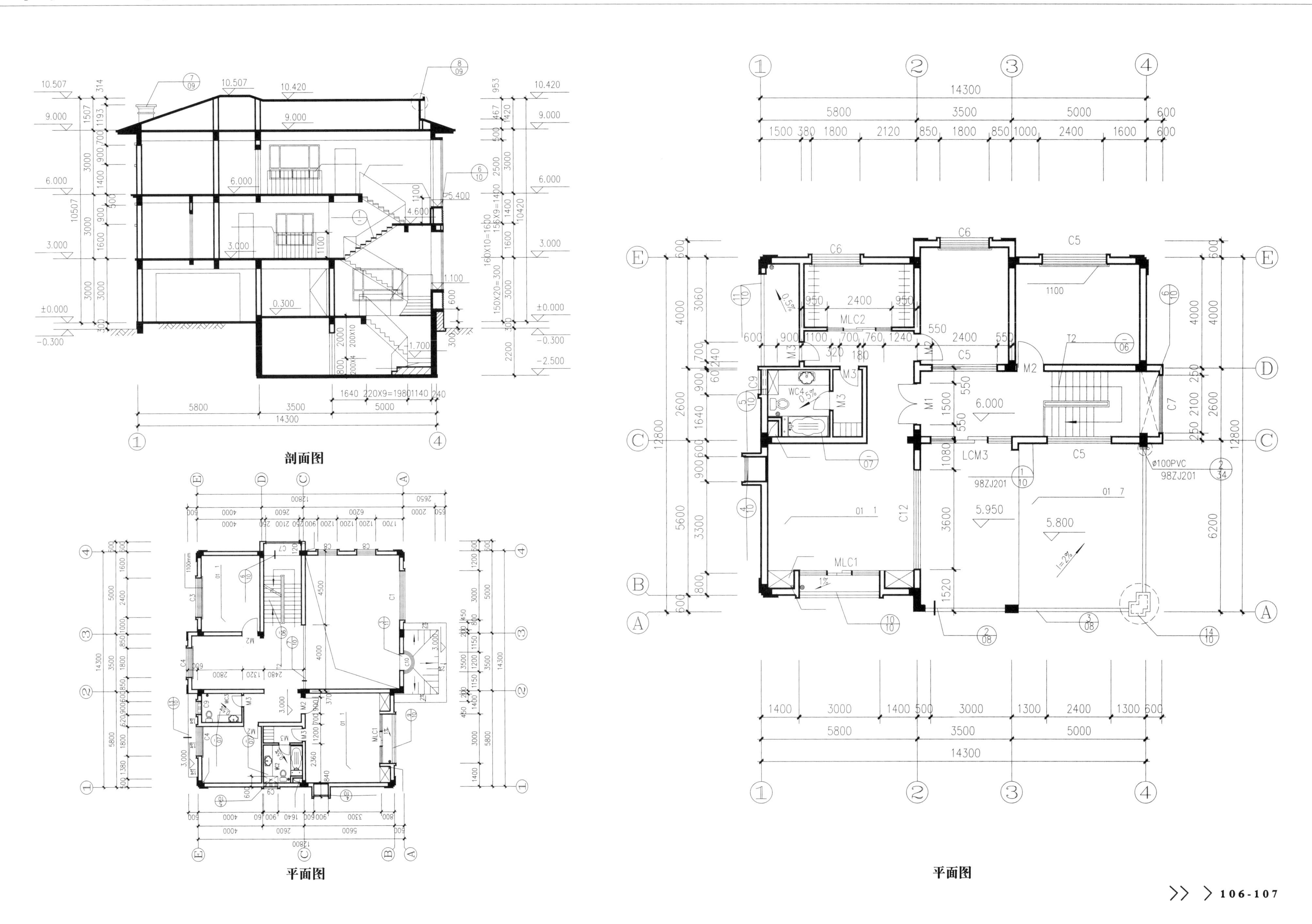

剖面图

平面图

平面图

# > 三层别墅建筑结构水暖电施工图

**设计说明**

建筑类型：独栋别墅
高度类别：多层建筑
图纸深度：施工图
结构形式：钢筋混凝土结构

设计风格：北美风格
设计流派：新古典
图纸张数：17张
地上层数：3层

**内容简介**

本套图纸包括：各层建筑平面、立面、剖面图、卫生间详图、楼梯间详图、墙身大样、檐口作法等，共17张图纸。
建筑面积：680㎡　建筑高度：12.575m

立面图

立面图

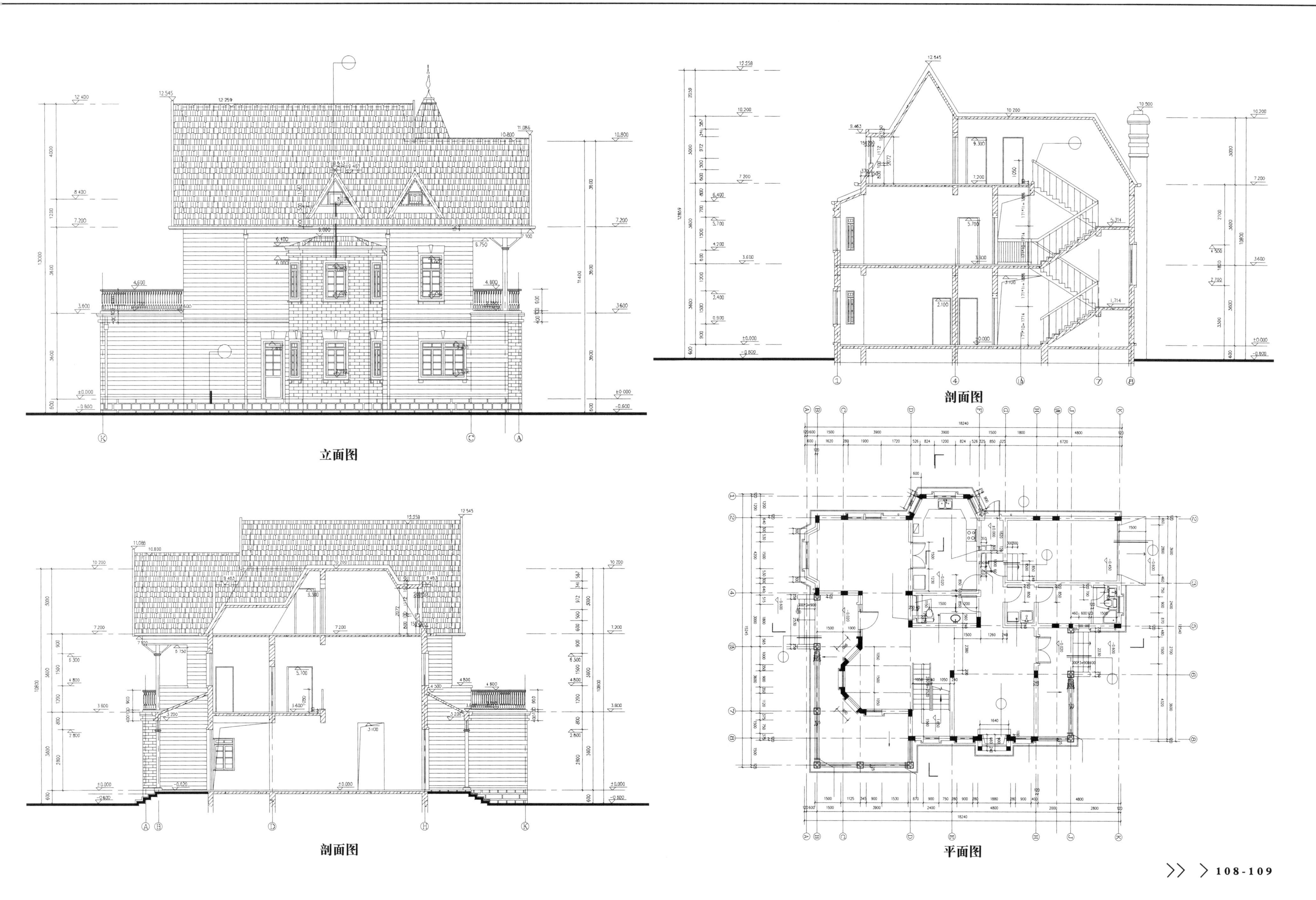
立面图
剖面图
剖面图
平面图

# ＞三层欧式独栋别墅建筑施工图

**设计说明**

建筑类型：独栋别墅　　设计风格：欧陆风格
高度类别：多层建筑　　设计流派：新古典
图纸深度：施工图　　图纸张数：12张
结构形式：钢筋混凝土结构　　地上层数：3层

**内容简介**

本套图纸包括：各层建筑平面、立面、剖面图、卫生间详图、楼梯间详图、墙身大样等，共12张图纸。

立面图

立面图

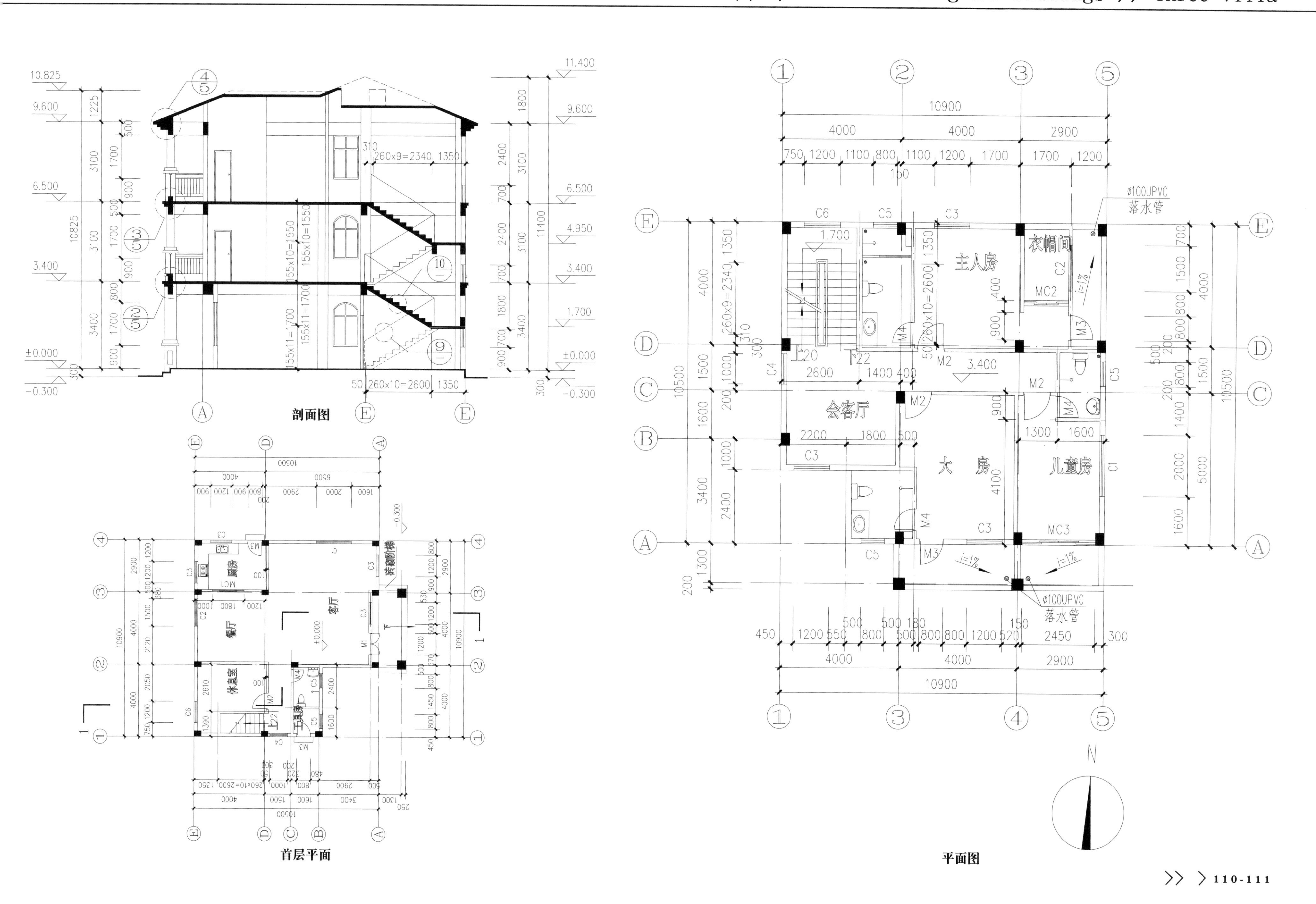


剖面图

首层平面

平面图

## > 三层中式双拼别墅建筑施工图

**设计说明**

建筑类型：双拼别墅
高度类别：多层建筑
图纸深度：施工图
结构形式：钢筋混凝土结构

设计风格：中式风格
设计流派：新中式
图纸张数：11张
地上层数：3层

**内容简介**

本套图纸包括：各层平面图、立面图、剖面图、门窗表、门窗大样、楼梯大样、节点详图，共11张图纸。
总开间x进深：18.6x15.6米　建筑高度：11.4m

立面图

立面图

剖面图

首层平面

平面图

# >新农村三层住宅楼建筑方案图

**设计说明**

建筑类型：独栋别墅　　设计风格：中式风格
高度类别：多层建筑　　设计流派：新中式
图纸深度：方案效果图　　图纸张数：6张
结构形式：砖混结构　　地上层数：3层

**内容简介**

本套图纸包括建筑平面、立面、剖面图等，共5张图纸。
设计功能包括：厨房、起居室、卧室、天台等。 高度为：11.50米

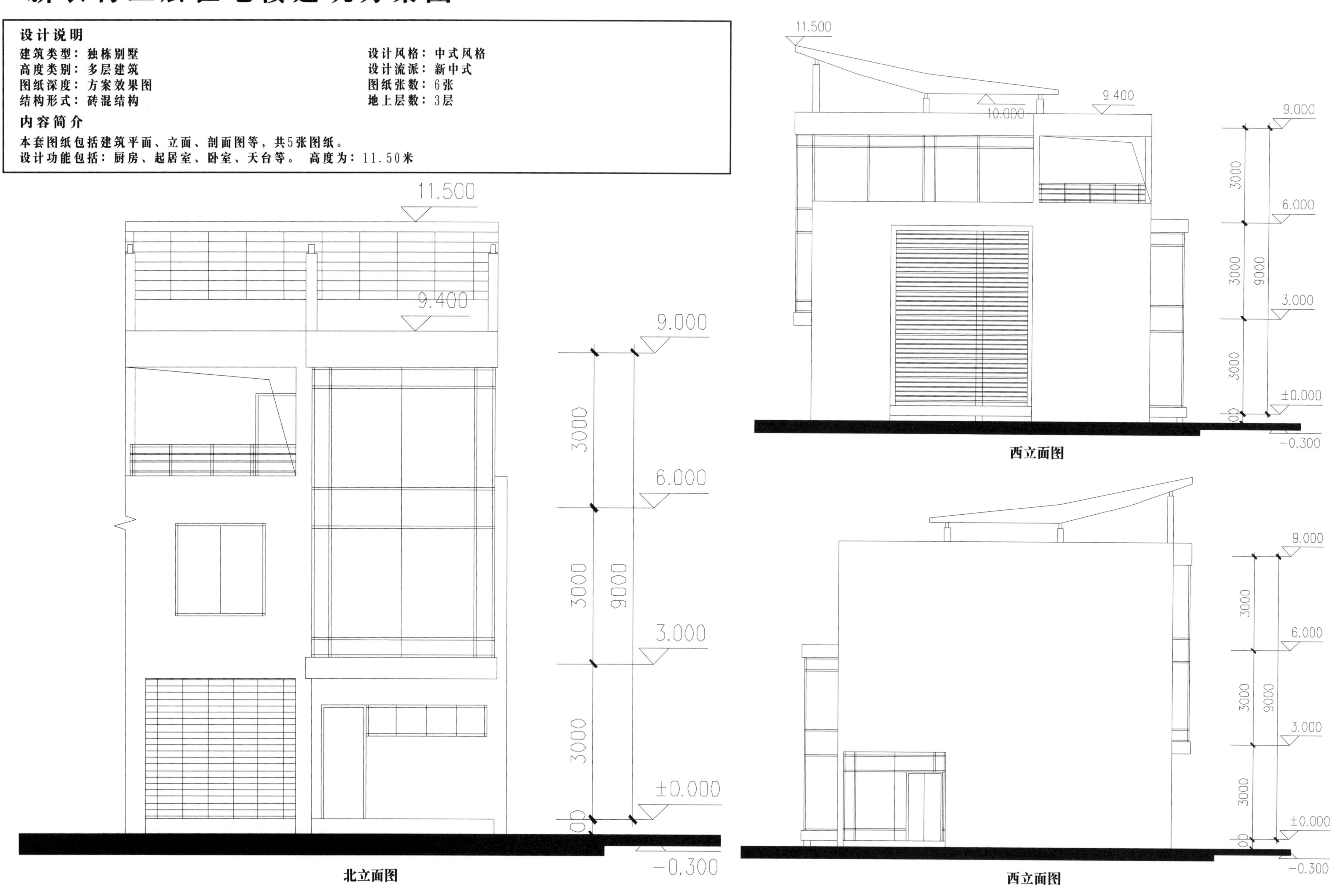

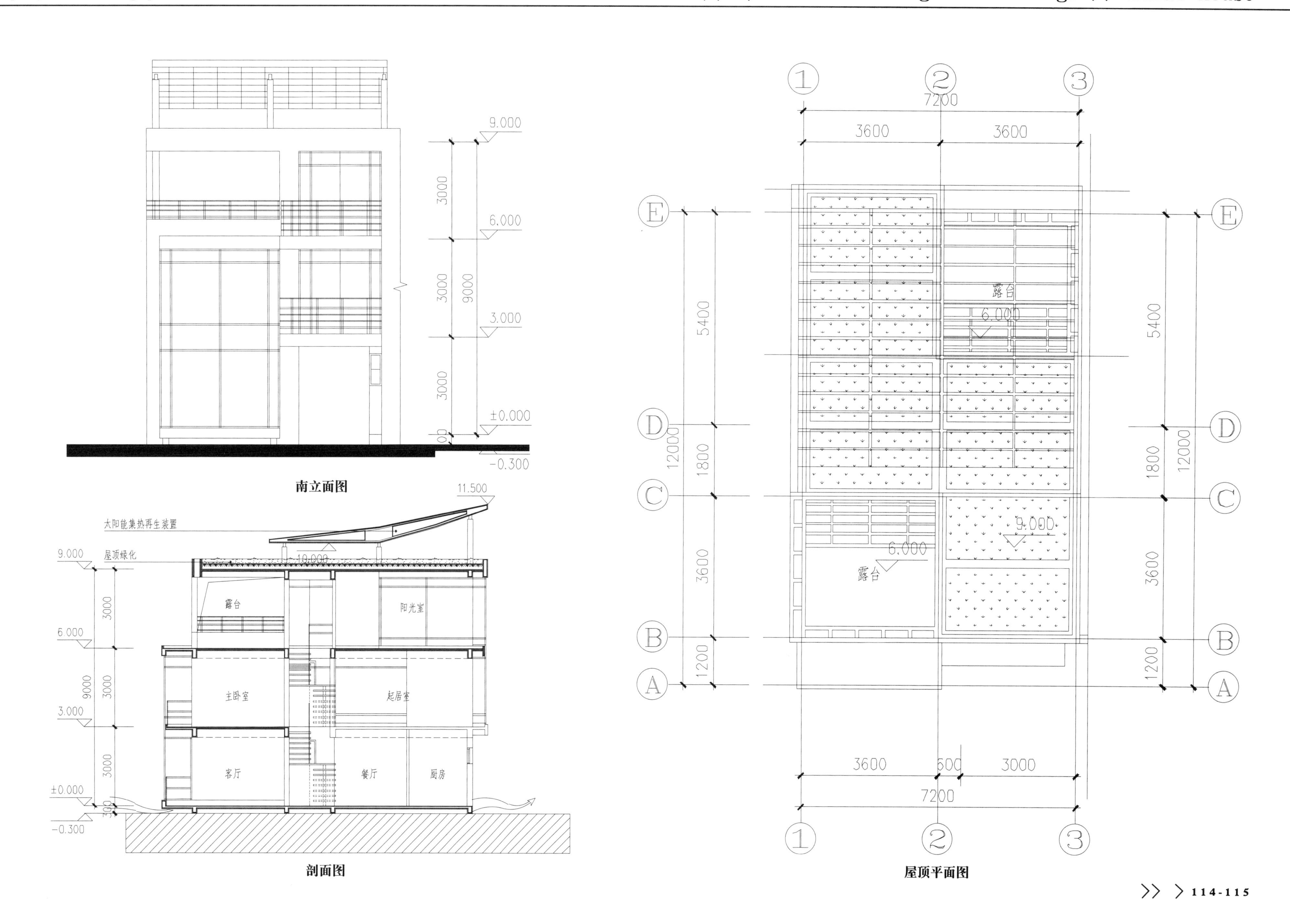


南立面图

剖面图

屋顶平面图

# >赣州市新农村建设农民住宅方案

**设计说明**

建筑类型：独栋别墅　　设计风格：现代风格
高度类别：多层建筑　　设计流派：新古典
图纸深度：方案（初设图）　　图纸张数：9张
结构形式：砌体结构　　地上层数：2层

**内容简介**

本套图纸包括：各层建筑平面、立面、剖面图等　，共9张图纸
建筑高度：8.7m　抗震设防烈度：6

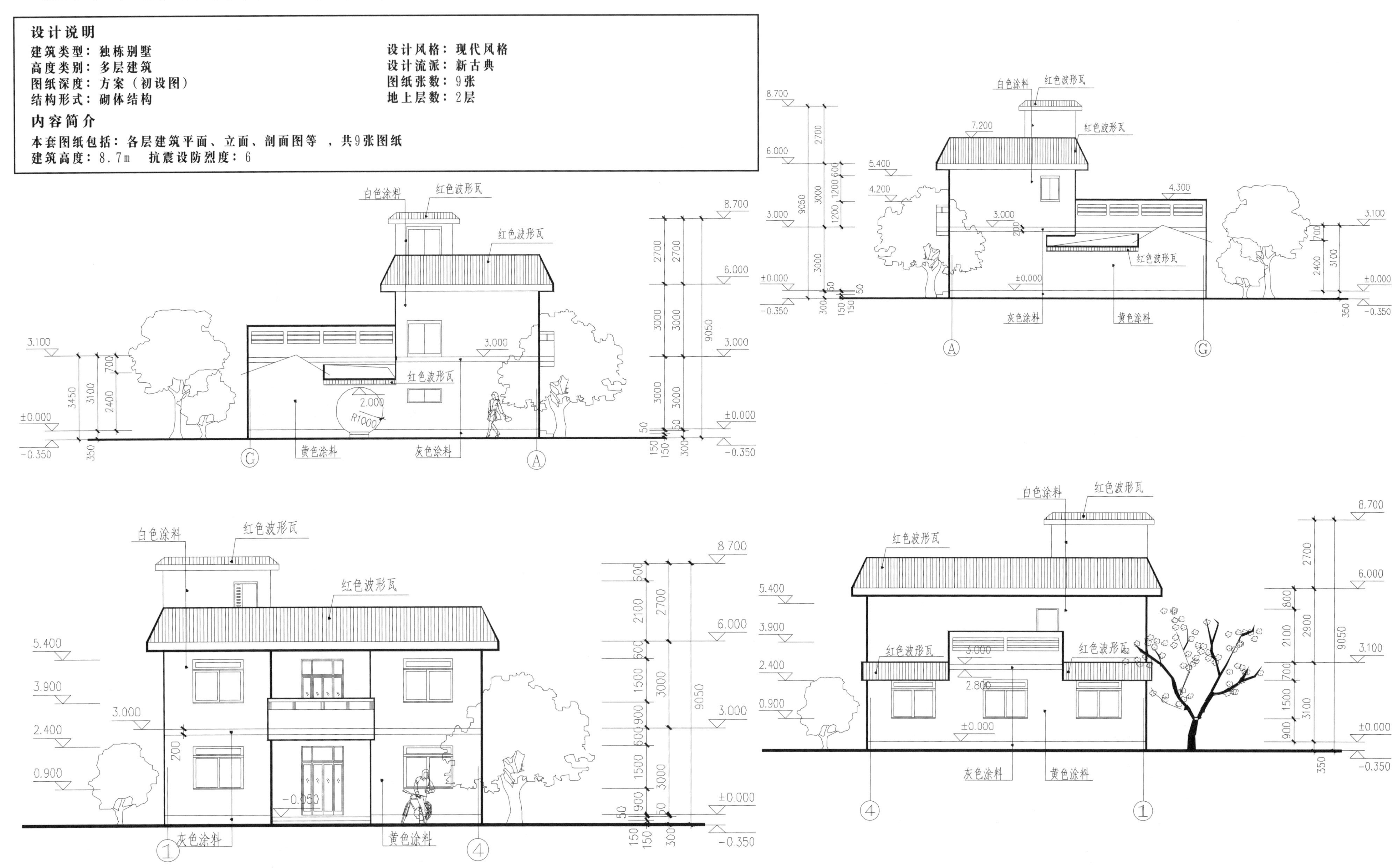

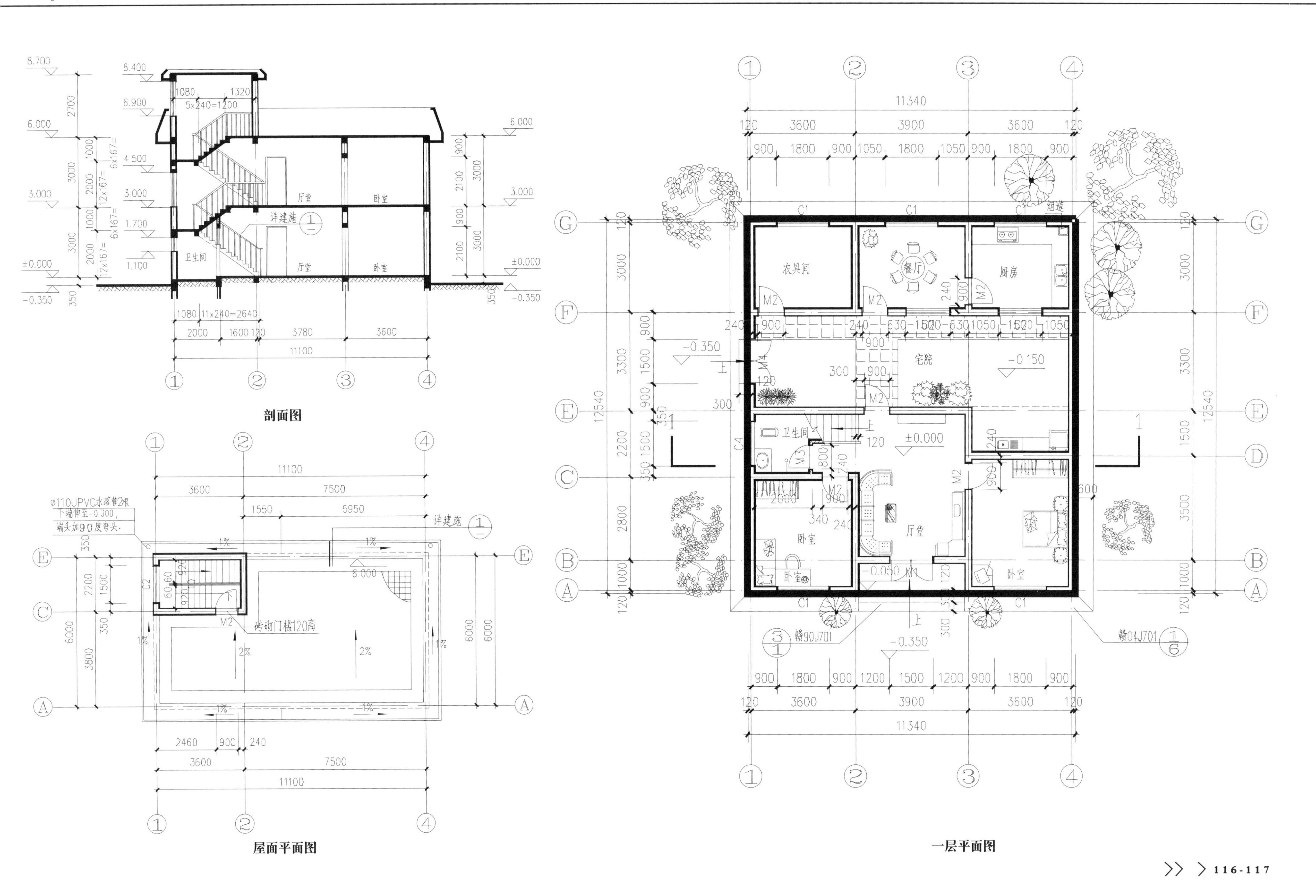


剖面图

屋面平面图

一层平面图

本项目解压密码：99076735

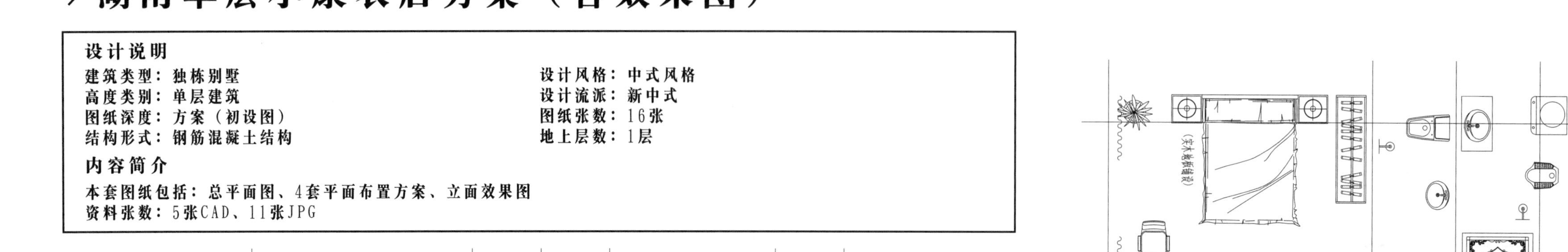

# > 湖南单层小康农居方案（含效果图）

**设计说明**

建筑类型：独栋别墅
高度类别：单层建筑
图纸深度：方案（初设图）
结构形式：钢筋混凝土结构

设计风格：中式风格
设计流派：新中式
图纸张数：16张
地上层数：1层

**内容简介**

本套图纸包括：总平面图、4套平面布置方案、立面效果图
资料张数：5张CAD、11张JPG

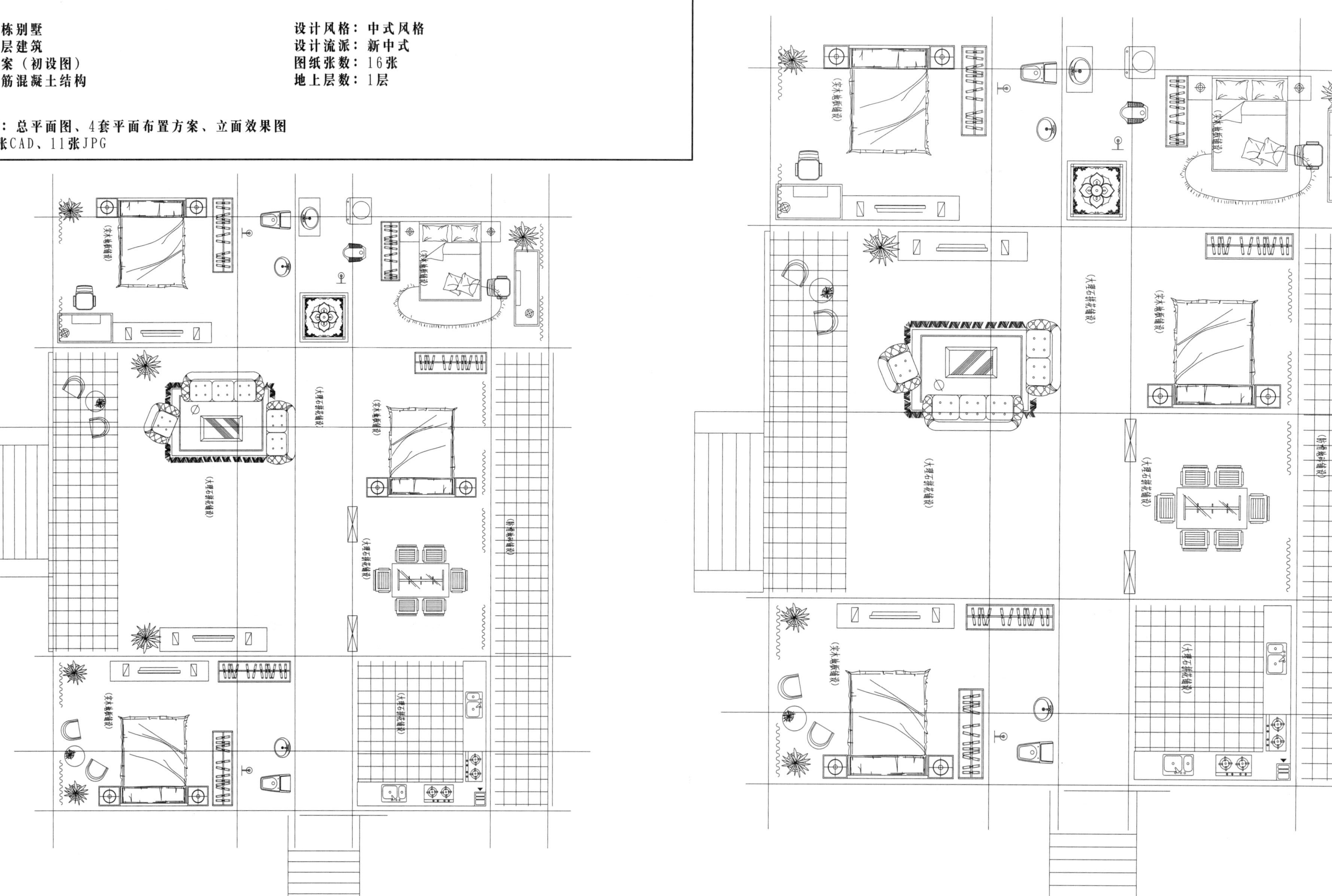

平面图

平面图

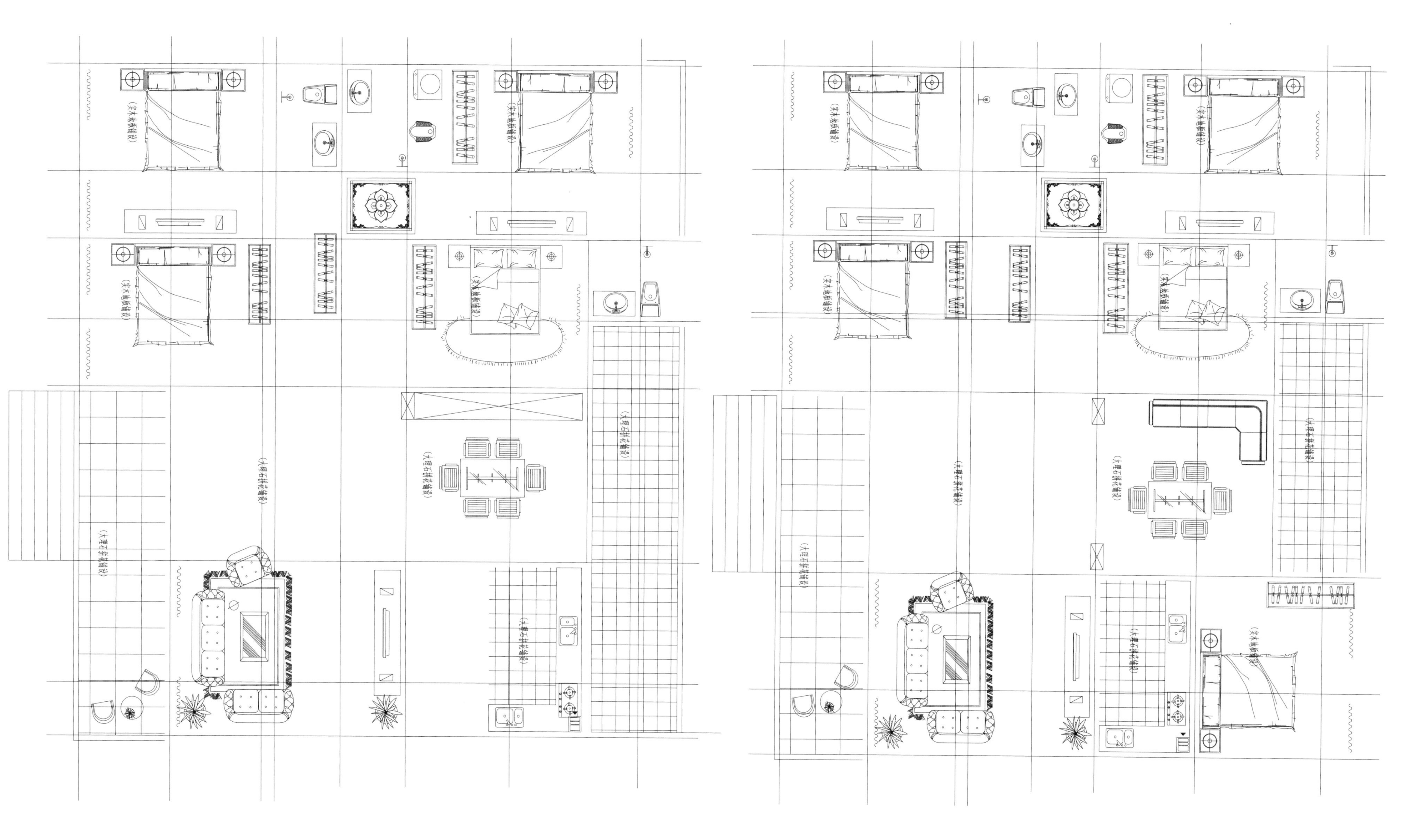


平面图

平面图

# > 新世纪村镇康房建筑设计方案4

**设计说明**

建筑类型：小康农居
高度类别：单层建筑
图纸深度：方案（初设图）
结构形式：砖混结构

设计风格：中式风格
设计流派：新中式
图纸张数：11张
地上层数：3层

**内容简介**

本套图纸包括：平立剖面及方案设计说明，共11张图纸
建筑面积：196.8M² 占地面积：85.85M²

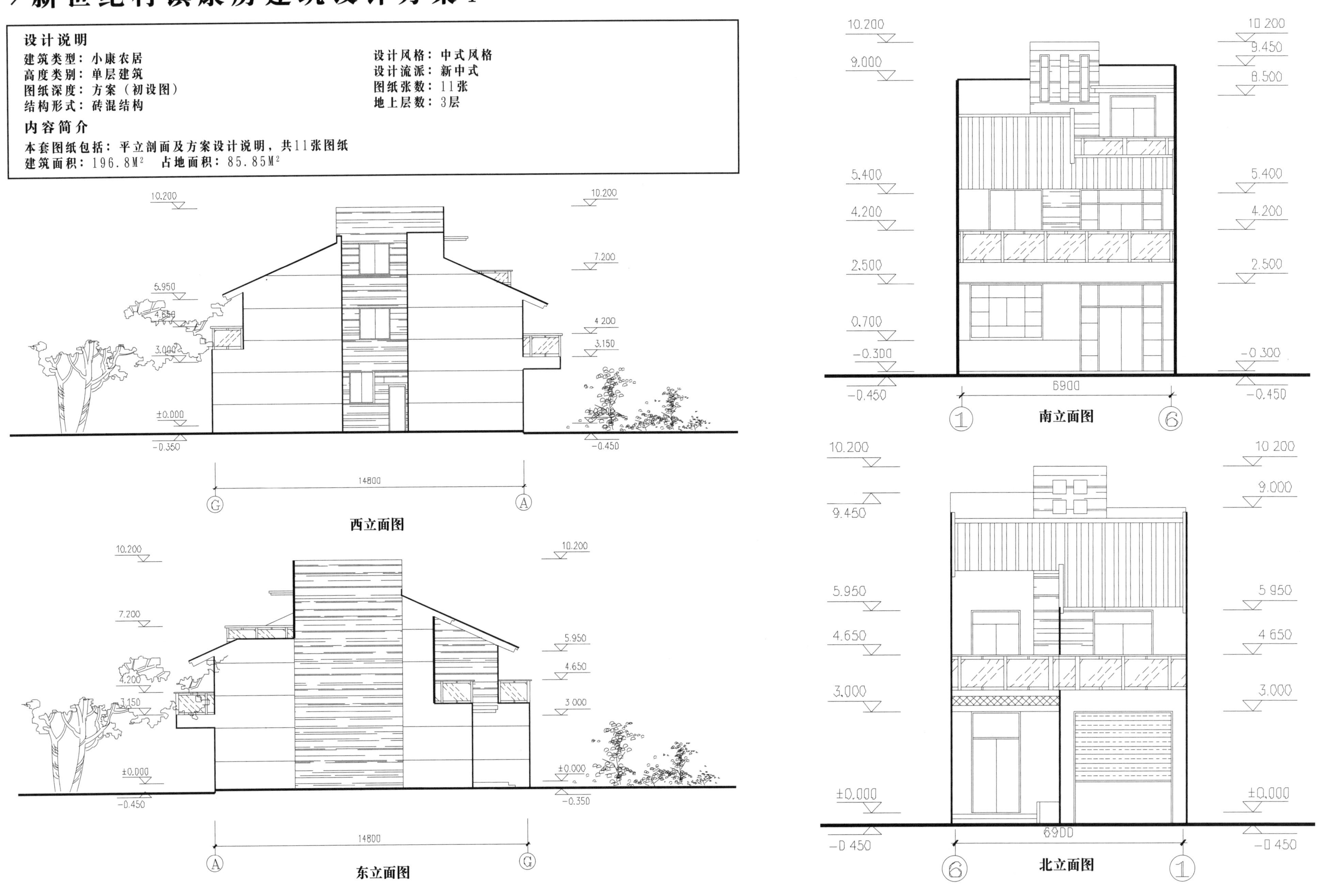

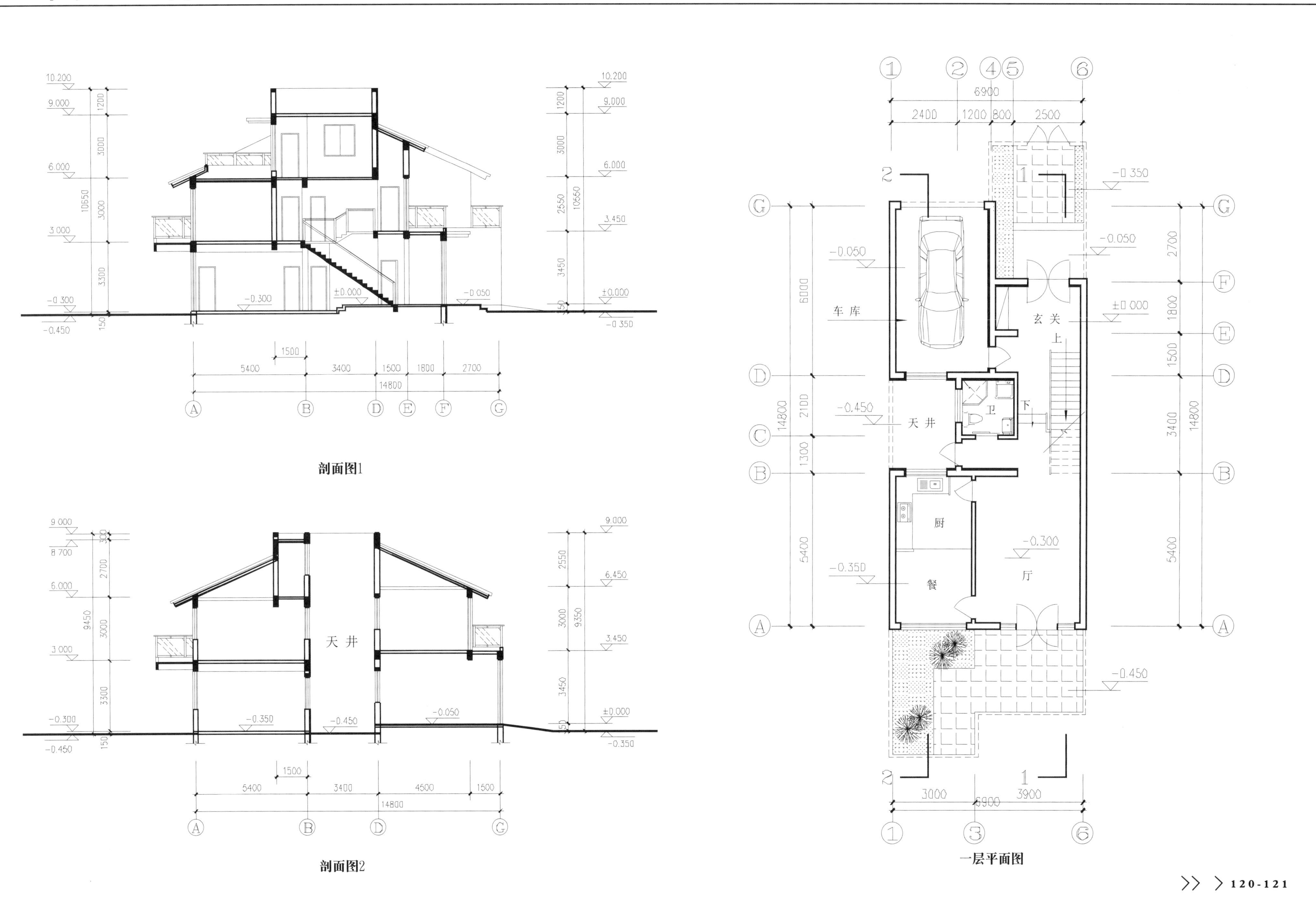


剖面图1

剖面图2

一层平面图

# >陕西农村生态与可持续住宅建筑方案图

**设计说明**

建筑类型：独栋别墅　　设计风格：中式风格
高度类别：单层建筑　　设计流派：新中式
图纸深度：方案图　　图纸张数：3张
结构形式：砖混结构　　地上层数：2层

**内容简介**

本套图纸包括：各层建筑平面、立面、剖面图等，共3张图纸
工程建筑面积：195.8平方米　高度为：6.3米

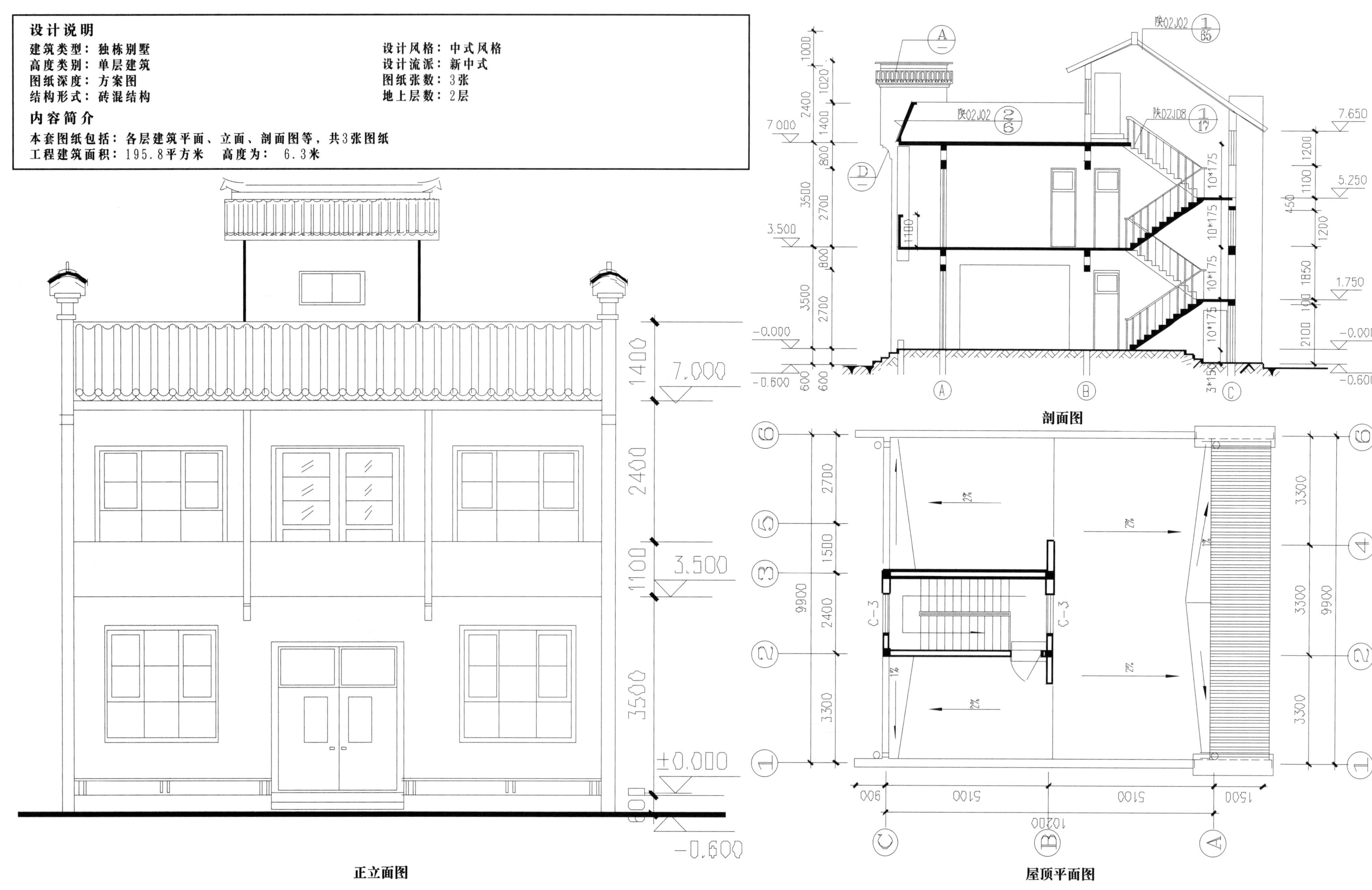

正立面图

剖面图

屋顶平面图

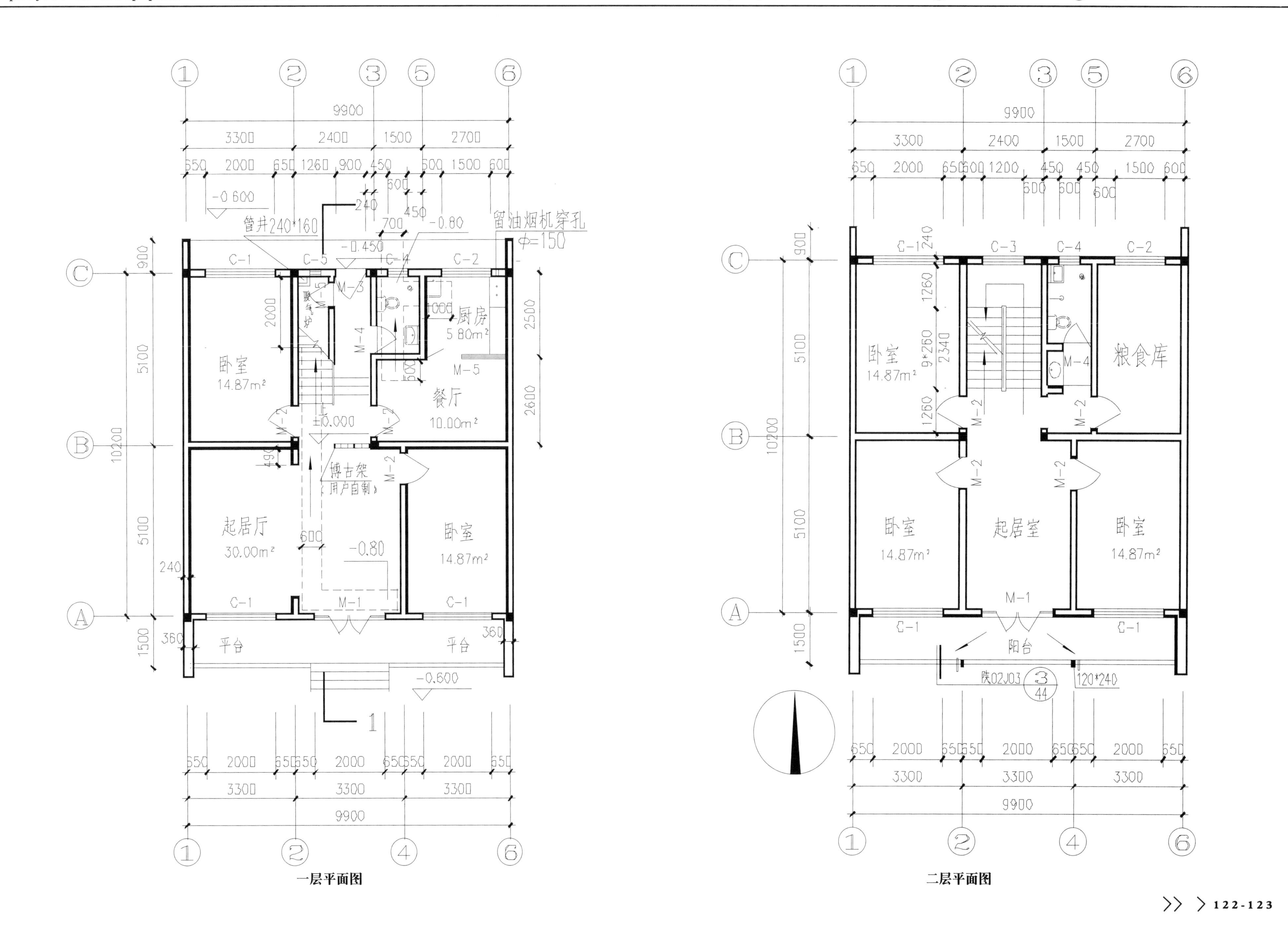
卧室
14.87m²
起居厅
30.00m²
厨房
5.80m²
餐厅
10.00m²
博古架
（用户自制）
管井240*160
留油烟机穿孔
ϕ=150
平台
粮食库
起居室
阳台
陕02J03

一层平面图

二层平面图

本项目解压密码：58538227

# >新农村三层小康农居建筑方案图

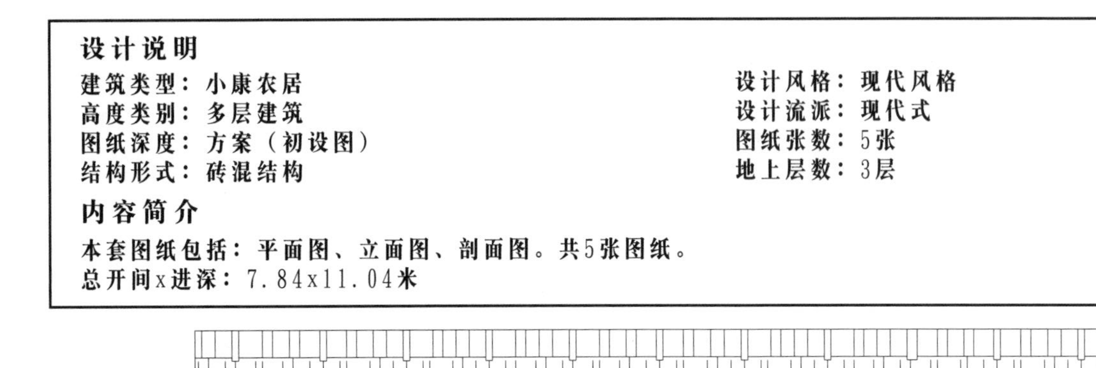

**设计说明**

建筑类型：小康农居
高度类别：多层建筑
图纸深度：方案（初设图）
结构形式：砖混结构

设计风格：现代风格
设计流派：现代式
图纸张数：5张
地上层数：3层

**内容简介**

本套图纸包括：平面图、立面图、剖面图。共5张图纸。
总开间x进深：7.84x11.04米

北立面图

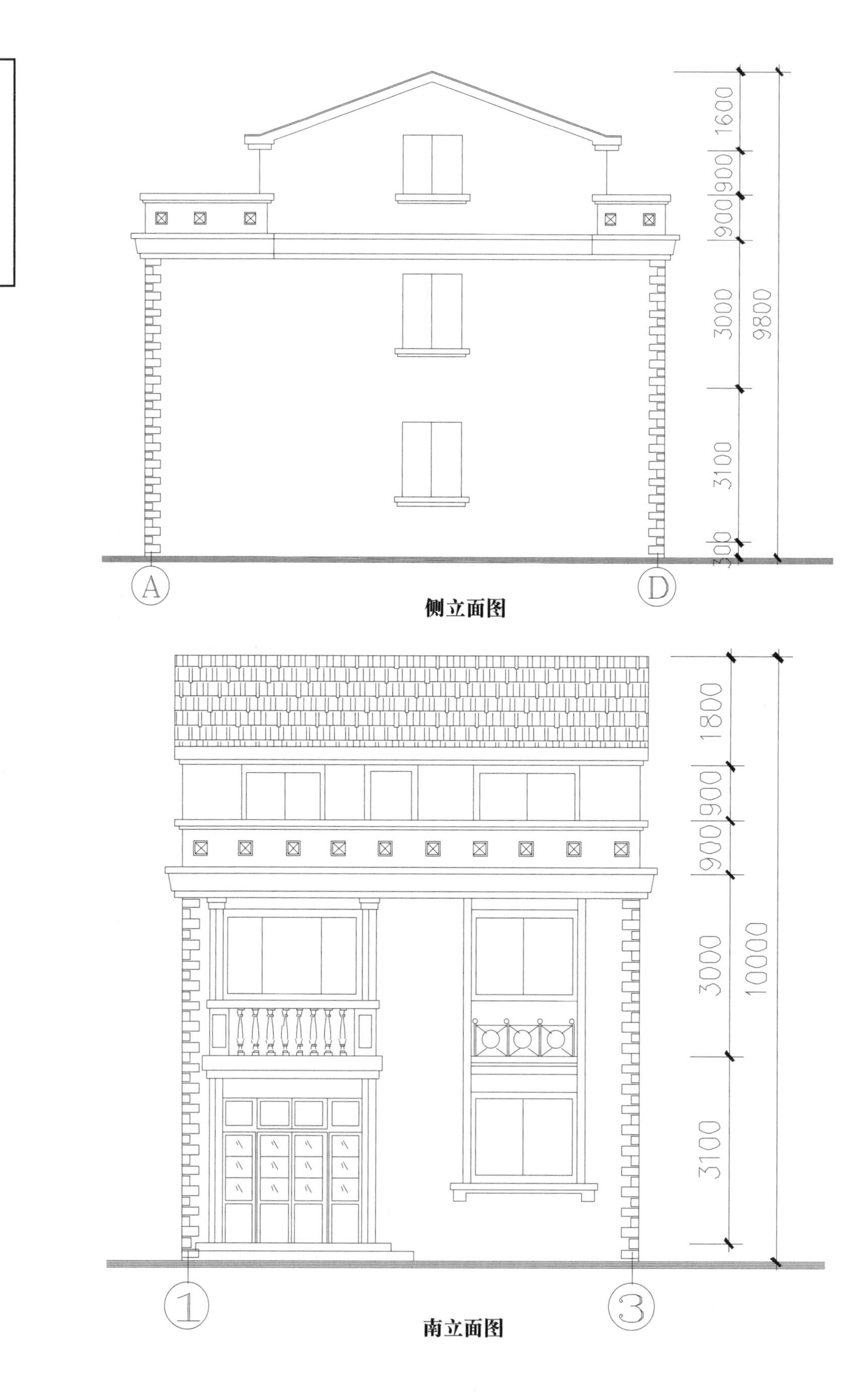


侧立面图

南立面图

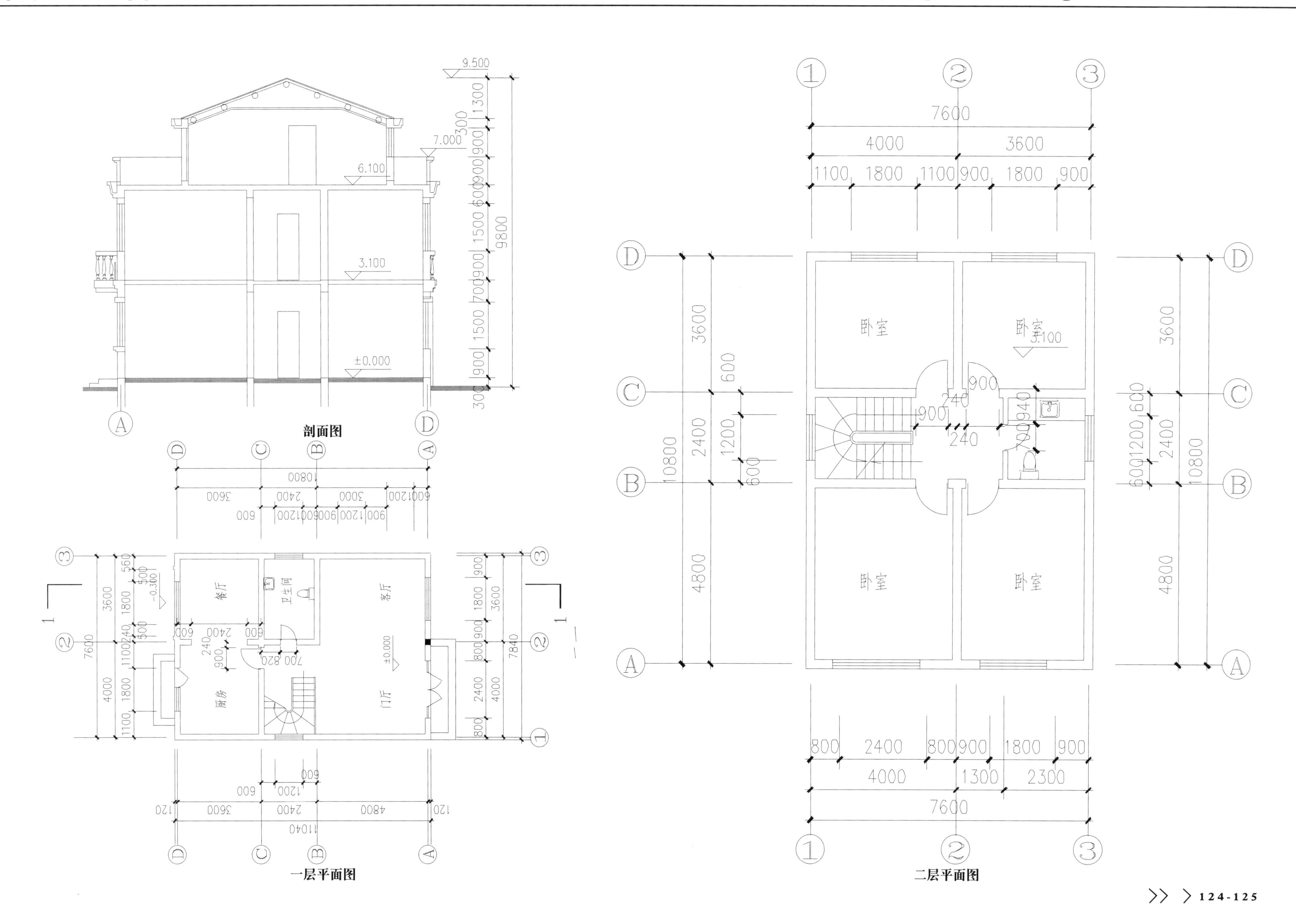
剖面图
一层平面图
二层平面图
卧室
客厅
门厅
餐厅
厨房
卫生间

本项目解压密码：47450576

# >村镇小康别墅建筑施工图（有效果图）

**设计说明**

建筑类型：独栋别墅
高度类别：多层建筑
图纸深度：方案（初设图）
结构形式：砖混结构

设计风格：中式风格
设计流派：新中式
图纸张数：3张
地上层数：3层

**内容简介**

本套图纸包括：各层建筑平面、立面、剖面图、总平面，共3张图纸。
建筑面积：298㎡ 建筑面积约为：约298.0平方米 阳台面积：25.4平方米

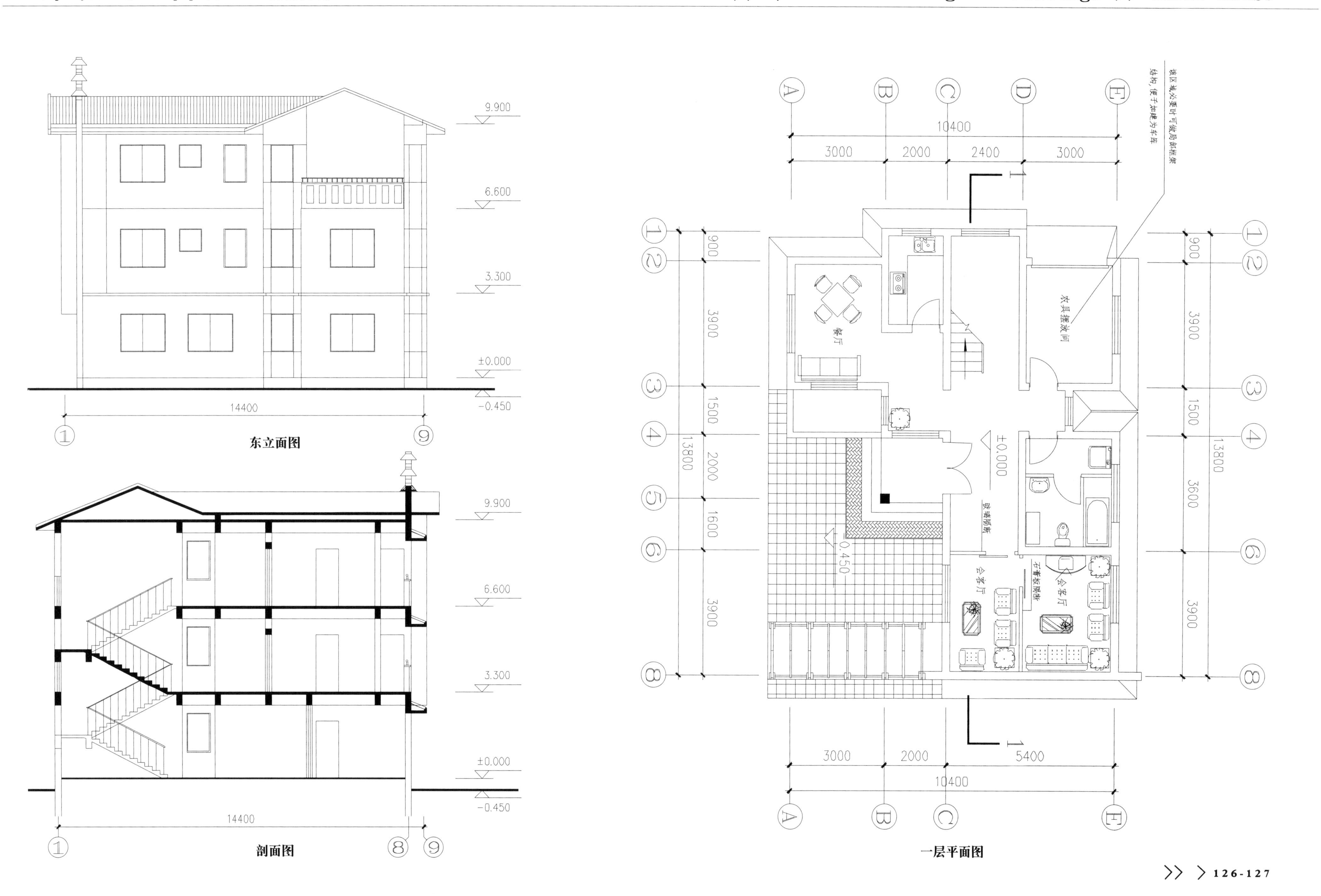

9.900
6.600
3.300
±0.000
-0.450
14400
东立面图
剖面图
该区域必要时可做局部框架
结构,便于加建为车库
10400
3000
2000
2400
5400
900
3900
1500
3600
1600
13800
农具摆放间
餐厅
会客厅
石膏板隔断
玻璃隔断
一层平面图

# > 农村二层小康住宅方案图（含效果图）

**设计说明**

建筑类型：独栋别墅　　设计风格：中式风格
高度类别：多层建筑　　设计流派：新中式
图纸深度：方案（初设图）　　图纸张数：5张
结构形式：砖混结构　　地上层数：2层

**内容简介**

本套图纸包括：平面图、立面图、剖面图、效果图 ，共5张图纸。
筑面积：537.22㎡

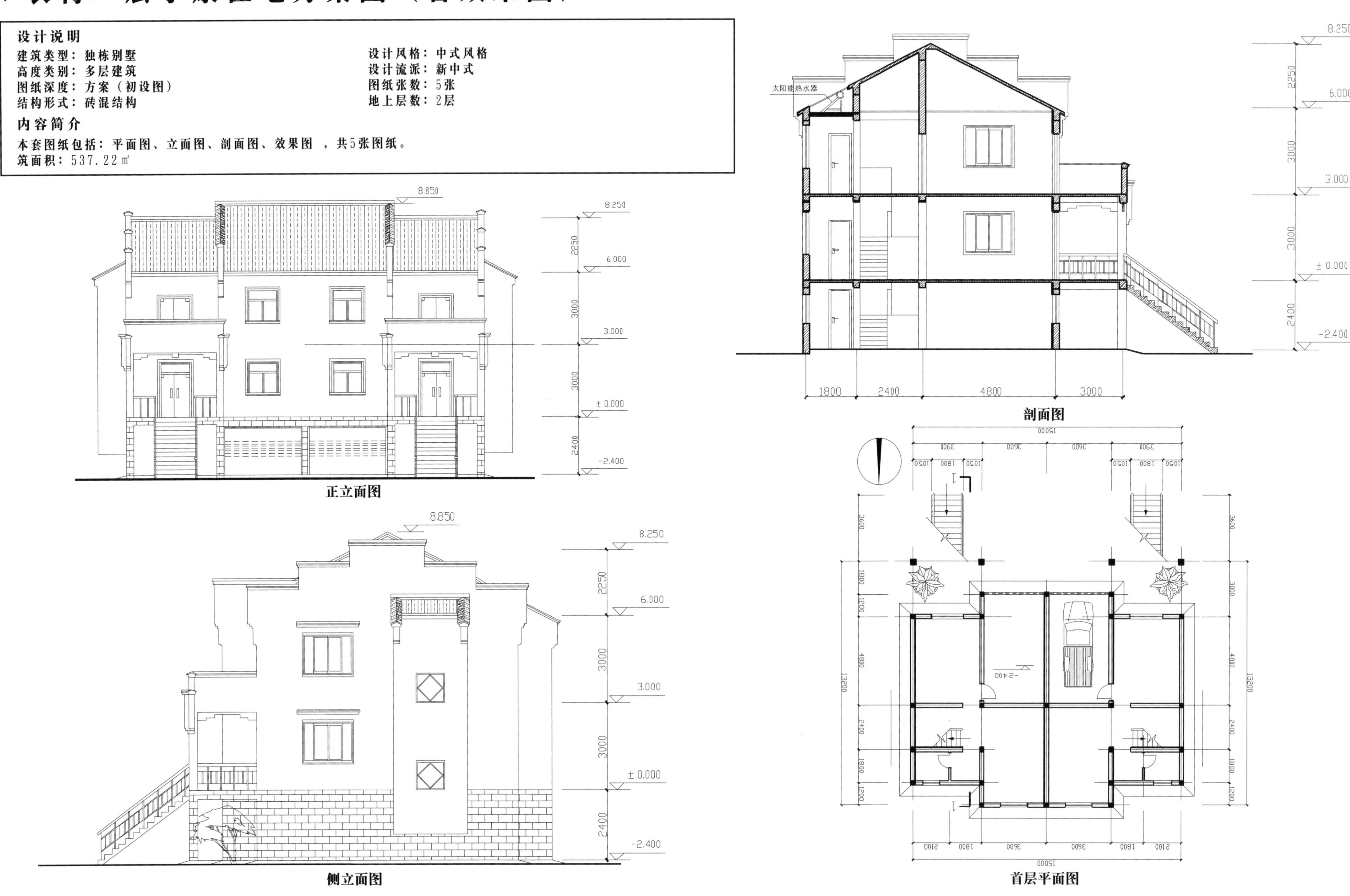

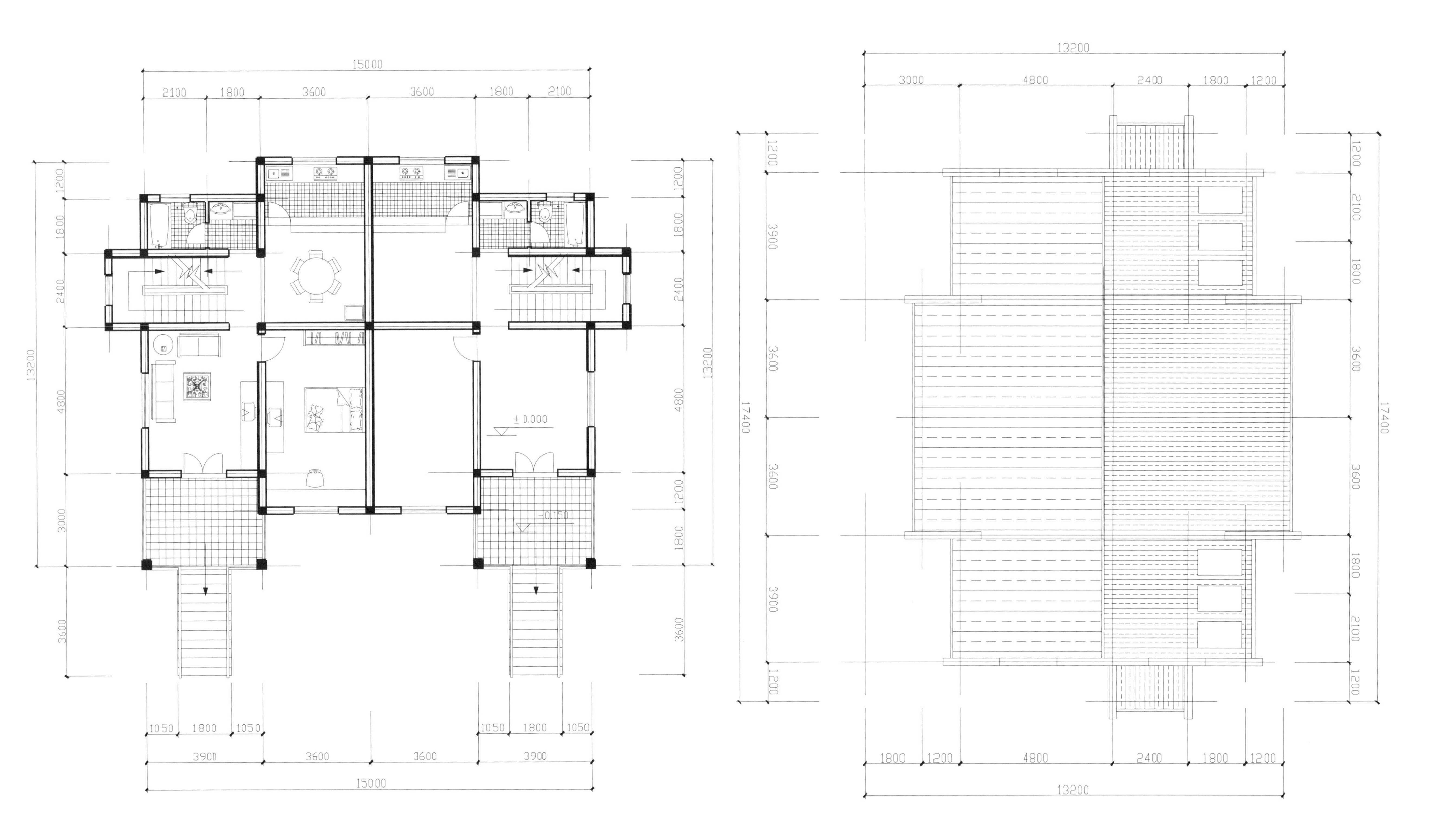
15000
2100
1800
3600
3600
1800
2100
13200
1200
1800
2400
4800
3000
3600
±0.000
-0.150
1050
1800
1050
3900
3600
3600
3900
15000
13200
3000
4800
2400
1800
1200
17400
1200
3900
3600
3600
3900
1200
2100
1800
1800
2100
1200
1800
1200
4800
2400
1800
1200
13200

二层平面图

屋顶平面图

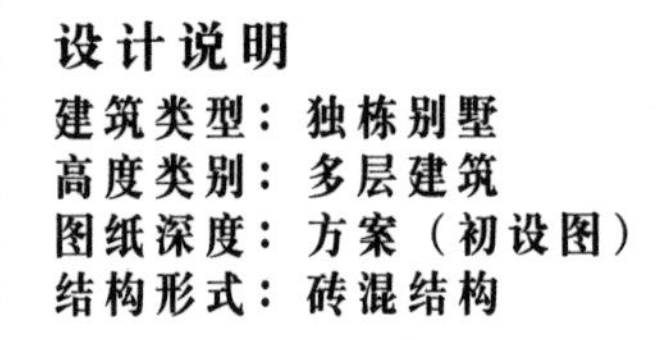

# > 农村三层住宅楼方案图

**设计说明**

建筑类型：独栋别墅　　设计风格：中式风格
高度类别：多层建筑　　设计流派：新中式
图纸深度：方案（初设图）　　图纸张数：1张
结构形式：砖混结构　　地上层数：3层

**内容简介**

本套图纸包括：各层建筑平面、立面、剖面图等，共1张图纸。
高度为：11.1米

立面图

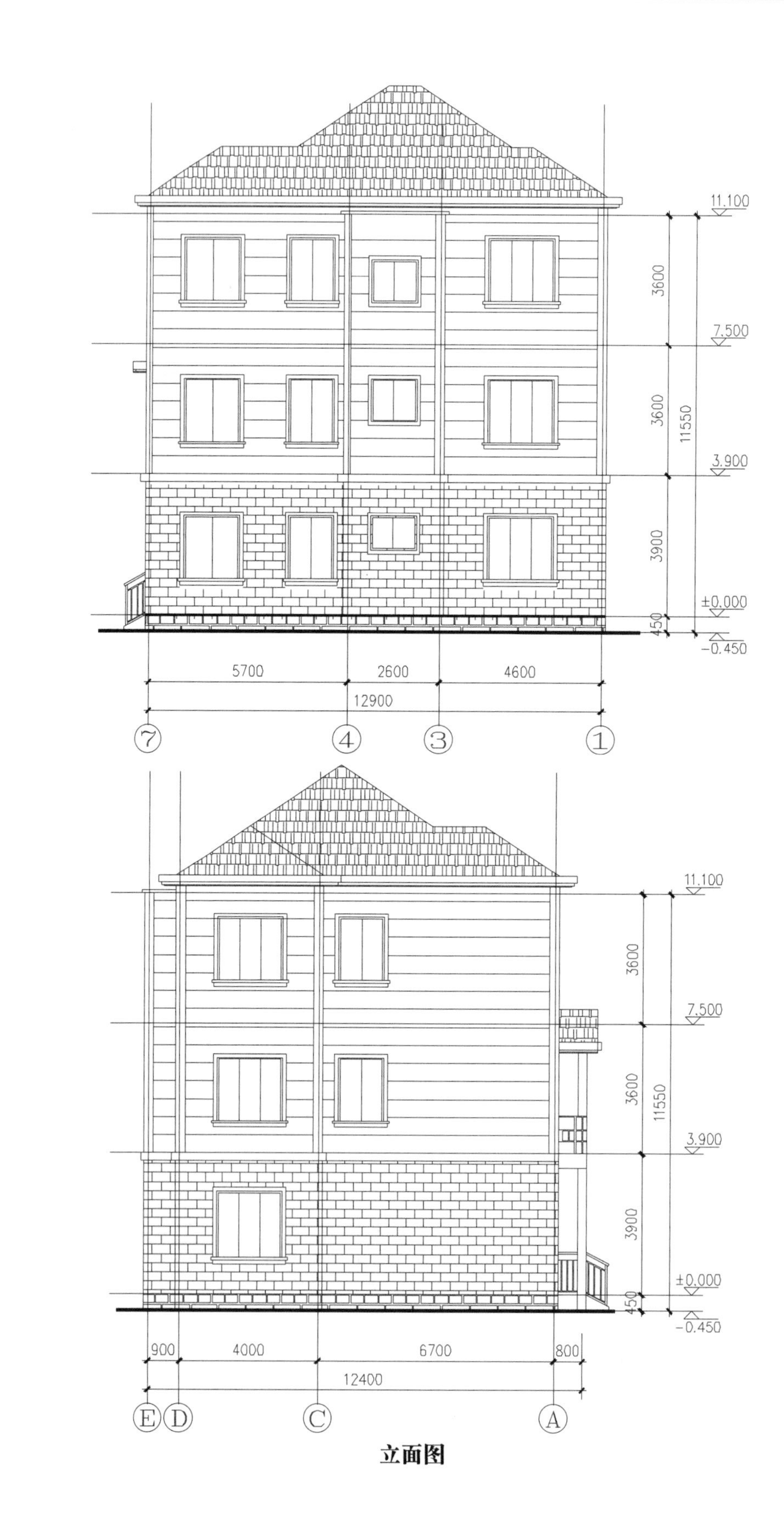


立面图

立面图

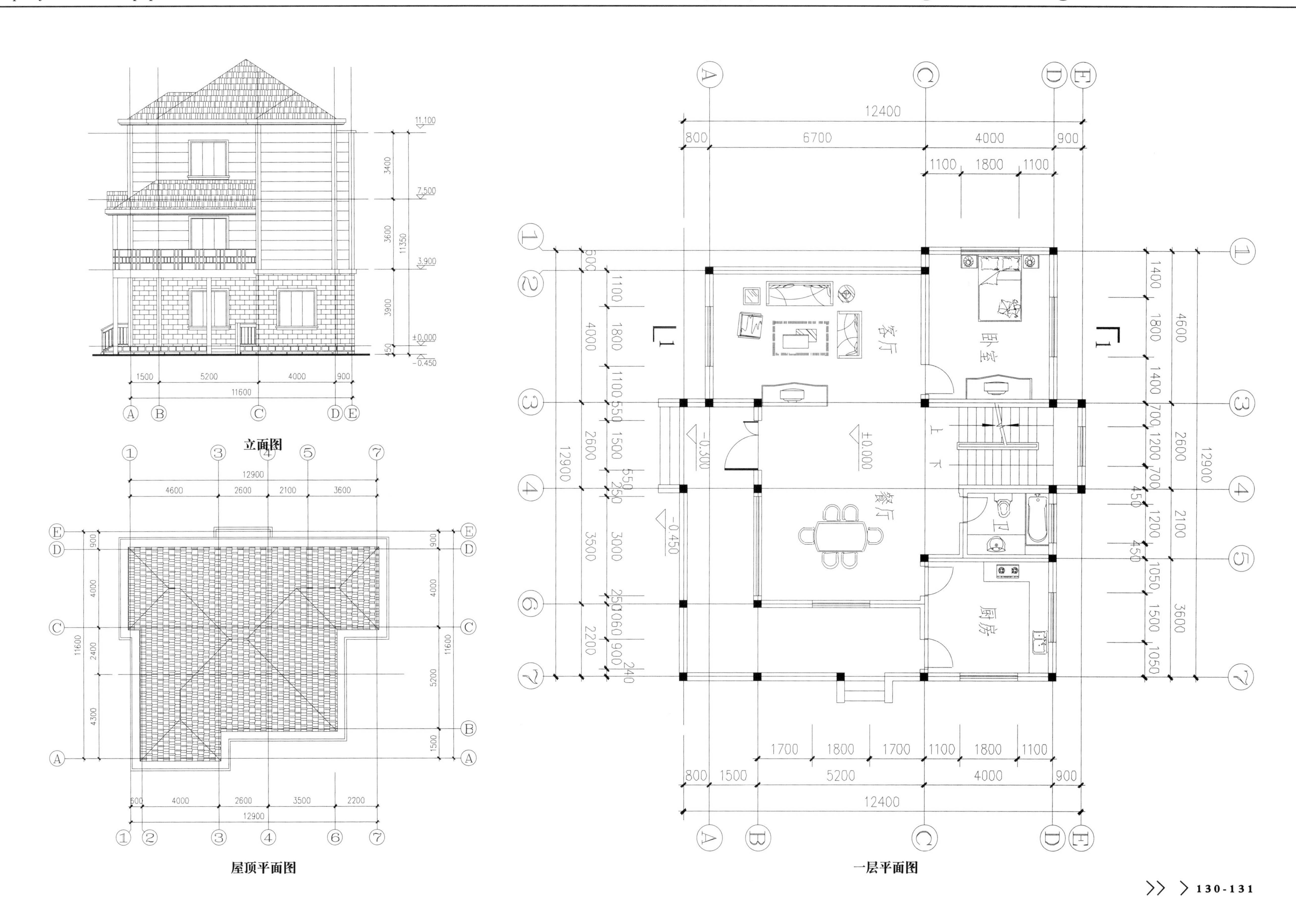


立面图

屋顶平面图

一层平面图

# > 农村小康住宅方案带效果图

**设计说明**

建筑类型：独栋别墅　　设计风格：中式风格
高度类别：多层建筑　　设计流派：新中式
图纸深度：方案图　　图纸张数：4张
结构形式：砖混结构　　地上层数：2层

**内容简介**

本套图纸包括：各层建筑平面、立面、剖面图等，共4张图纸。
工程建筑面积约为：537.22平方米　占地面积：159.46平方米　高度为：8.25米

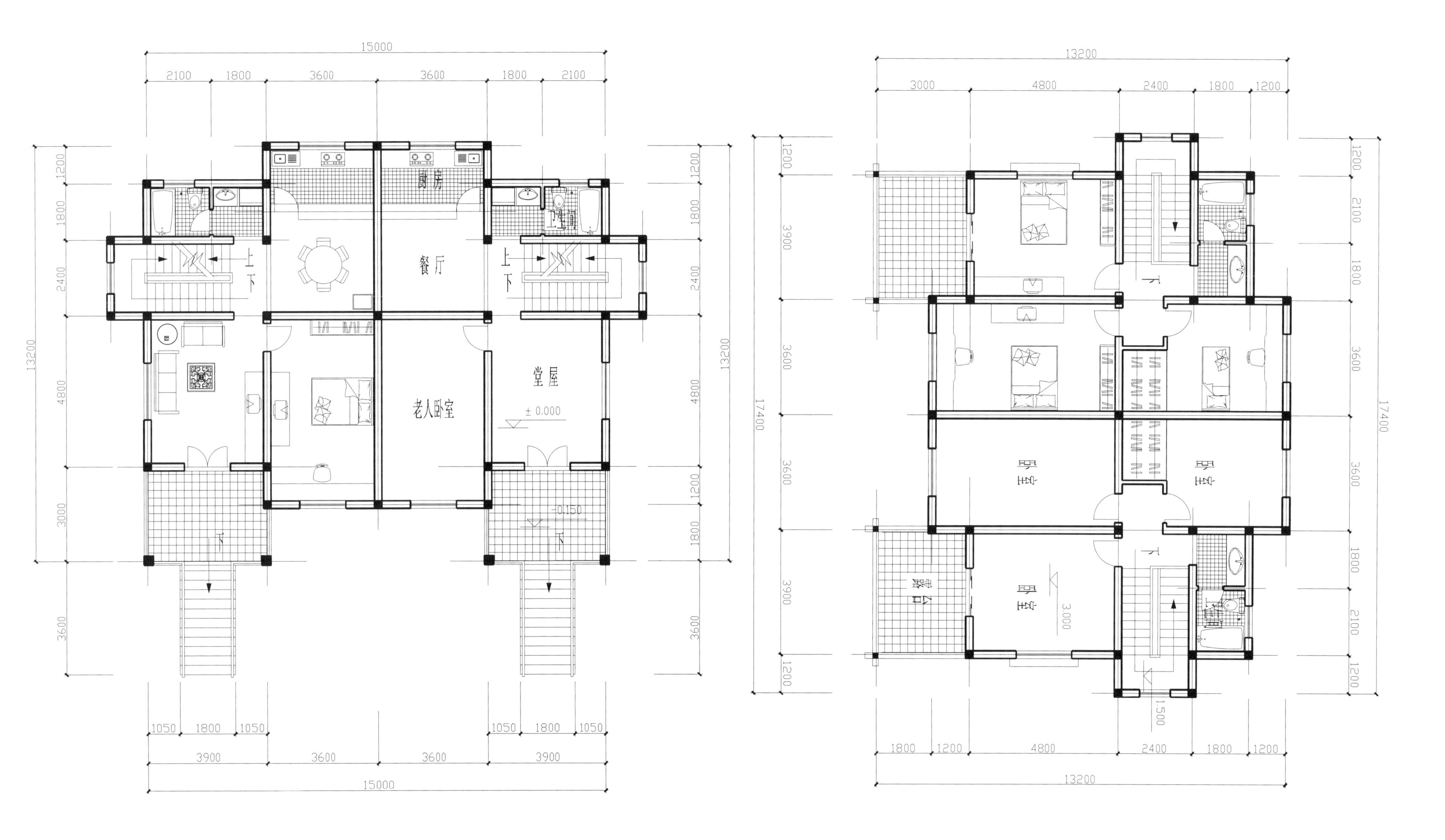
15000
2100
1800
3600
3600
1800
2100
厨房
餐厅
上
下
堂屋
± 0.000
老人卧室
-0.150
13200
4800
2400
1050
3900
13200
3000
4800
2400
1800
1200
卧室
露台
3.000
1.500
17400

一层平面图

二层平面图

# > 农村住宅设计方案

**设计说明**

建筑类型：独栋别墅　　设计风格：中式风格
高度类别：多层建筑　　设计流派：新中式
图纸深度：方案图　　图纸张数：1张
结构形式：钢筋混凝土　　地上层数：3层

**内容简介**

本套图纸包括：各层建筑平面、立面、剖面图等，共1张图纸。

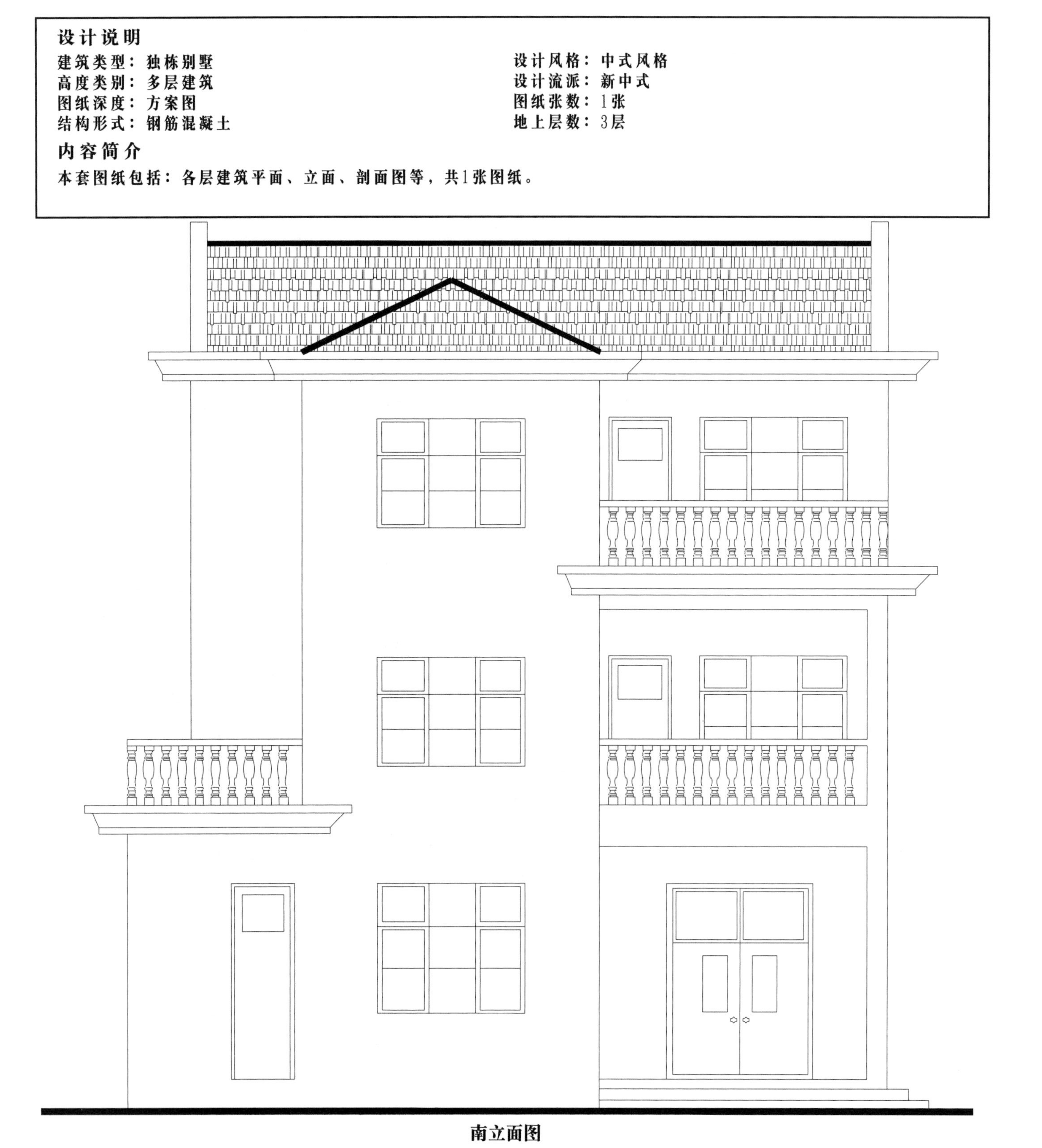

南立面图

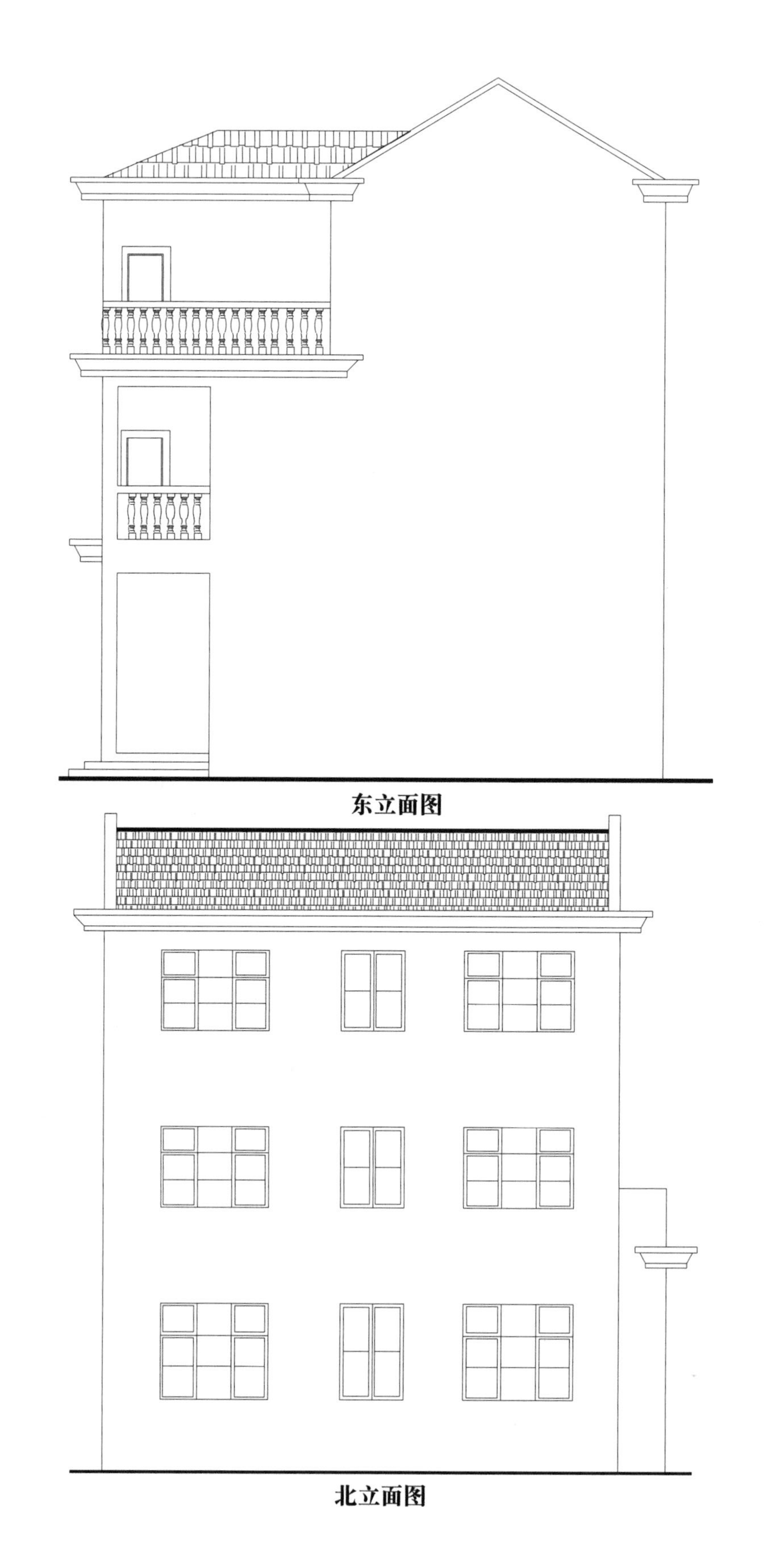

东立面图

北立面图

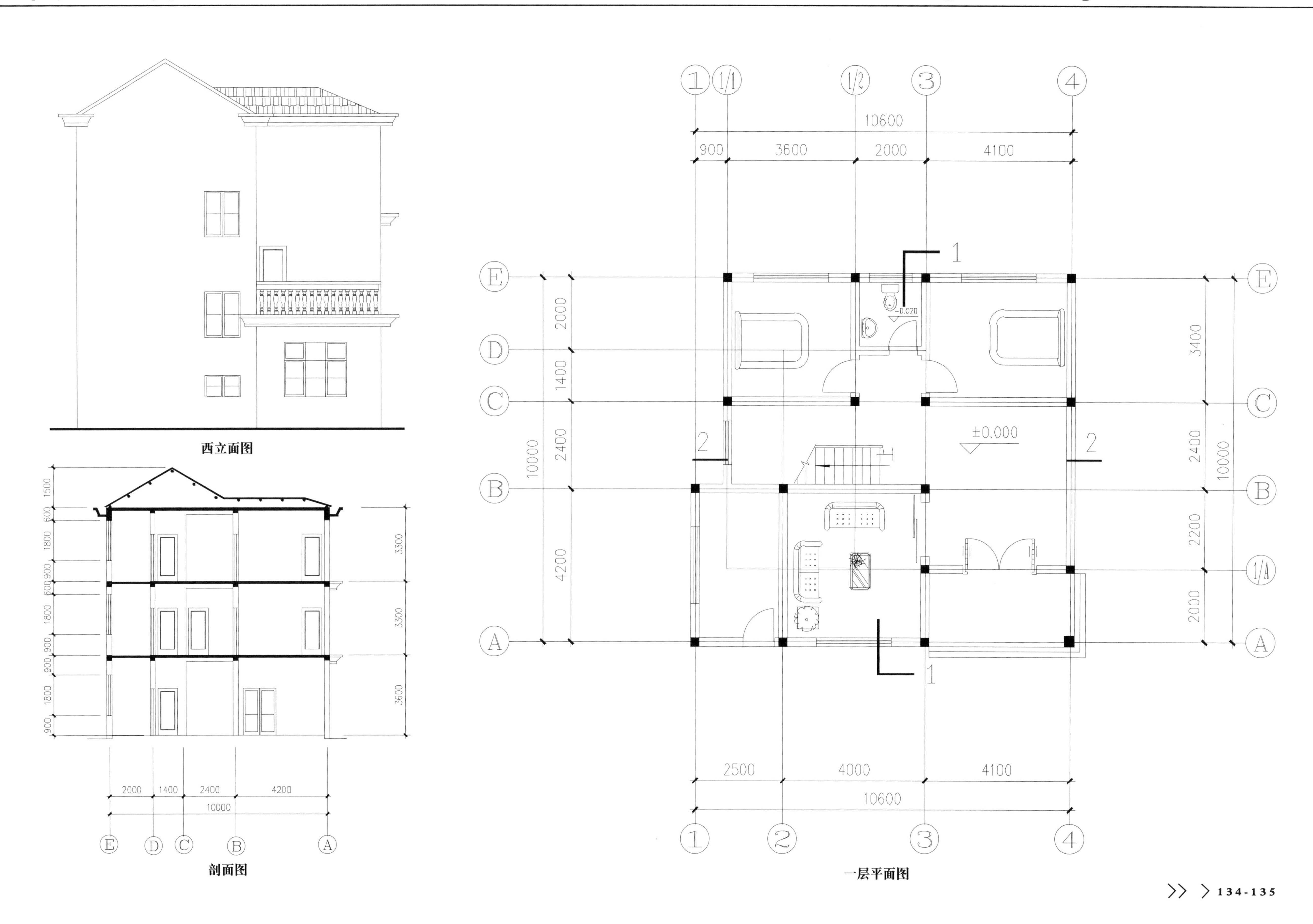
西立面图
1500
600
1800
900
600
1800
900
3300
3300
3600
2000
1400
2400
4200
10000
E
D
C
B
A
剖面图
1
1/1
1/2
3
4
10600
900
3600
2000
4100
E
D
C
B
1/A
A
3400
2400
2200
2000
4200
-0.020
±0.000
2500
4000
2
一层平面图

# >新农村建设村民二层住宅设计方案

**设计说明**

建筑类型：独栋别墅　　设计风格：中式风格
高度类别：多层建筑　　设计流派：新中式
图纸深度：方案图　　图纸张数：11张
结构形式：砖混结构　　地上层数：2层

**内容简介**

本套图纸包括：各层建筑平面、立面、剖面图等，共11张图纸。
高度为：6.3米

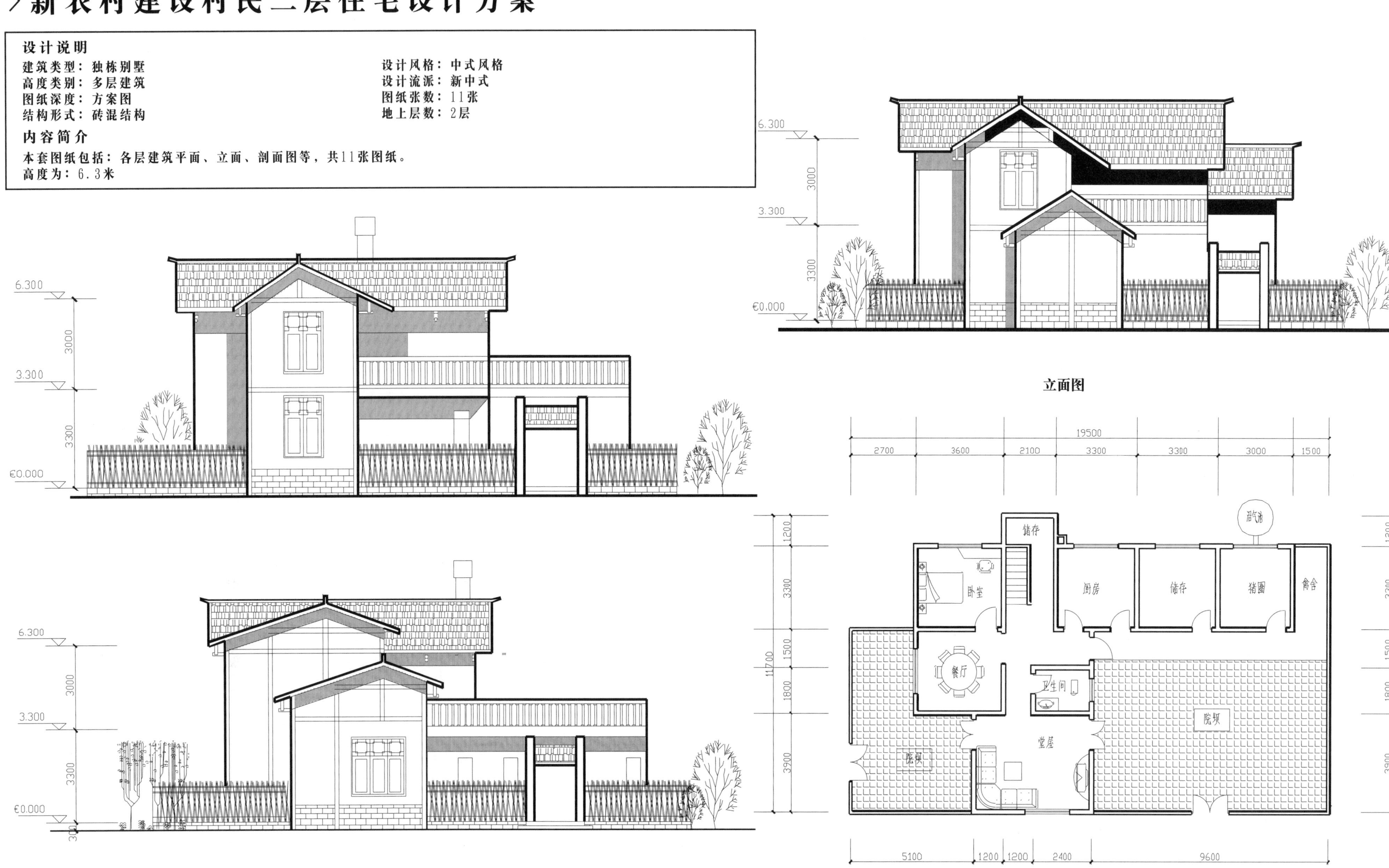


立面图

立面图

底层平面图方案一

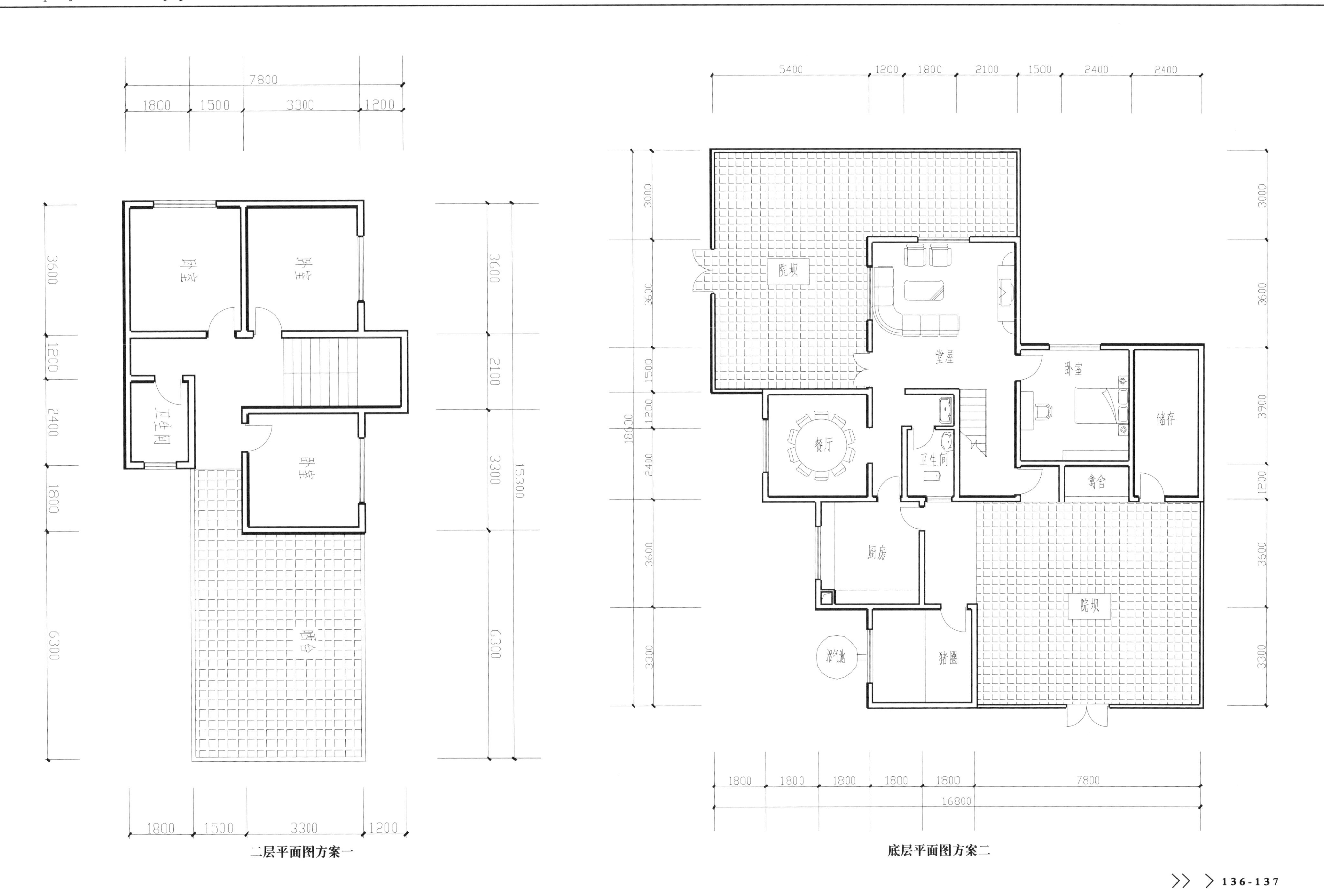


二层平面图方案一

底层平面图方案二

# >新农村建设二层住宅建筑结构扩初图

**设计说明**

建筑类型：独栋别墅　　设计风格：欧陆风格
高度类别：多层建筑　　设计流派：新古典
图纸深度：方案（初设图）　　图纸张数：14张
结构形式：钢筋混凝土结构　　地上层数：2层

**内容简介**

本套图纸包括：图纸说明、工程作法、门窗表、各层建筑平面、立面、剖面图、墙身大样等，共14张图纸
建筑面积：208.52㎡　用地面积：141.2㎡　建筑高度：8.48m

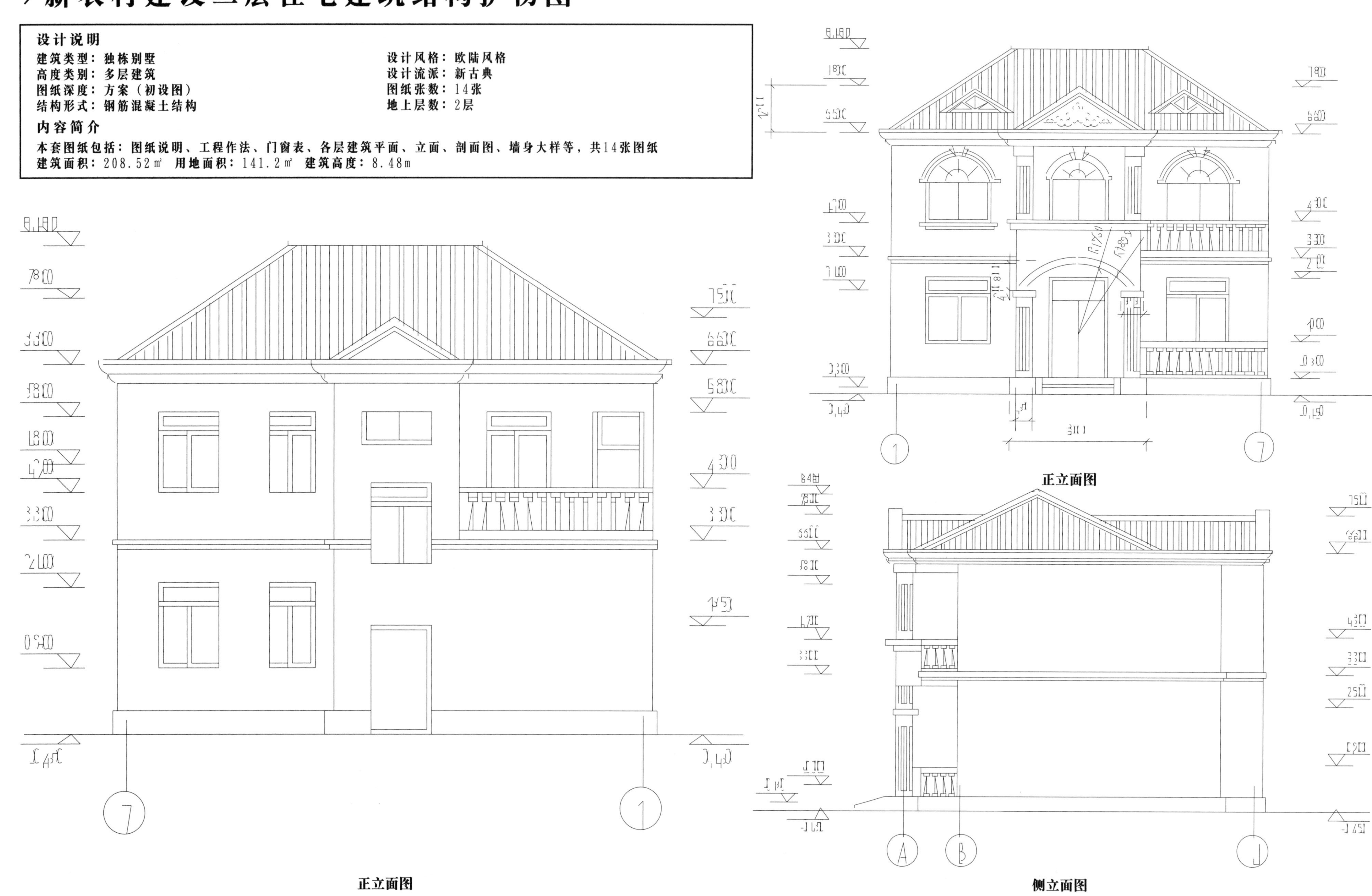

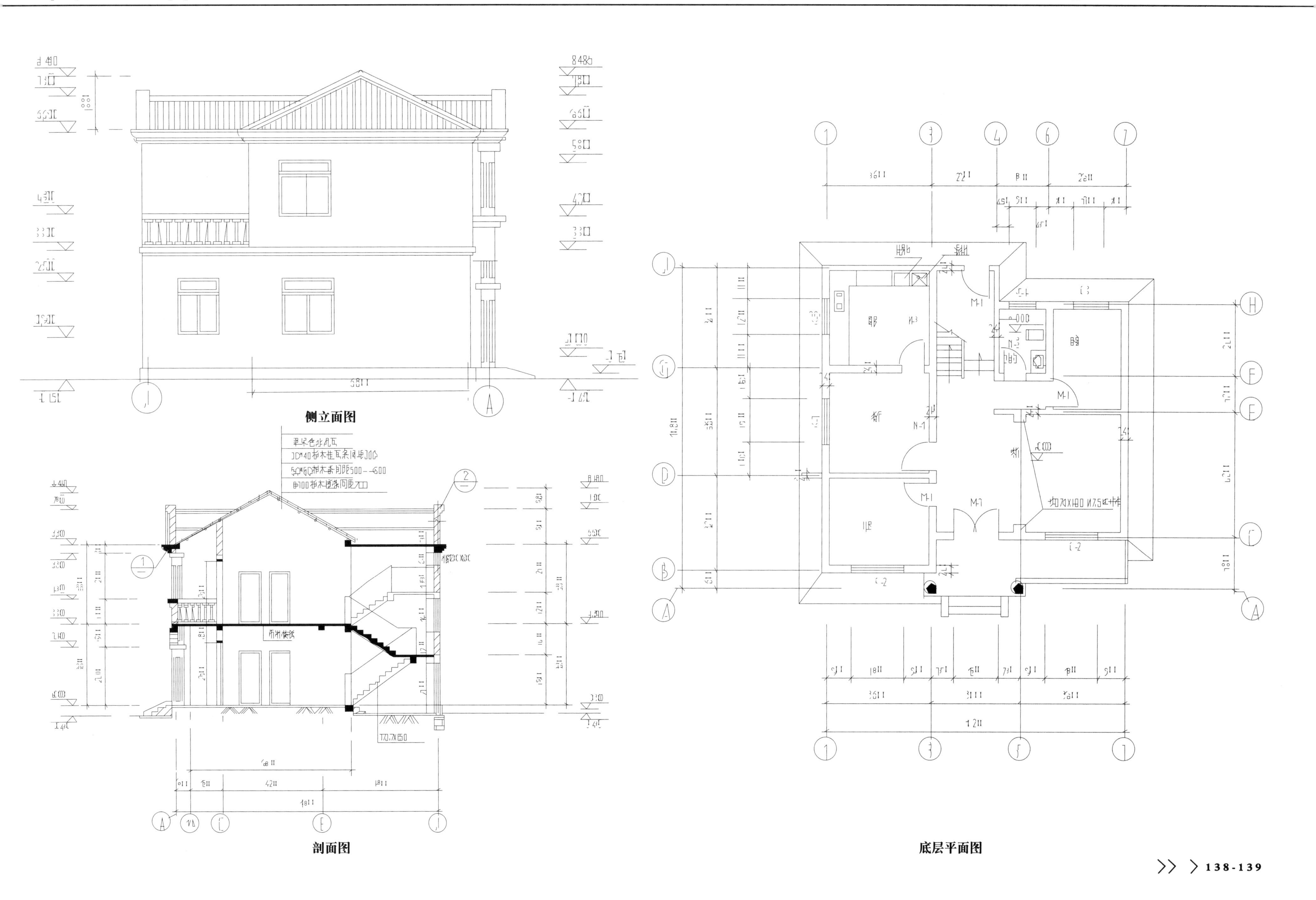

侧立面图

剖面图

底层平面图

# >新世纪村镇康房建筑设计方案6

**设计说明**

建筑类型：小康农居　　设计风格：中式风格
高度类别：多层建筑　　设计流派：新中式
图纸深度：方案（初设图）　　图纸张数：7张
结构形式：砖砌结构　　地上层数：2层

**内容简介**

本套图纸包括：设计说明、立面图、剖面图、各层平面图，共7张图纸。
单体占地面积154.1平方米　单体建筑面积163.2平方米

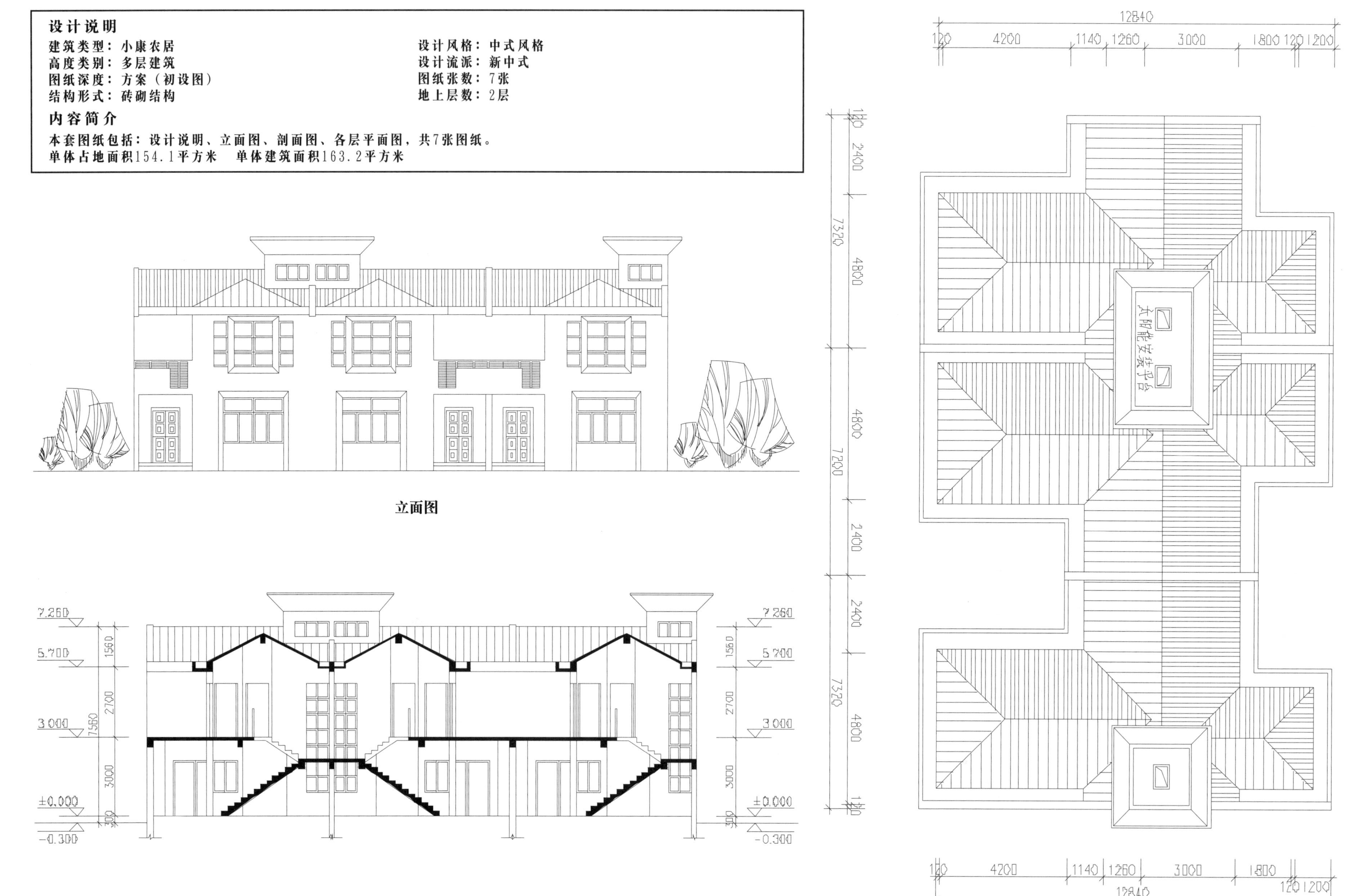

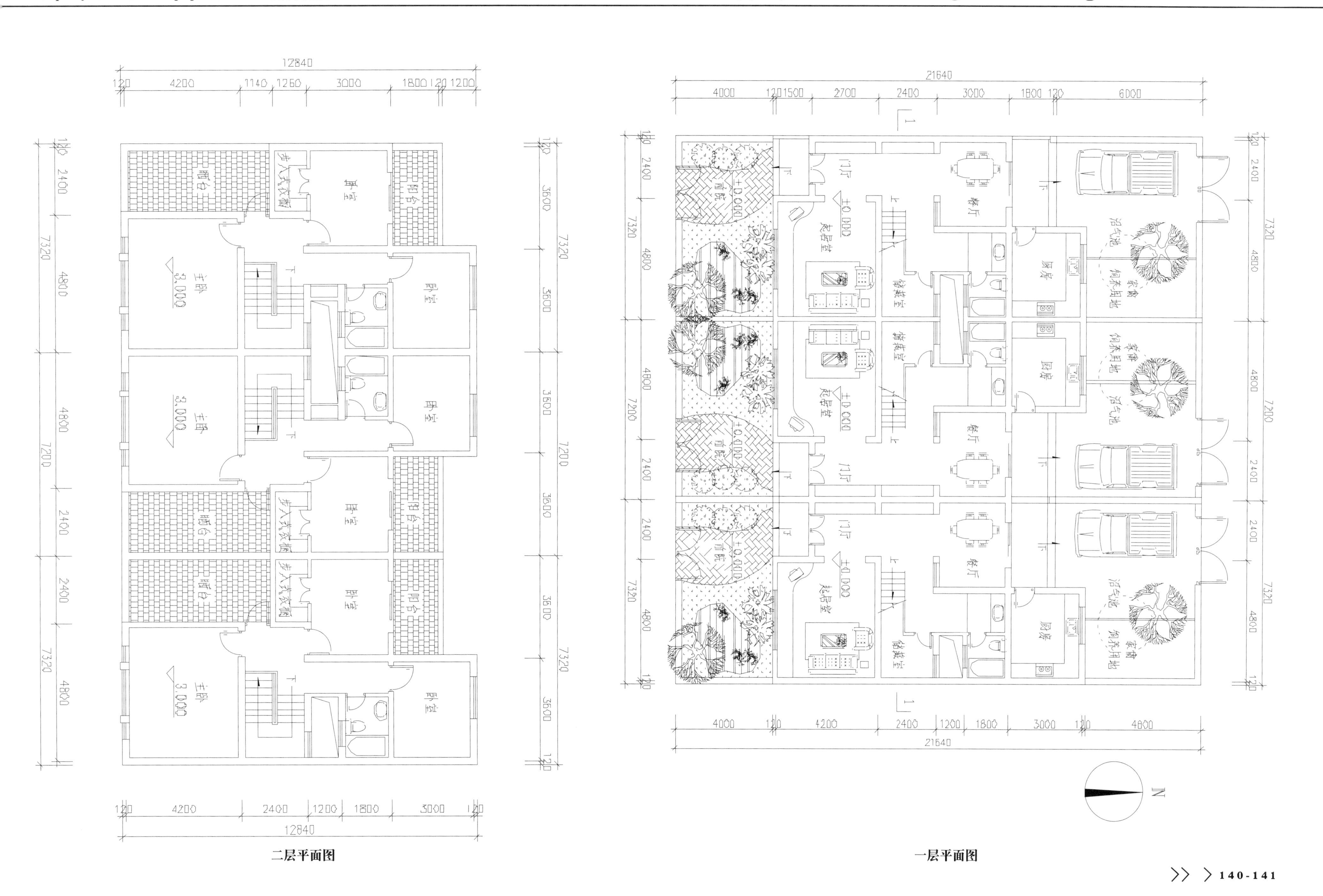
12840
21640
7320
7200
4800
2400
3600
主卧
3.000
卧室
阳台
晒台
步入式衣橱
二层平面图
门厅
±0.000
起居室
储藏室
餐厅
厨房
前院
沼气池
家禽饲养用地
N
一层平面图

# >新世纪村镇康房建筑设计方案10

**设计说明**

建筑类型：小康农居
高度类别：多层建筑
图纸深度：方案（初设图）
结构形式：砖混结构

设计风格：中式风格
设计流派：新中式
图纸张数：7张
地上层数：3层

**内容简介**

本套图纸包括：设计说明、立面图、剖面图、各层平面图，共7张图纸。

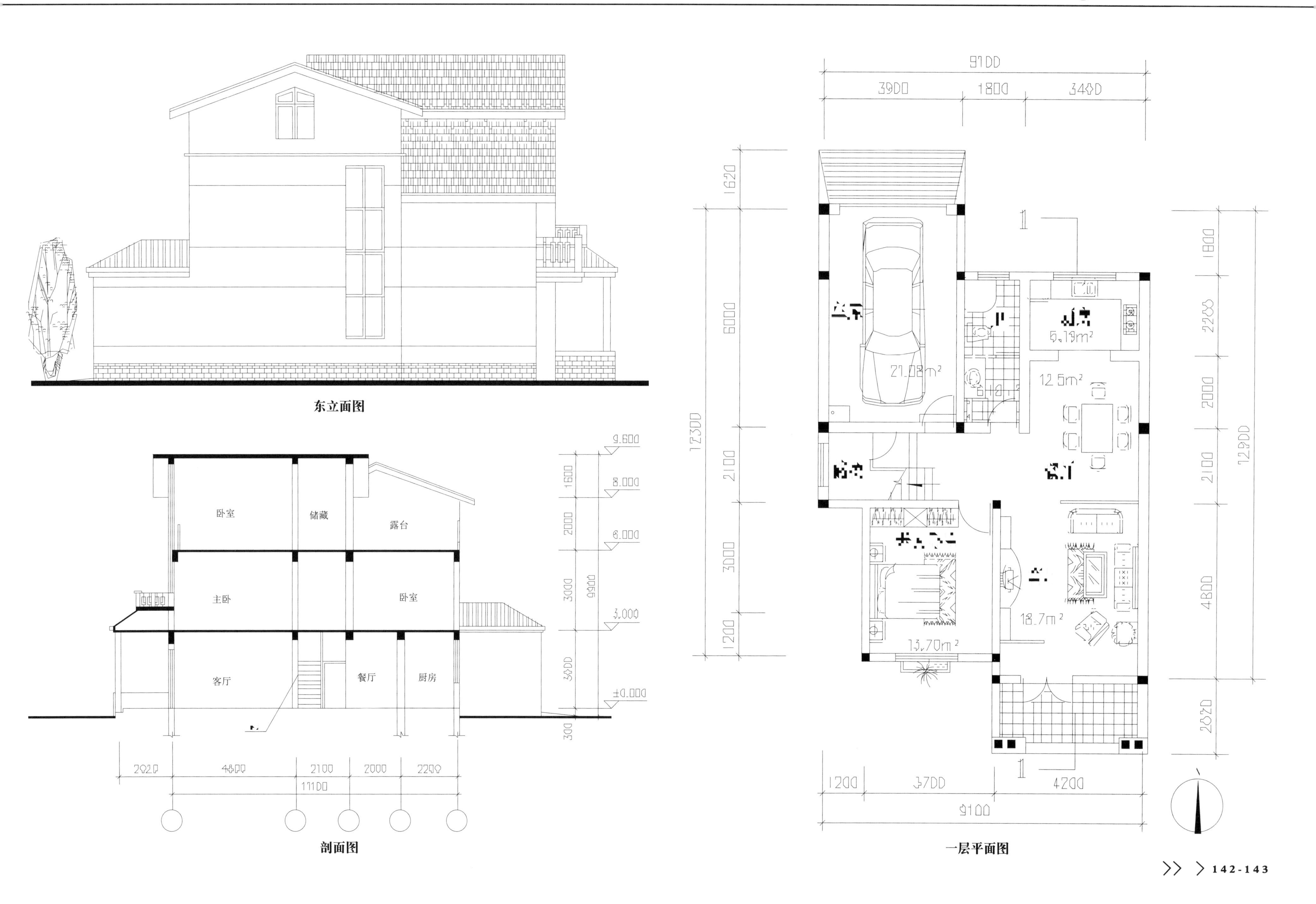
东立面图
卧室
储藏
露台
主卧
卧室
客厅
餐厅
厨房
9.600
8.000
6.000
3.000
±0.000
1600
2000
3000
3400
300
9900
2020
4800
2100
2000
2200
11100
剖面图
9100
3900
1800
3400
1620
6000
2100
3000
1200
12300
21.08m²
5.19m²
12.5m²
18.7m²
13.70m²
1800
2203
2000
2100
4800
2020
12900
1200
3700
4200
9100
1
1
一层平面图

# >新世纪村镇康房建筑设计方案竞赛7

**设计说明**

建筑类型：独栋别墅　　设计风格：欧陆风格
高度类别：多层建筑　　设计流派：其他
图纸深度：方案（初设图）　　图纸张数：7张
结构形式：砖混结构　　地上层数：2层

**内容简介**

本套图纸包括：立面图、剖面图、各层平面图，共7张图纸。
规划总用地195M² 套内建筑面积193.1M² 套内使用面积158.3M²

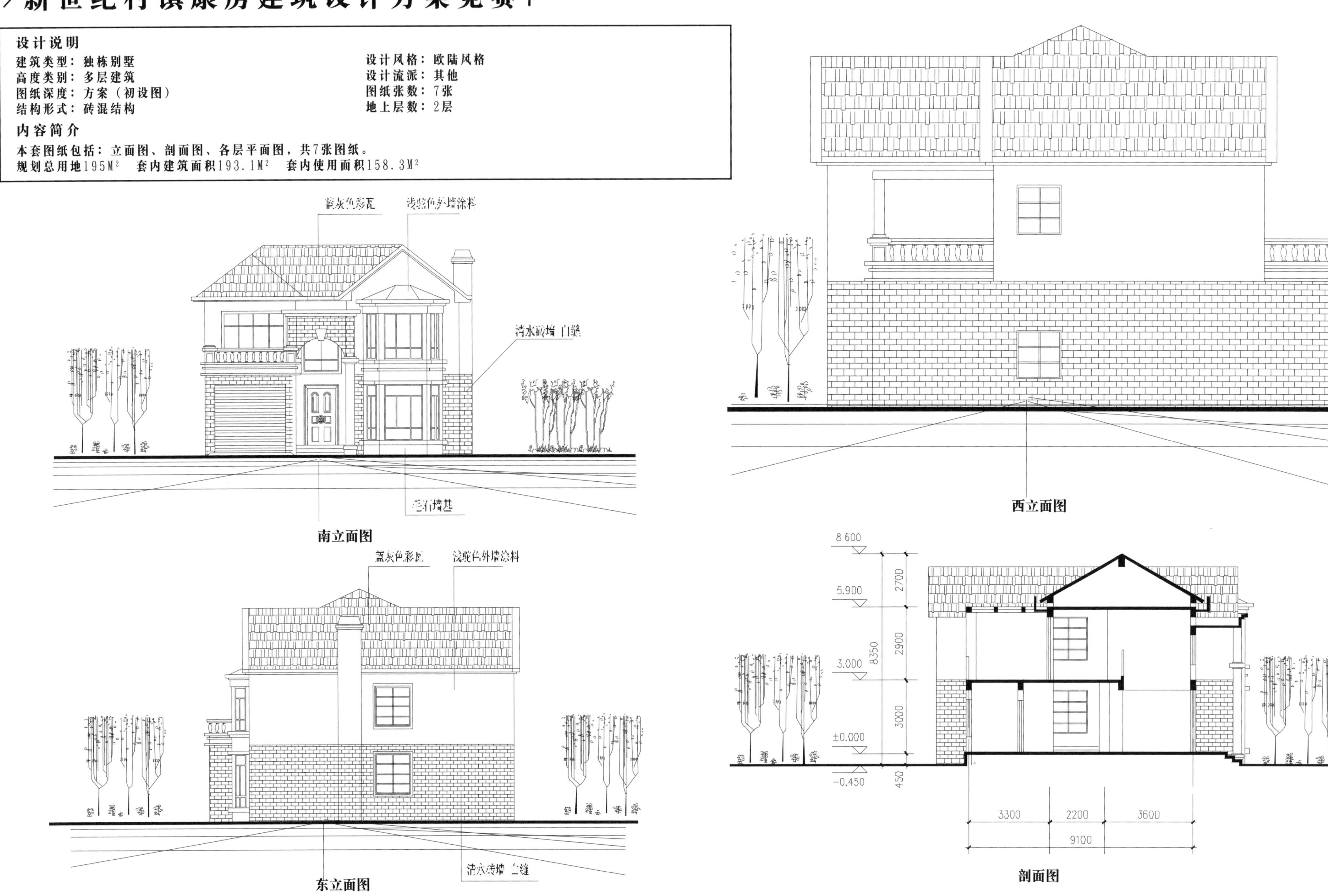

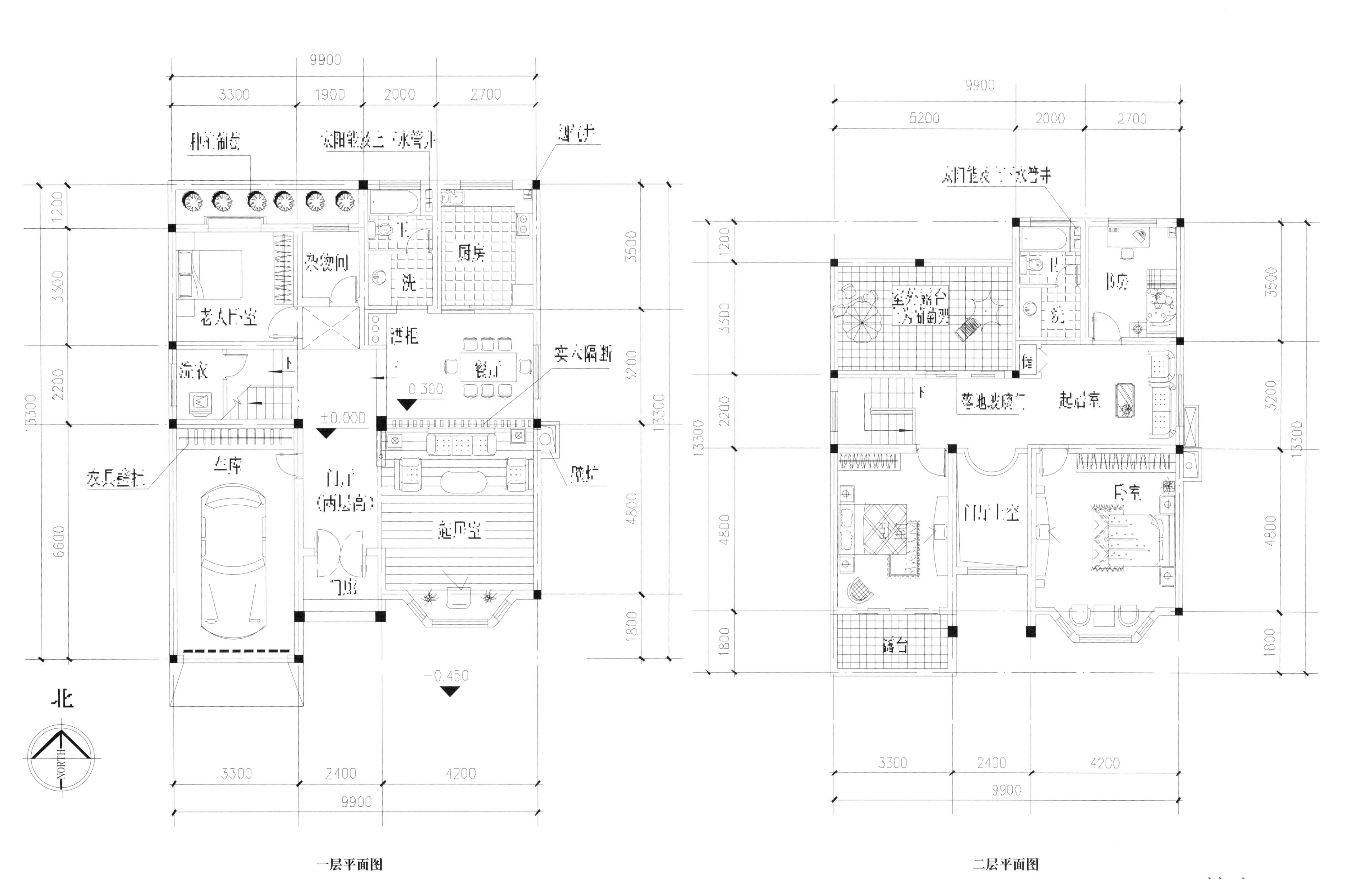
9900
3300
1900
2000
2700
1200
2200
6600
13300
3500
3200
4800
1800
2400
4200
厨房
杂物间
洗
老人卧室
洗衣
车库
餐厅
起居室
门厅
±0.000
0.300
-0.450
北
NORTH
一层平面图
5200
起居室
卧室
露台
二层平面图

# >北京平谷现代化新农村建筑水电系统照明图

**设计说明**

建筑类型：独栋别墅
高度类别：单层建筑
图纸深度：施工图
结构形式：砖混结构

设计风格：现代风格
设计流派：现代
图纸张数：12张
地上层数：1层

**内容简介**

本套图纸包括：图纸目录、图纸说明、门窗表、建筑平面、立面、剖面图、墙身大样、檐口作法等，共12张图纸。
建筑面积：160.52㎡　用地面积：283.07㎡　建筑高度：5.96m

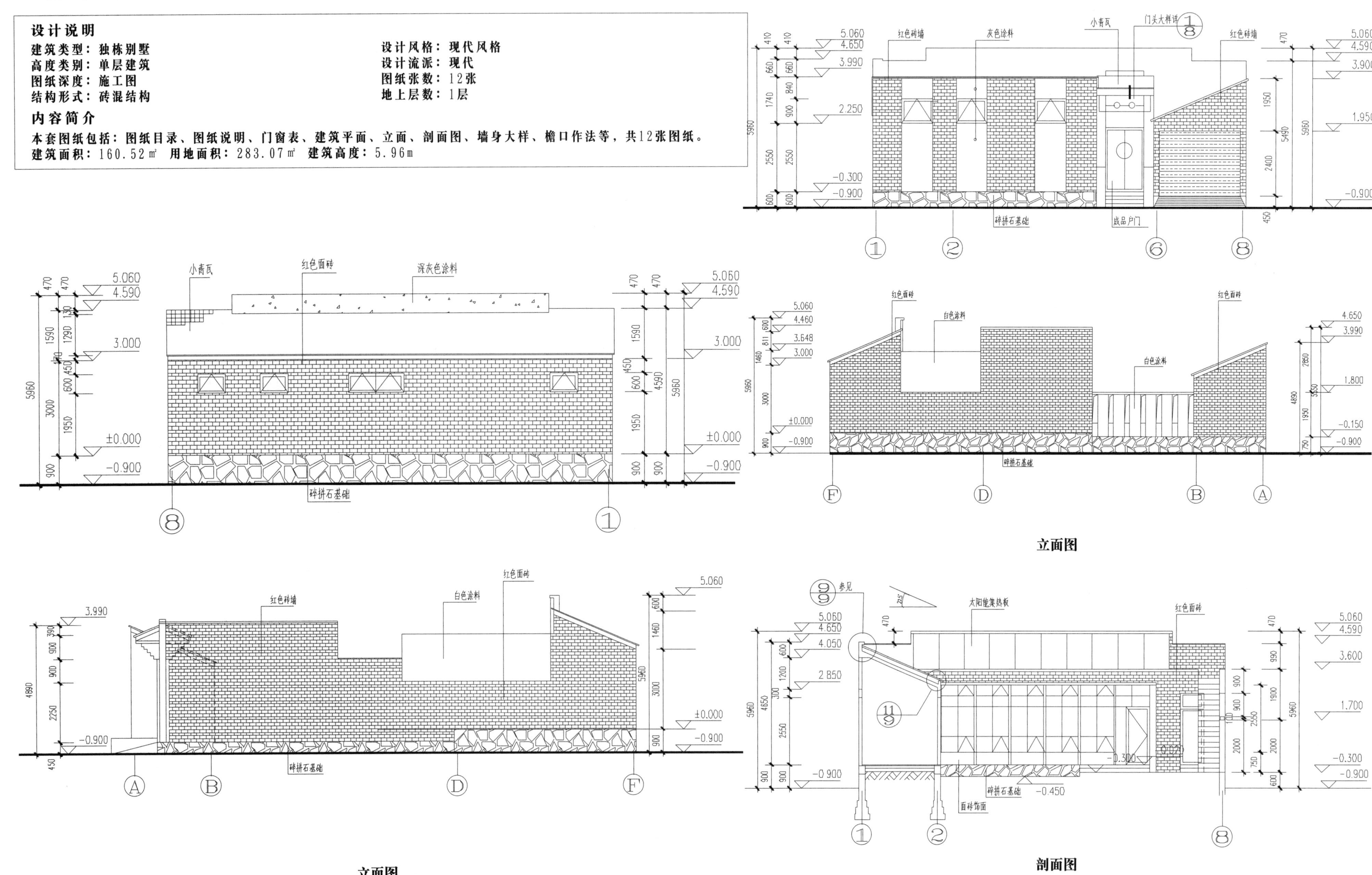

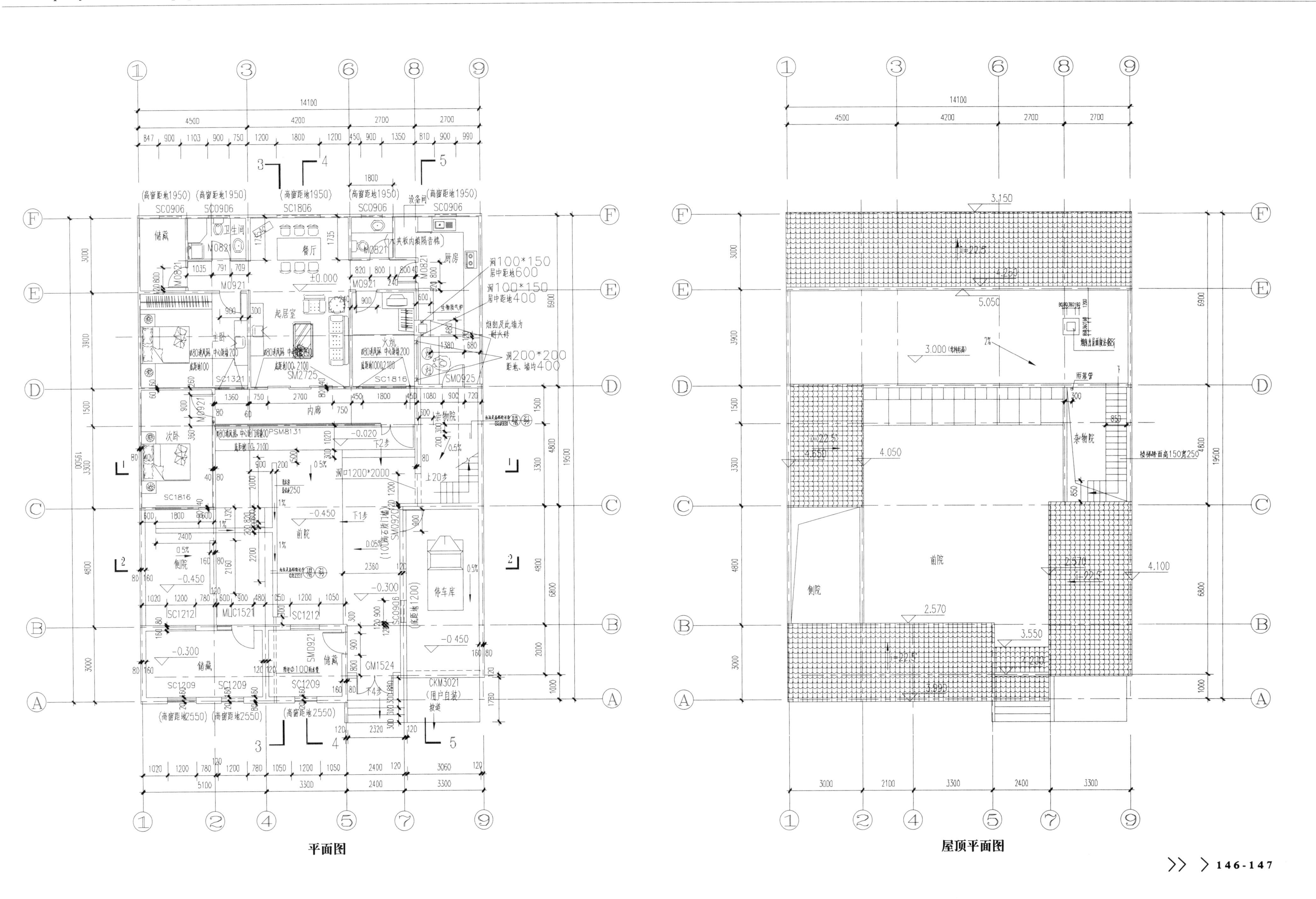
储藏
卫生间
餐厅
厨房
起居室
主卧
火炕
内廊
次卧
杂物院
前院
侧院
停车库
储藏
平面图
屋顶平面图
前院
侧院
杂物院

# > 当阳市社会主义新农村民居住宅楼套图

**设计说明**

建筑类型：独栋别墅　　设计风格：中式风格
高度类别：多层建筑　　设计流派：新中式
图纸深度：施工图　　图纸张数：11张
结构形式：砖混结构　　地上层数：3层

**内容简介**

本套图纸包括：图纸目录、工程作法、门窗表、各层建筑平面、立面、剖面图、墙身大样、檐口作法等，共11张图纸
建筑面积：225㎡　用地面积：91.1㎡

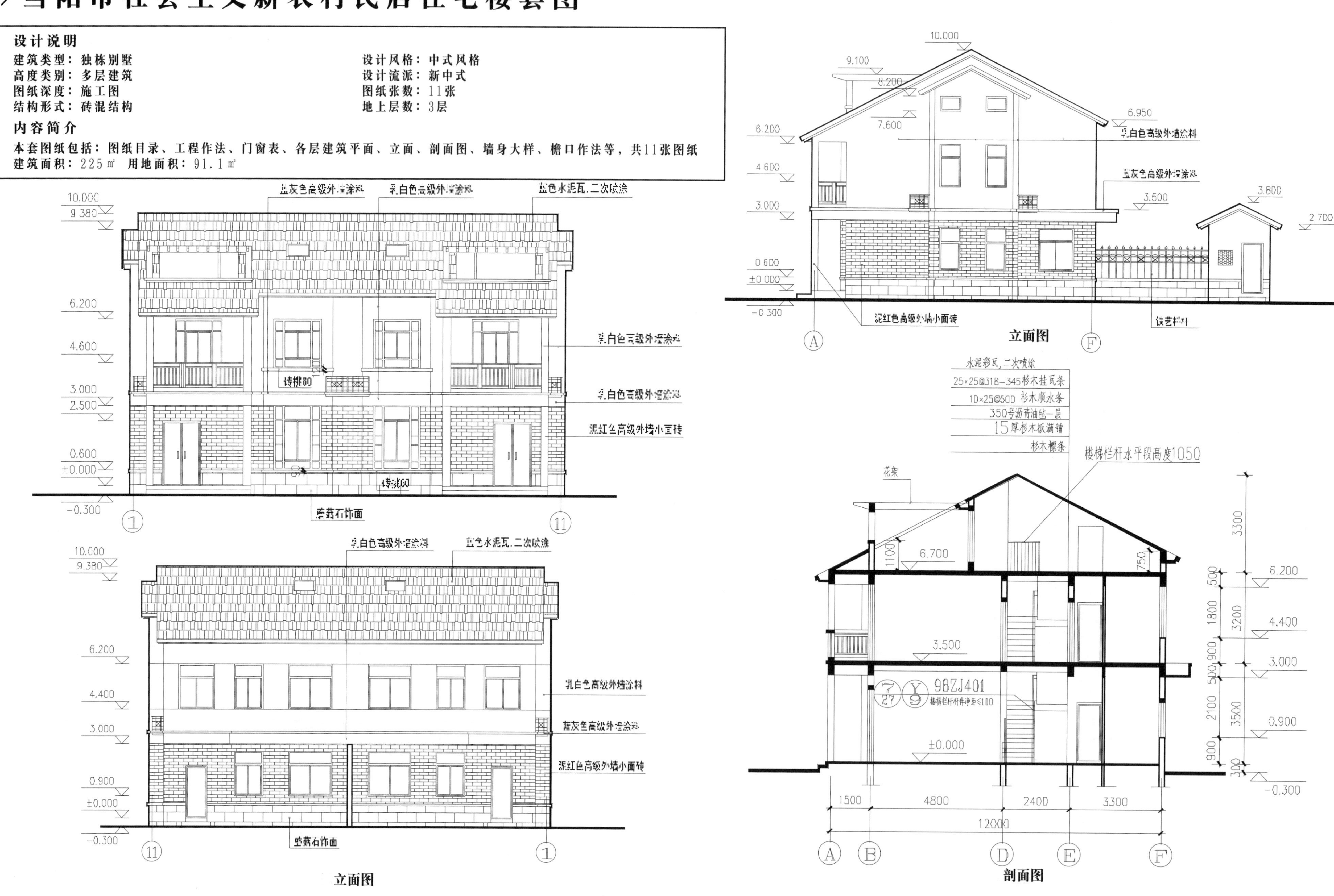

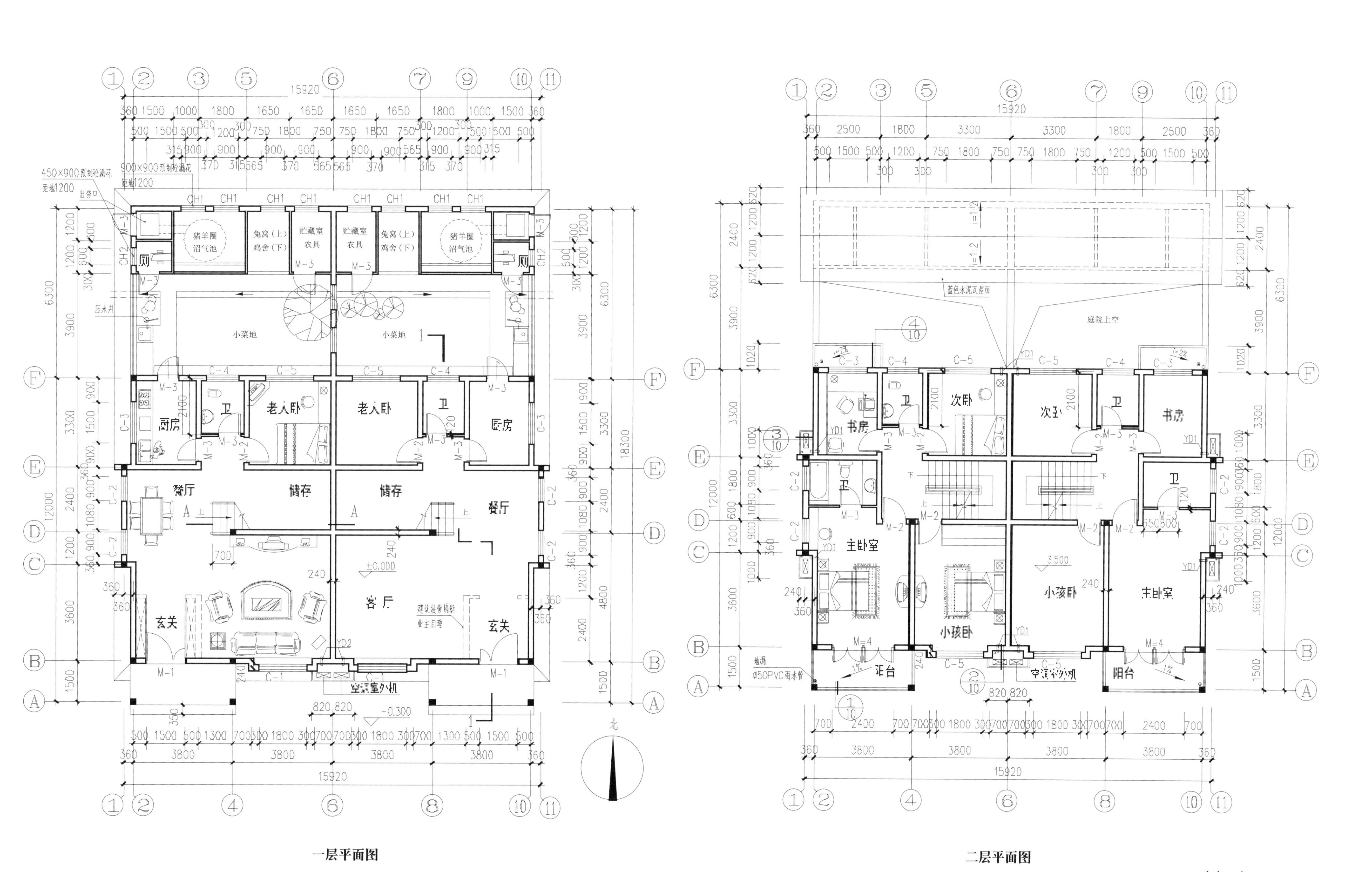
猪羊圈
沼气池
兔窝（上）
鸡舍（下）
贮藏室
农具
厕
压水井
小菜地
厨房
卫
老人卧
餐厅
储存
客厅
玄关
空调室外机
建议装修隔断
业主自理
书房
次卧
主卧室
小孩卧
阳台
庭院上空
蓝色水泥瓦屋面
空调室外机
Φ50PVC雨水管

一层平面图

二层平面图

本项目解压密码：21278058

# >新农村二层独栋住宅建筑施工图

**设计说明**

建筑类型：独栋别墅　　设计风格：现代风格
高度类别：多层建筑　　设计流派：现代
图纸深度：施工图　　图纸张数：7张
结构形式：砖混结构　　地上层数：2层

**内容简介**

本套图纸包括：设计说明、做法表、各层平面图、立面图、剖面图、门窗表、节点详图。共7张图纸。
总开间x进深：12.24x11.24米　建筑面积：215㎡　建筑高度：10.2m

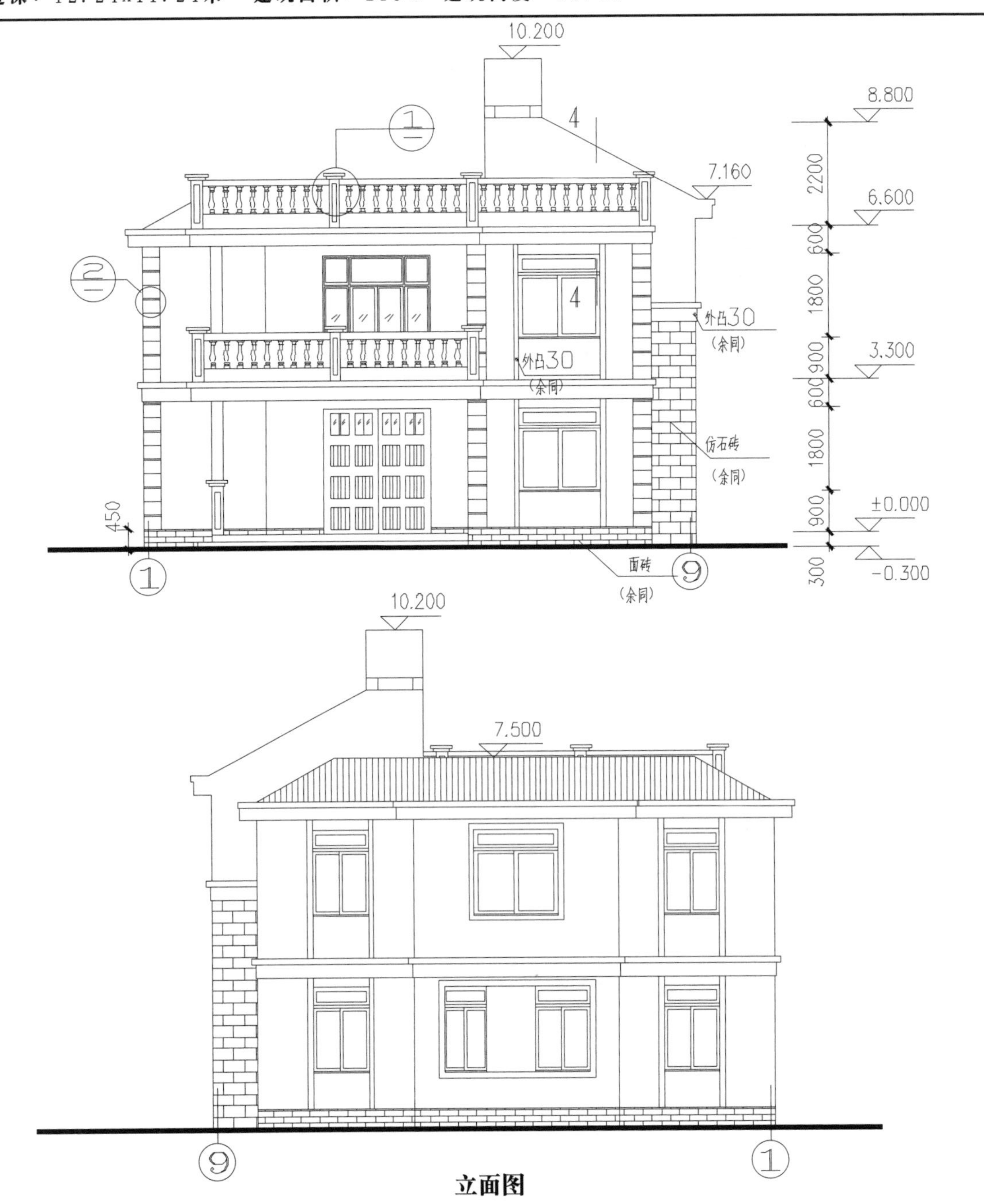

立面图

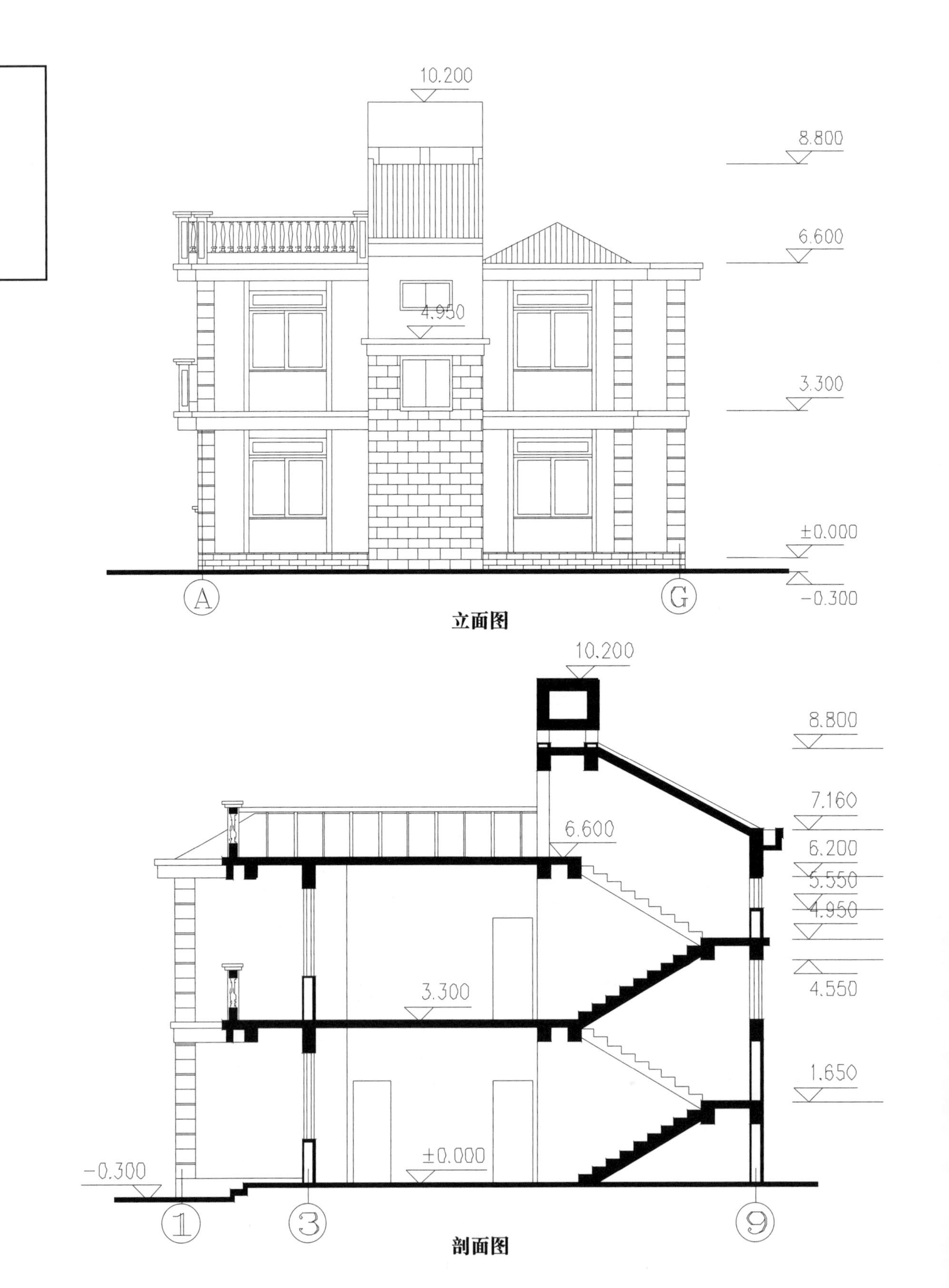

立面图

剖面图

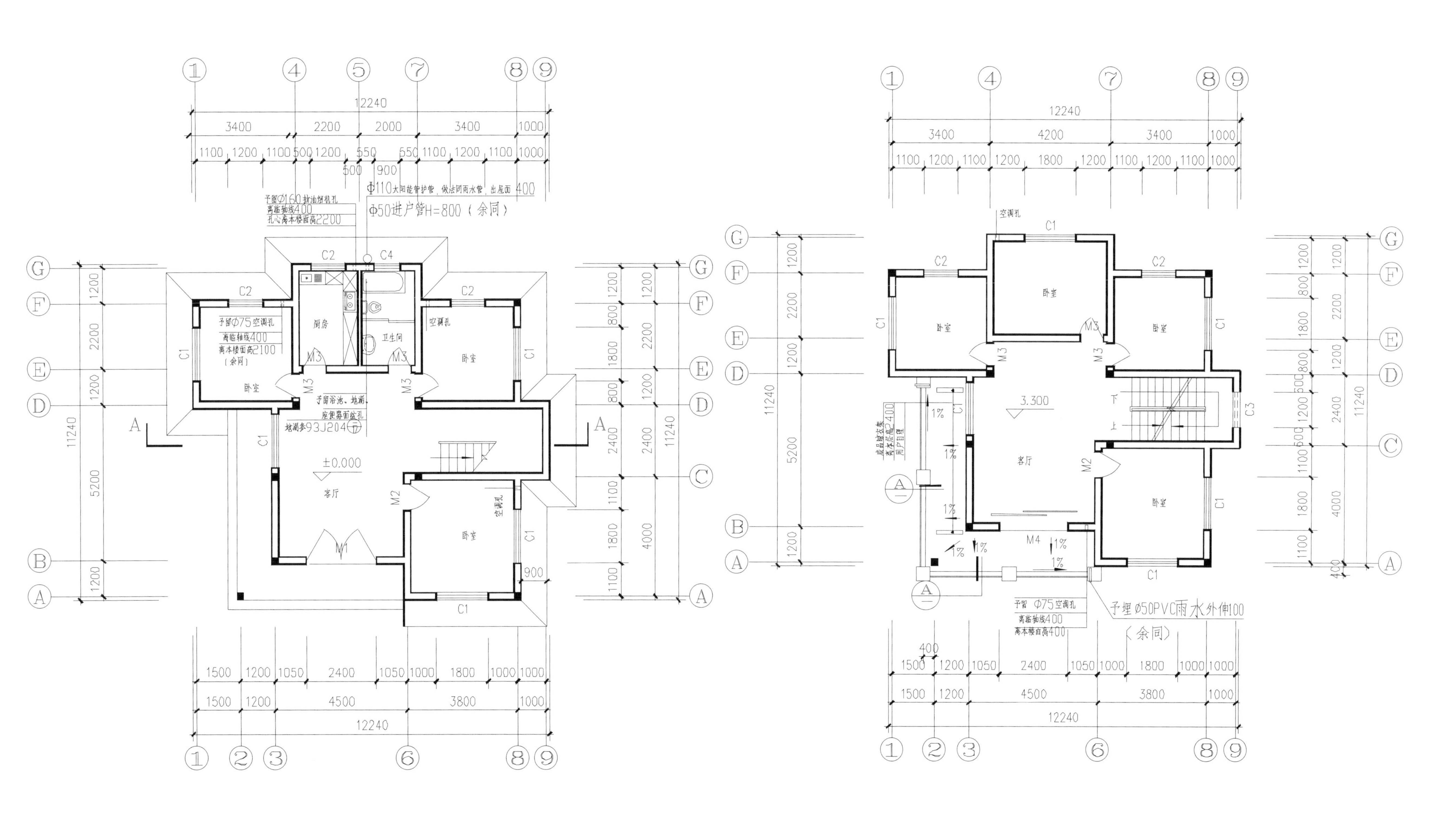
厨房
卫生间
卧室
客厅
±0.000
3.300
M1
M2
M3
M4
C1
C2
C3
C4
12240
11240
Φ50进户管H=800（余同）
予埋φ50PVC雨水外伸100
（余同）
空调孔

一层平面图

二层平面图

本项目解压密码：58998364

# >新农村二层小康农居建筑施工图

**设计说明**

建筑类型：独栋别墅　　设计风格：中式风格
高度类别：多层建筑　　设计流派：新中式
图纸深度：施工图　　图纸张数：7张
结构形式：砖混结构　　地上层数：2层

**内容简介**

本套图纸包括：设计说明、做法表、各层平面图、立面图、剖面图、门窗表、楼梯大样、节点详图。共7张图纸。
总开间x进深：12.24x11.24米　建筑面积：215㎡　建筑高度：10.2m

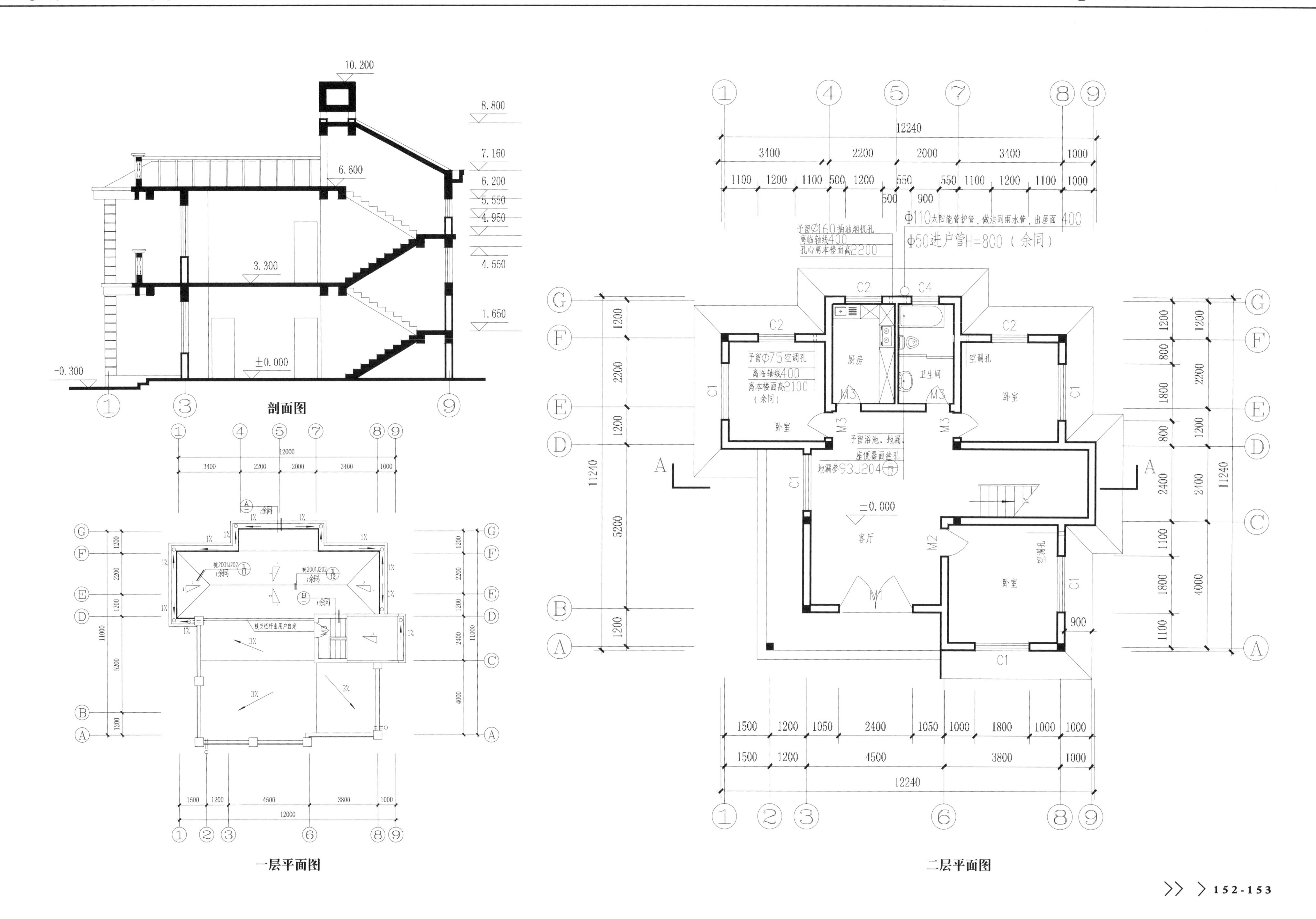
10.200
8.800
7.160
6.600
6.200
5.550
4.950
4.550
3.300
1.650
±0.000
-0.300
剖面图
一层平面图
二层平面图
12240
3400
2200
2000
1000
予留Ø160抽油烟机孔
离临轴线400
孔心离本楼面高2200
Φ110太阳能管护管，做法同雨水管，出屋面400
Φ50进户管H=800（余同）
予留Φ75空调孔
离临轴线400
离本楼面高2100
（余同）
厨房
卫生间
卧室
空调孔
予留浴池、地漏、
座便器面盆孔
地漏参93J204
客厅
11240
12000
11000
铁艺栏杆由用户自定

# > 浙江新农村三层住宅施工图

**设计说明**

建筑类型：独栋别墅　　设计风格：中式风格
高度类别：多层建筑　　设计流派：新中式
图纸深度：施工图　　图纸张数：17张
结构形式：砖混结构　　地上层数：2层

**内容简介**

本套图纸包括：设计说明、做法表、各层平面图、立面图、剖面图、门窗表、门窗大样、楼梯大样、节点详图
总开间x进深：11.5x10.1米　建筑面积：287.82㎡　用地面积：109.68㎡　建筑高度：9.9m

立面图

立面图

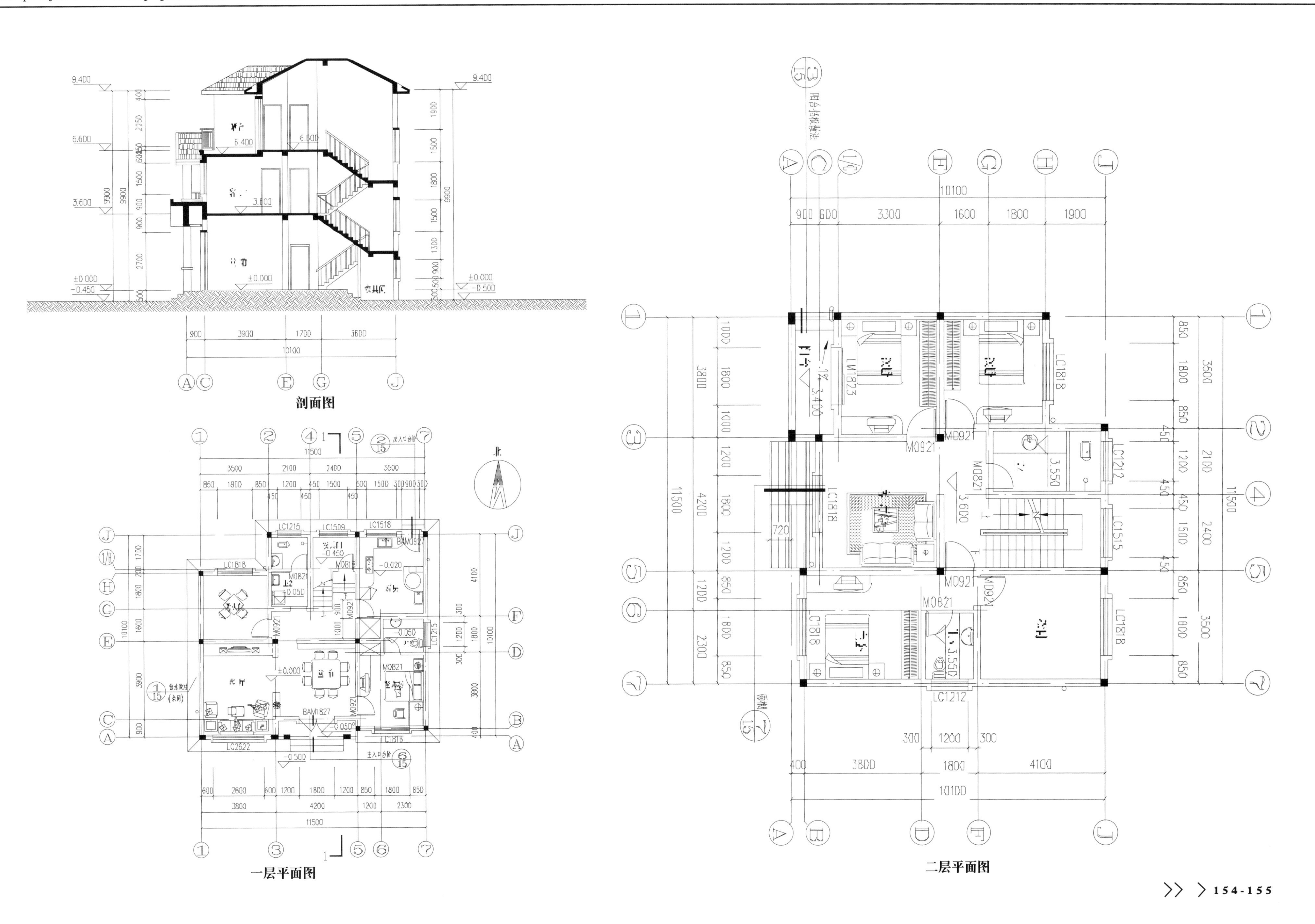
剖面图
一层平面图
二层平面图
北
LC1818
LM1823
LC1212
LC1515
LC1215
LC1509
LC1518
LC2622
BAM1827
MD921
MD821
11500
10100

# > 浙江省金东区孝顺镇新农村住宅建筑结构施工图

**设计说明**

| | |
|---|---|
| 建筑类型：独栋别墅 | 设计风格：中式风格 |
| 高度类别：多层建筑 | 设计流派：新中式 |
| 图纸深度：施工图 | 图纸张数：8张 |
| 结构形式：钢筋混凝土结构 | 地上层数：2层 |

**内容简介**

本套图纸包括：图纸目录、图纸说明、各层建筑平面、立面、剖面图、卫生间详图、楼梯间详图、墙身大样、檐口作法。

建筑面积：571.85㎡　用地面积：120㎡　建筑高度：16.6m

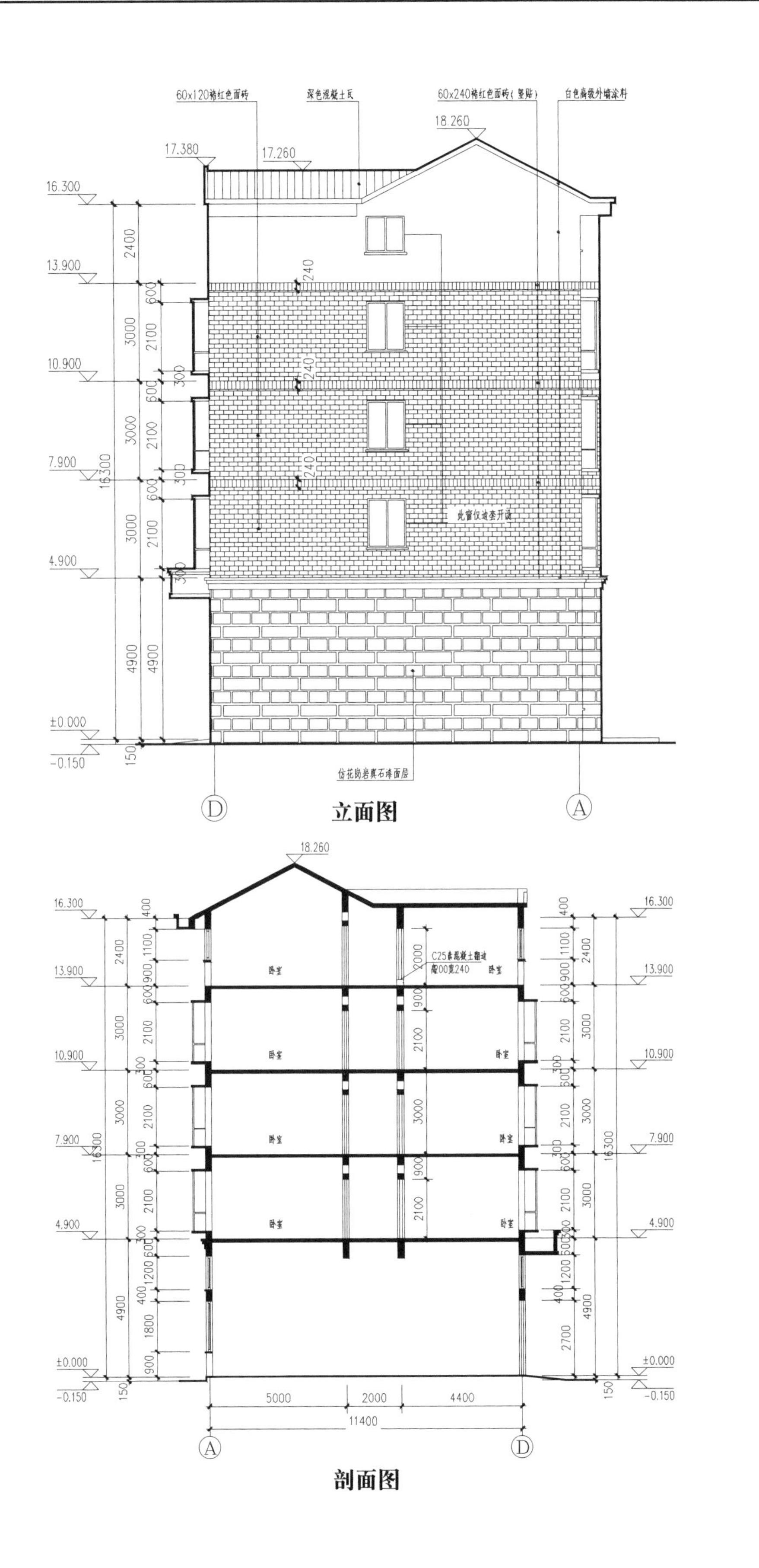


立面图

剖面图

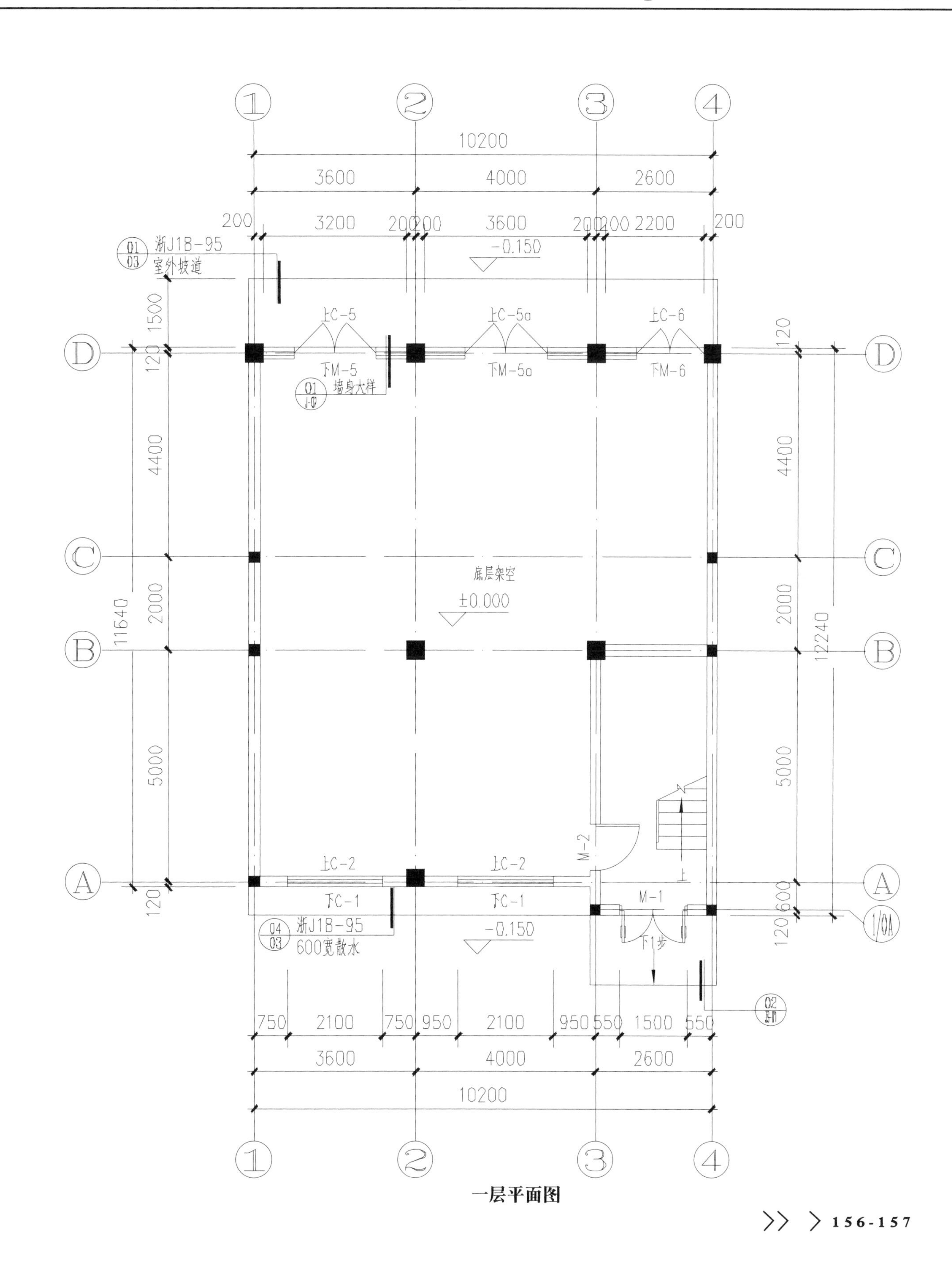


一层平面图

本项目解压密码：47450576

# > 农村节能住宅建筑方案图

**设计说明**

建筑类型：独栋别墅　　设计风格：中式风格
高度类别：多层建筑　　设计流派：新中式
图纸深度：方案图　　图纸张数：4张
结构形式：钢筋混凝土结构　　地上层数：2层

**内容简介**

本套图纸包括：各层建筑平面、立面、剖面图、总平面图。共4张图纸。
占地面积206.44m² 建筑面积为176.3m²

南立面图

北立面图

东立面图

剖面图

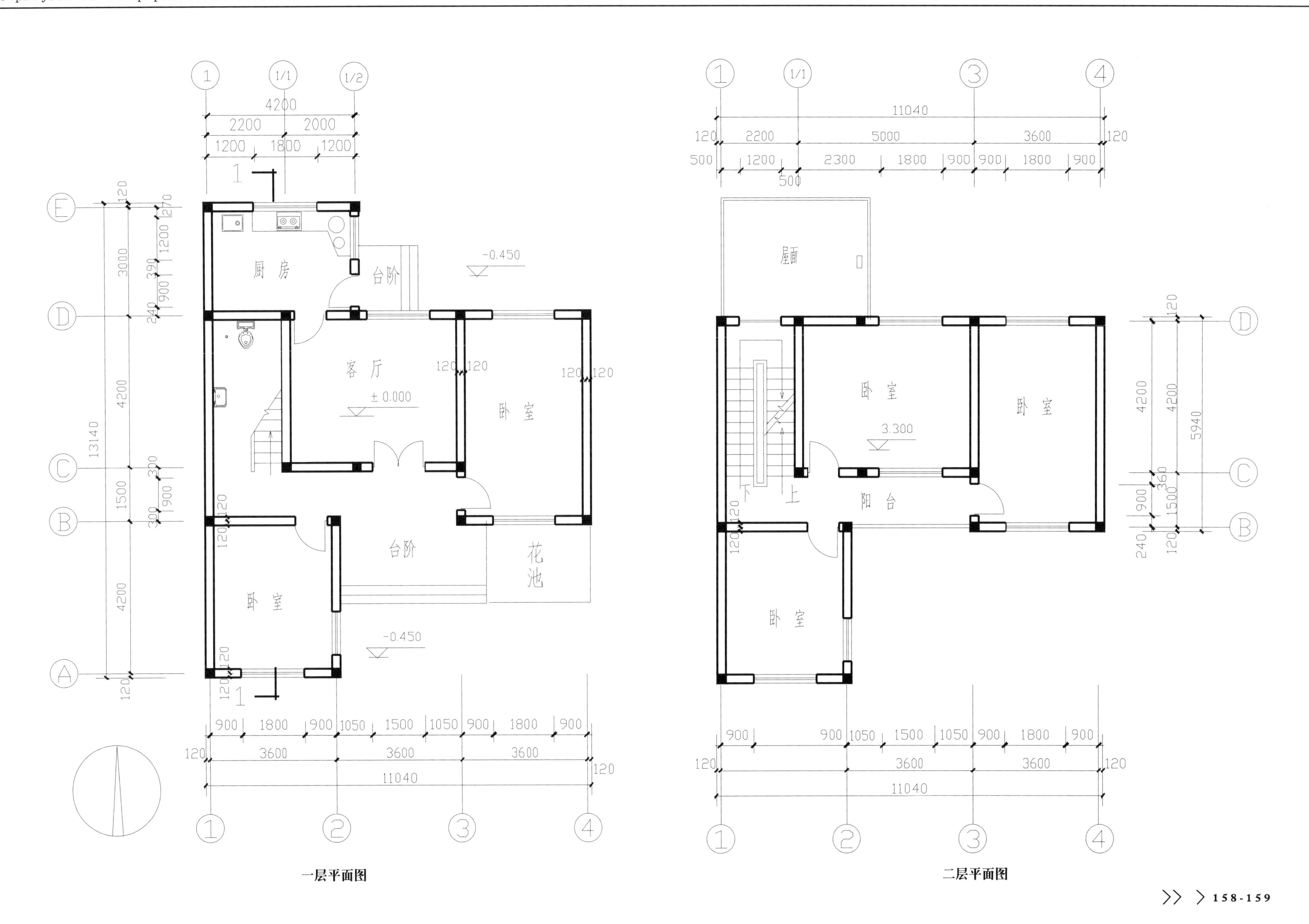


一层平面图

二层平面图

# > 三层小康农居建筑施工图（300平方米）

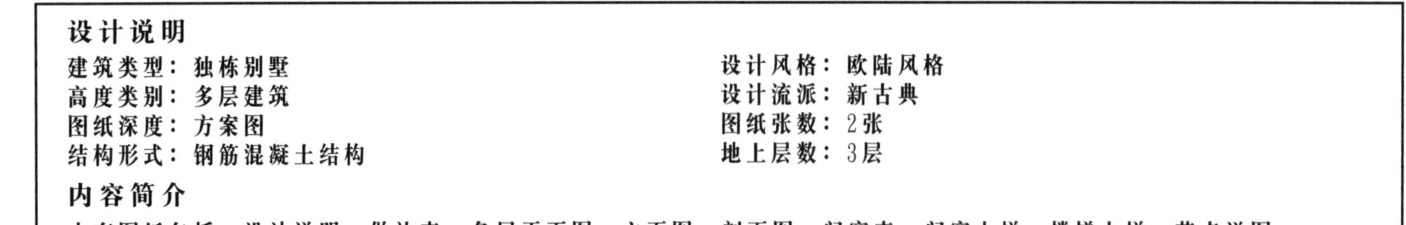

**设计说明**

建筑类型：独栋别墅　　设计风格：欧陆风格

高度类别：多层建筑　　设计流派：新古典

图纸深度：方案图　　图纸张数：2张

结构形式：钢筋混凝土结构　　地上层数：3层

**内容简介**

本套图纸包括：设计说明、做法表、各层平面图、立面图、剖面图、门窗表、门窗大样、楼梯大样、节点详图。

总开间x进深：10.24x12.84米　建筑面积：307.55㎡　用地面积：132.2㎡　建筑高度：9.9m

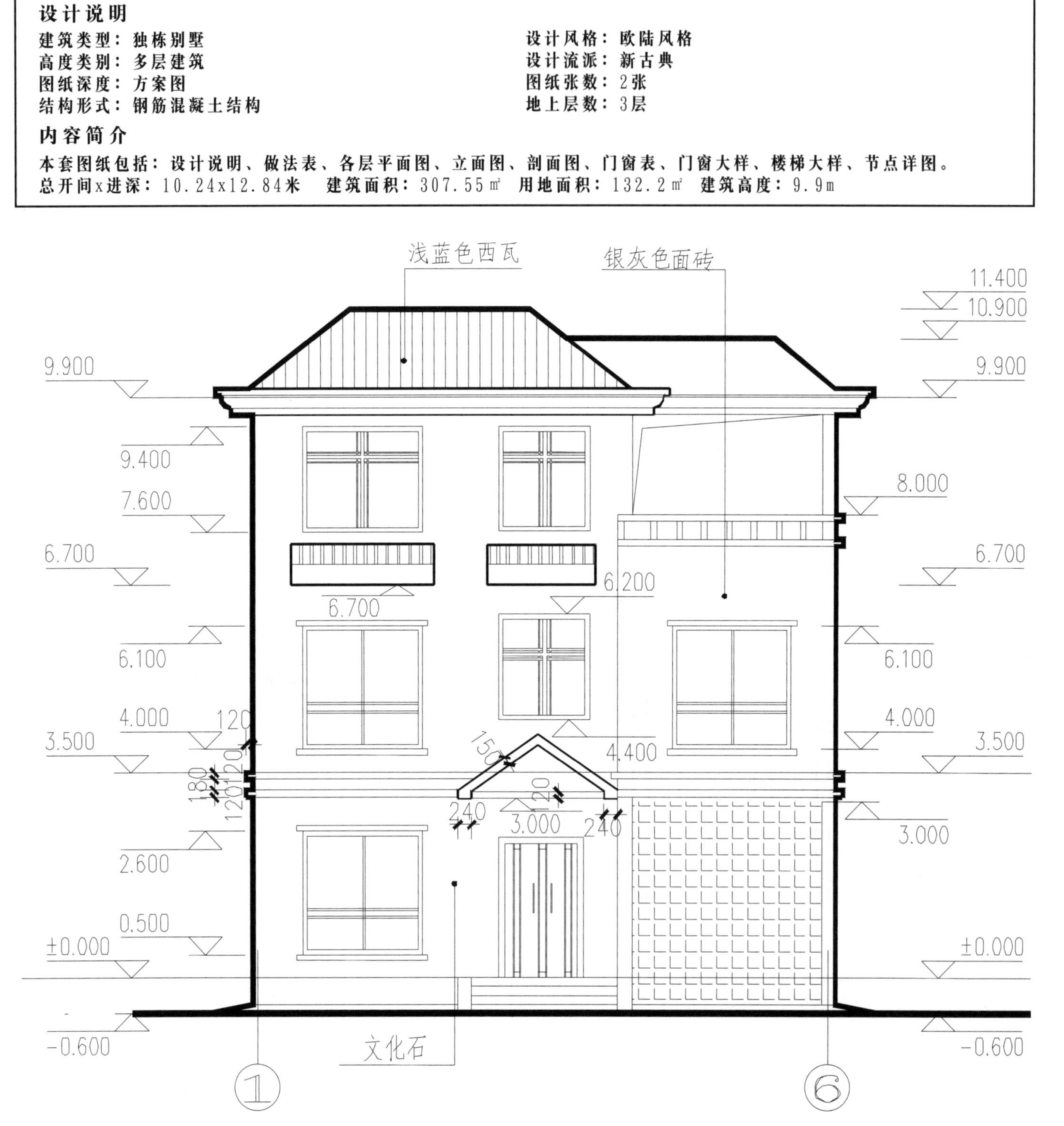


立面图

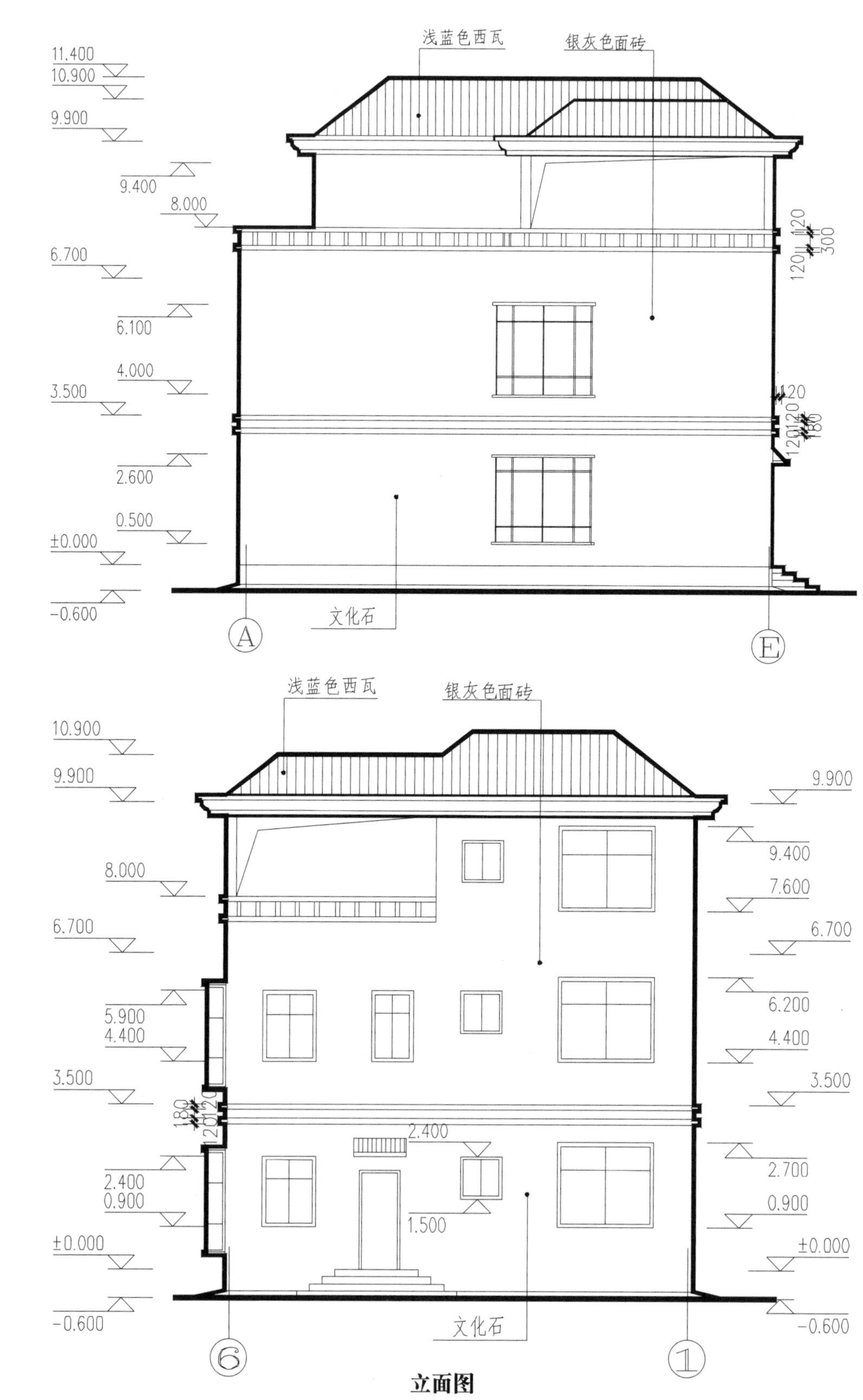


立面图

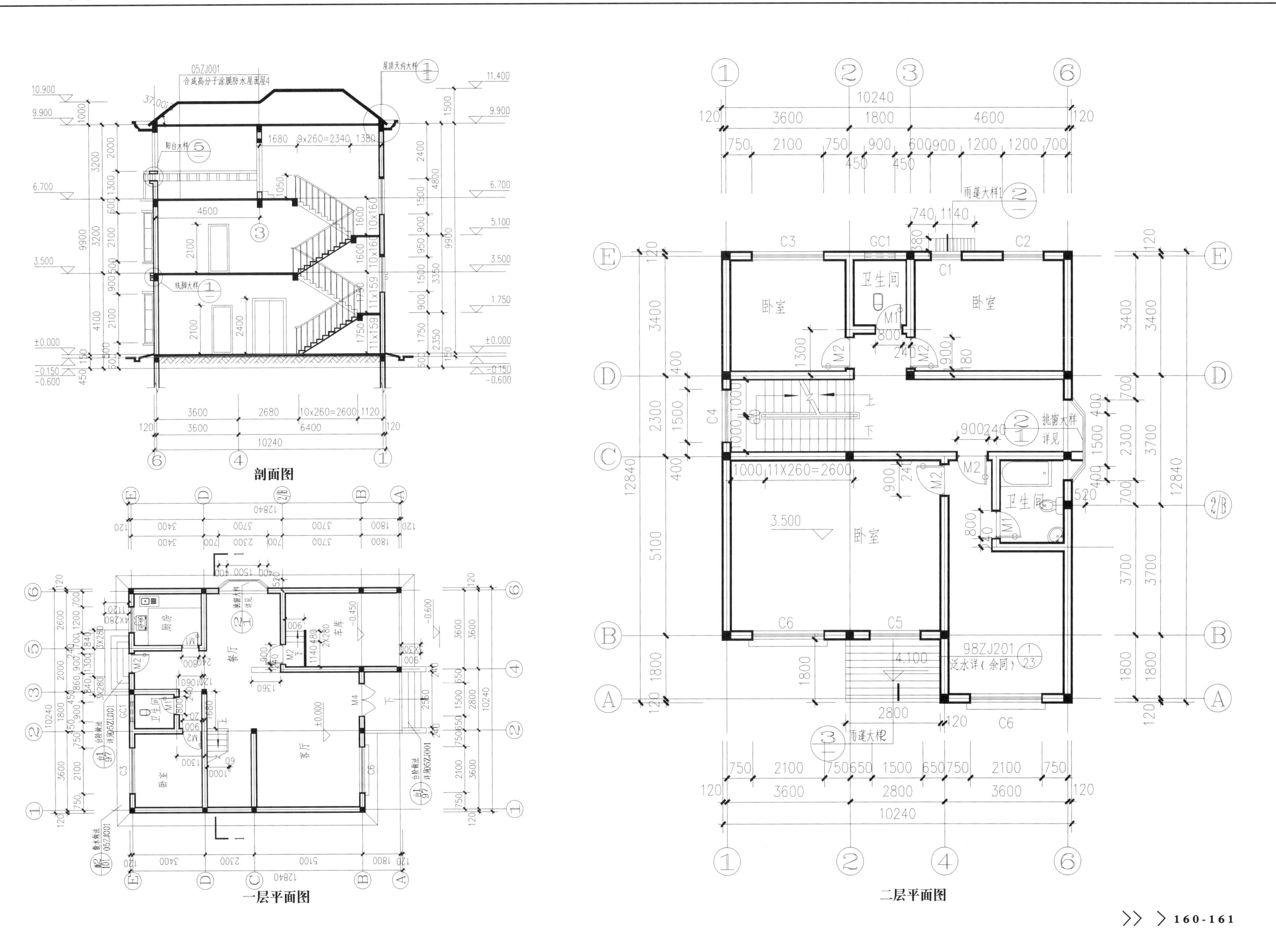
05ZJ001
合成高分子涂膜防水屋面屋4
屋顶天沟大样
阳台大样
线脚大样
剖面图
卧室
卫生间
厨房
车库
餐厅
客厅
一层平面图
雨蓬大样
挑窗大样
详见
98ZJ201
泛水详（余同）
二层平面图

# > 乡村三层别墅建筑结构电气施工图

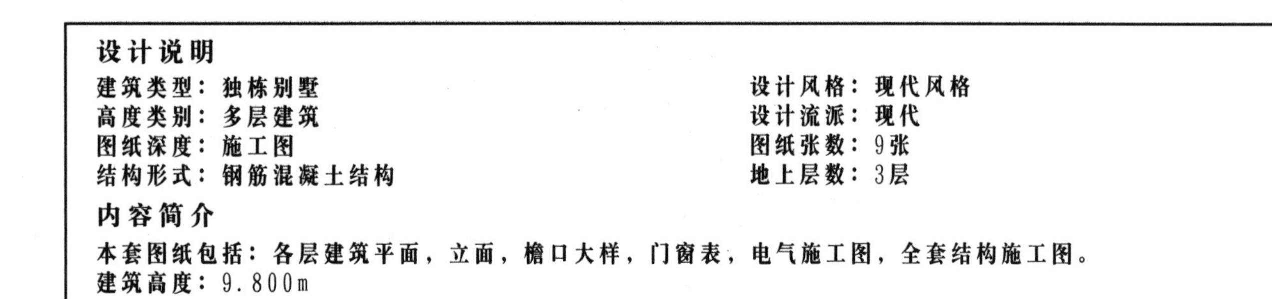

**设计说明**

建筑类型：独栋别墅　　设计风格：现代风格
高度类别：多层建筑　　设计流派：现代
图纸深度：施工图　　图纸张数：9张
结构形式：钢筋混凝土结构　　地上层数：3层

**内容简介**

本套图纸包括：各层建筑平面，立面，檐口大样，门窗表，电气施工图，全套结构施工图。
建筑高度：9.800m

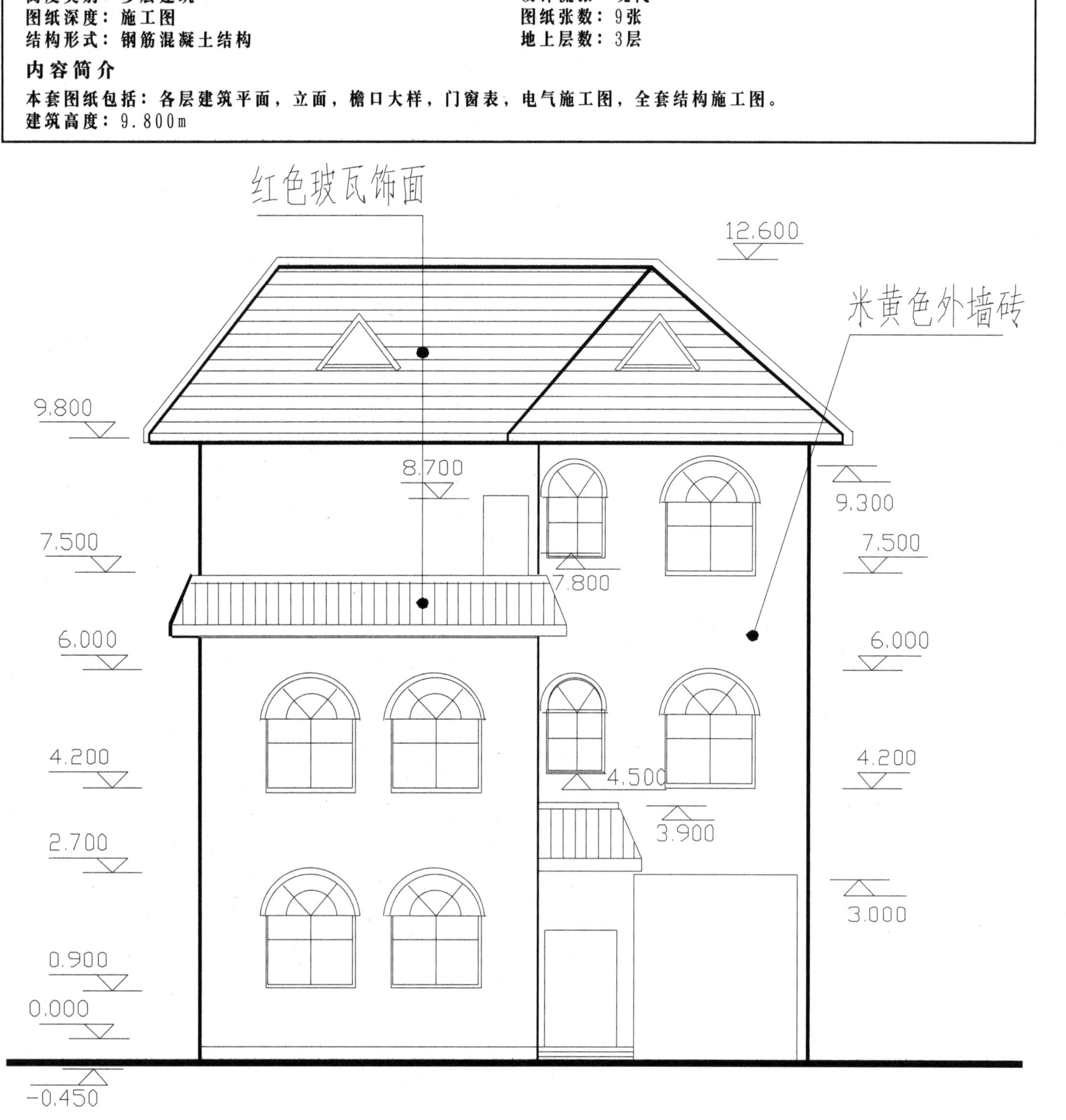


正立面图

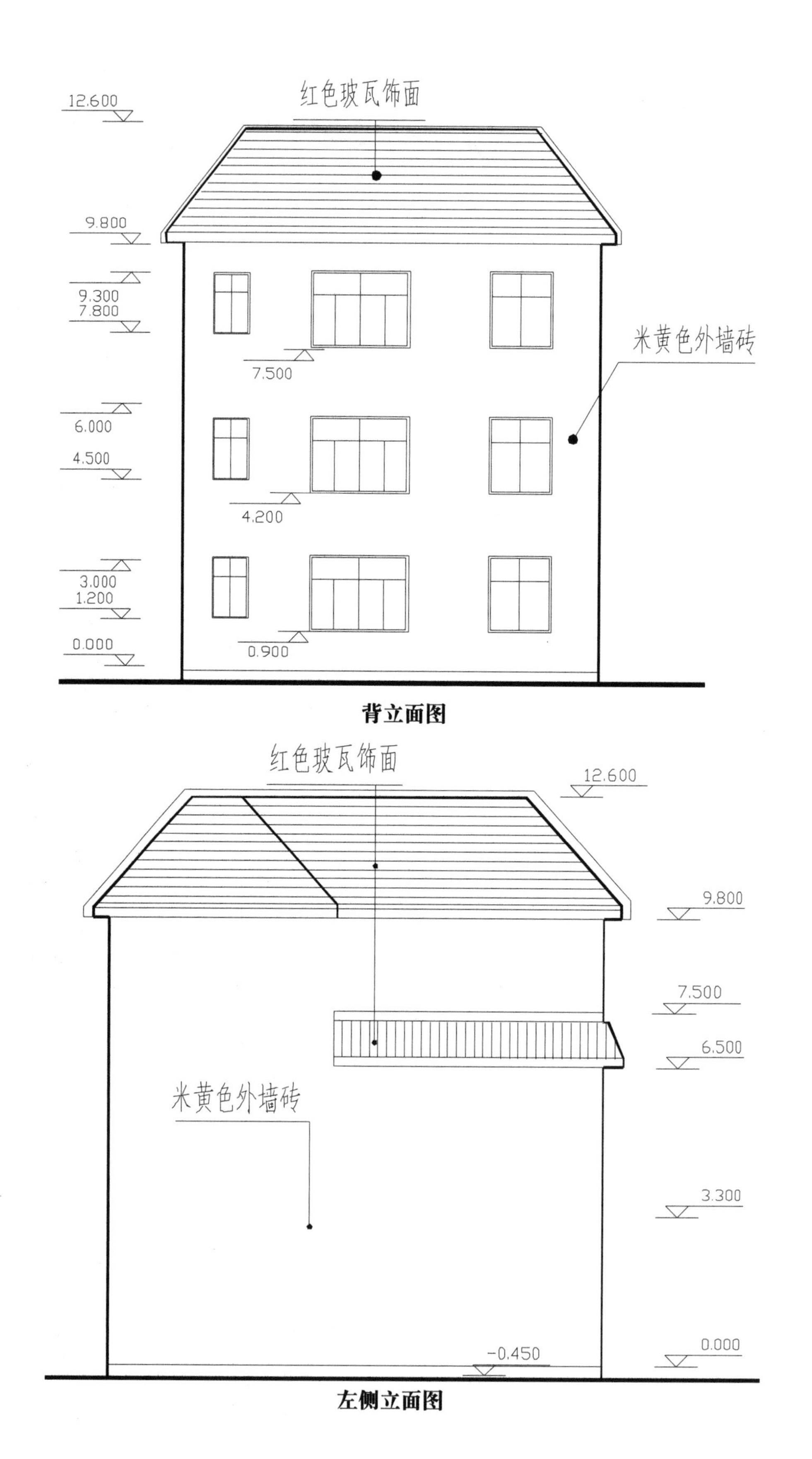


背立面图

左侧立面图

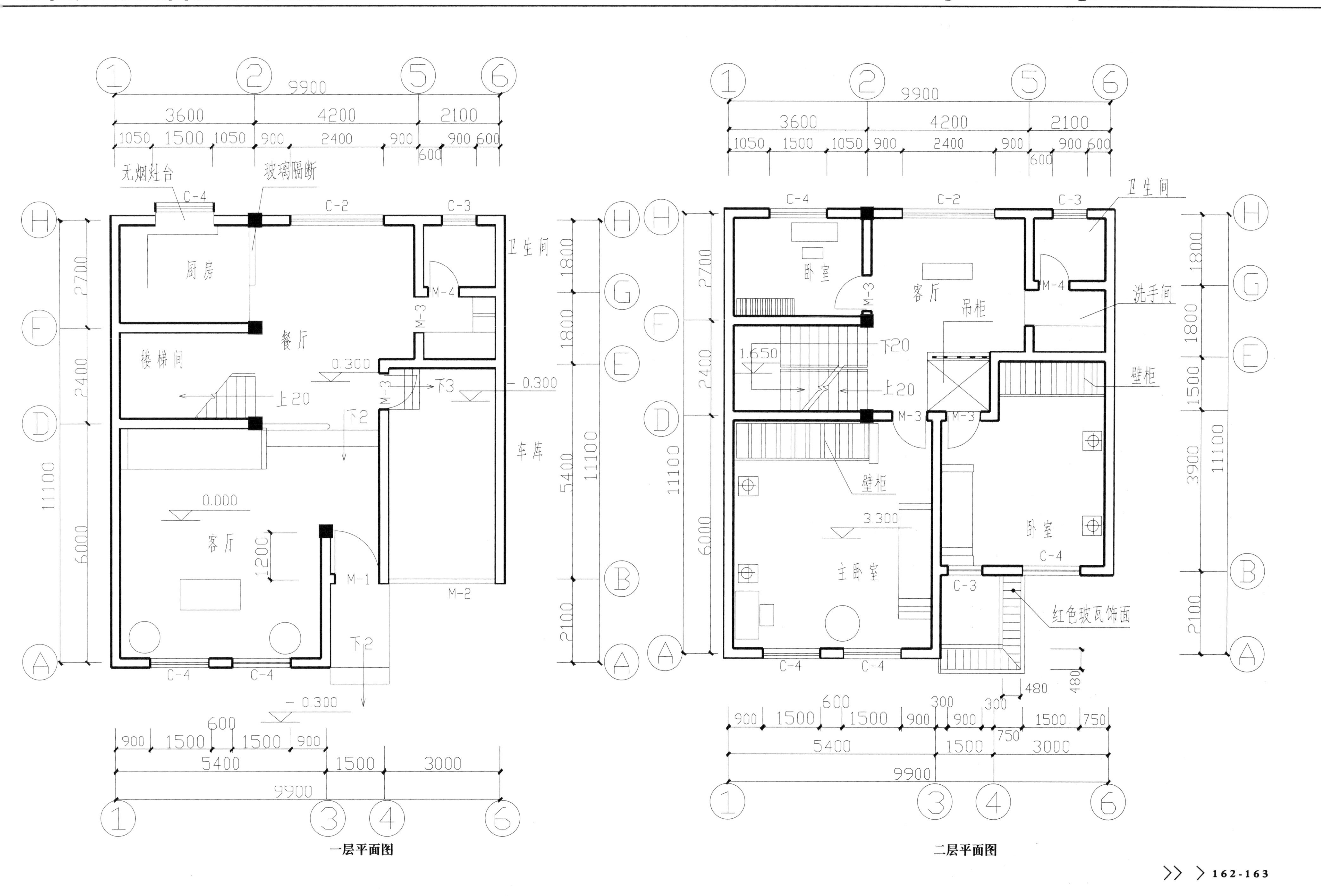
无烟灶台
玻璃隔断
厨房
餐厅
楼梯间
卫生间
车库
客厅
0.300
0.000
-0.300
上20
下3
下2
M-1
M-2
M-3
M-4
C-2
C-3
C-4
卧室
客厅
吊柜
洗手间
壁柜
主卧室
红色玻瓦饰面
1.650
3.300
下20
上20

一层平面图

二层平面图

# >新农村住宅建筑施工图

**设计说明**

建筑类型：独栋别墅　　设计风格：中式风格
高度类别：多层建筑　　设计流派：新中式
图纸深度：施工图　　图纸张数：25张
结构形式：砌体结构　　地上层数：3层

**内容简介**

本套图纸包括：图纸说明、工程作法、各层建筑平面、立面、剖面图、楼梯间详图、节点详图、墙身大样、檐口作法等。
设计功能包括：卧室、餐厅、客厅、卫生间、庭院、大门等。

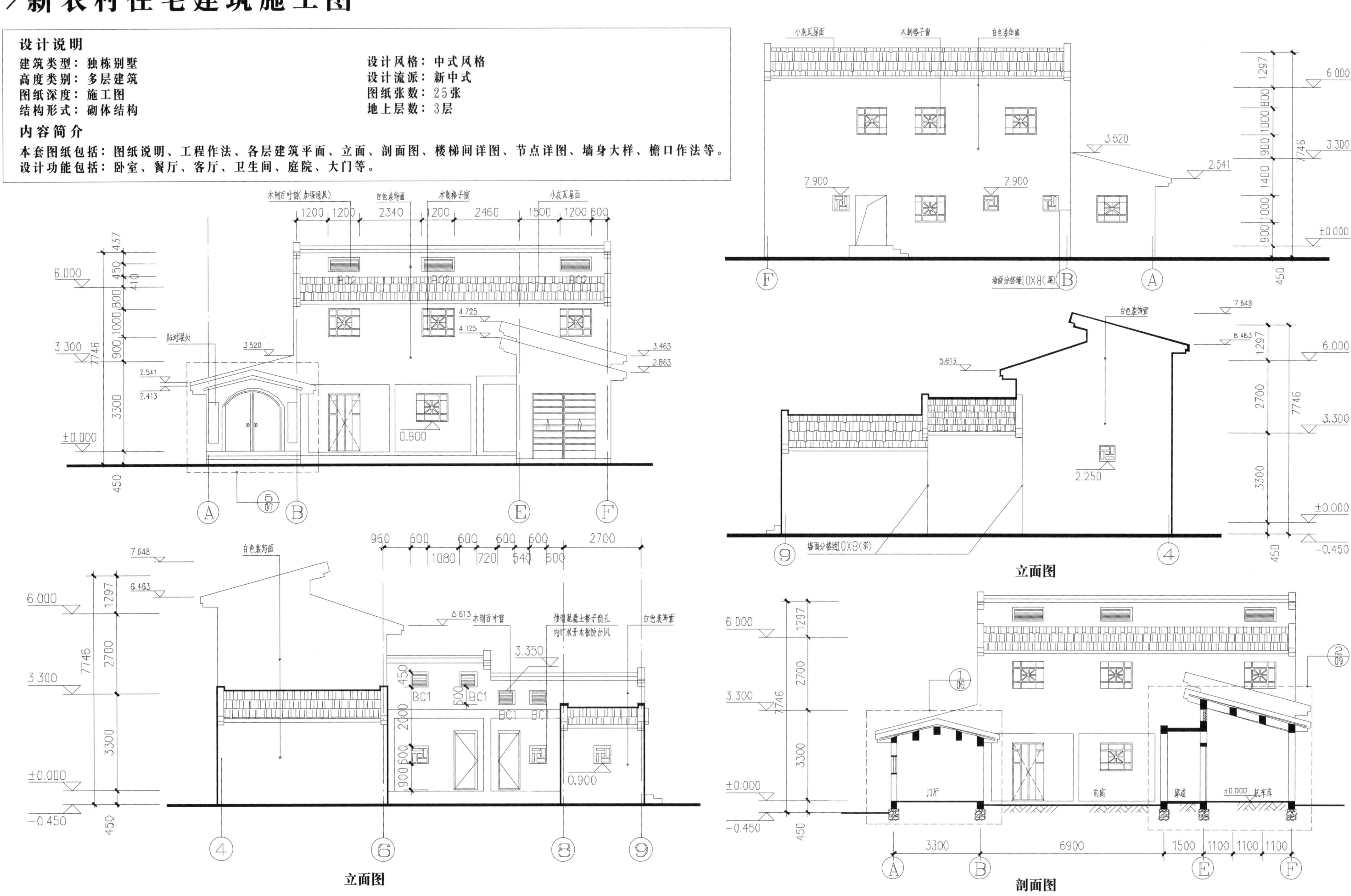

立面图

立面图

剖面图

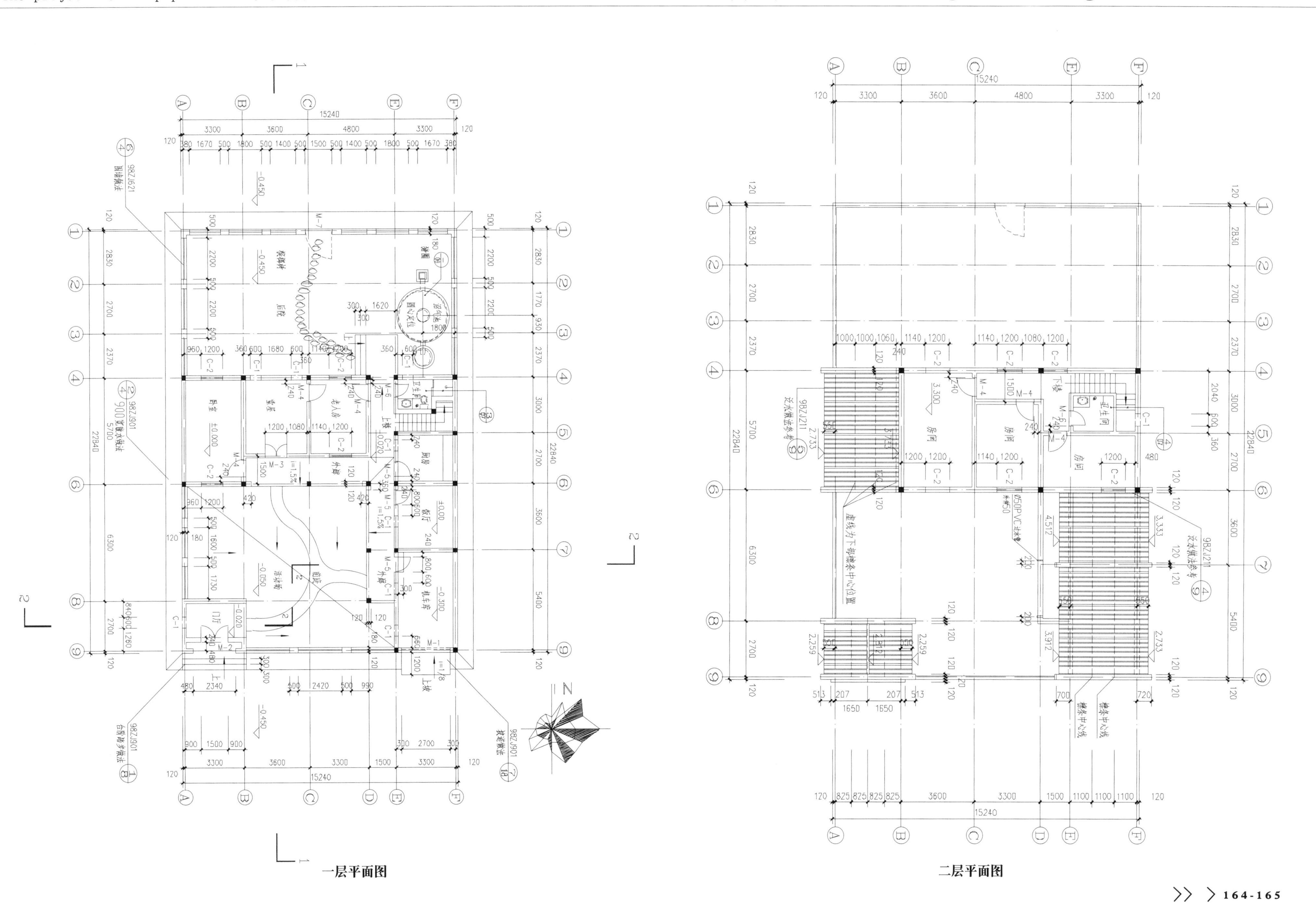
卧室
堂屋
老人房
后院
卫生间
厨房
饭厅
机车库
活动场
前庭
外廊
门厅
上坡
房间
下楼
98ZJ211
泛水做法参考
虚线为下部檩条中心位置
檩条中心线
Ø50PVC过水管
15240
22840

一层平面图

二层平面图

# > 乡镇固戍村私宅施工图

**设计说明**

建筑类型：独栋别墅
高度类别：多层建筑
图纸深度：施工图
结构形式：砌体结构

图纸张数：4张
地上层数：4层

**内容简介**

本套图纸包括：各层的平面图、楼梯屋面详图、构架节点详图。共4张图纸。
设计功能包括：卧室、餐厅、客厅、卫生间、庭院、大门等。

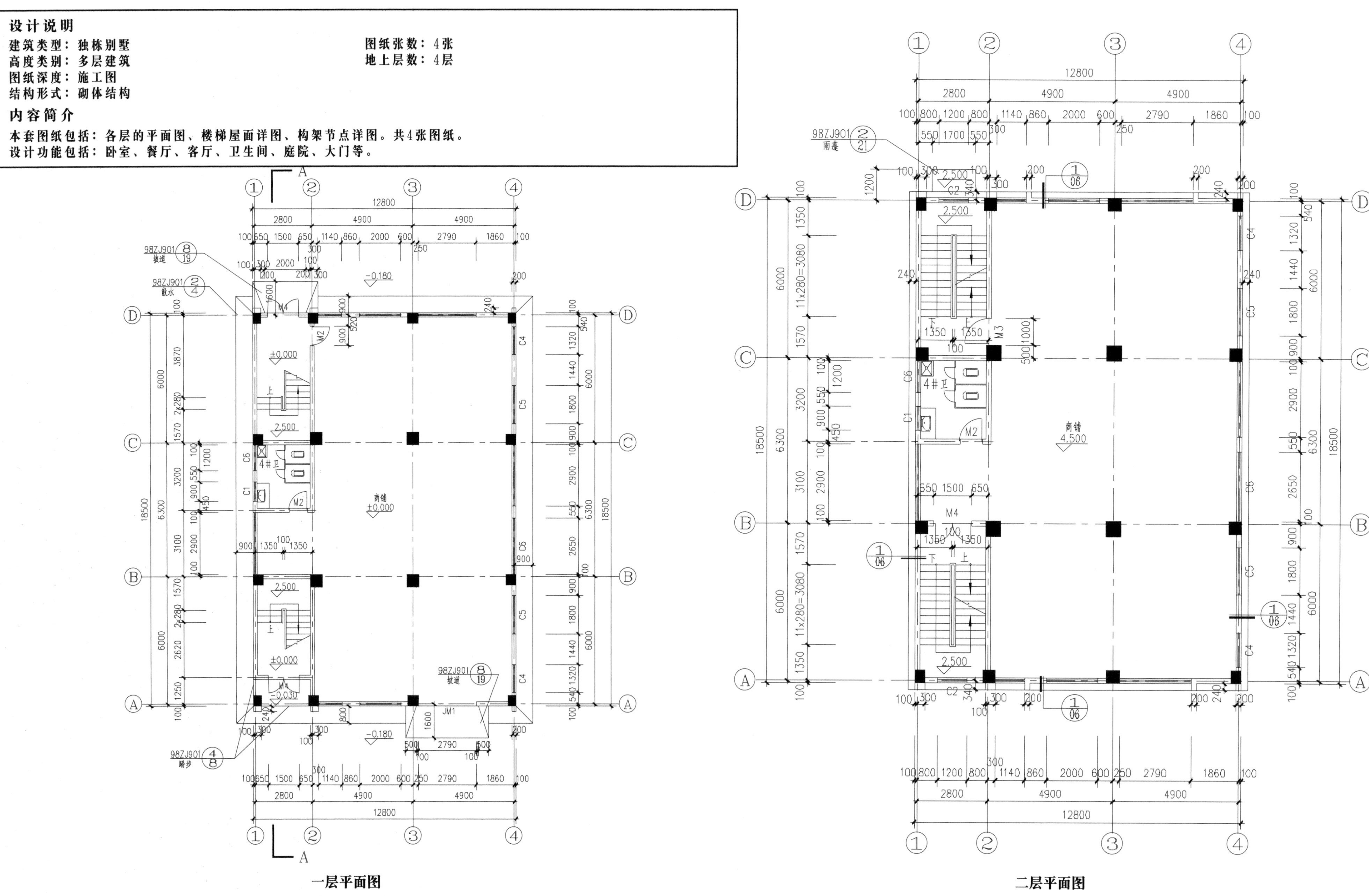


一层平面图

二层平面图

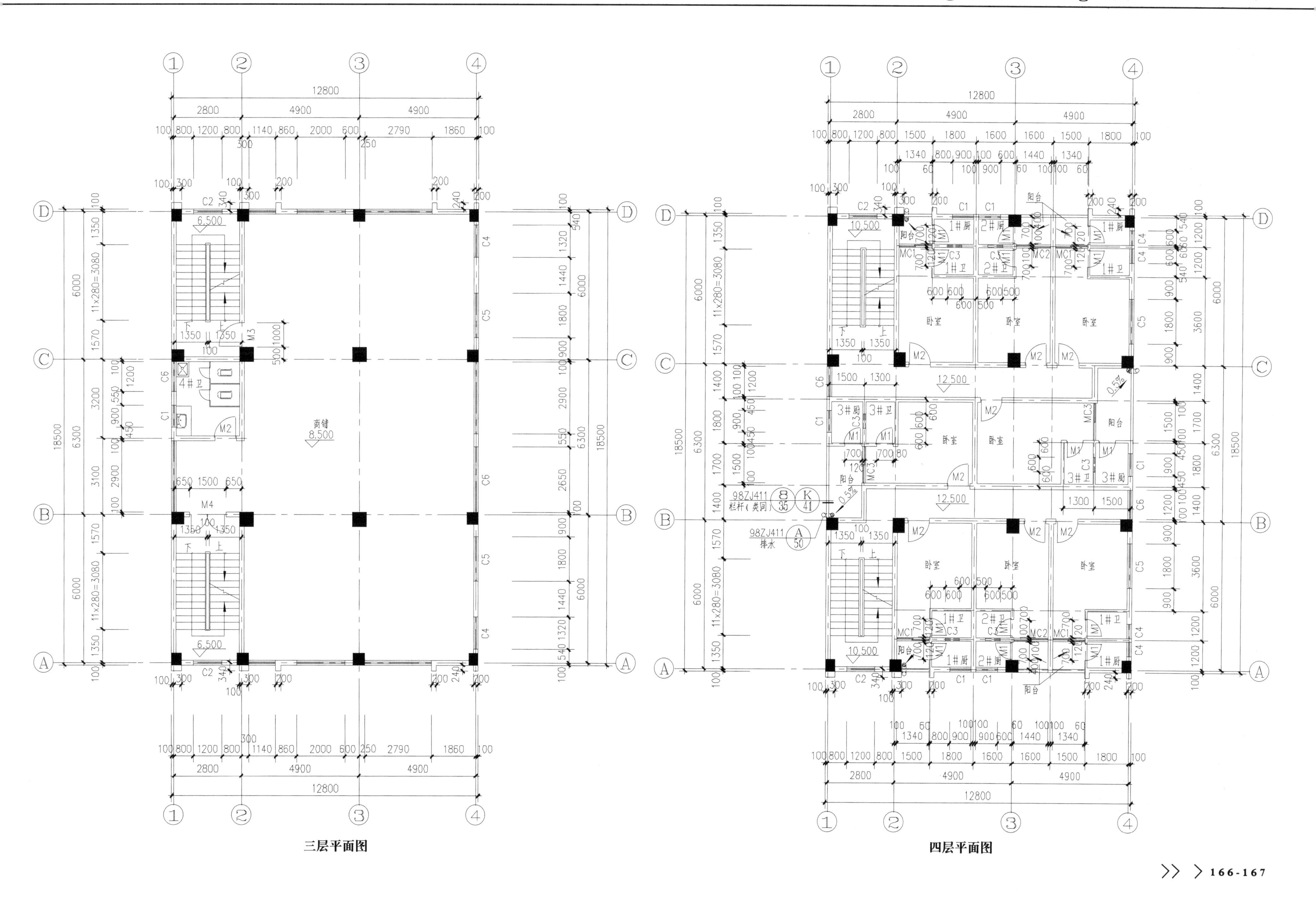


三层平面图

四层平面图

# > 新农村住宅设计方案二

**设计说明**

建筑类型：独栋别墅
高度类别：多层建筑
图纸深度：施工图
结构形式：钢筋混凝土

图纸张数：4张
地上层数：3层

**内容简介**

本套图纸包括：各层的平面图、立面图、剖面图。共4张图纸。
设计功能包括：卧室、餐厅、客厅、阁楼等。

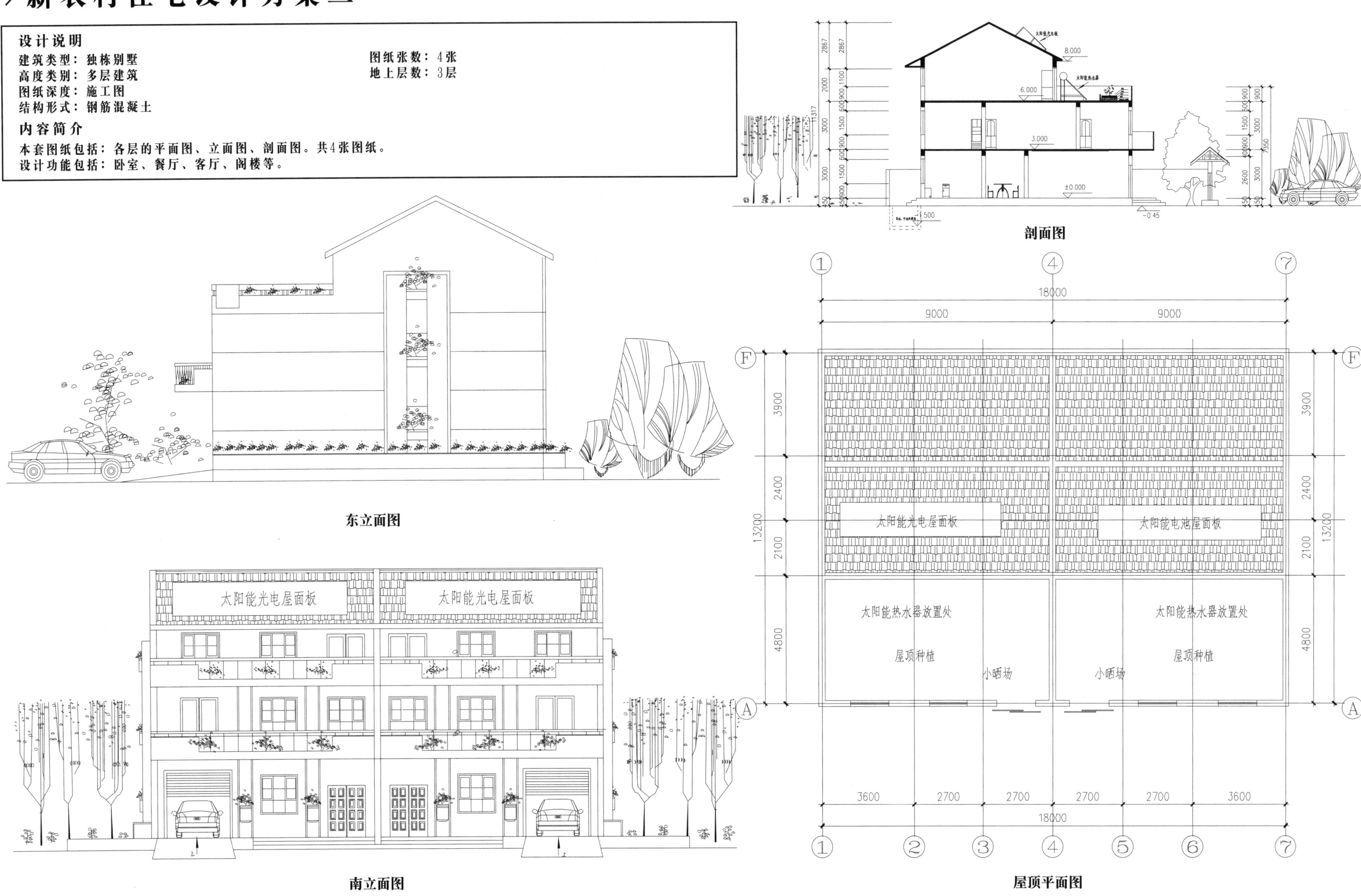

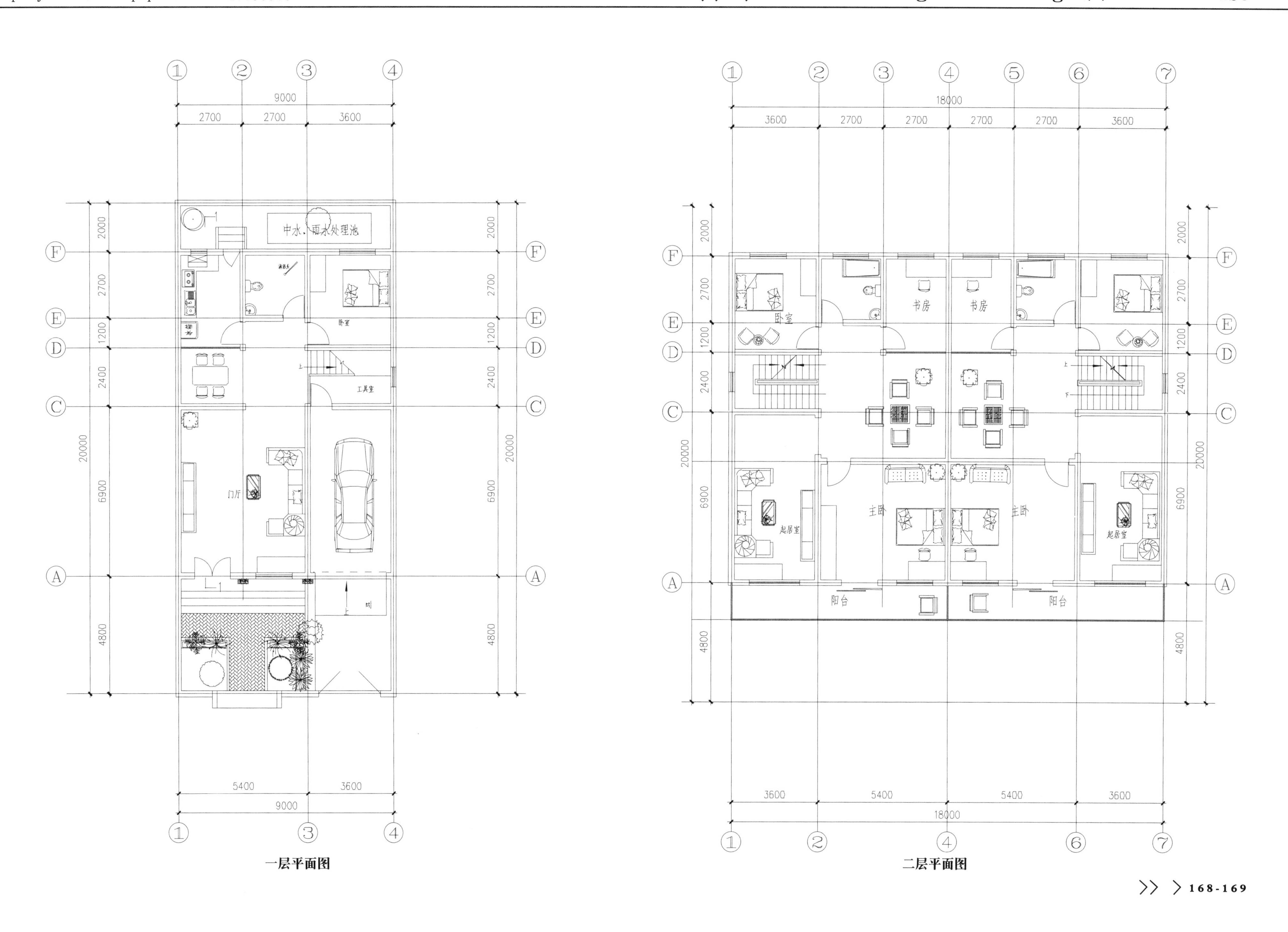


一层平面图

二层平面图

# > 农村别墅建筑图

**设计说明**

建筑类型：独栋别墅　　图纸张数：5张
高度类别：多层建筑　　地上层数：3层
图纸深度：施工图
结构形式：钢筋混凝土

**内容简介**

本套图纸包括：设计说明、结构详图、各层的平面图、立面图、剖面图。共5张图纸。
设计功能包括：卧室、餐厅、客厅、卫生间等。

北立面图

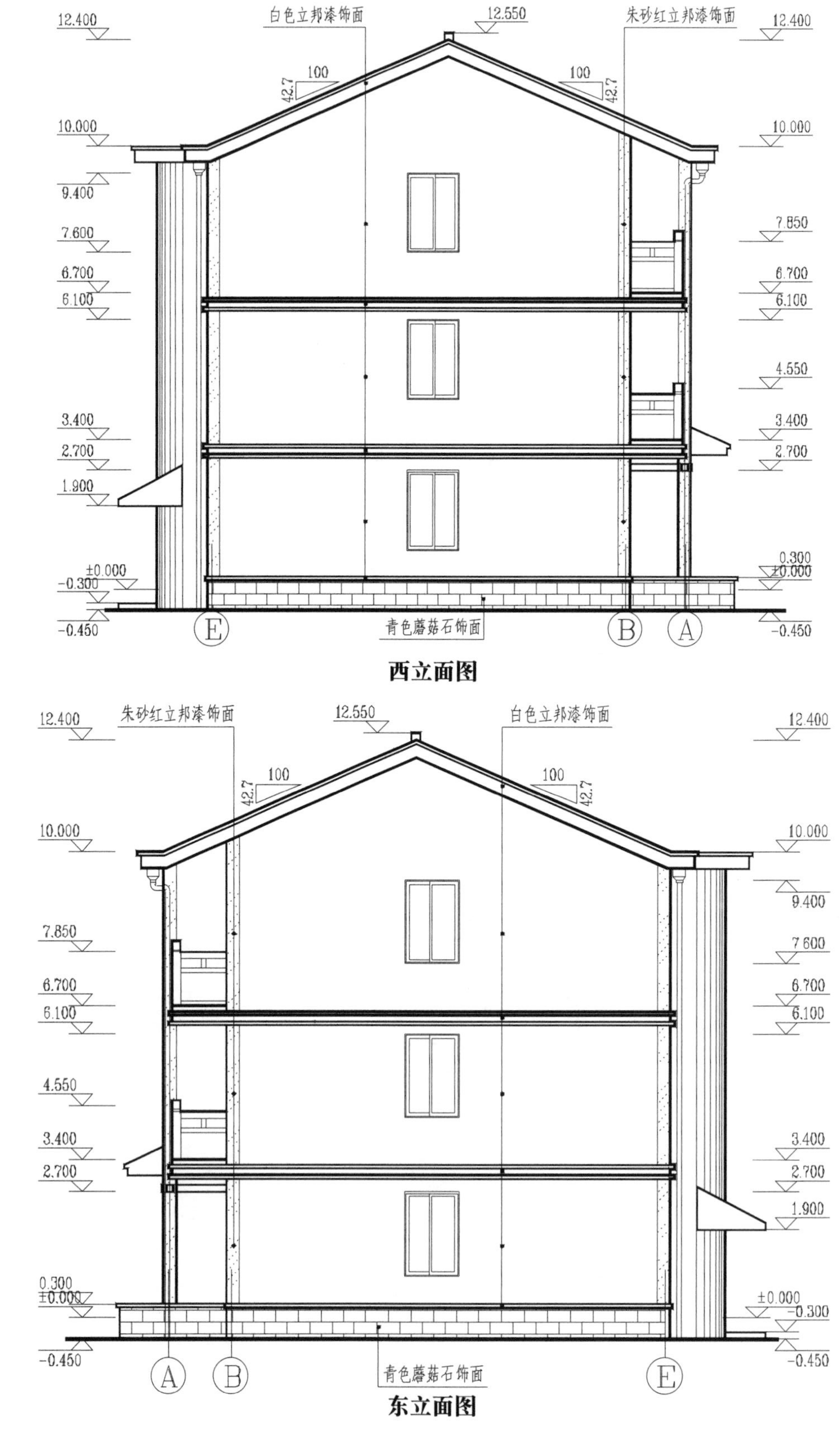


西立面图

东立面图

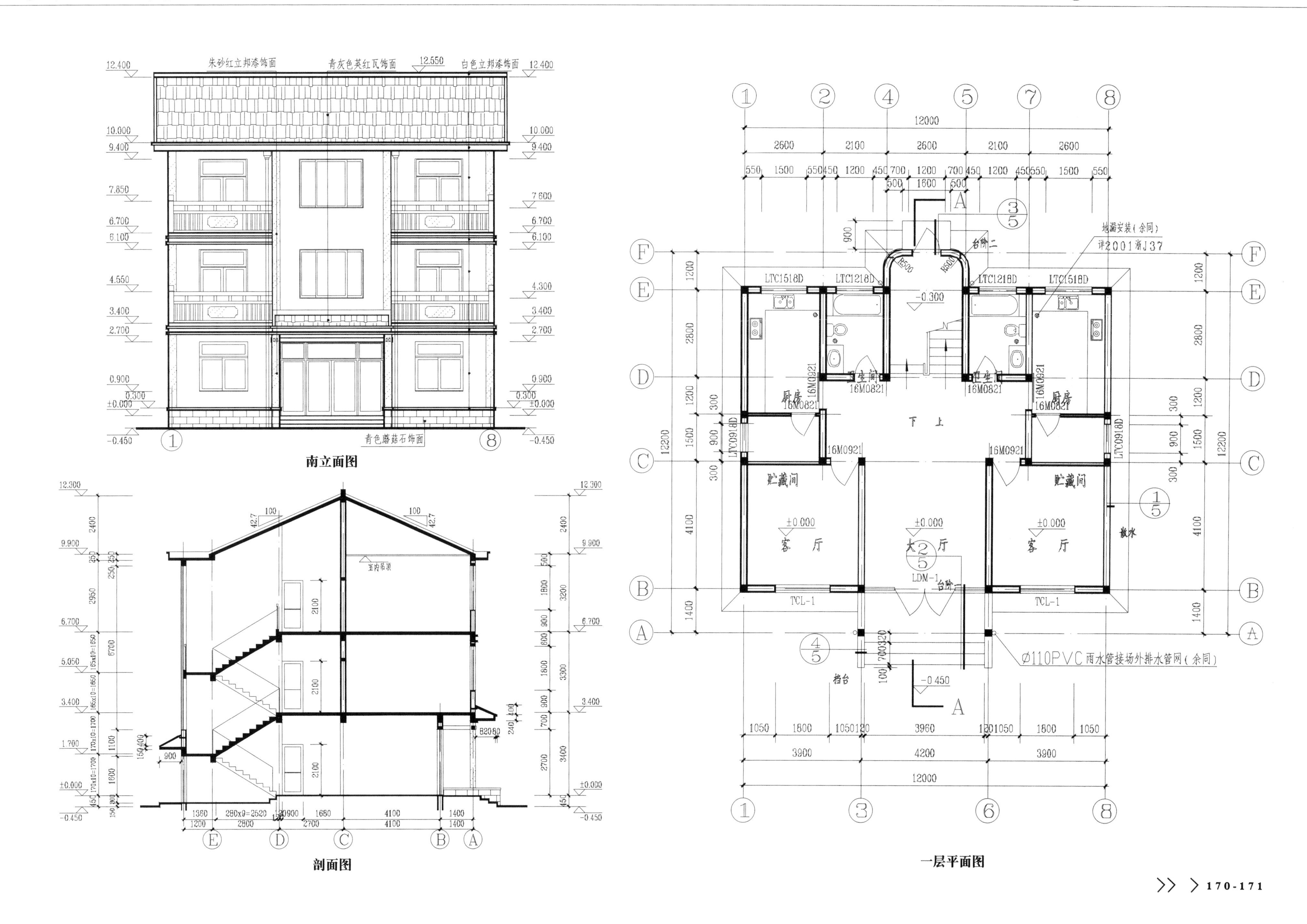


南立面图

剖面图

一层平面图

本项目解压密码：03746105

# > 农村小康楼建筑设计

**设计说明**

建筑类型：独栋别墅
高度类别：多层建筑
图纸深度：施工图
结构形式：砖砌结构

图纸张数：11张
地上层数：3层

**内容简介**

本套图纸包括：设计说明、门窗明细表、结构详图、各层的平面图、立面图、剖面图。共11张图纸。
设计功能包括：卧室、餐厅、客厅、卫生间、阳台等。

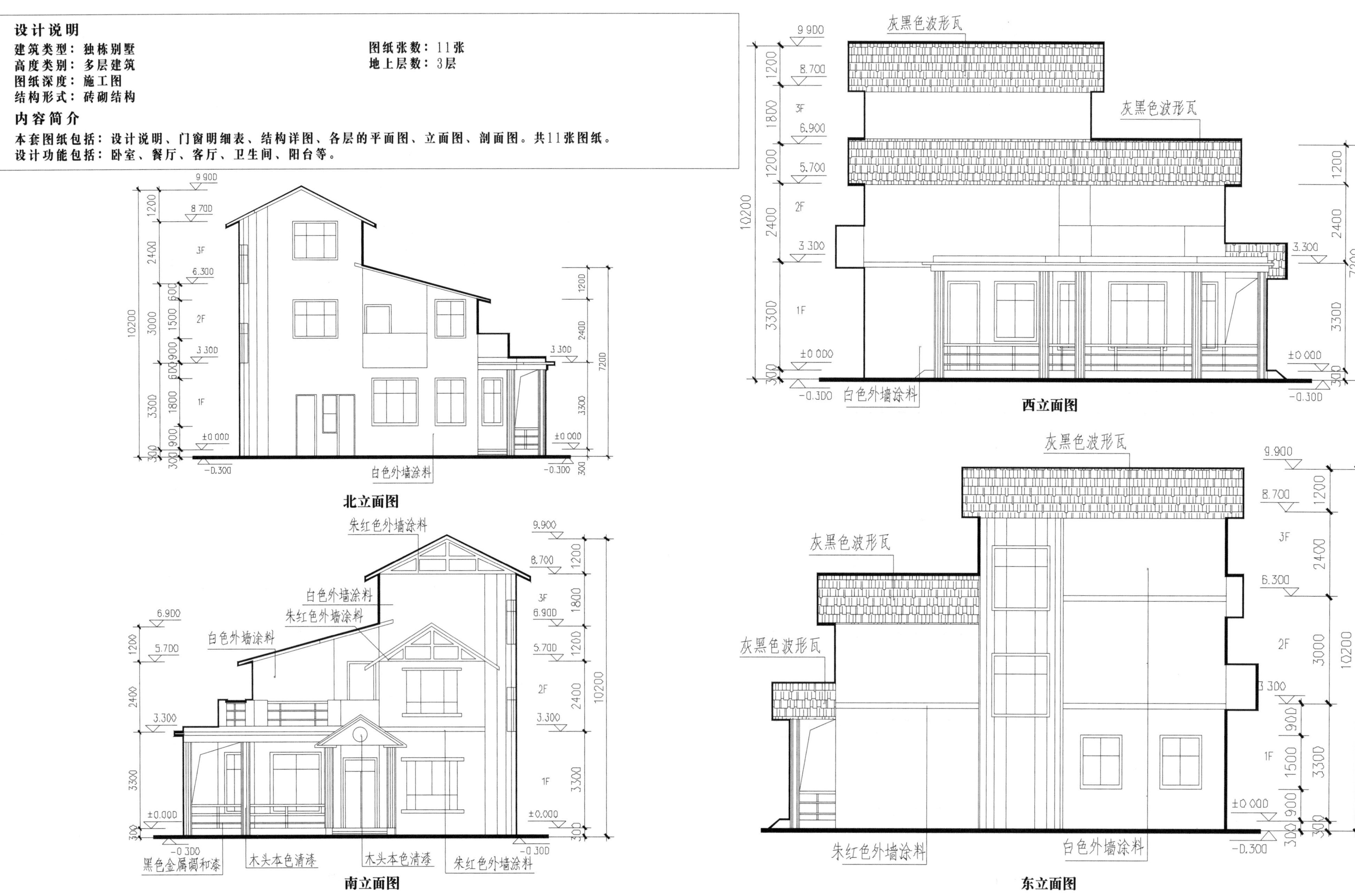

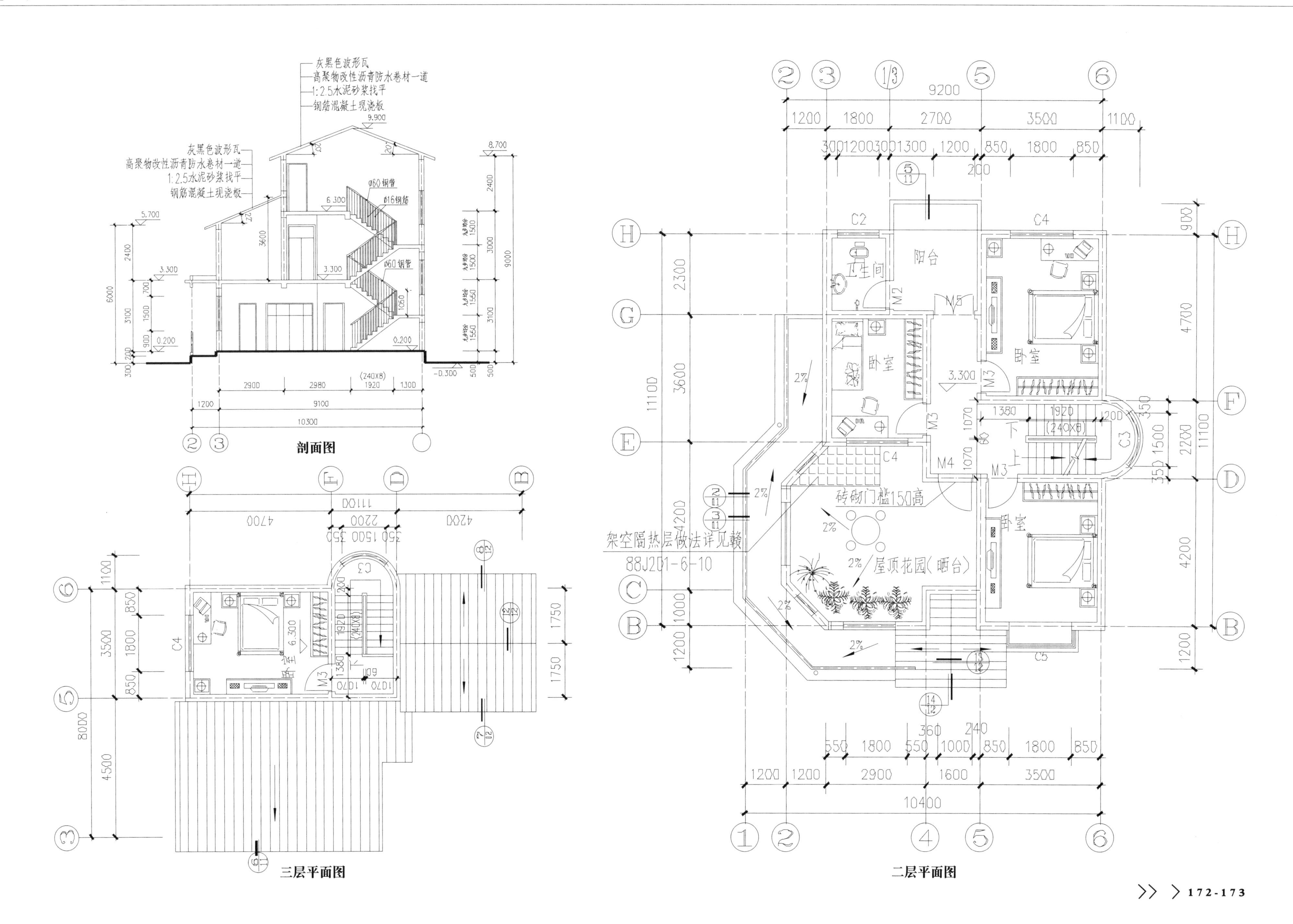
灰黑色波形瓦
高聚物改性沥青防水卷材一道
1:2.5水泥砂浆找平
钢筋混凝土现浇板
ø60钢管
ø16钢筋
剖面图
三层平面图
卧室
阳台
卫生间
砖砌门槛150高
屋顶花园(晒台)
架空隔热层做法详见赣
88J201-6-10
二层平面图

# > 农宅设计方案

**设计说明**

建筑类型：联排别墅
高度类别：多层建筑
图纸深度：施工图
结构形式：钢筋混凝土结构

图纸张数：9张
地上层数：3层

**内容简介**

本套图纸包括：各层的平面图、立面图、剖面图。共9张图纸。
设计功能包括：卧室、餐厅、客厅、卫生间、阳台等。

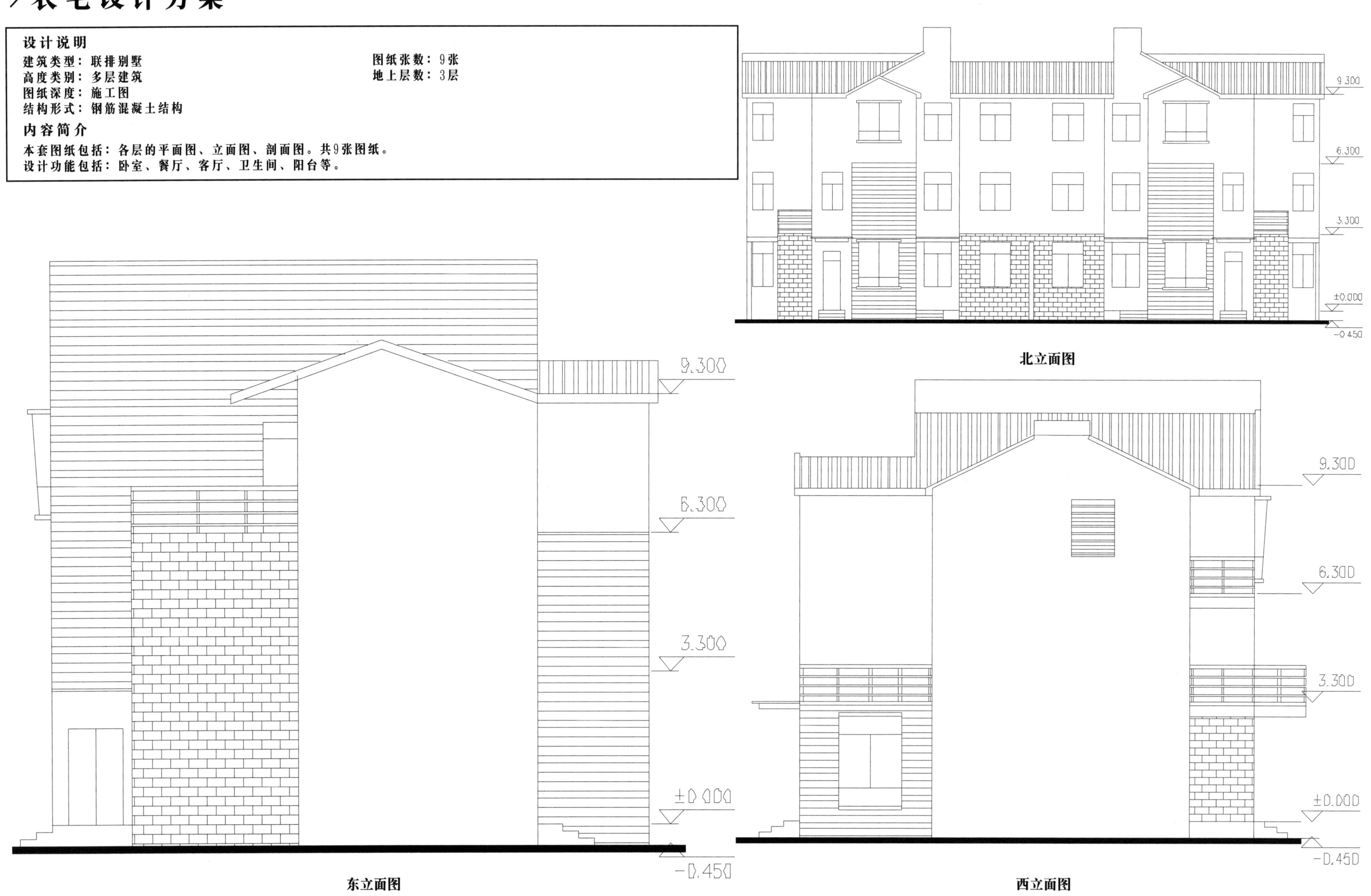

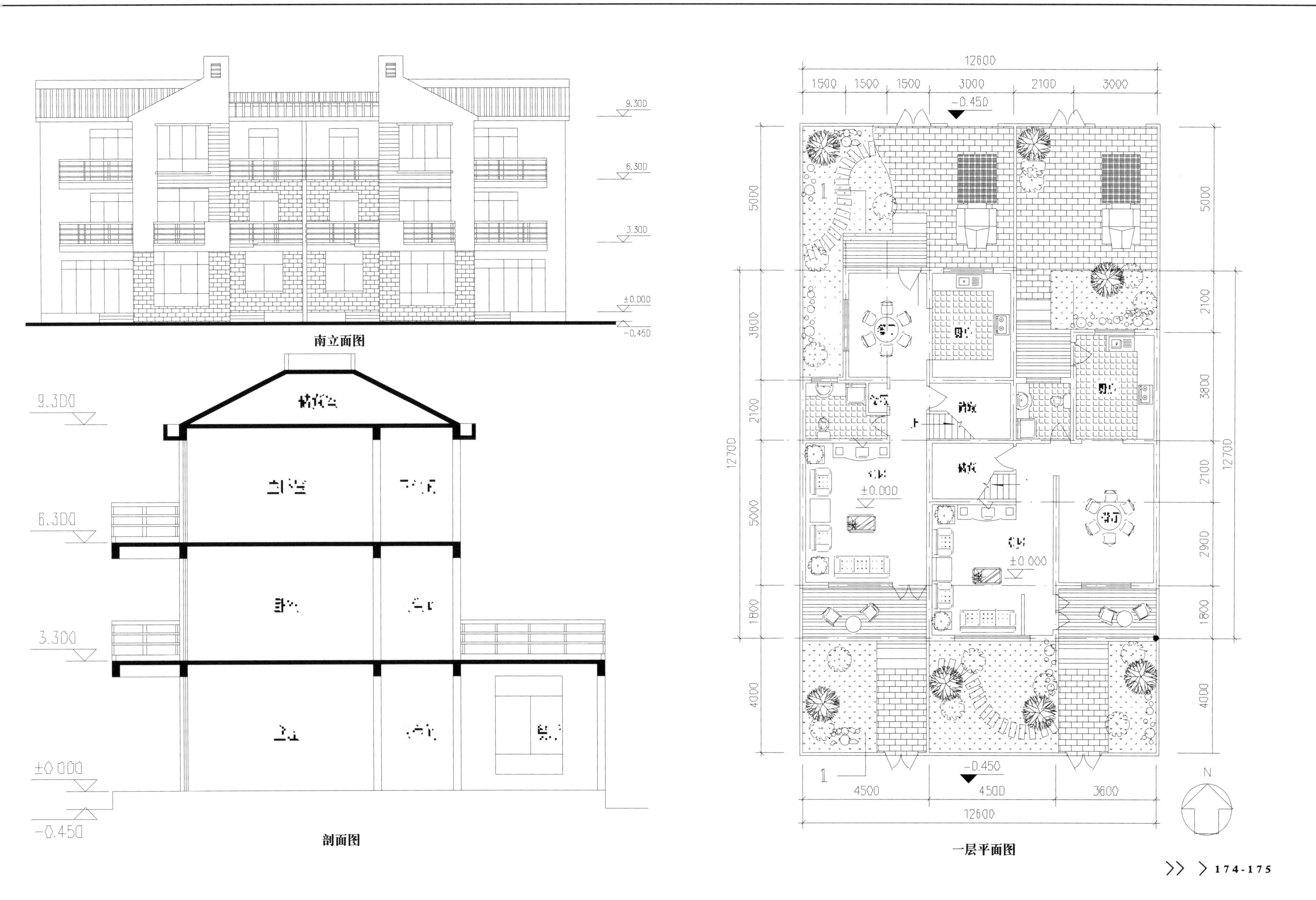


南立面图

剖面图

一层平面图

本项目解压密码：21278058

# > 万科丹堤1号别墅建筑方案图

**设计说明**

建筑类型：联排别墅
高度类别：多层建筑
图纸深度：方案（初设图）
结构形式：砌体结构

设计风格：中式风格
设计流派：新中式
图纸张数：8张
地上层数：3层

**内容简介**

本套图纸包括：各层建筑平面、立面、剖面图等，共8张图纸。
建筑高度：9.019m

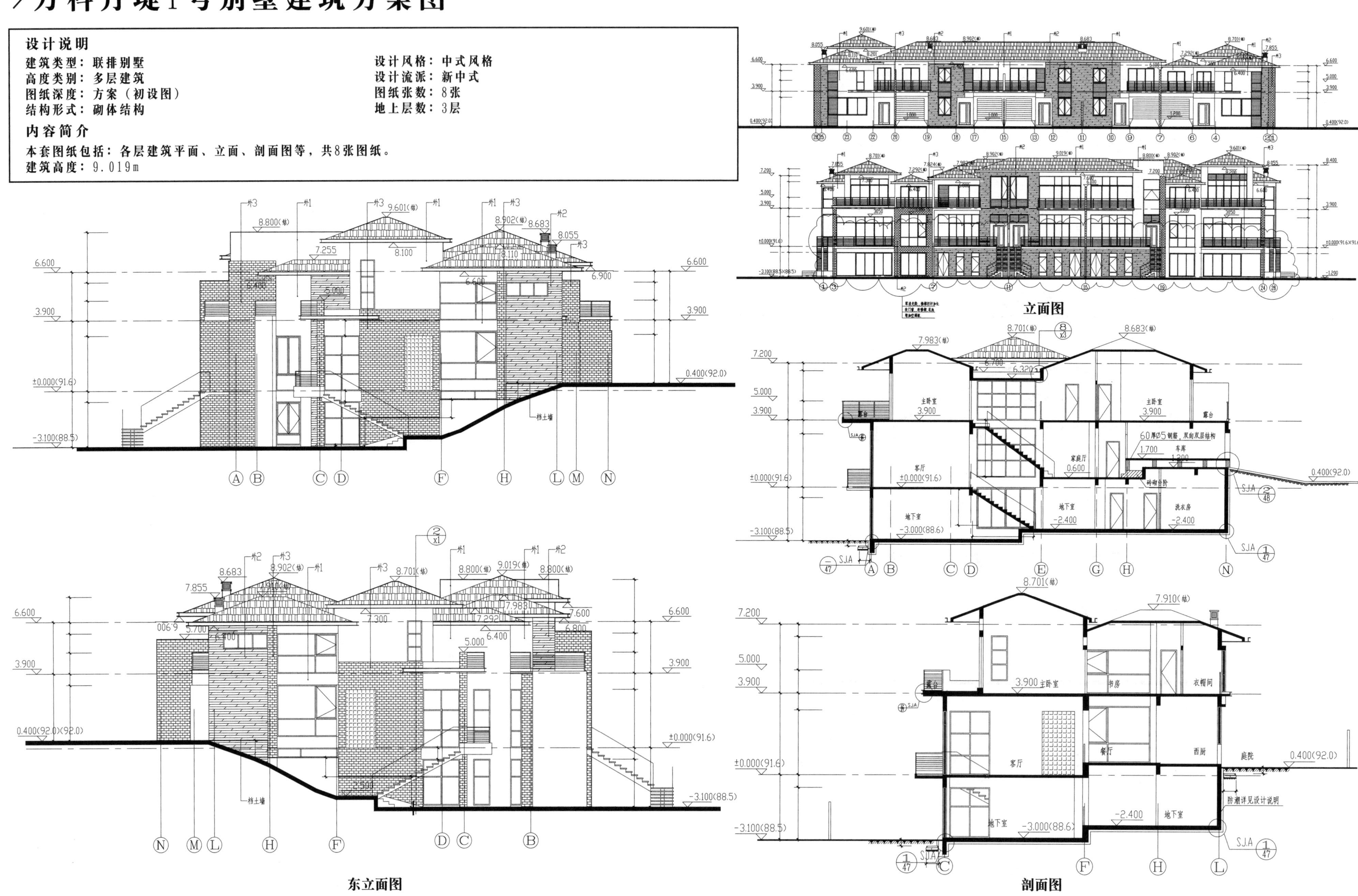

立面图

东立面图

剖面图

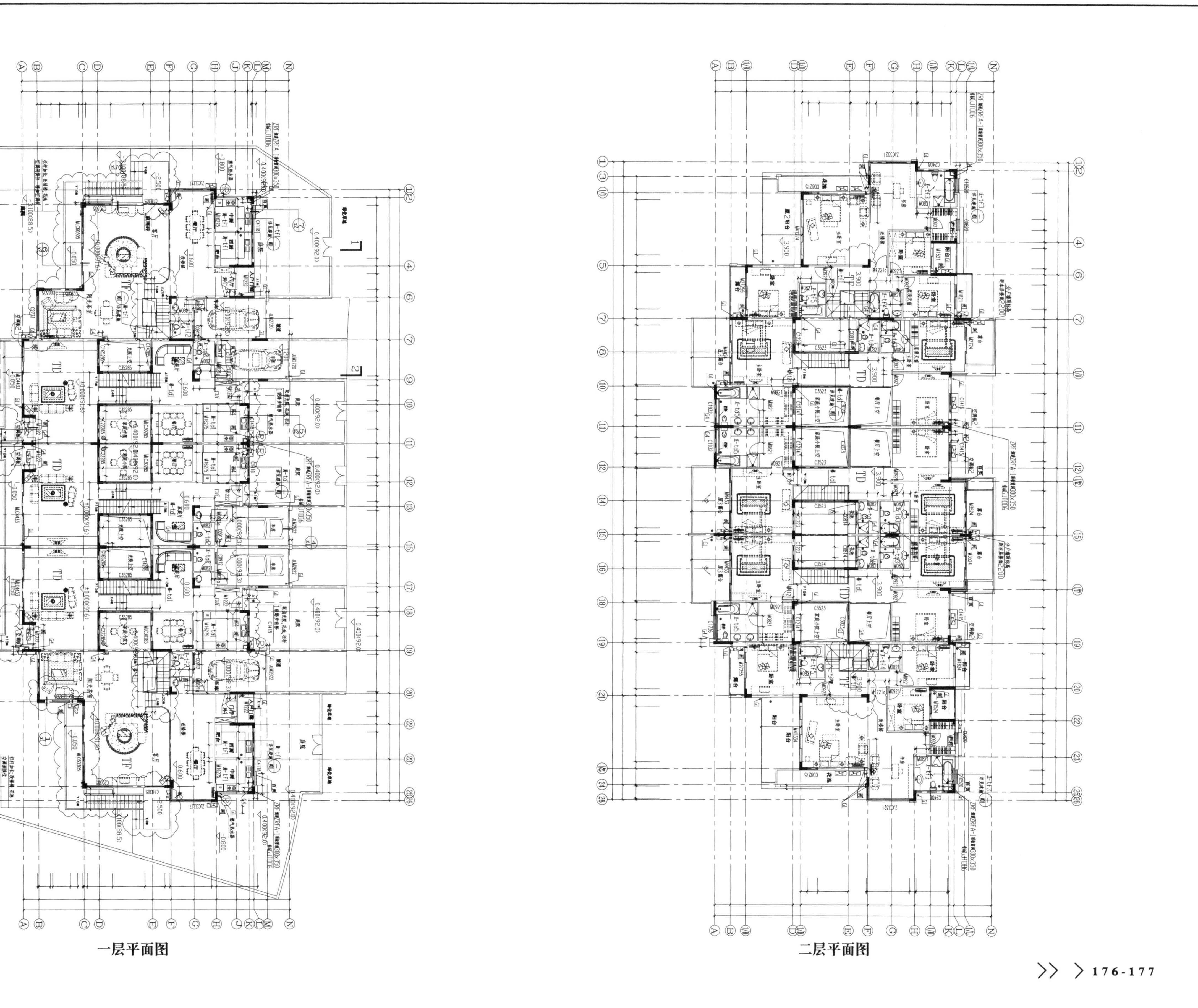

一层平面图

二层平面图

# >北京平谷小型中式别墅建筑扩初图（78平方米、D型）

**设计说明**

建筑类型：独栋别墅
高度类别：多层建筑
图纸深度：方案（初设图）
结构形式：钢筋混凝土结构

设计风格：中式风格
设计流派：新中式
图纸张数：5张
地上层数：2层

**内容简介**

本套图纸包括：各层平面图、剖面图、节点详图，共5张图纸。

总开间x进深：11.1x12.3米　建筑面积：78.07平方米　占地面积：136.53平方米

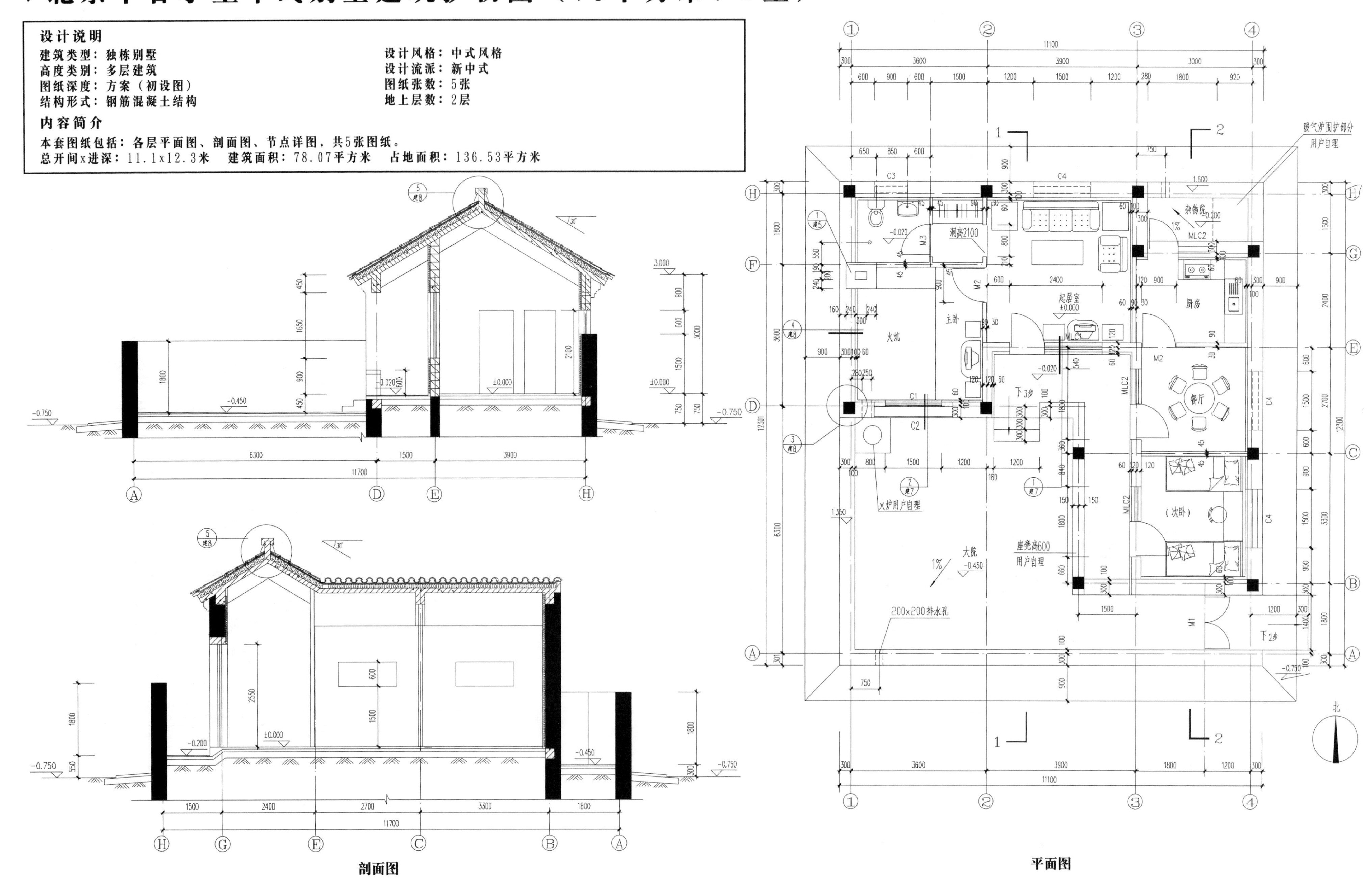

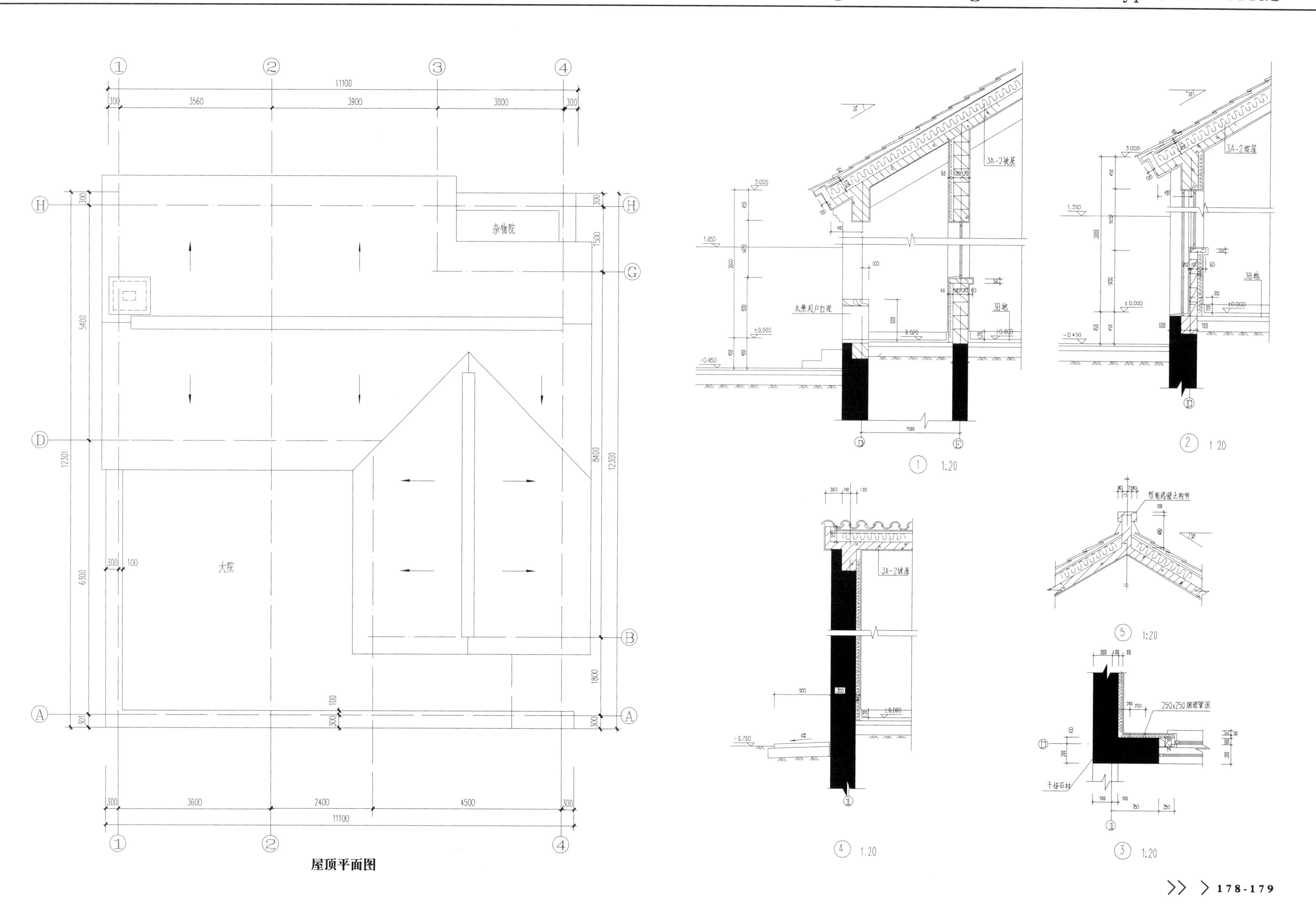
11100
300
3560
3900
3000
杂物院
5400
6300
12301
12300
8400
1500
1800
大院
300
100
3600
2400
4500
3A-2坡屋
木桌用户自理
3B地
±0.000
3.000
1.350
-0.450
1500
1:20
1 20
预制混凝土构件
250x250烟道留洞
干挂石材
-0.750

屋顶平面图

# >独栋别墅施工图设计

**设计说明**

建筑类型：独栋别墅
高度类别：多层建筑
图纸深度：方案（初设图）
结构形式：钢筋混凝土结构

设计风格：中式风格
设计流派：新中式
图纸张数：8张
地上层数：3层

**内容简介**

本套图纸包括：建筑说明、门窗构造各层建筑平面、立面、剖面图，共10张图纸。
设计功能包括：卧室、餐厅、阳台等。

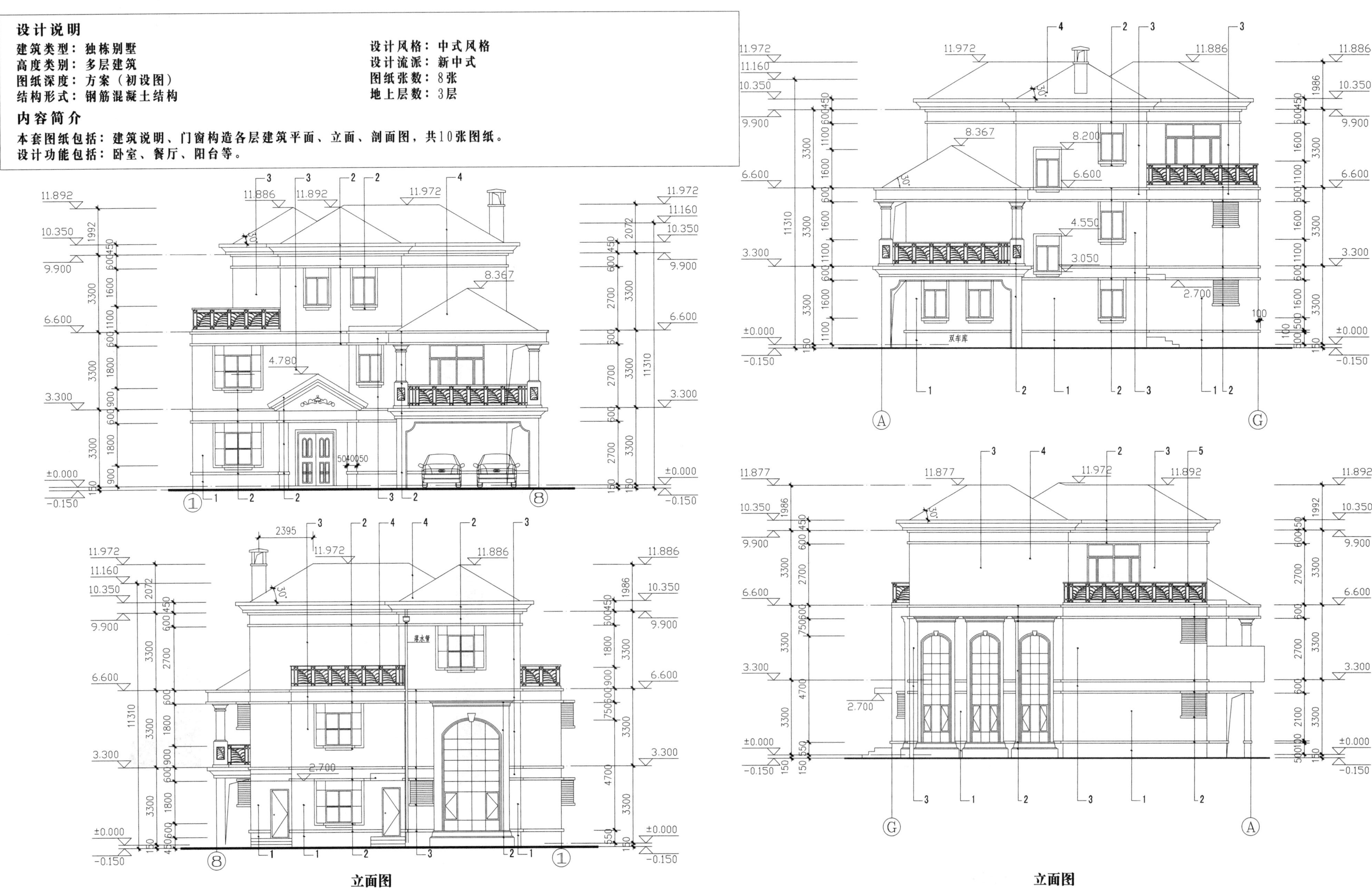


立面图

立面图

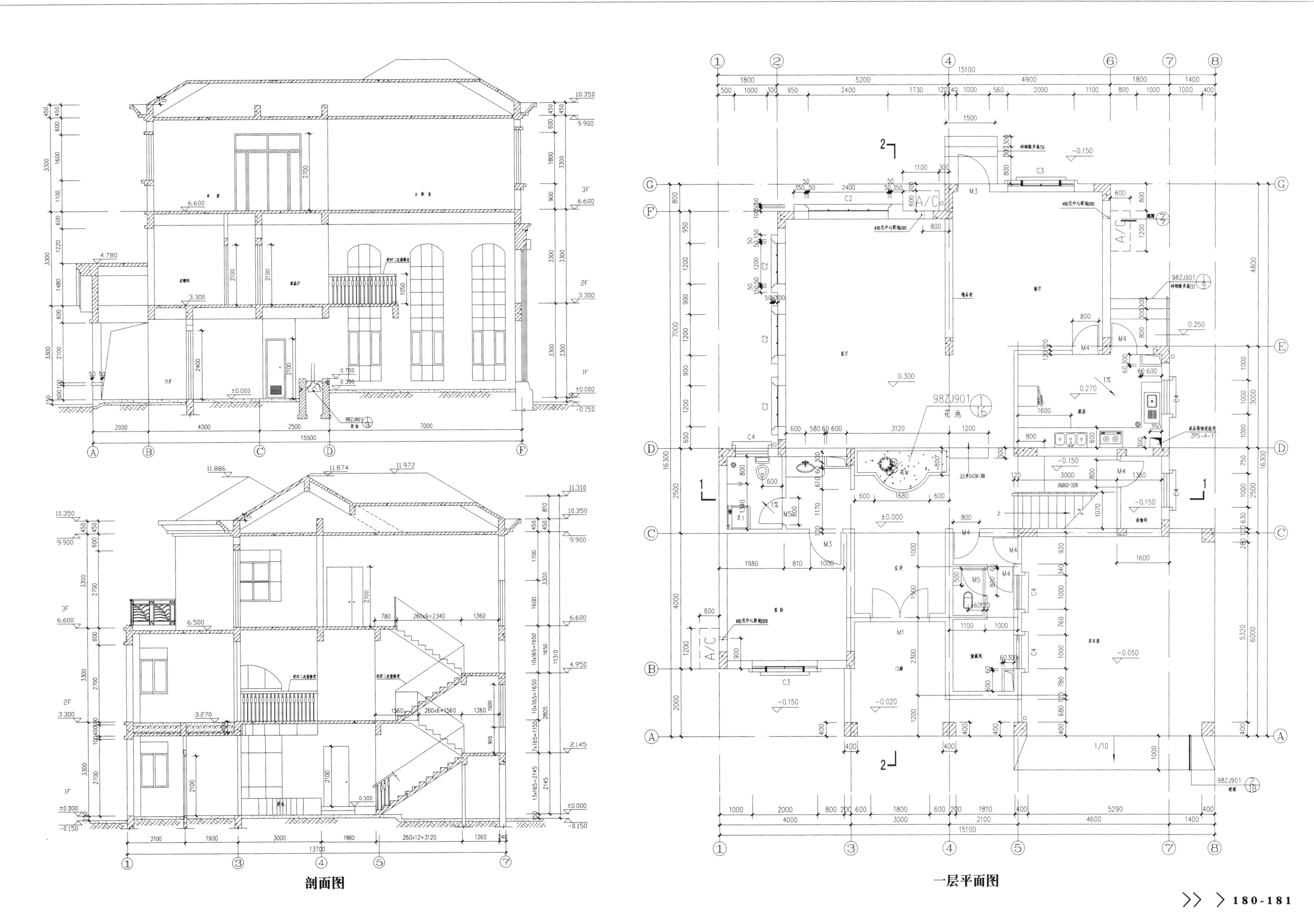

剖面图

一层平面图

# >北美风情小别墅设计

**设计说明**

建筑类型：独栋别墅　　图纸张数：6张
高度类别：多层建筑　　地上层数：2层
图纸深度：方案（初设图）
结构形式：钢筋混凝土结构

**内容简介**

本套图纸包括：建筑说明、墙身详图、各层建筑平面、立面、剖面图，共10张图纸。
设计功能包括：卧室、餐厅、阳台、厨房、车库等。

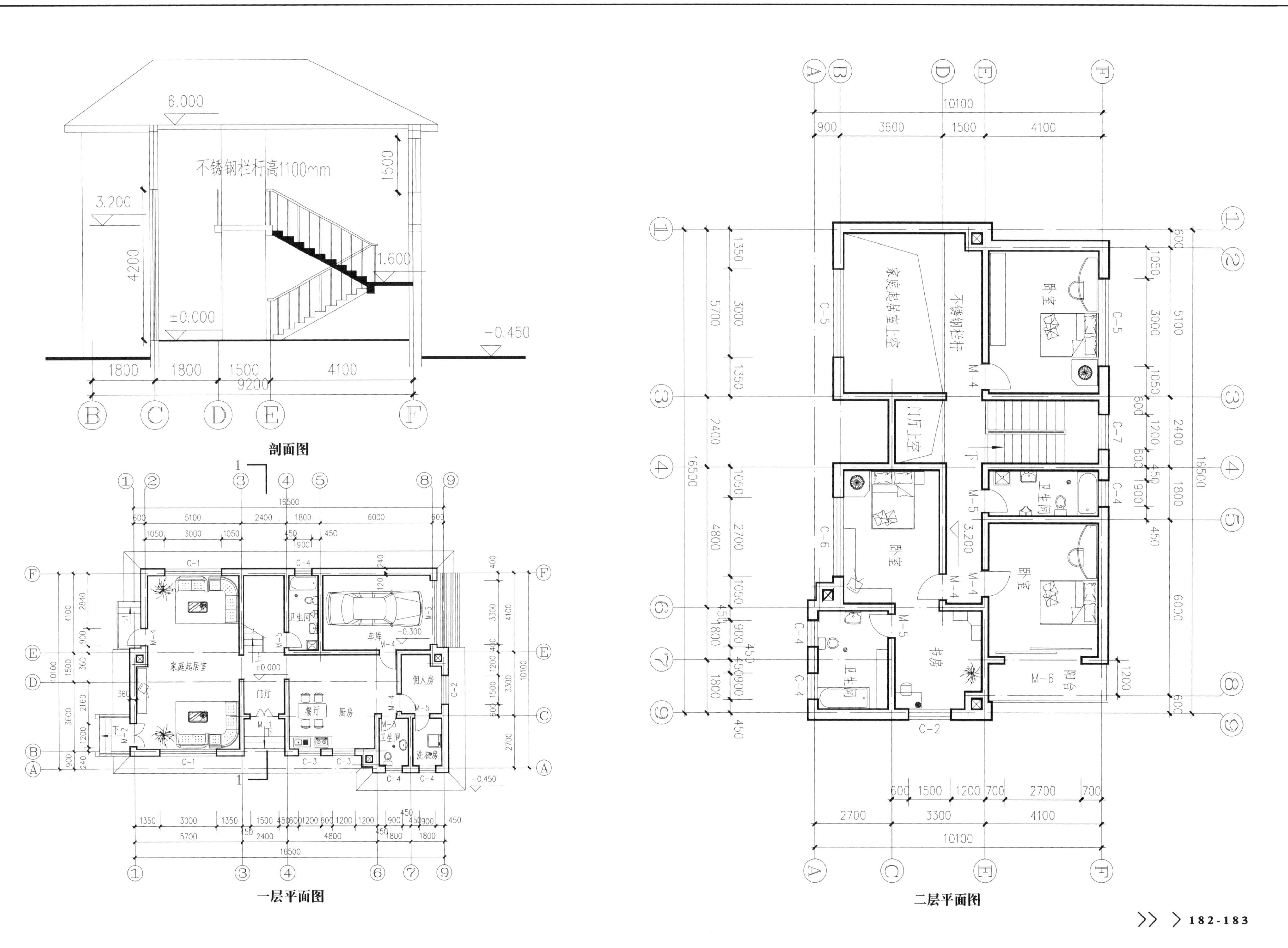


剖面图

一层平面图

二层平面图

# > 绍兴低密度别墅区规划设计方案

**设计说明**

建筑类型：独栋别墅
高度类别：多层建筑
图纸深度：方案（初设图）
结构形式：钢筋混凝土结构

设计风格：北美风格
设计流派：新古典
图纸张数：21张
地上层数：3层

**内容简介**

本套图纸包括：总平面、各种户型平面以及F户型的平、立、剖面图，共21张图纸。
设计功能包括：卧室、餐厅、阳台、厨房、车库等。

立面图

立面图

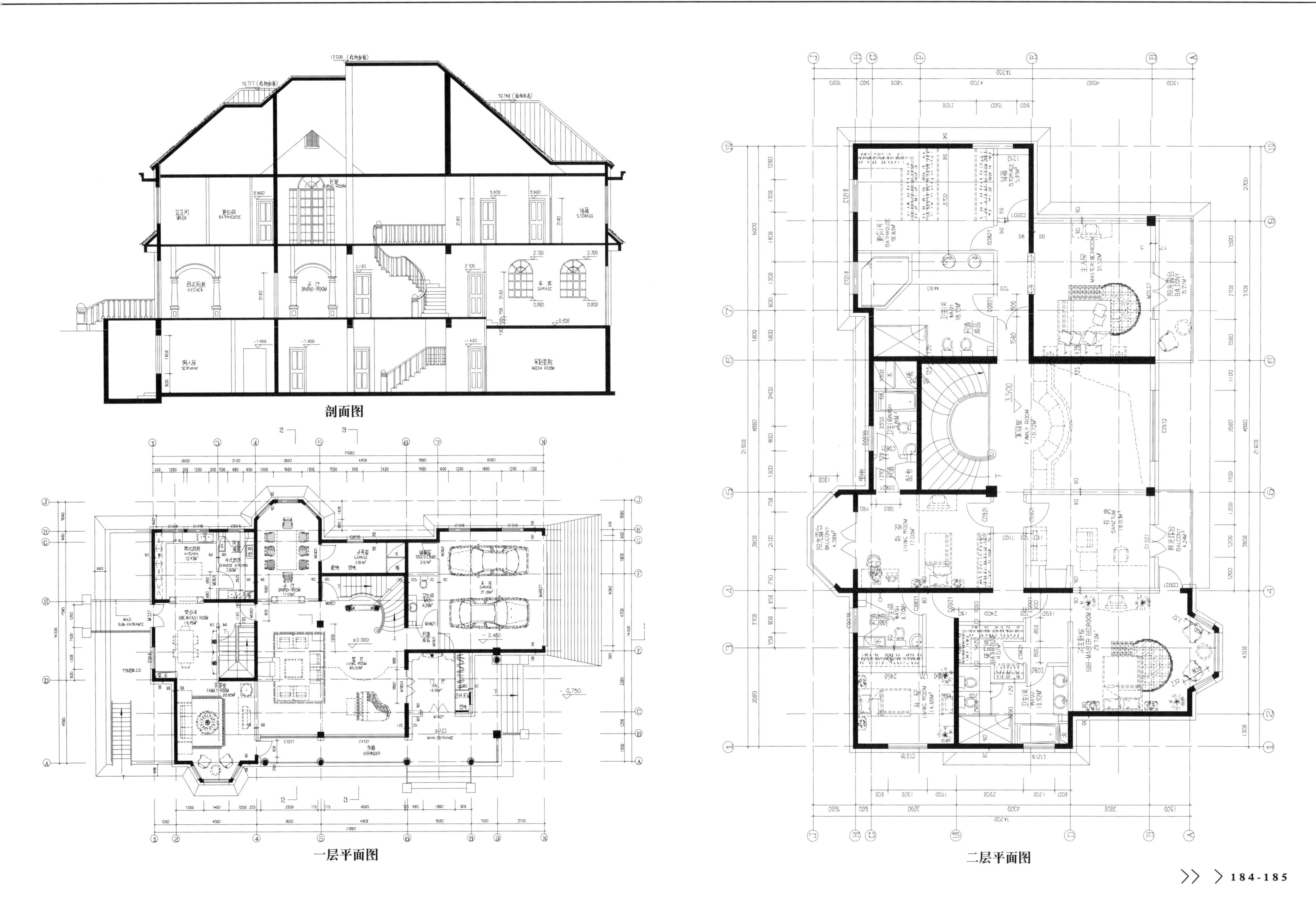
剖面图
一层平面图
二层平面图

本项目解压密码：58538227

# >台州太阳城二层豪华别墅建筑方案图

**设计说明**

建筑类型：独栋别墅
高度类别：多层建筑
图纸深度：方案（初设图）
结构形式：钢筋混凝土结构

设计风格：欧陆风格
设计流派：新古典
图纸张数：4张
地上层数：2层

**内容简介**

本套图纸包括：各层平面图、屋顶平面图，共4张图纸。
总开间x进深：24.14x22.14米　建筑面积：654㎡

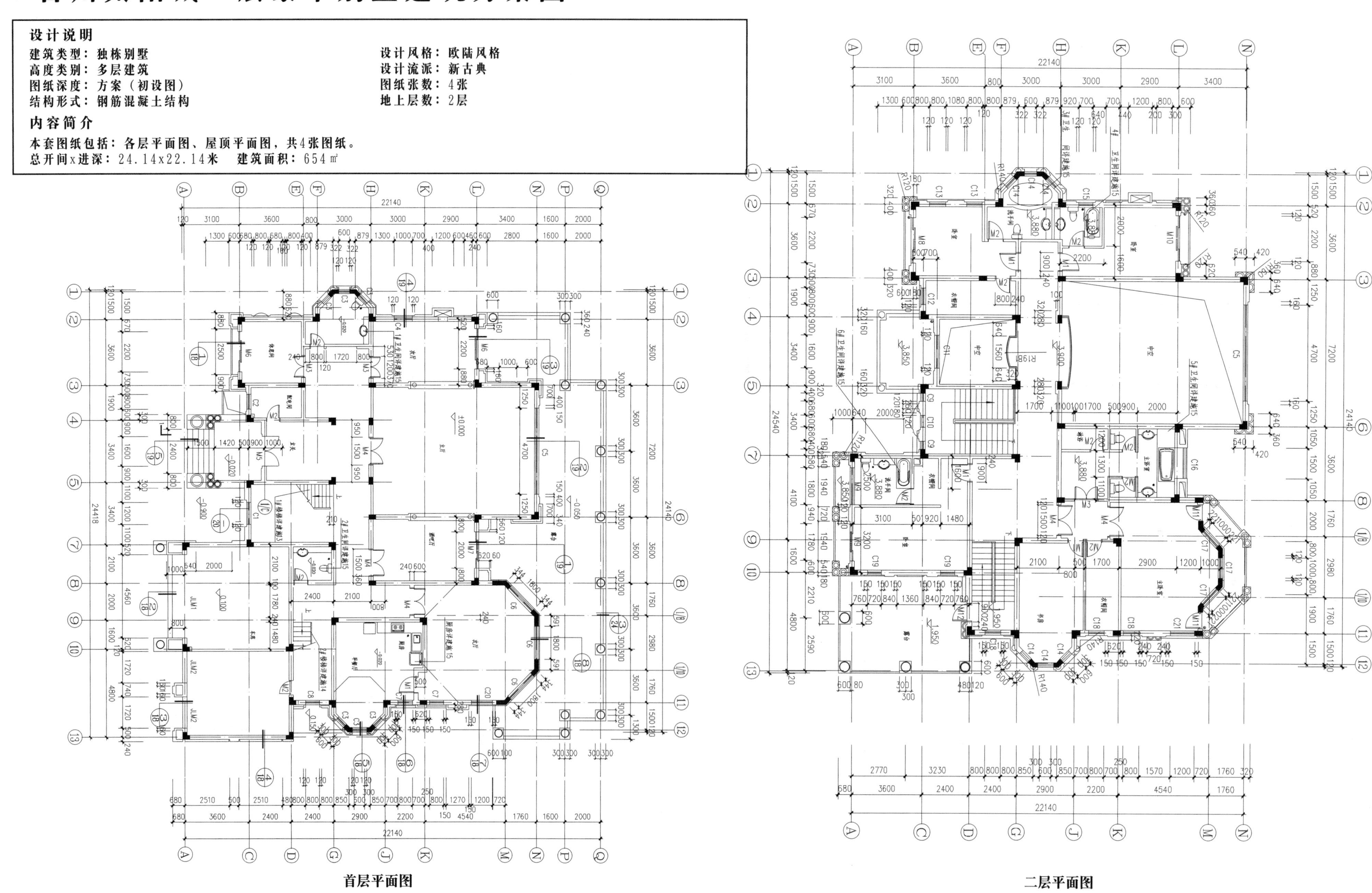

首层平面图

二层平面图

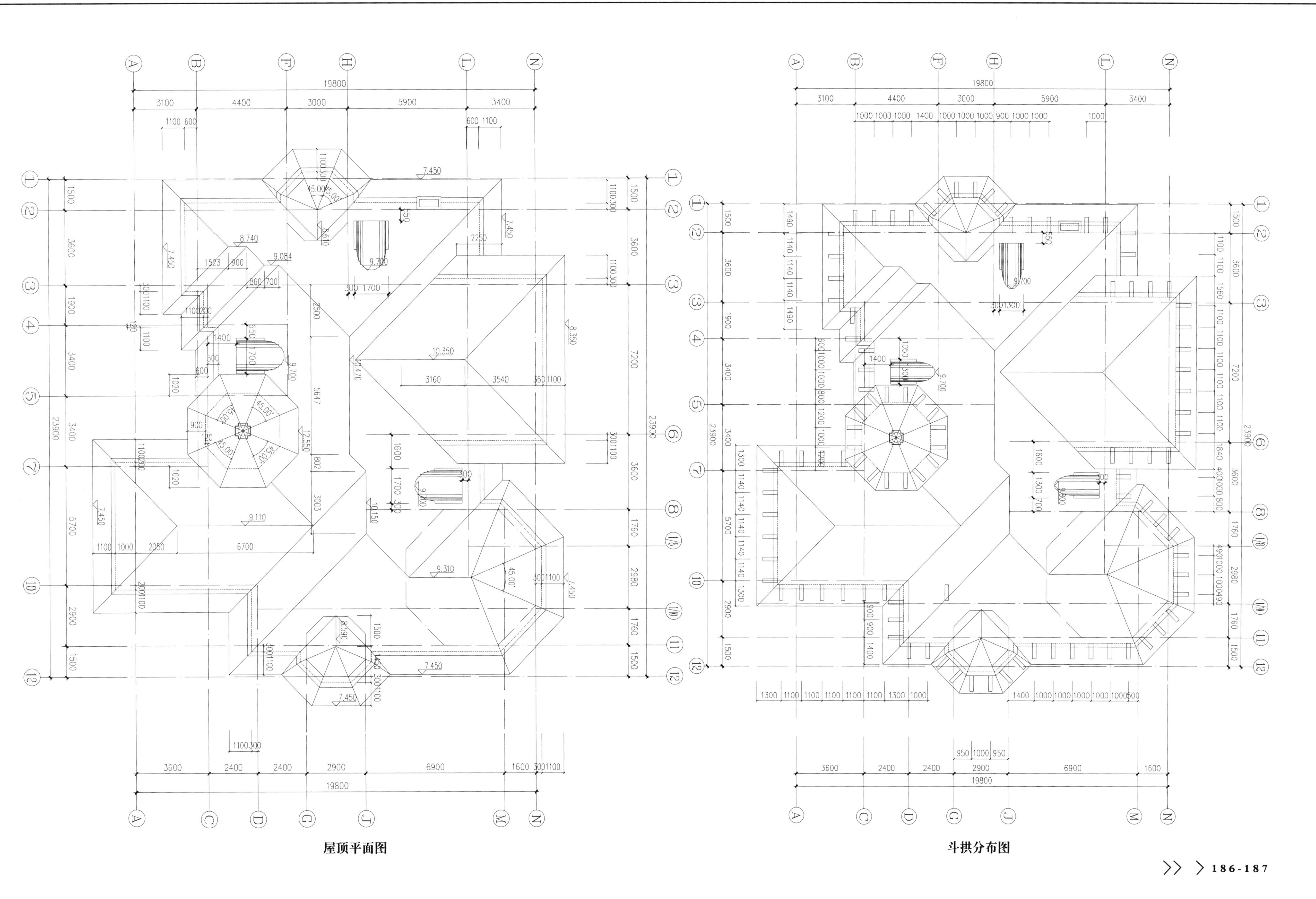

屋顶平面图

斗拱分布图

# > 台州太阳城三层独栋别墅建筑扩初图

**设计说明**

建筑类型：独栋别墅　　设计风格：欧陆风格
高度类别：多层建筑　　设计流派：新古典
图纸深度：方案（初设图）　　图纸张数：4张
结构形式：钢筋混凝土结构　　地上层数：3层

**内容简介**

本套图纸包括：1-3层平面图、屋顶层平面图，共4张图纸。
总开间x进深：13.5x15.3米　建筑面积：510㎡

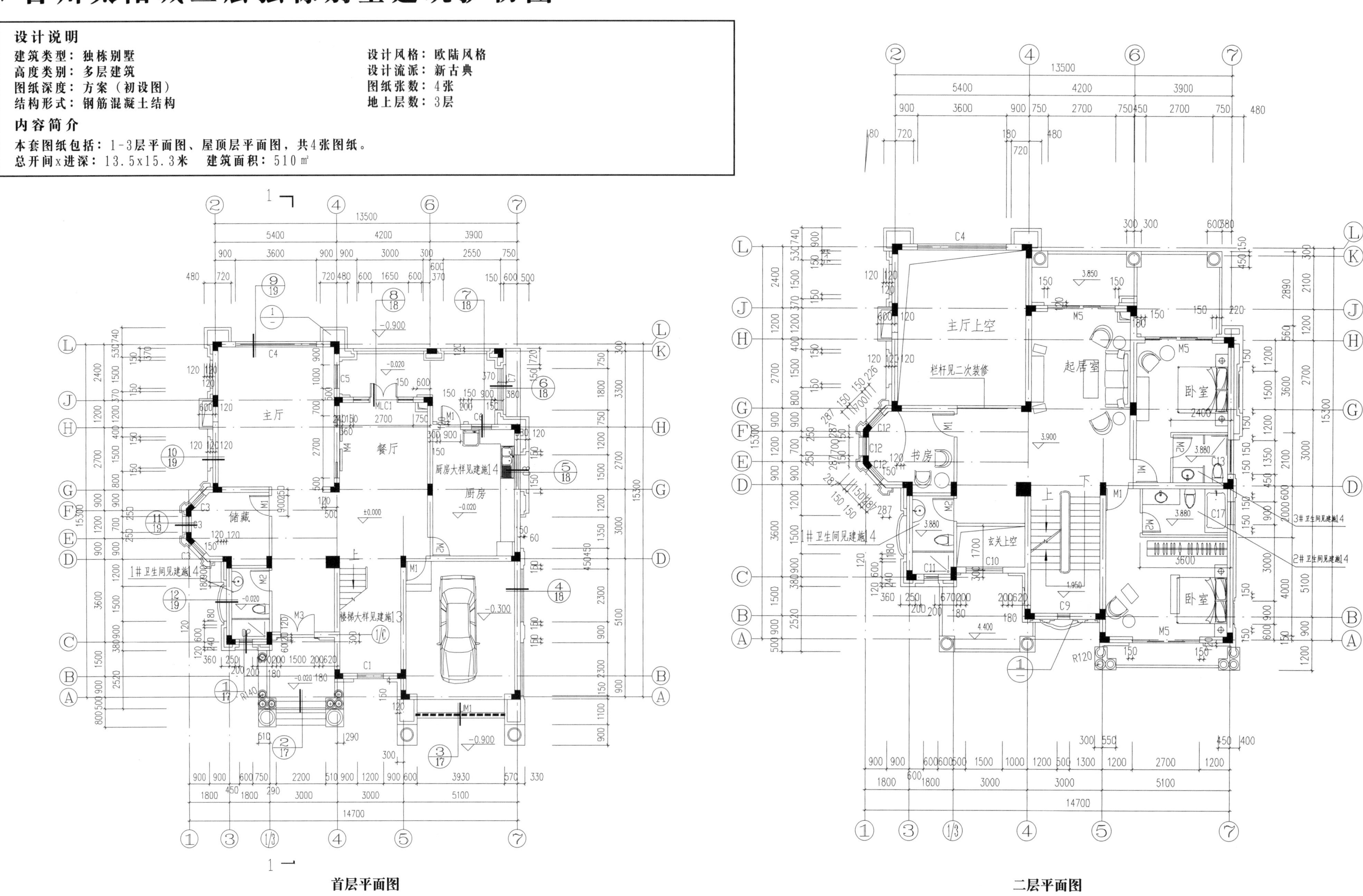


首层平面图

二层平面图

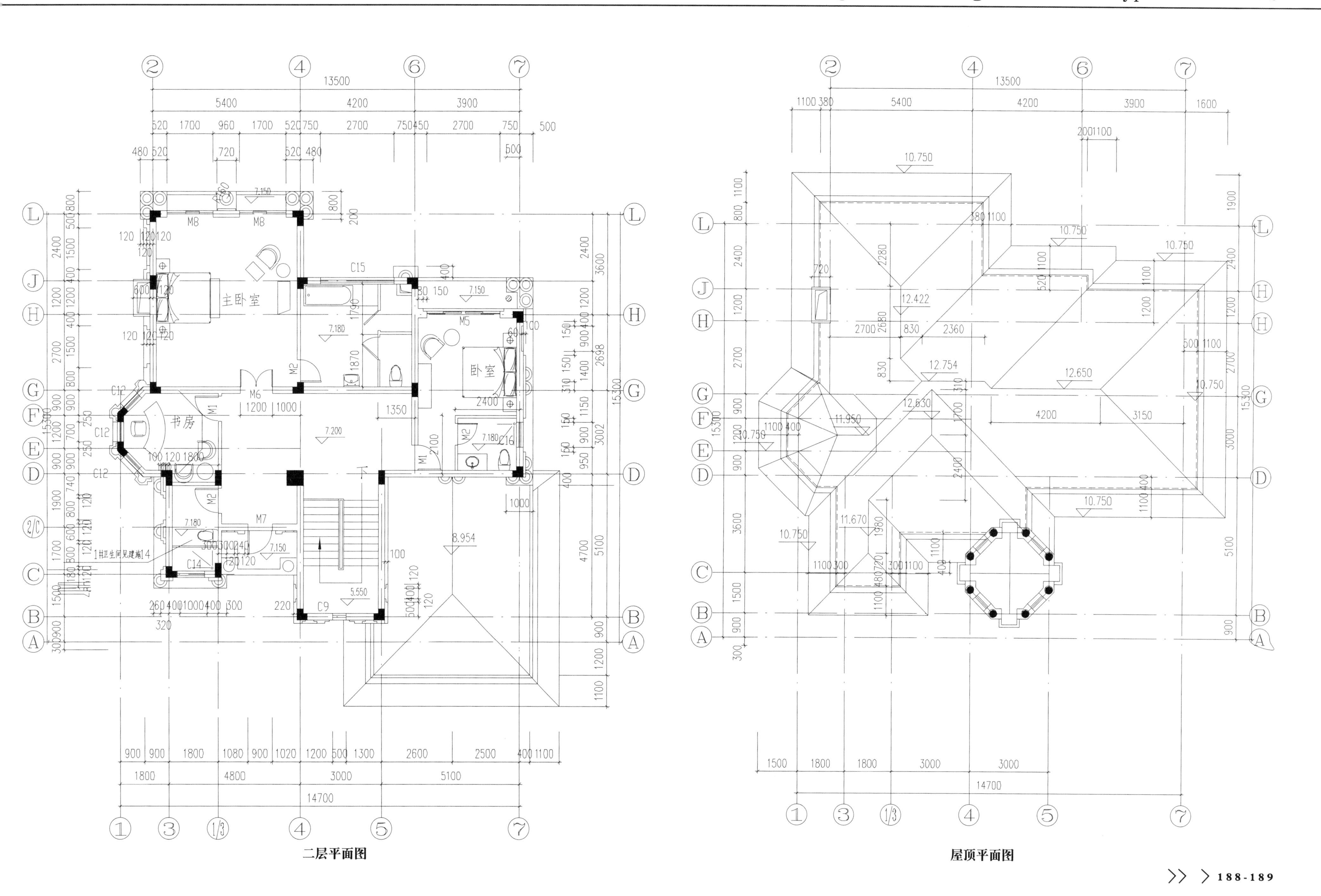
主卧室
书房
卧室
二层平面图
屋顶平面图

# > 台州太阳城三层独立别墅建筑方案图

**设计说明**

建筑类型：独栋别墅
高度类别：多层建筑
图纸深度：方案（初设图）
结构形式：钢筋混凝土结构

设计风格：欧陆风格
设计流派：新中式
图纸张数：4张
地上层数：3层

**内容简介**

本套图纸包括：1-3层平面图、屋顶平面图，共4张图纸。
总开间x进深：12.9x15.3米　建筑面积：396平方米

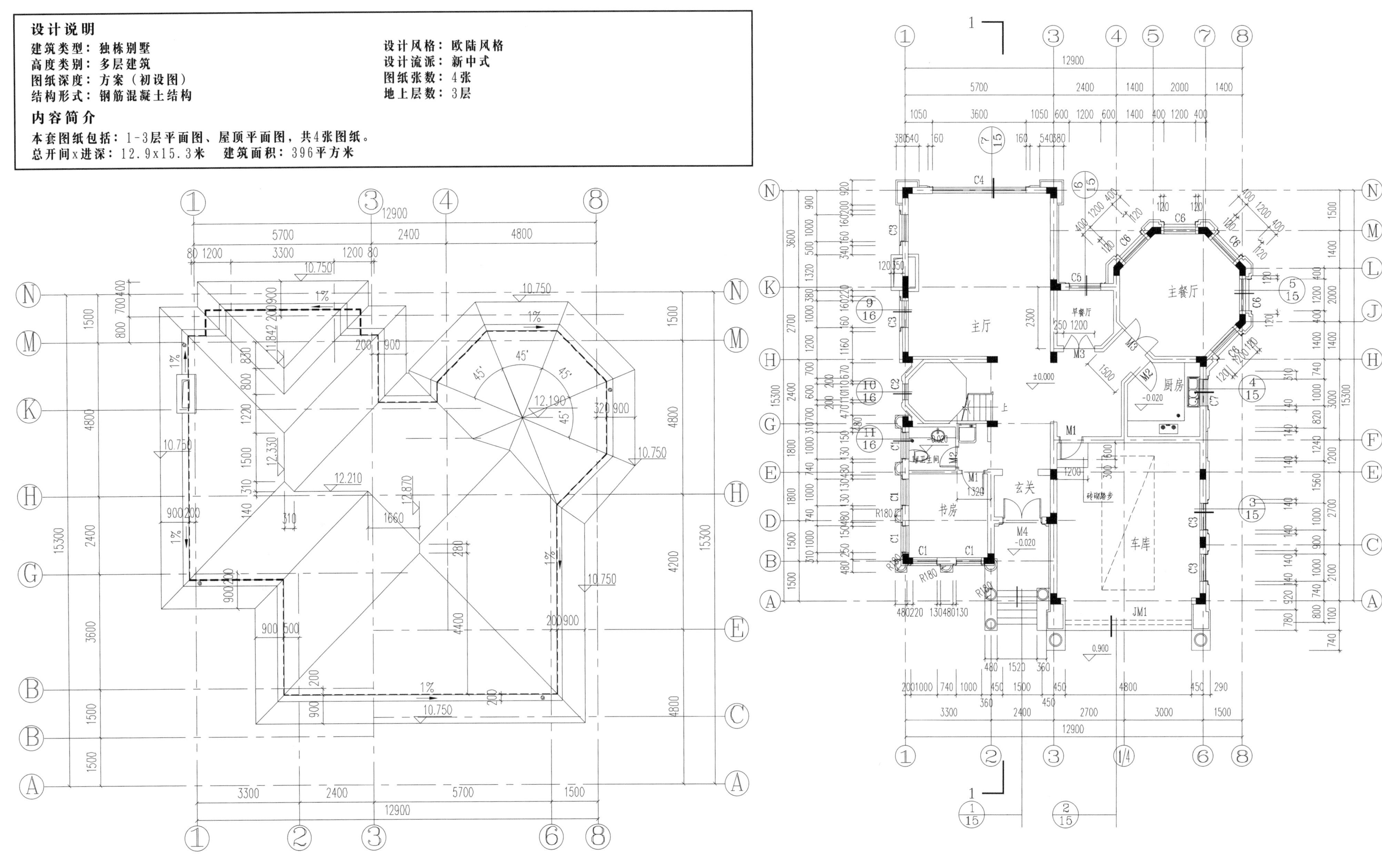

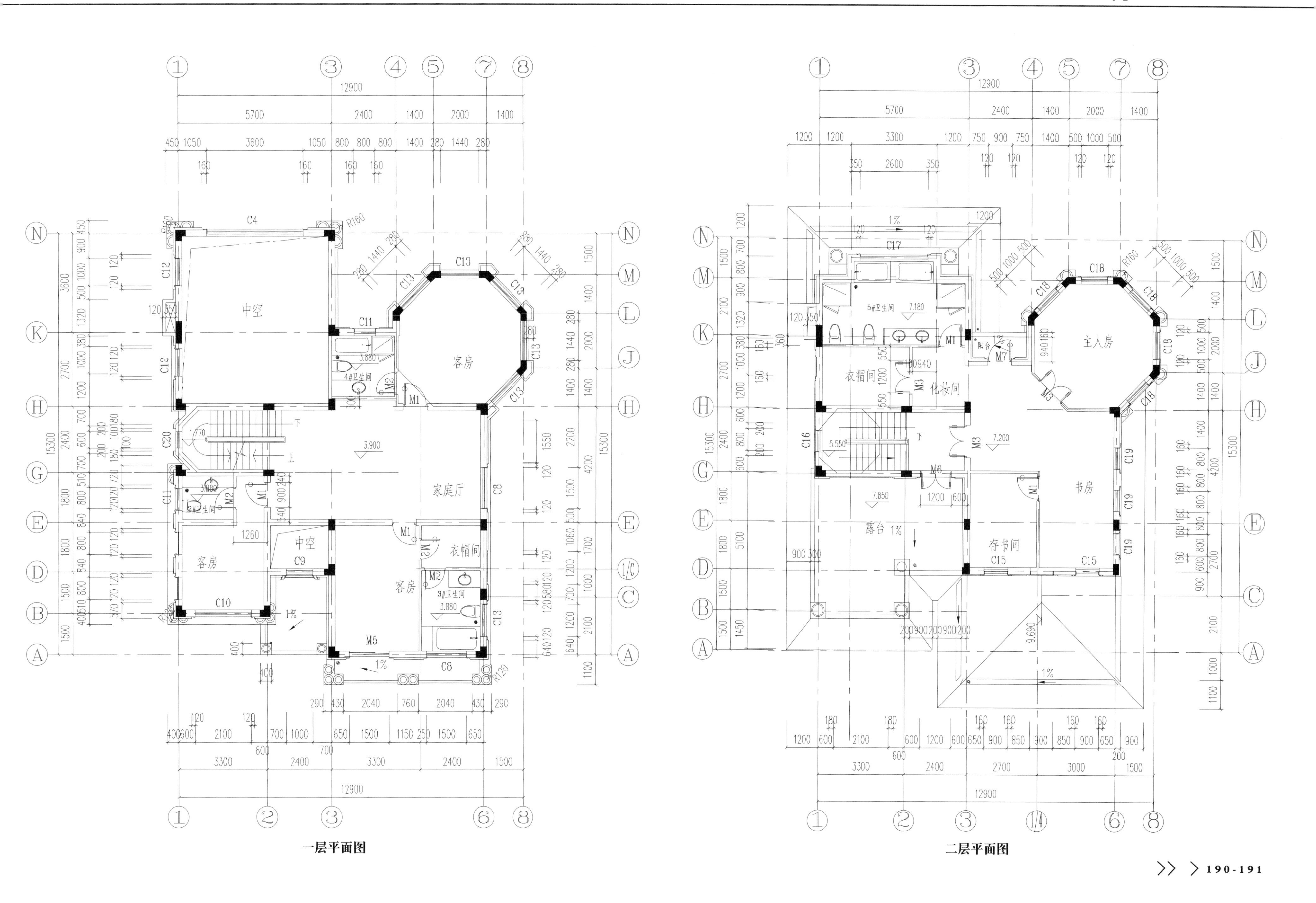

一层平面图

二层平面图

本项目解压密码：43153146

# > 多层别墅建筑施工图纸

**设计说明**

建筑类型：独栋别墅
高度类别：多层建筑
图纸深度：施工图
结构形式：钢筋混凝土结构

设计风格：欧陆风格
设计流派：新中式
图纸张数：13张
地上层数：2层

**内容简介**

本套图纸包括：设计说明，剖面图、立面图、节点详图、各层的平面图共4张图纸。
设计功能包括：卫生间、厨房、卧室、客厅、阳台等。

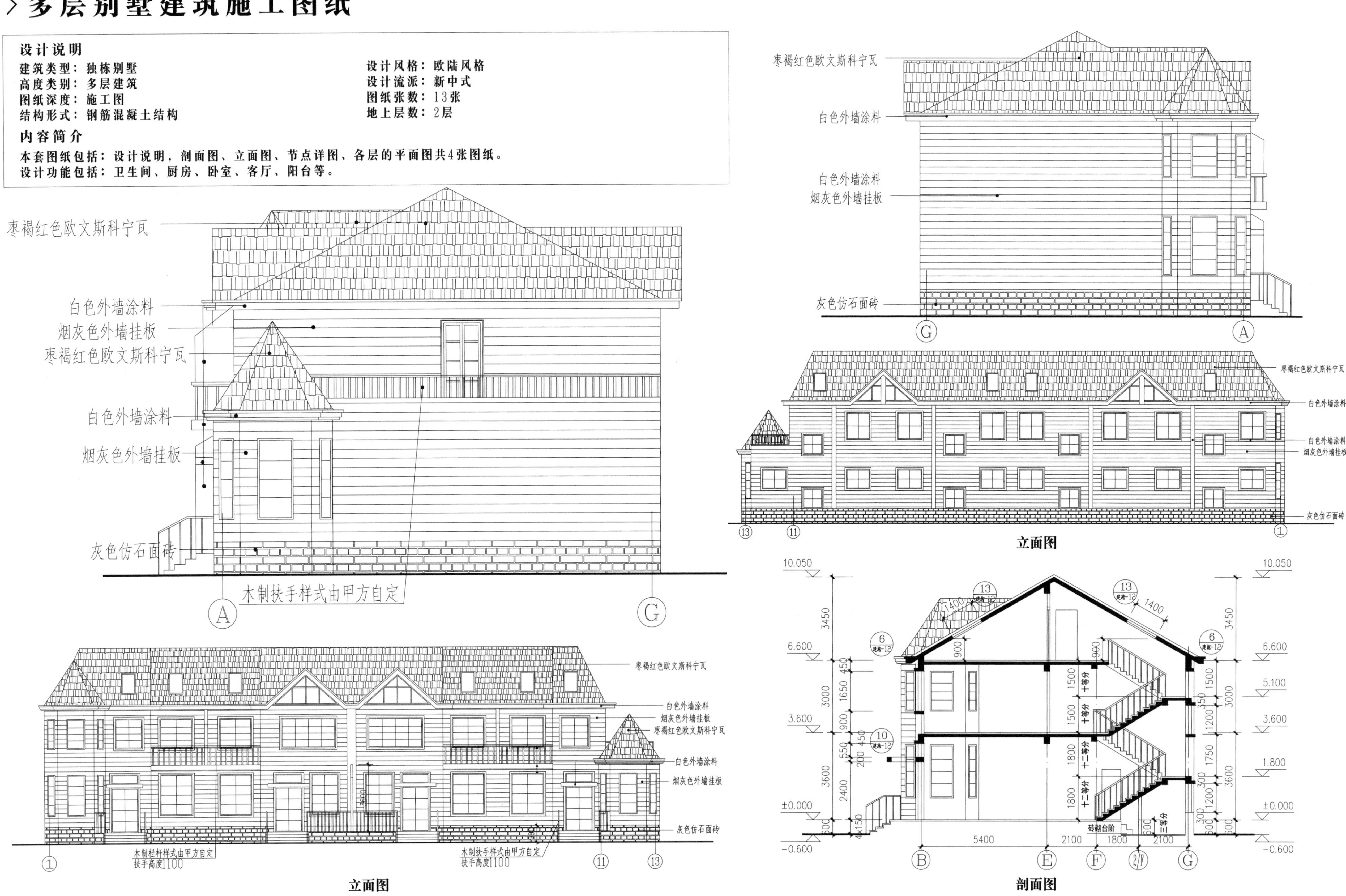

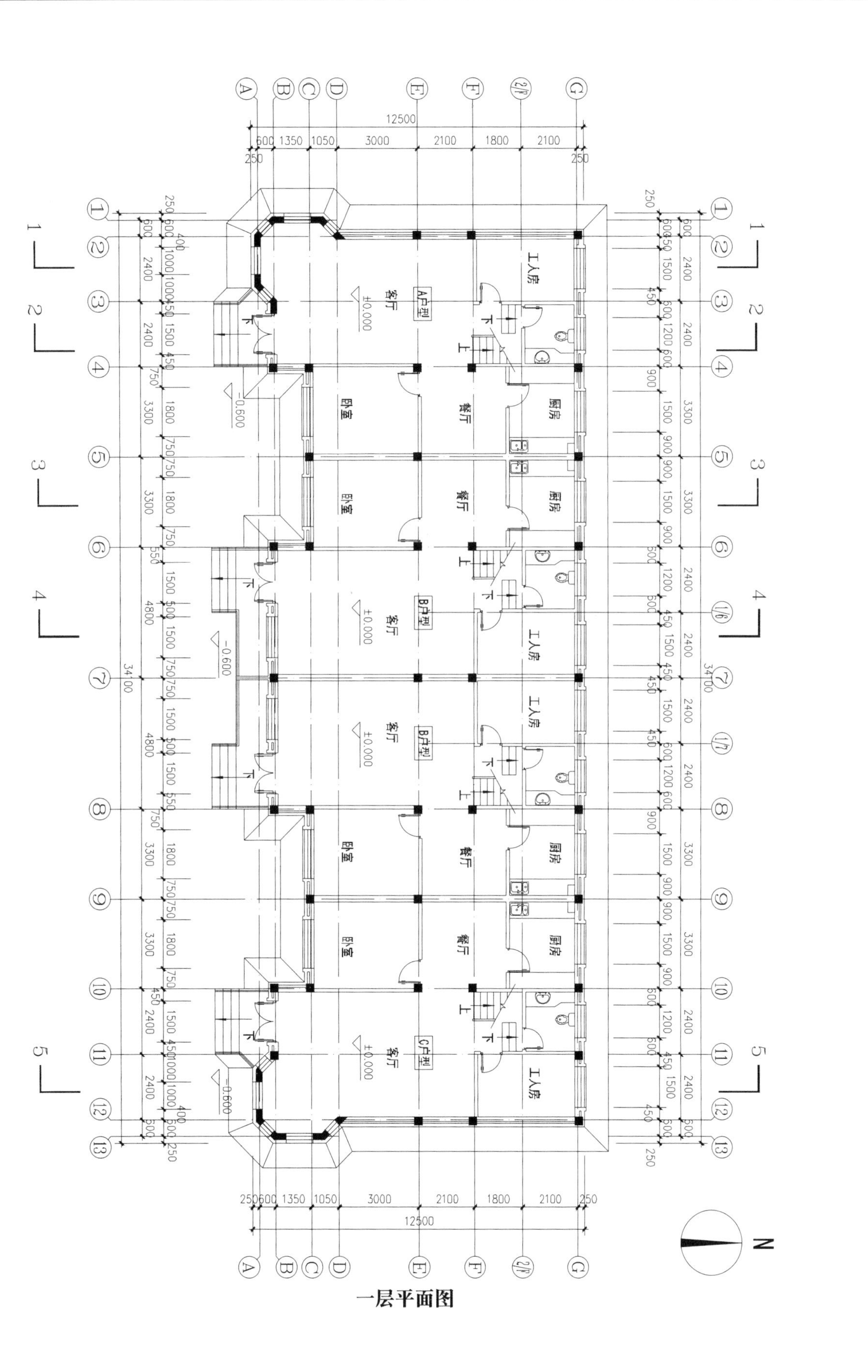

一层平面图

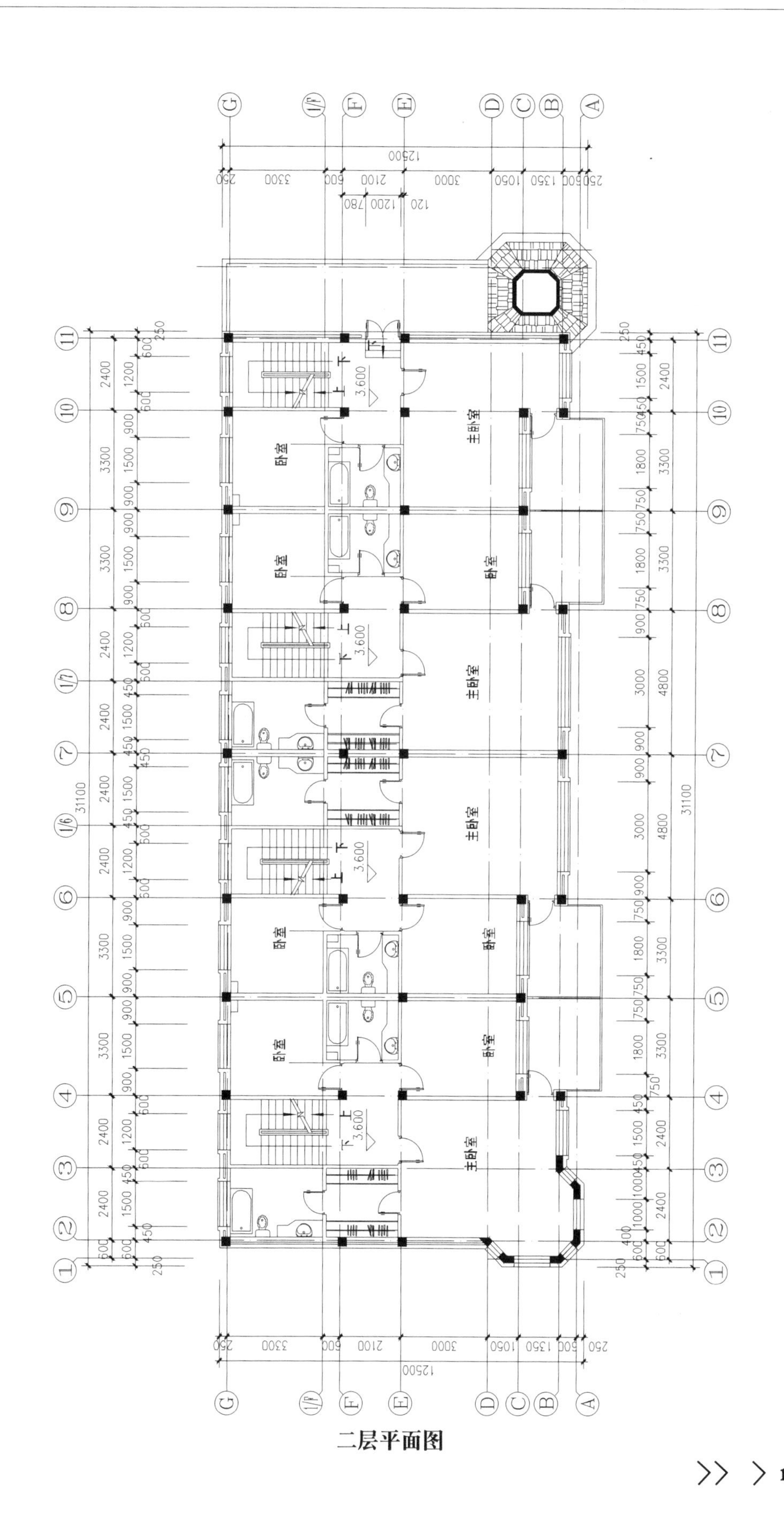

二层平面图

# > 多层别墅建筑图

**设计说明**

建筑类型：独栋别墅　　设计风格：欧陆风格
高度类别：多层建筑　　设计流派：新中式
图纸深度：施工图　　图纸张数：2张
结构形式：钢筋混凝土结构　　地上层数：3层

**内容简介**

本套图纸包括：立面图、各层的平面图。共4张图纸。
设计功能包括：卫生间、厨房、卧室、客厅、车库等。

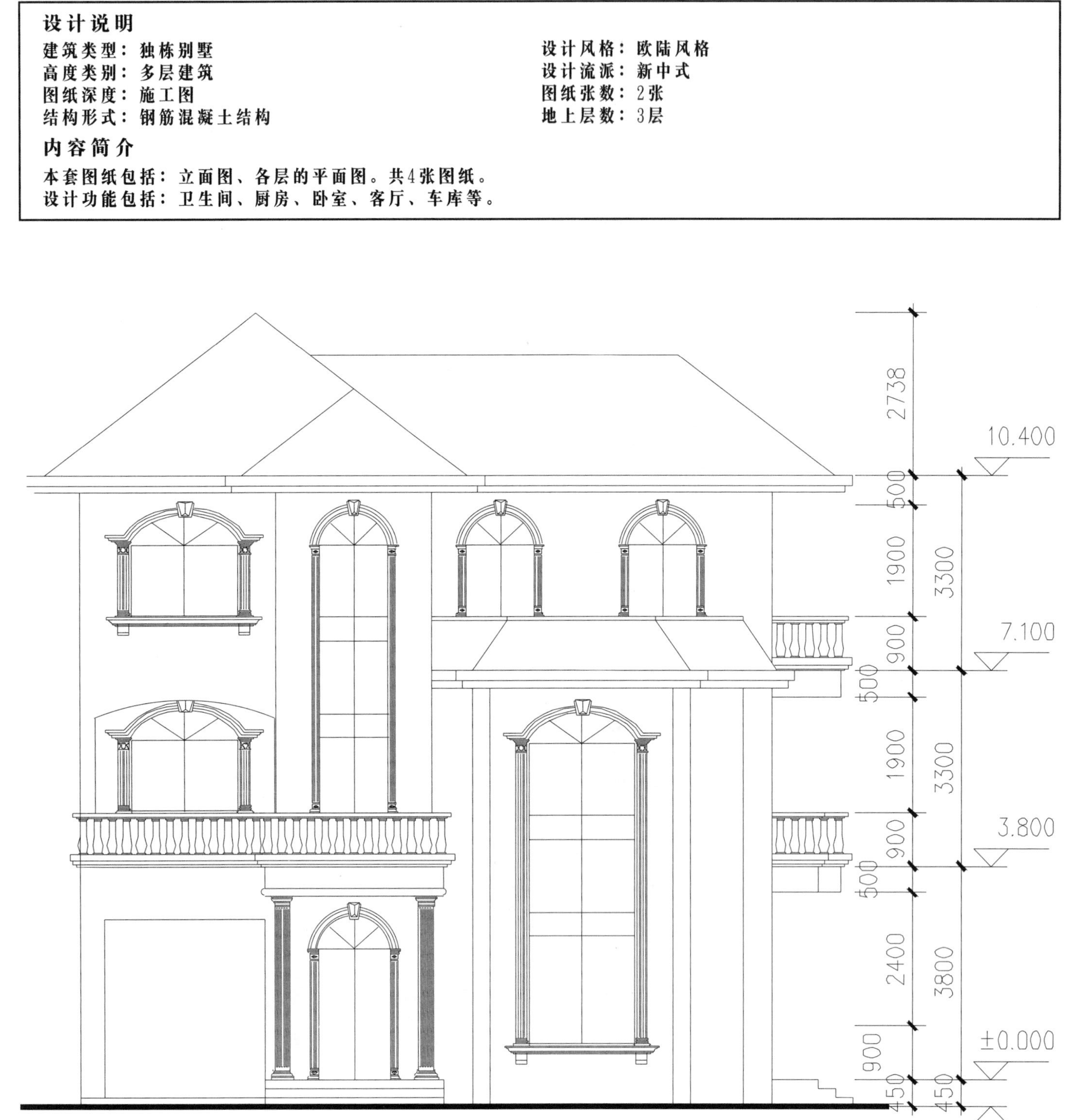


正立面图

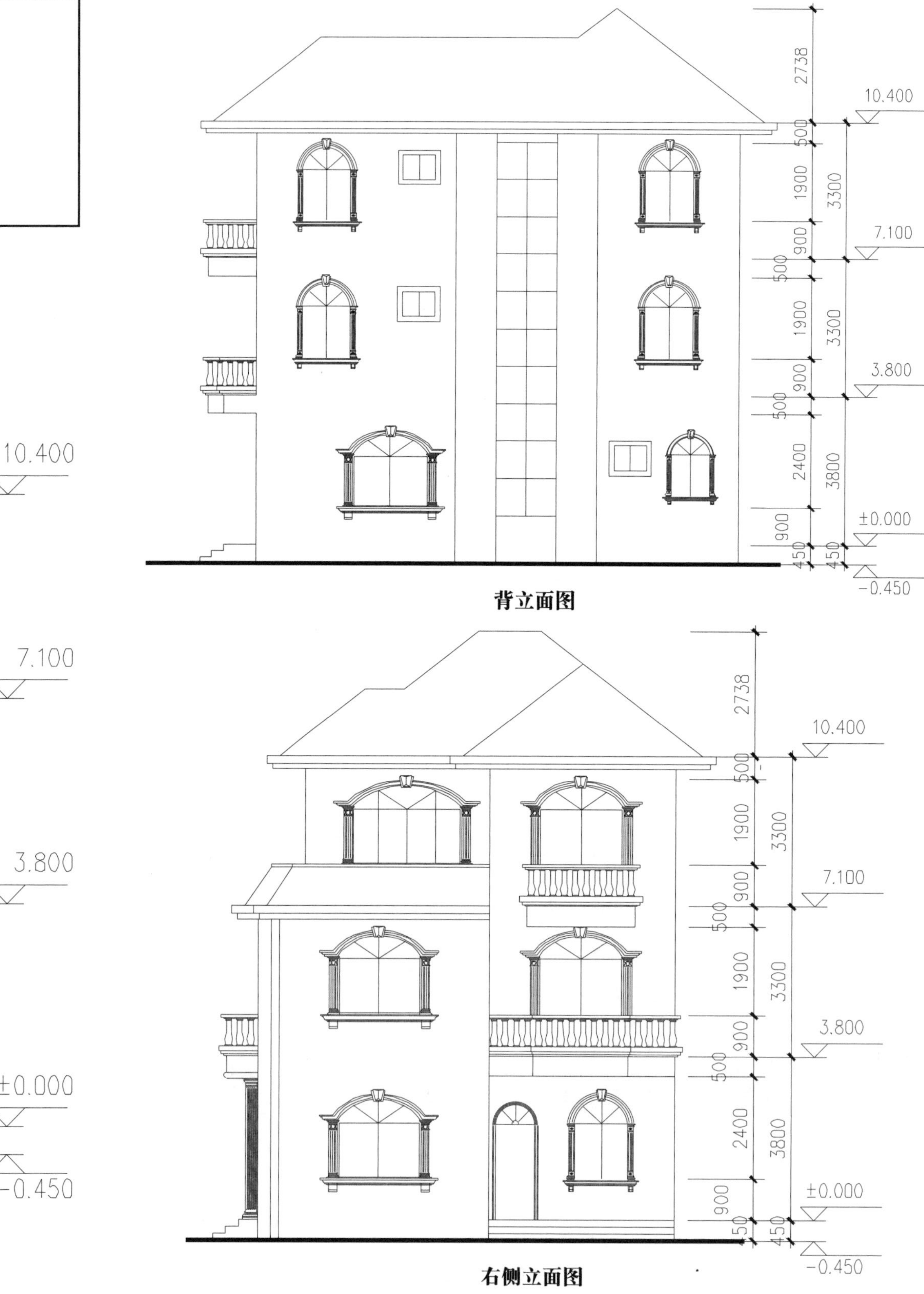


背立面图

右侧立面图

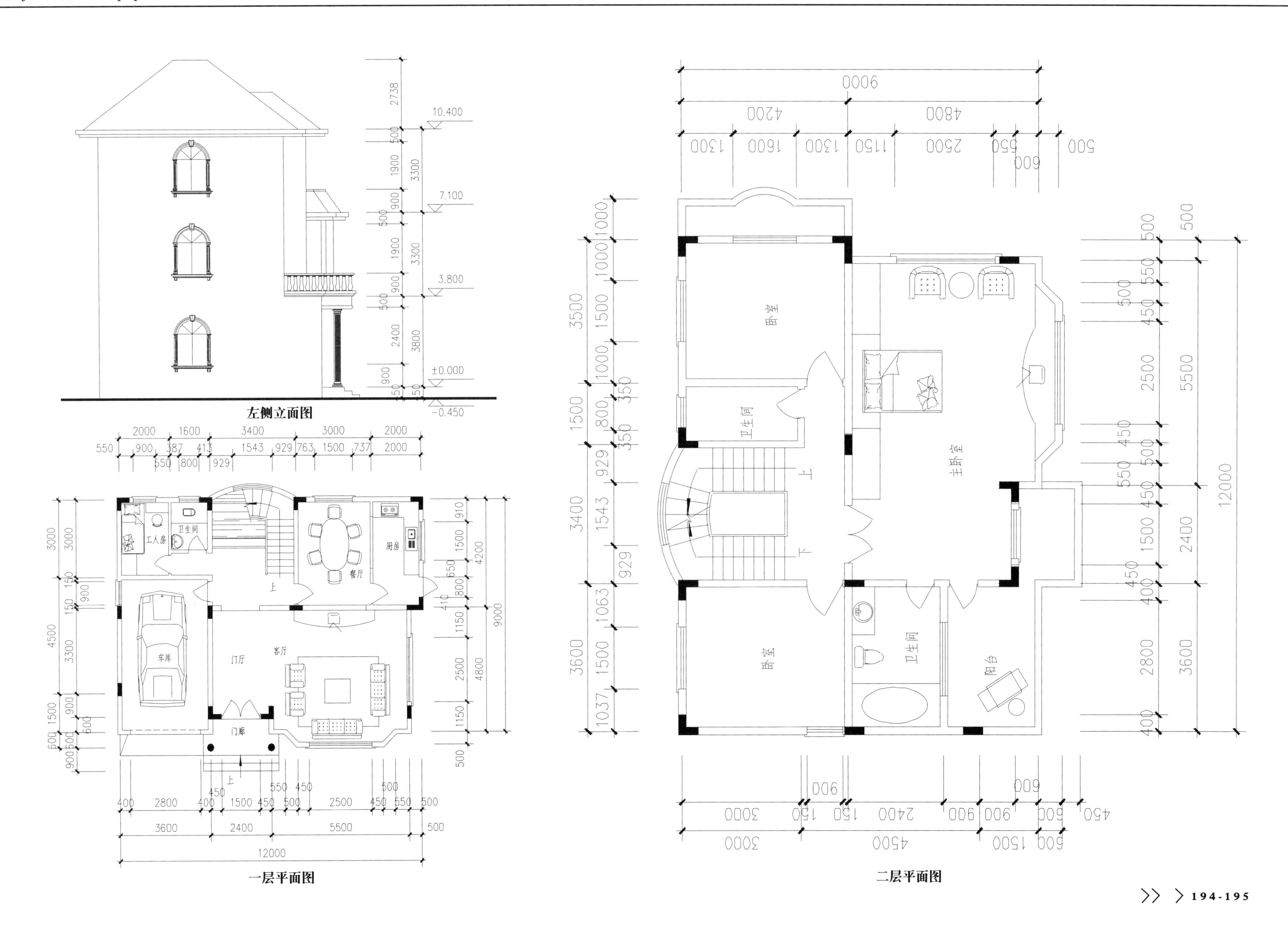
左侧立面图
一层平面图
二层平面图
工人房
卫生间
车库
门厅
客厅
餐厅
厨房
门廊
卧室
主卧室
阳台

# > 别墅方案设计图

**设计说明**

建筑类型：独栋别墅　　设计风格：欧陆风格
高度类别：多层建筑　　设计流派：新中式
图纸深度：设计图　　图纸张数：6张
结构形式：钢筋混凝土结构　　地上层数：3层

**内容简介**

本套图纸包括：剖面图、立面图、各层的平面图。共4张图纸。
设计功能包括：卫生间、厨房、卧室、客厅、车库等。

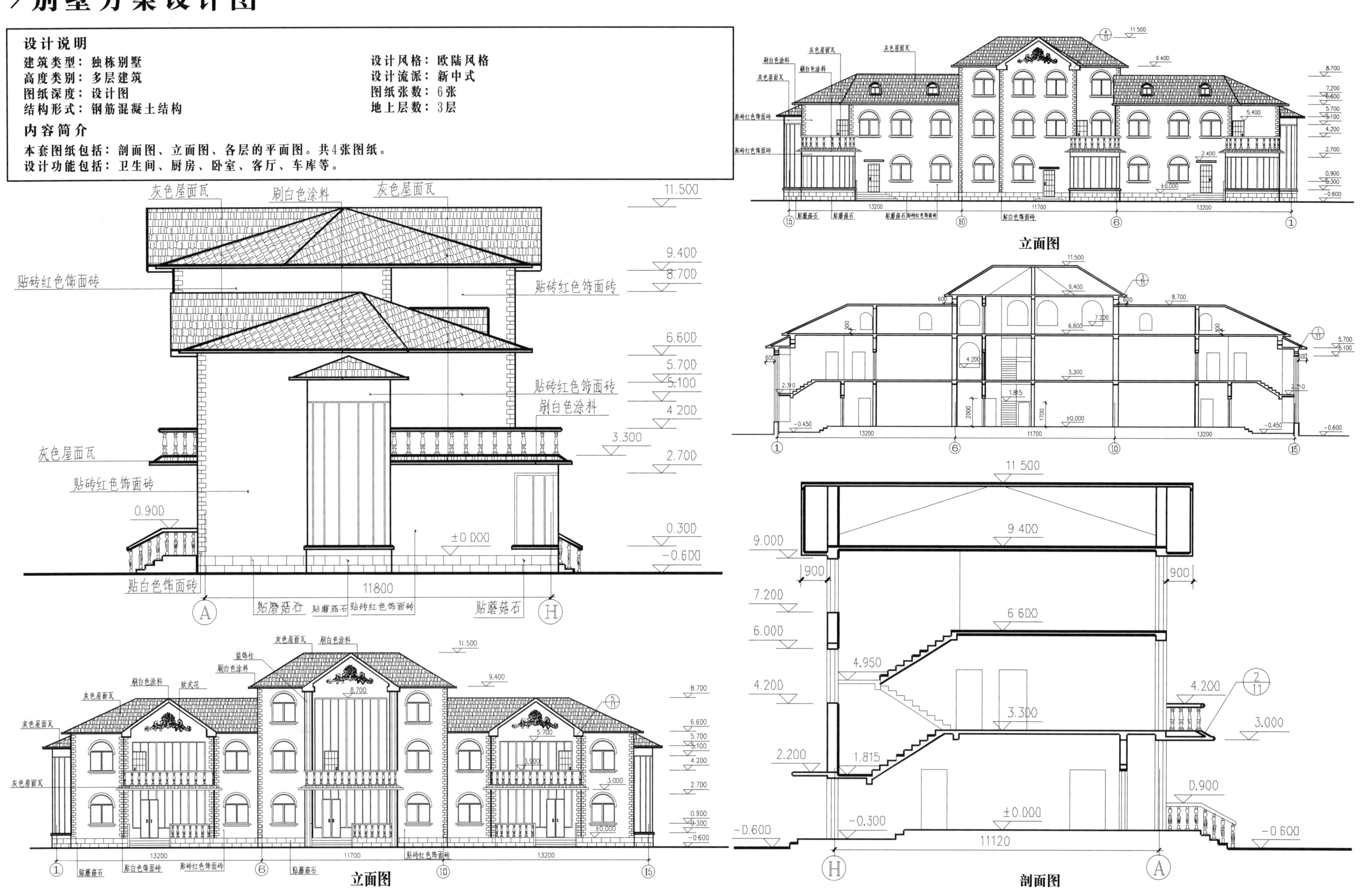

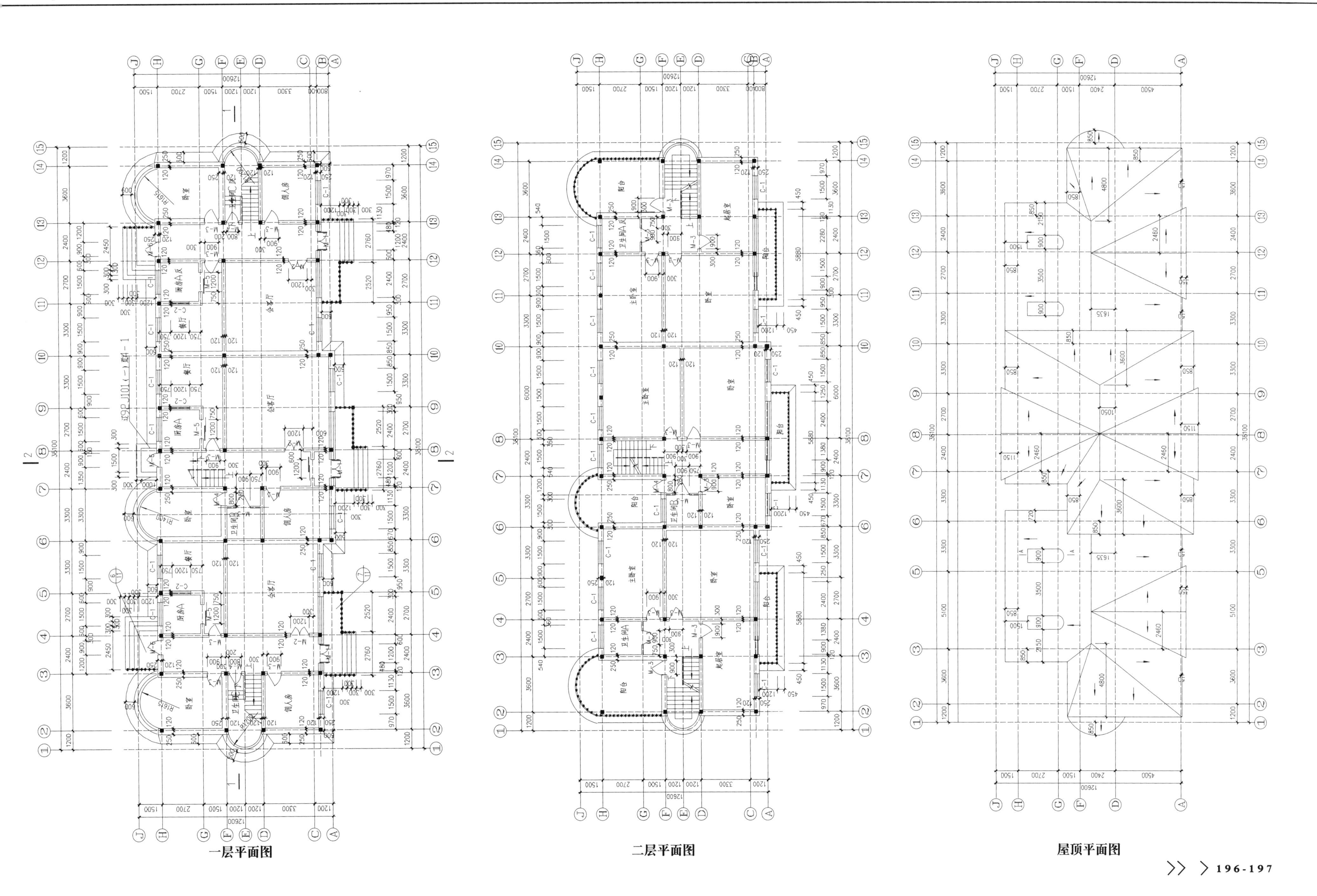
一层平面图
二层平面图
屋顶平面图

# >低层连排住宅图纸

**设计说明**

建筑类型：连排别墅　　图纸张数：6张
高度类别：多层建筑　　地上层数：4层
图纸深度：方案图
结构形式：钢筋混凝土结构

**内容简介**

本套图纸包括：剖面图、立面图、各层的平面图。共6张图纸。
设计功能包括：卫生间、厨房、卧室、客厅、车库等。

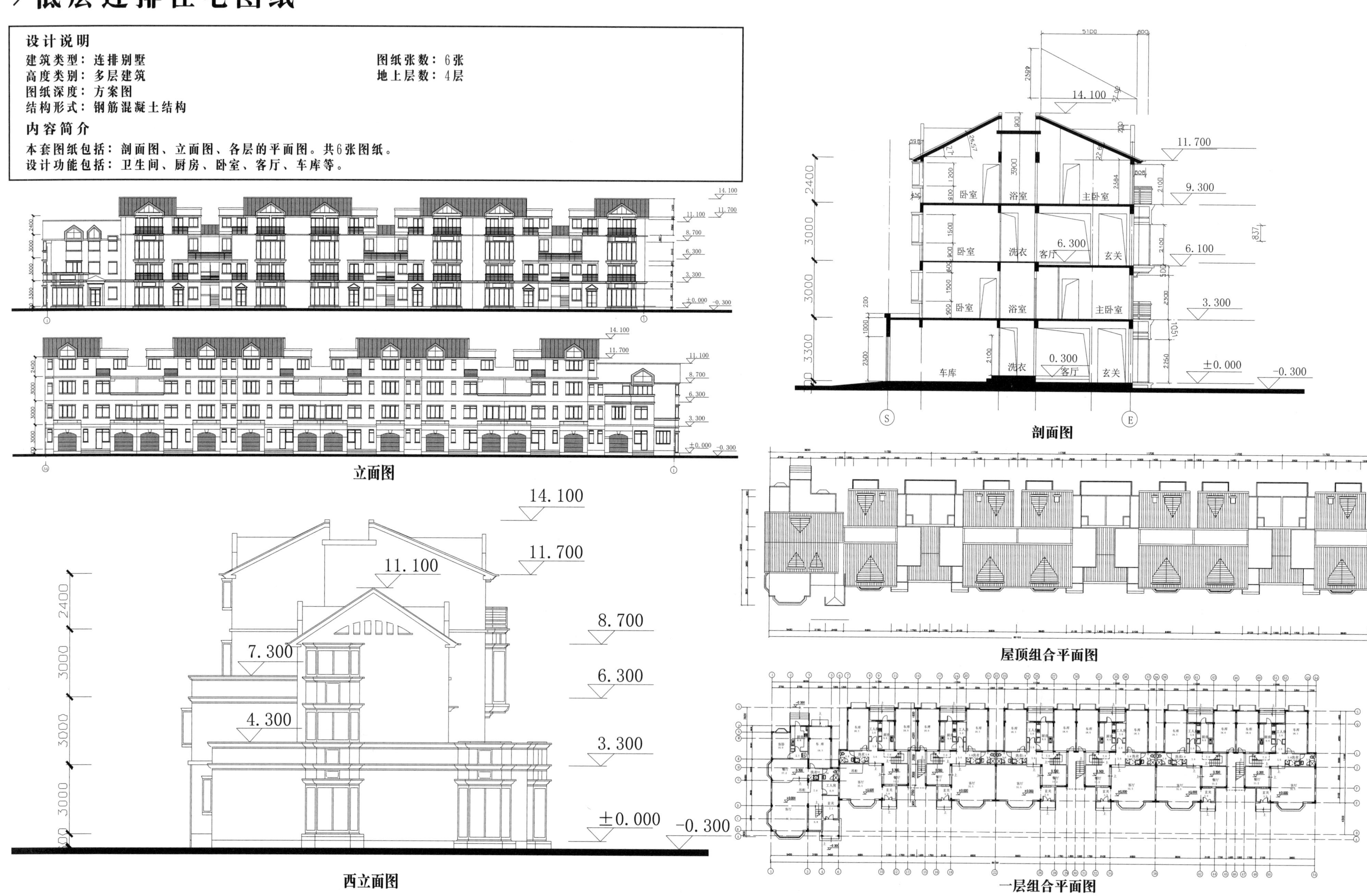


立面图

剖面图

屋顶组合平面图

西立面图

一层组合平面图

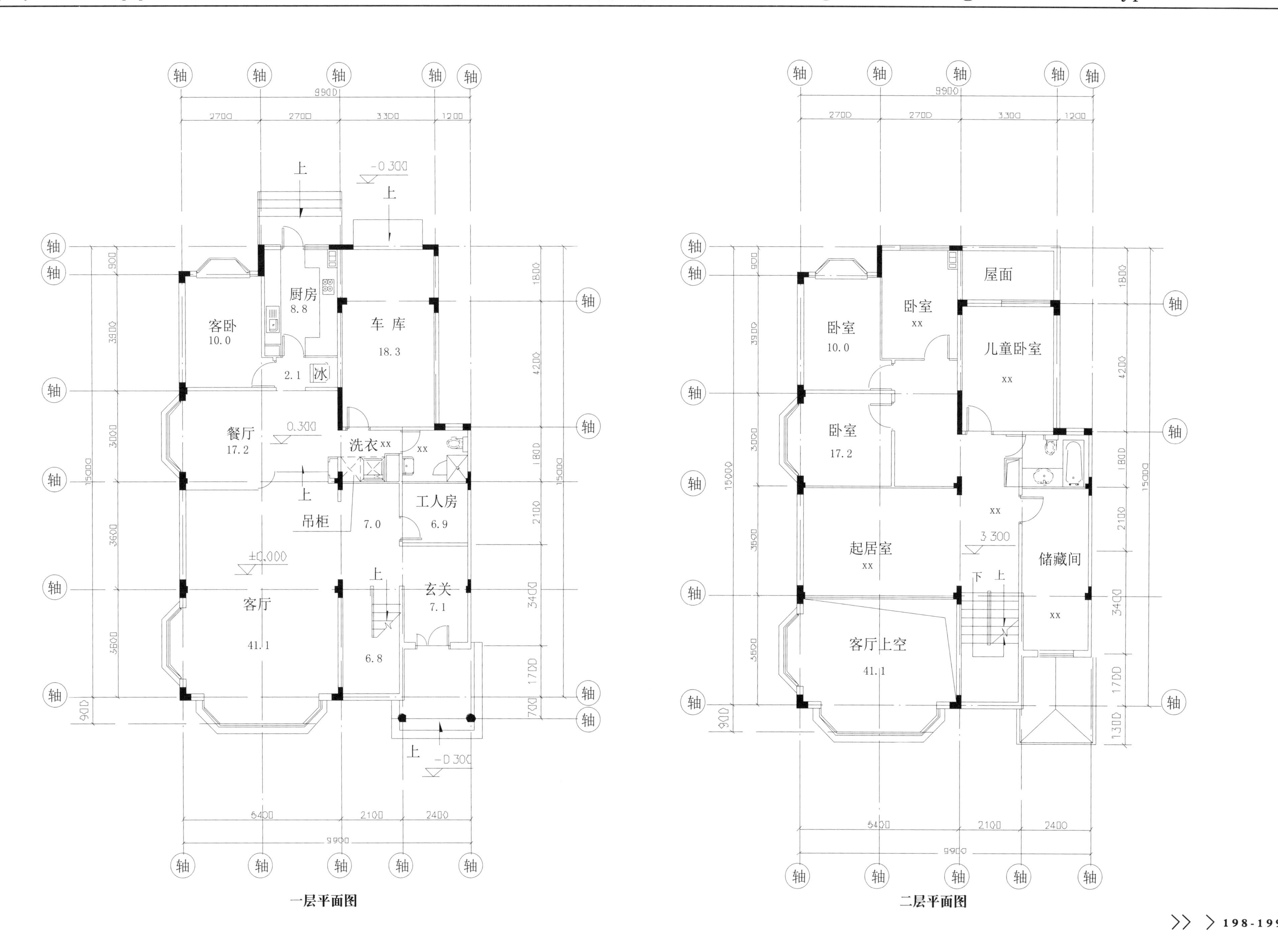
客卧
10.0
厨房
8.8
车 库
18.3
2.1
冰
餐厅
17.2
0.300
洗衣
工人房
6.9
吊柜
7.0
±0.000
客厅
41.1
玄关
7.1
6.8
上
-0.300
卧室
10.0
卧室
屋面
儿童卧室
卧室
17.2
起居室
3.300
储藏间
下
客厅上空
41.1
xx
9900
2700
3300
1200
15000
5400
2100
2400
900
3900
3000
3600
4200
1800
3400
1700
700
1300
轴

一层平面图

二层平面图

# >别墅平面设计方案

**设计说明**

建筑类型：连排别墅
高度类别：多层建筑
图纸深度：方案图
结构形式：钢筋混凝土结构

图纸张数：5张
地上层数：3层

**内容简介**

本套图纸包括：剖面图、立面图、各层的平面图。共5张图纸。
设计功能包括：客厅、卧室、厨房、餐厅、衣帽间、书房、光厅等。

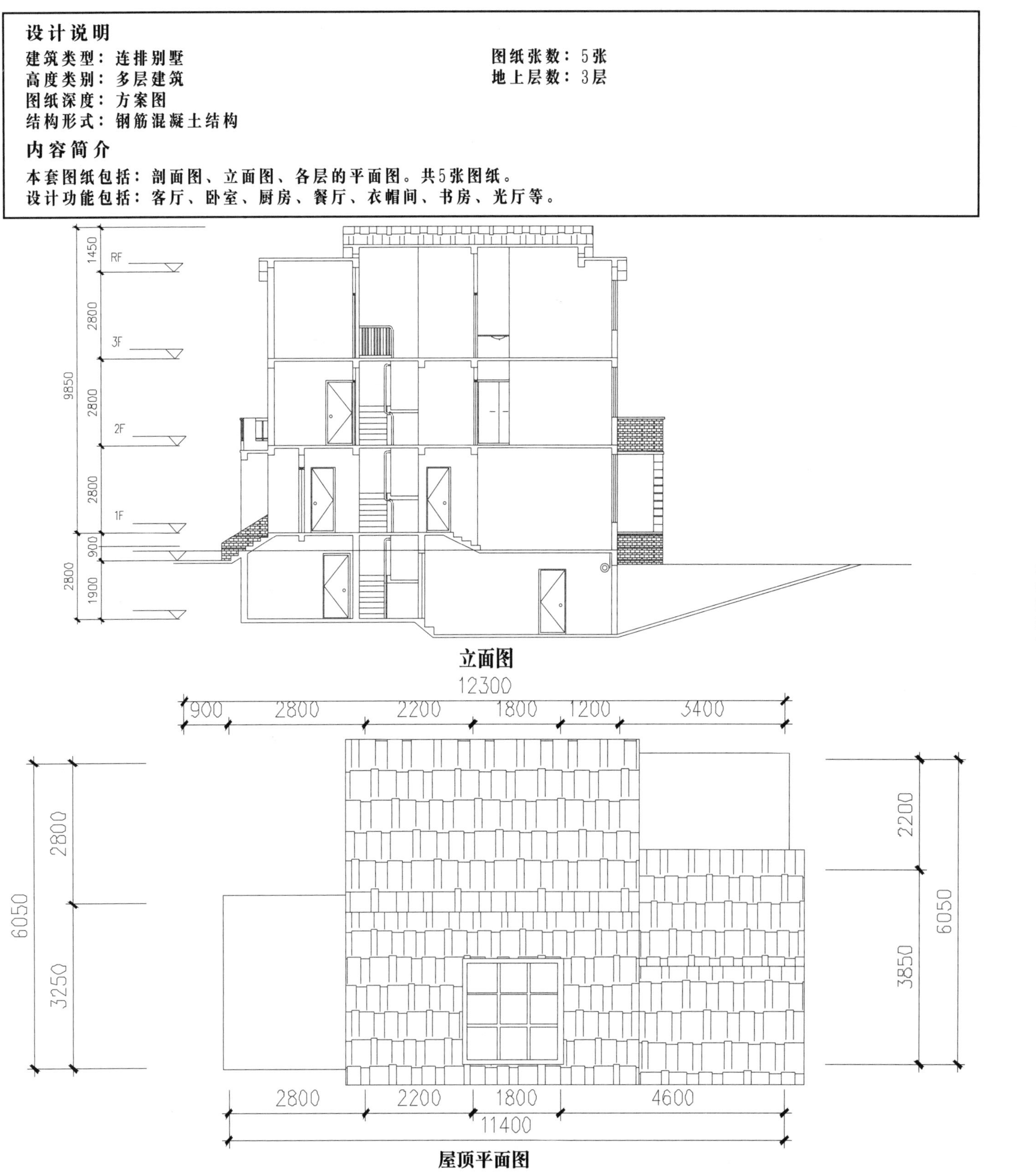


立面图

屋顶平面图

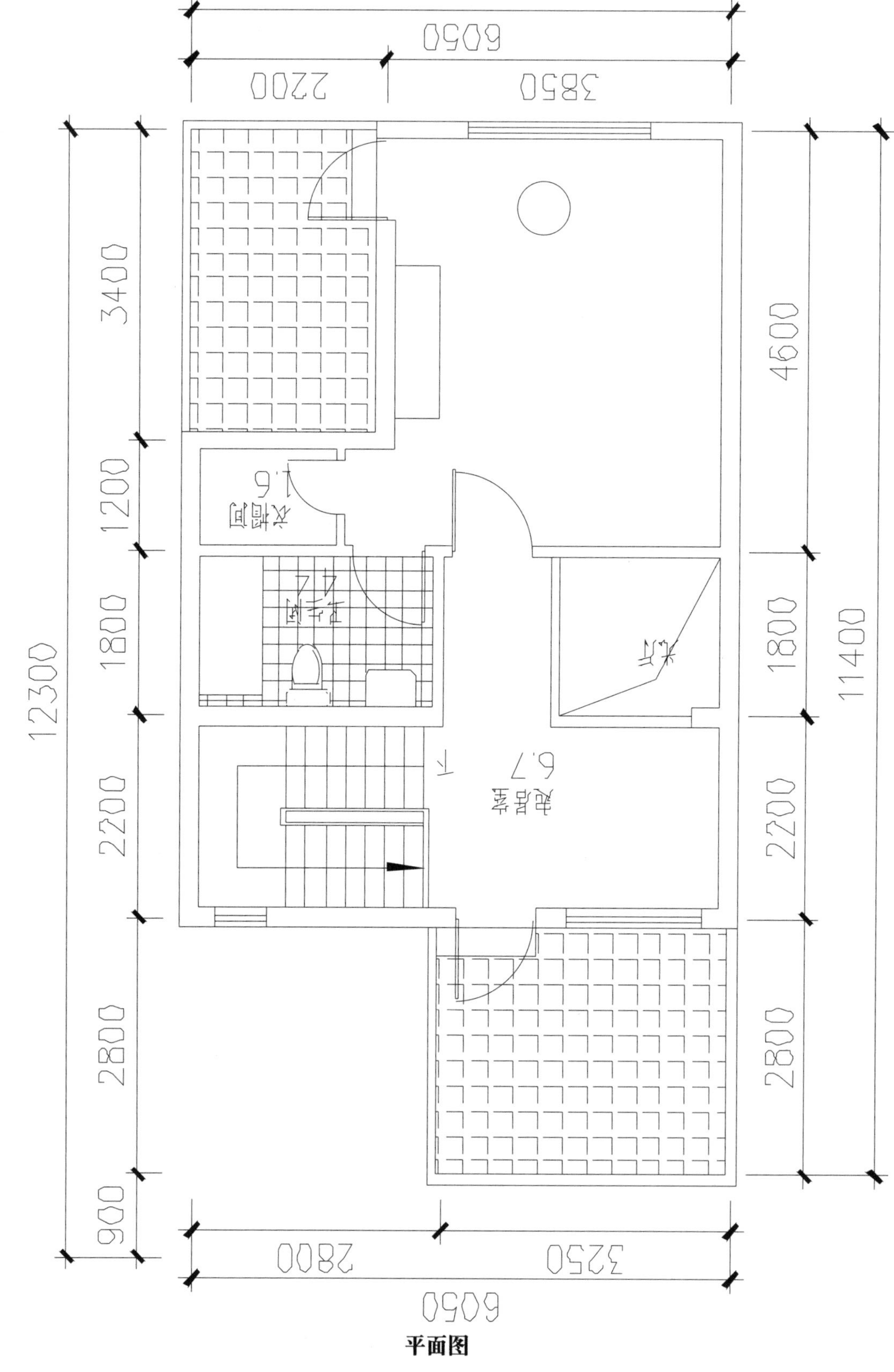


平面图

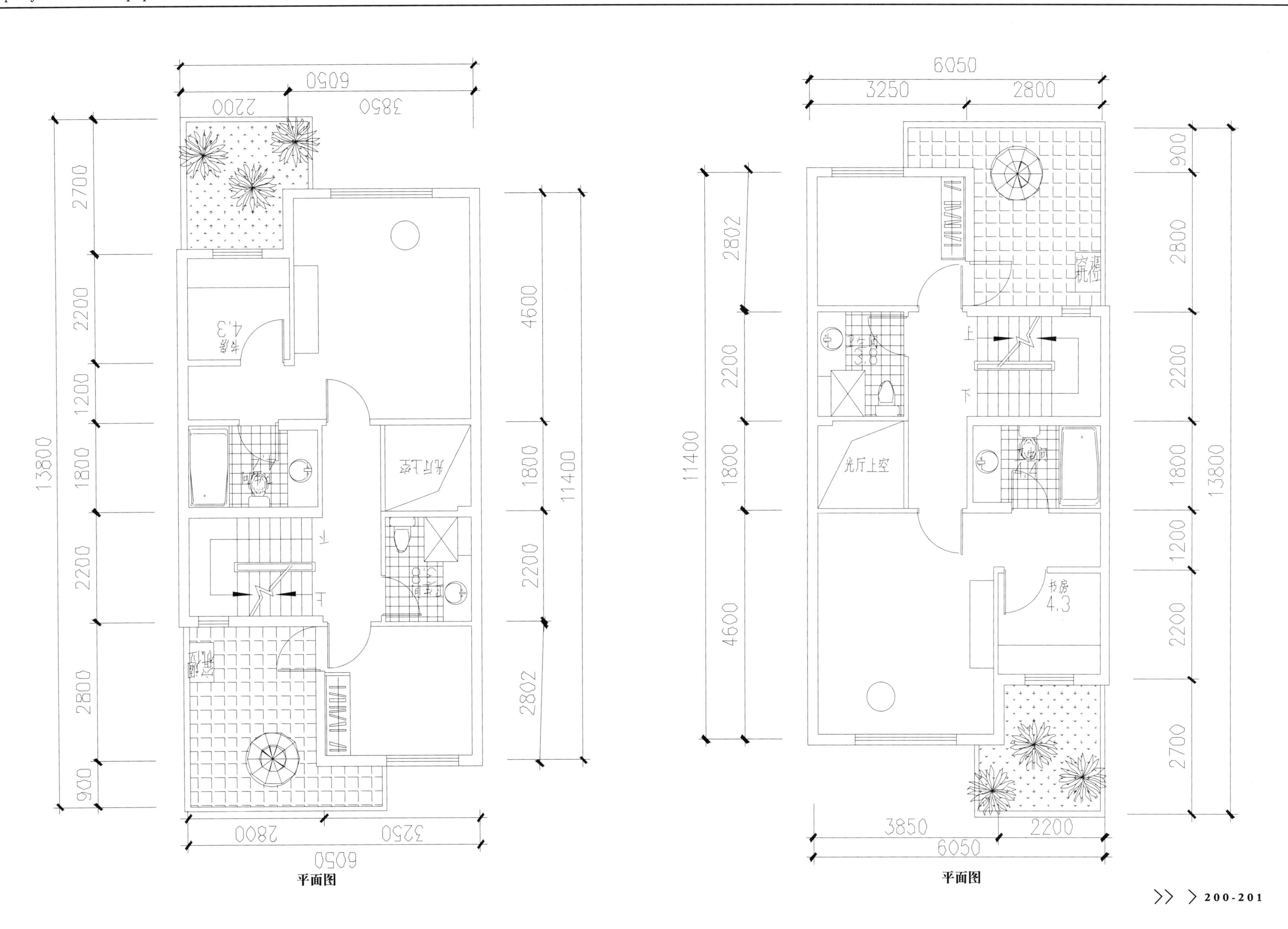
6050
3250
2800
11400
2802
2200
1800
4600
900
2700
13800
光厅上空
书房
4.3
3850
2200
平面图

本项目解压密码：69376402

# 〉德式多坡四联排别墅建筑设计方案

**设计说明**

建筑类型：联排别墅
高度类别：多层建筑
图纸深度：方案图
结构形式：钢筋混凝土结构

图纸张数：9张
地上层数：2层

**内容简介**

本套图纸包括：剖面图、立面图、各层的平面图。共9张图纸。
设计功能包括：客厅、卧室、厨房、餐厅等。

立面图

立面图

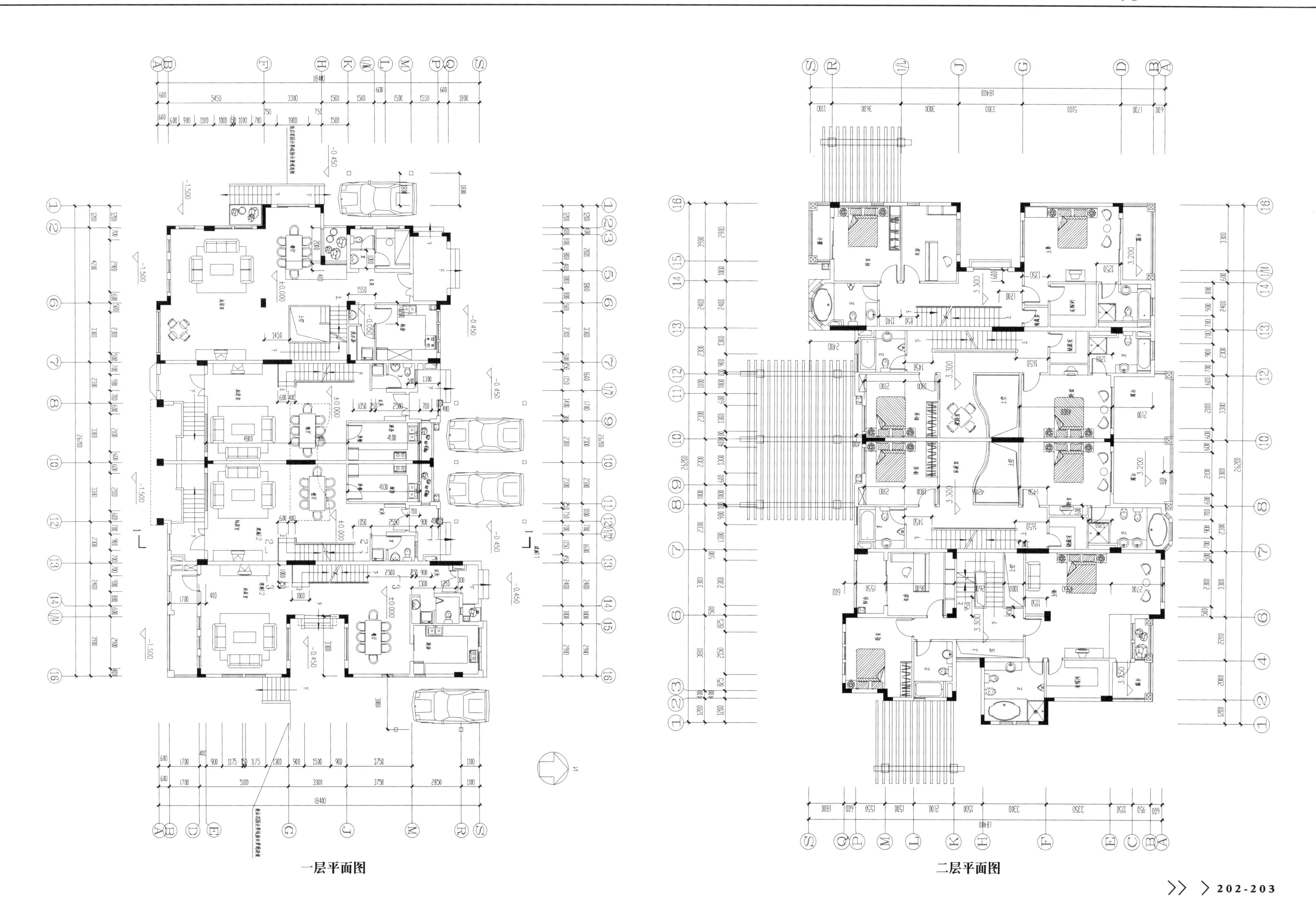

一层平面图

二层平面图

# 〉木屋别墅建设计方案

**设计说明**

建筑类型：联排别墅
高度类别：多层建筑
图纸深度：方案图
结构形式：钢筋混凝土结构

图纸张数：2张
地上层数：5层

**内容简介**

本套图纸包括：剖面图、立面图、各层的平面图。共2张图纸。
设计功能包括：客厅、卧室、厨房、餐厅等。

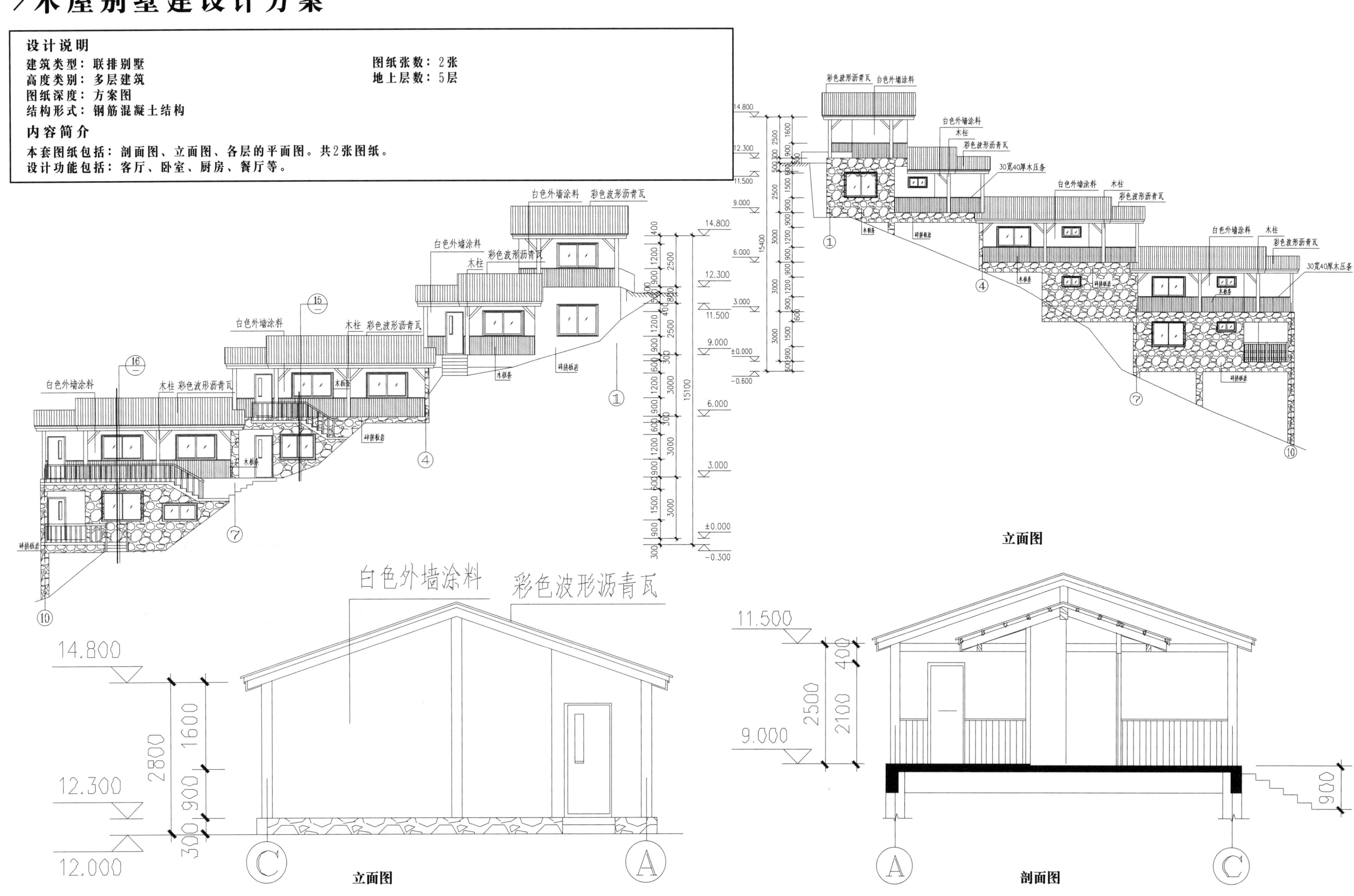

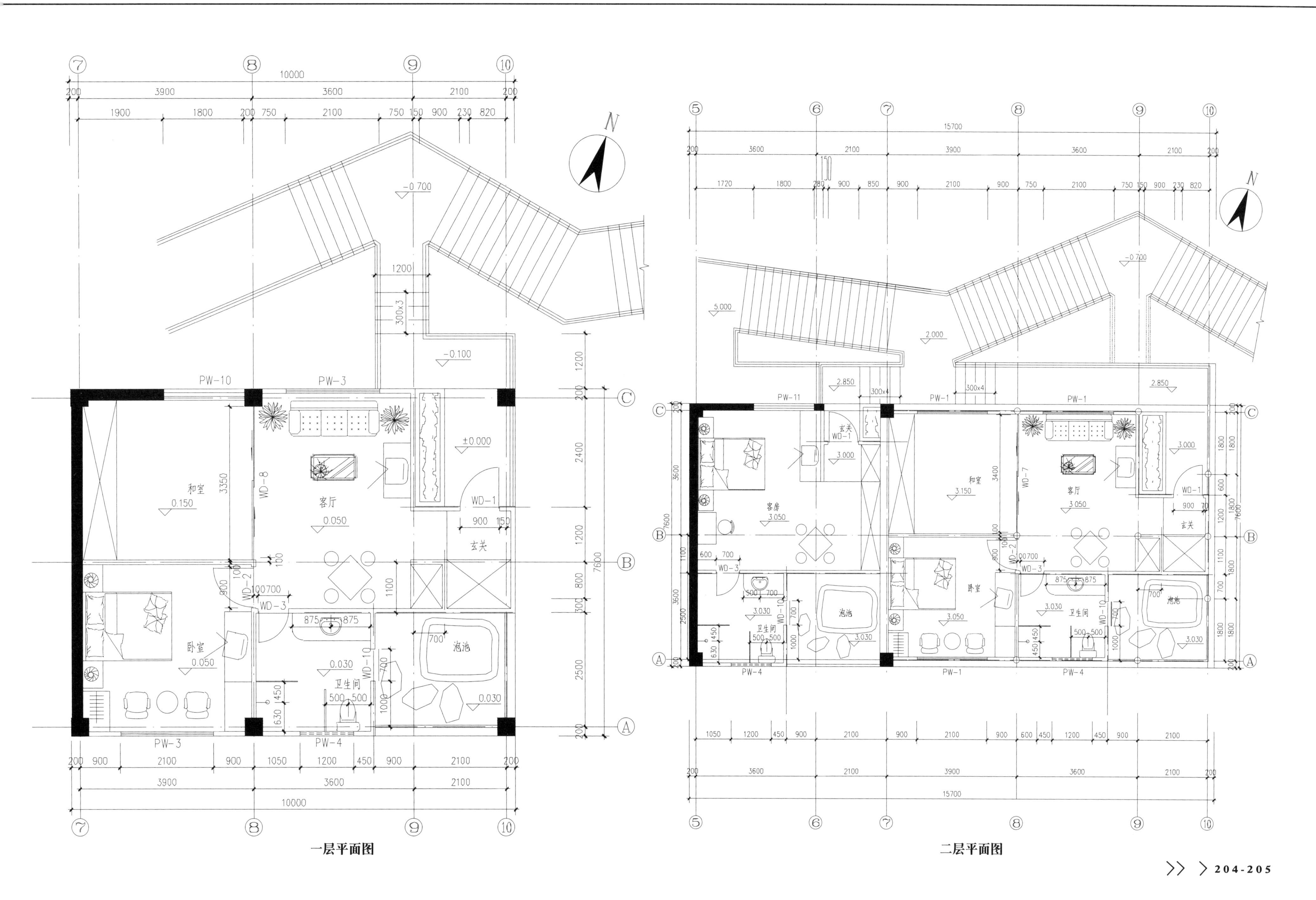
和室
客厅
卧室
卫生间
泡池
玄关
客房
PW-10
PW-3
PW-4
PW-11
PW-1
WD-1
WD-2
WD-3
WD-7
WD-8
WD-10
N
10000
15700
7600

一层平面图

二层平面图

# > 三层联排别墅设计方案1号楼

**设计说明**

建筑类型：联排别墅　　设计风格：欧陆风格
高度类别：多层建筑　　设计流派：新古典
图纸深度：方案（初设图）　　图纸张数：7张
结构形式：钢筋混凝土结构　　地上层数：3层

**内容简介**

本套图纸包括：各层建筑平面，立面，剖面图，共7张图纸。
建筑面积：383.16㎡　建筑高度：11m　地下建筑面积：96平方米　地上建筑面积：288平方米

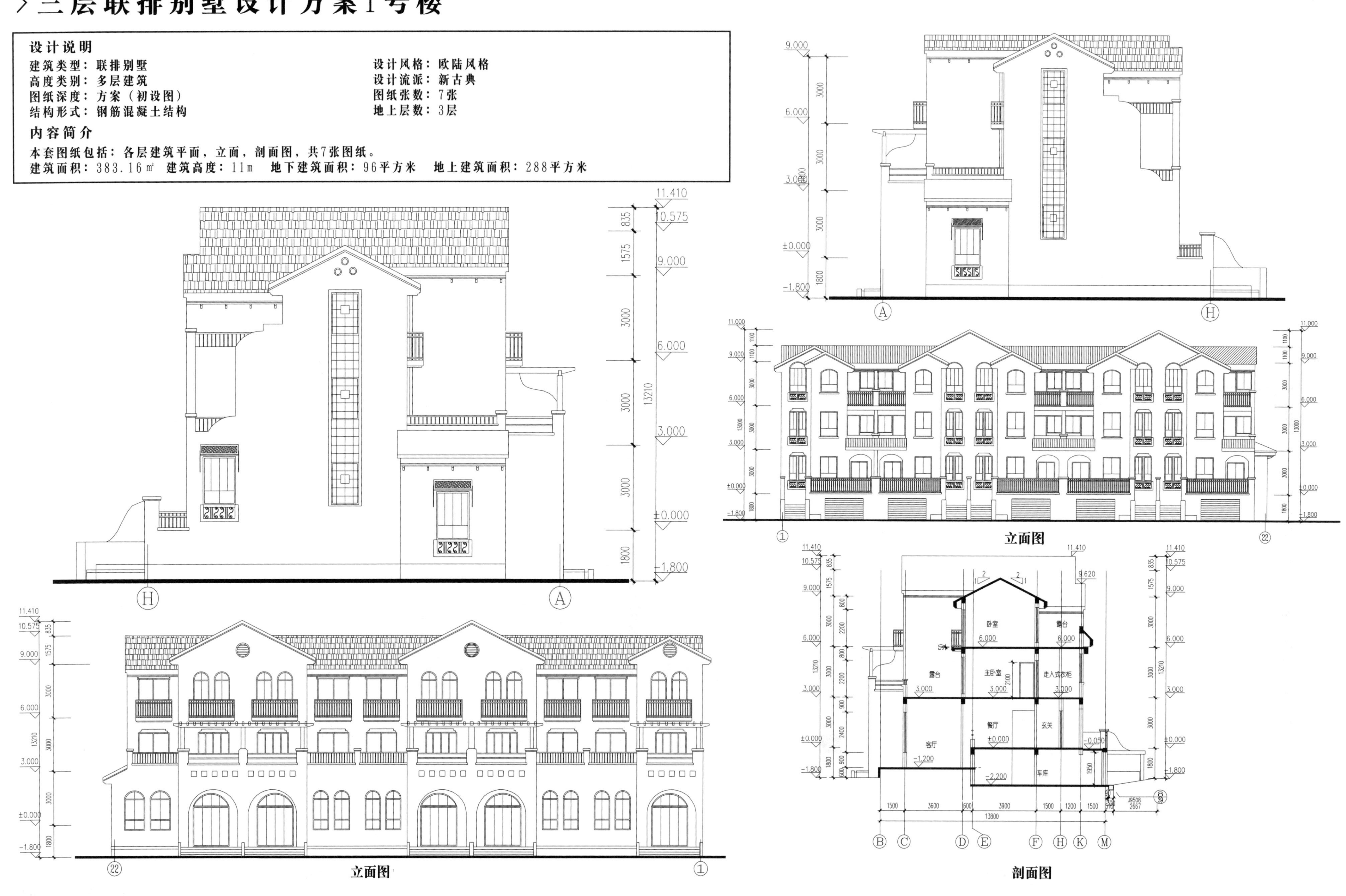

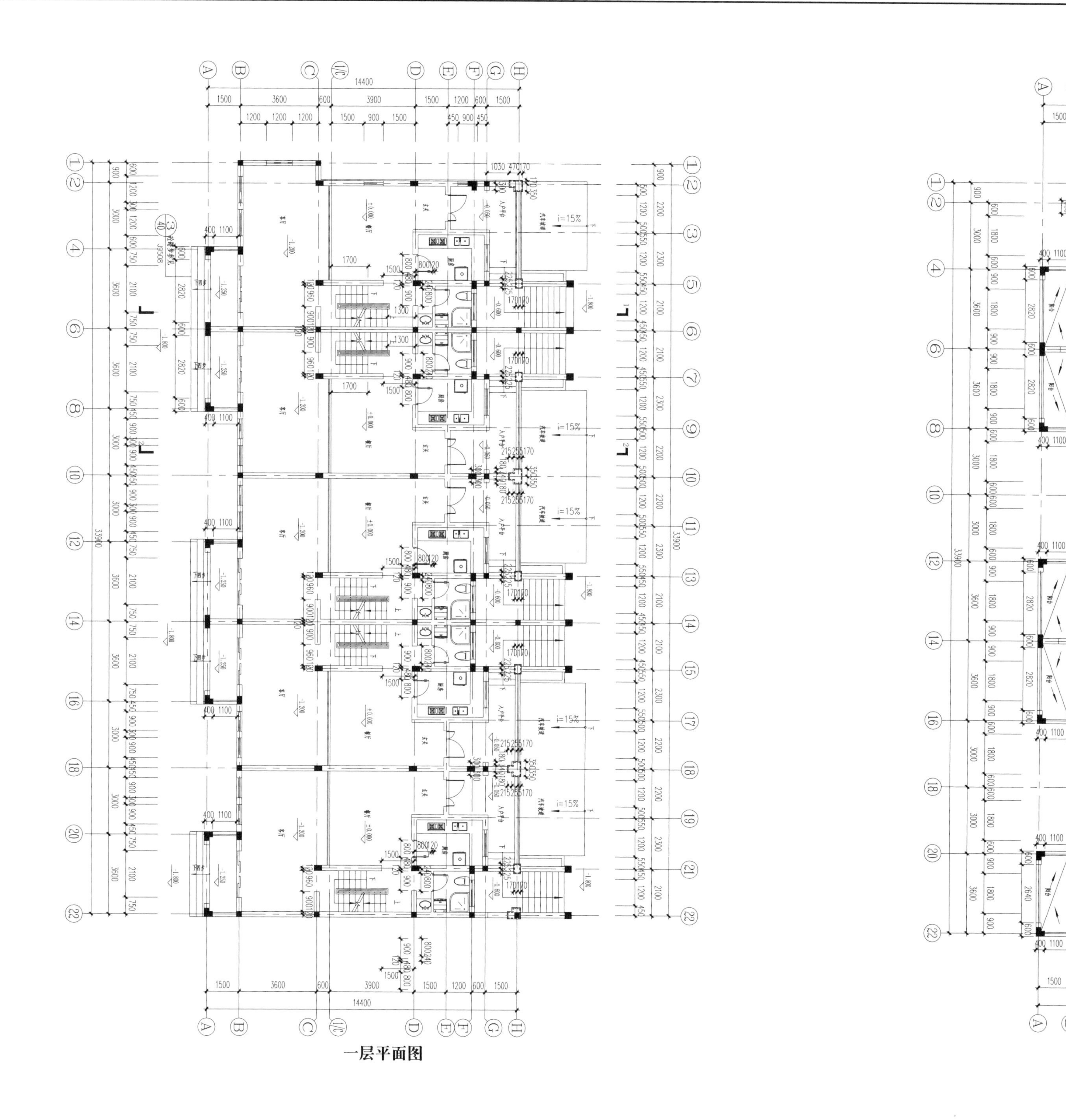

一层平面图

二层平面图

本项目解压密码：18828813

# > 碧水天源别墅（总图）带效果

**设计说明**

建筑类型：独栋别墅
高度类别：多层建筑
图纸深度：方案（初设图）
结构形式：钢筋混凝土结构

设计风格：欧陆风格
设计流派：新古典
图纸张数：21张
地上层数：4层

**内容简介**

本套图纸包括：设计说明、各层建筑平面，立面，剖面图，共21张图纸。
设计功能包括：厨房、客厅、餐厅、卧室等。

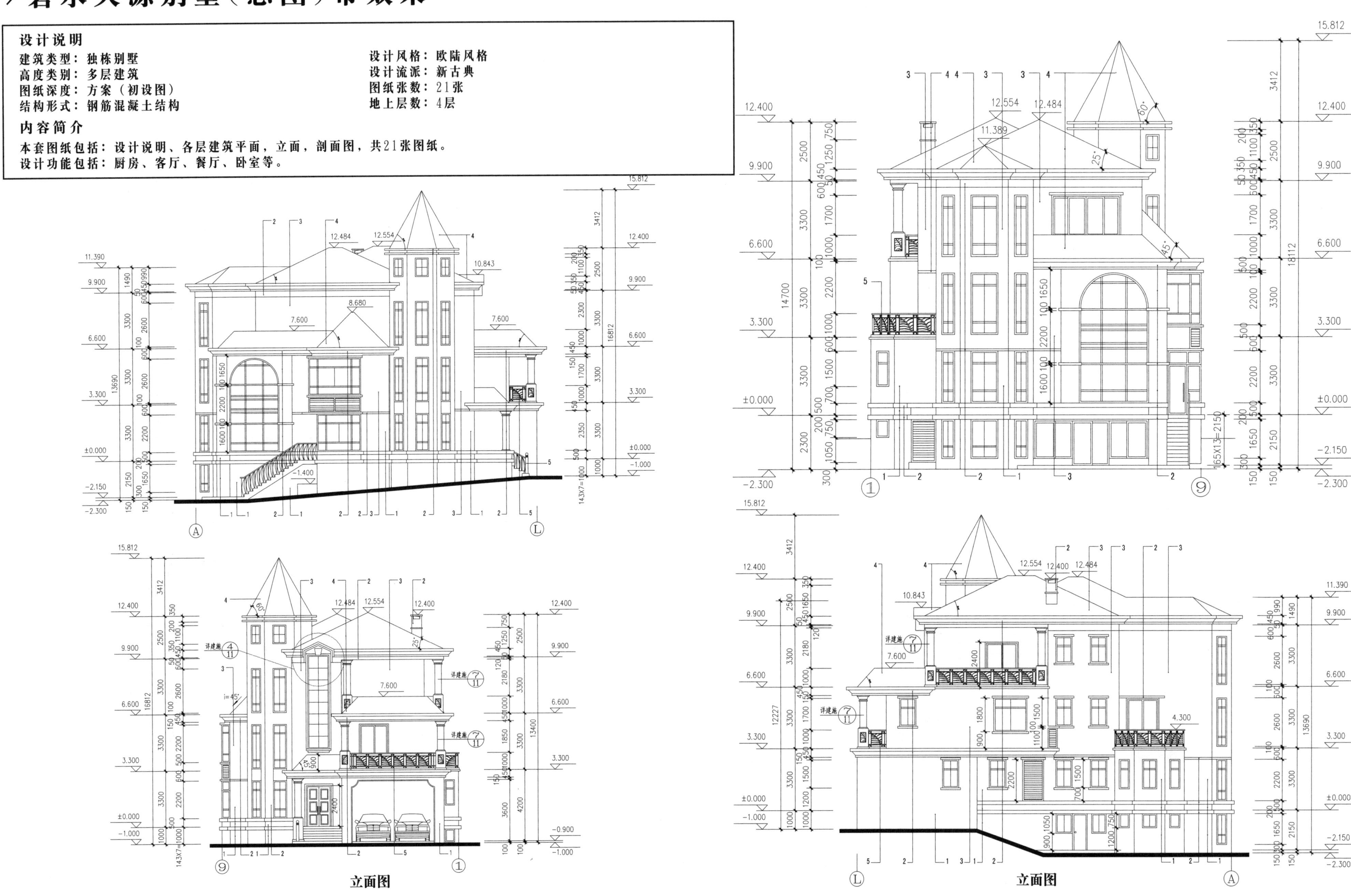

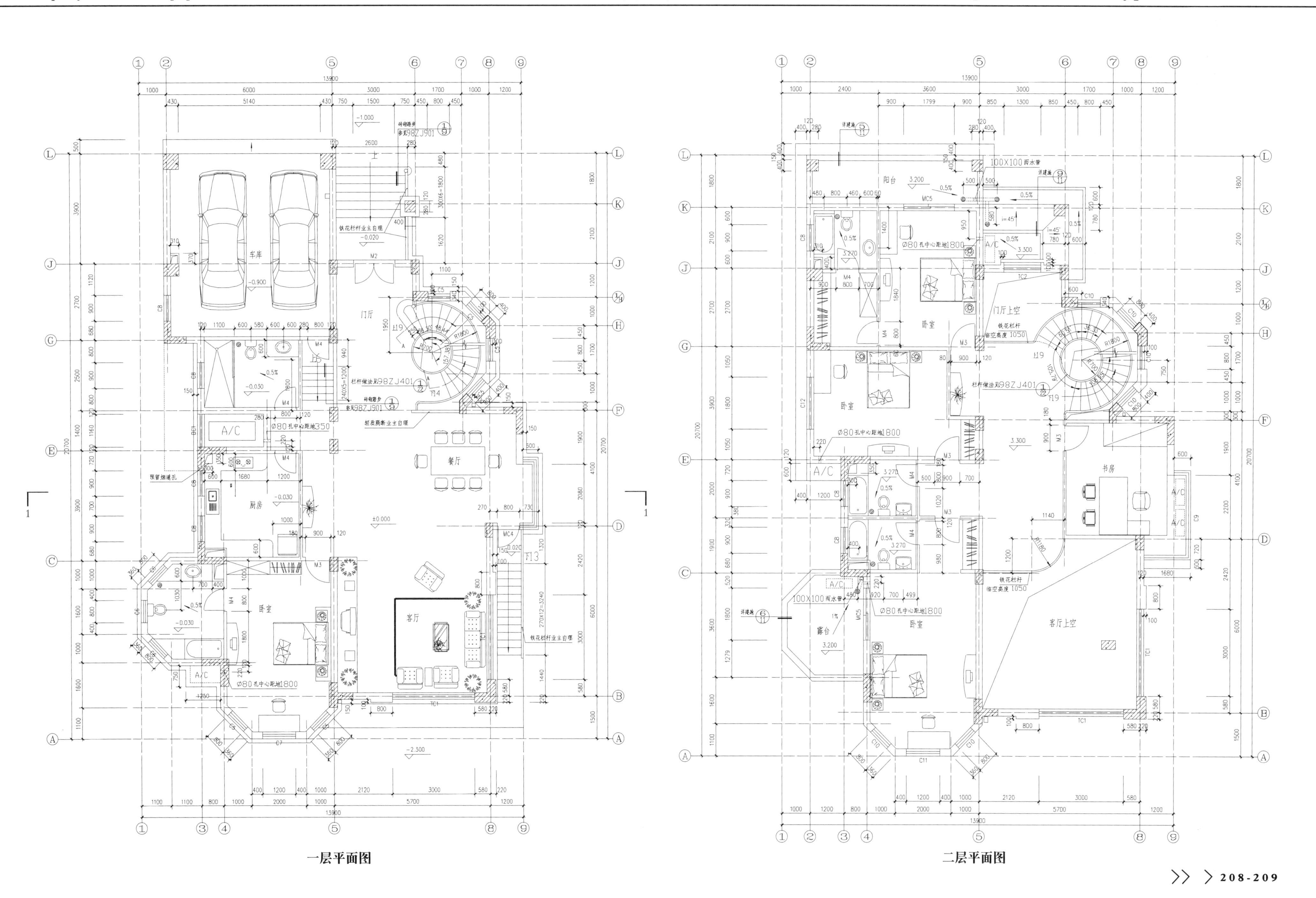


一层平面图

二层平面图

本项目解压密码：58538227

# >新小户型别墅全套图

**设计说明**

建筑类型：独栋别墅　　设计风格：欧陆风格
高度类别：多层建筑　　设计流派：新古典
图纸深度：方案图　　图纸张数：7张
结构形式：钢筋混凝土结构　　地上层数：3层

**内容简介**

本套图纸包括：各层建筑平面、立面、剖面图节点详图等，共7张图纸。
设计功能包括：客厅、厨房、卧室、卫生间等。

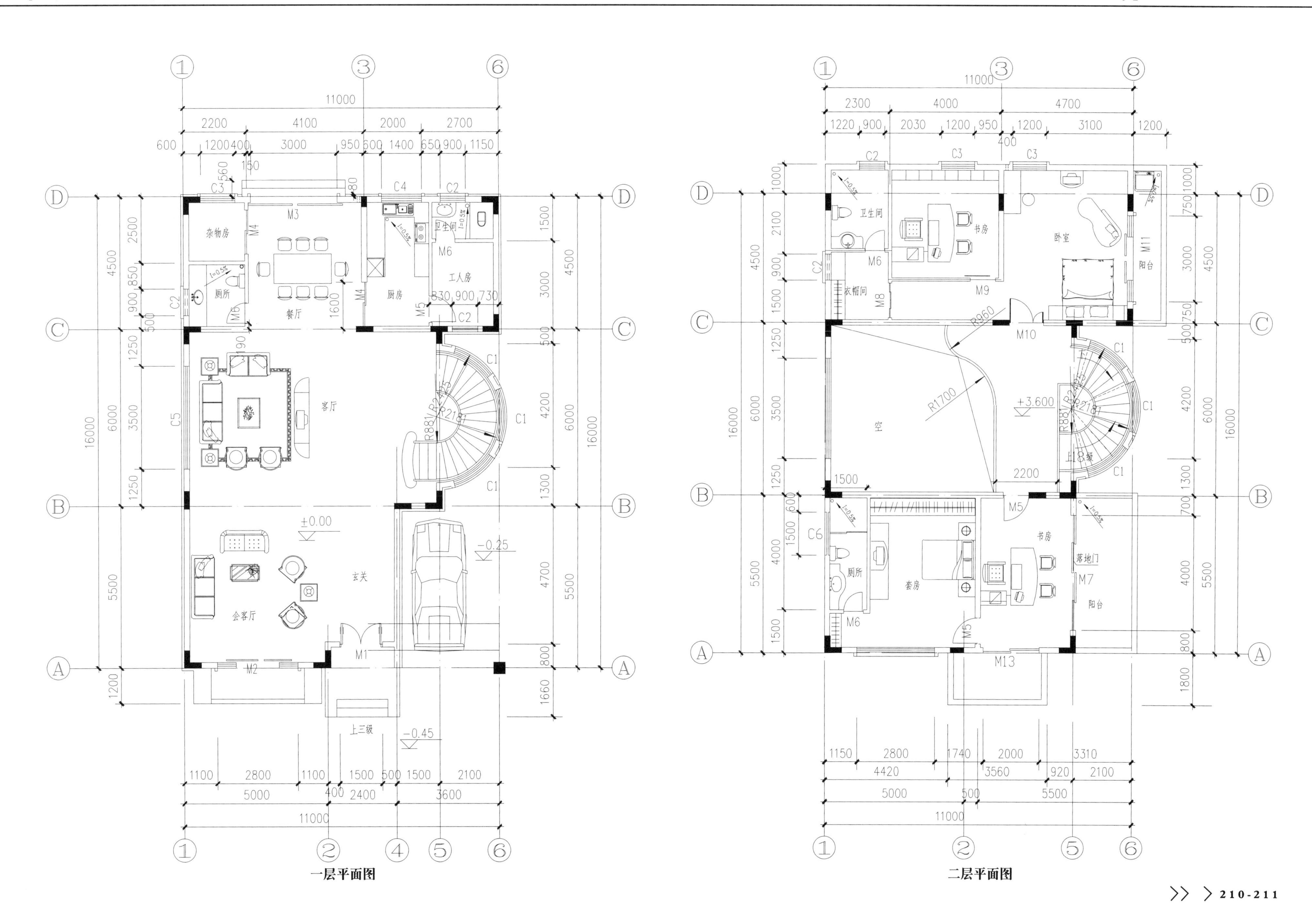
杂物房
餐厅
厨房
工人房
卫生间
厕所
客厅
玄关
会客厅
上三级
±0.00
-0.25
-0.45
卫生间
书房
卧室
阳台
衣帽间
空
+3.600
上18级
套房
厕所
书房
落地门
阳台
一层平面图

二层平面图

# 》十二款三层小别墅建筑方案图汇总

**设计说明**

建筑类型：独栋别墅　　设计风格：欧陆风格
高度类别：多层建筑　　设计流派：新古典
图纸深度：方案图　　图纸张数：23张
结构形式：钢筋混凝土结构　　地上层数：3层

**内容简介**

本套图纸包括：各层建筑平面、立面、剖面图节点详图等，共23张图纸。
设计功能包括：客厅、厨房、卧室、卫生间等。

后花园立面图

侧立面图一

入口立面图

侧立面图二

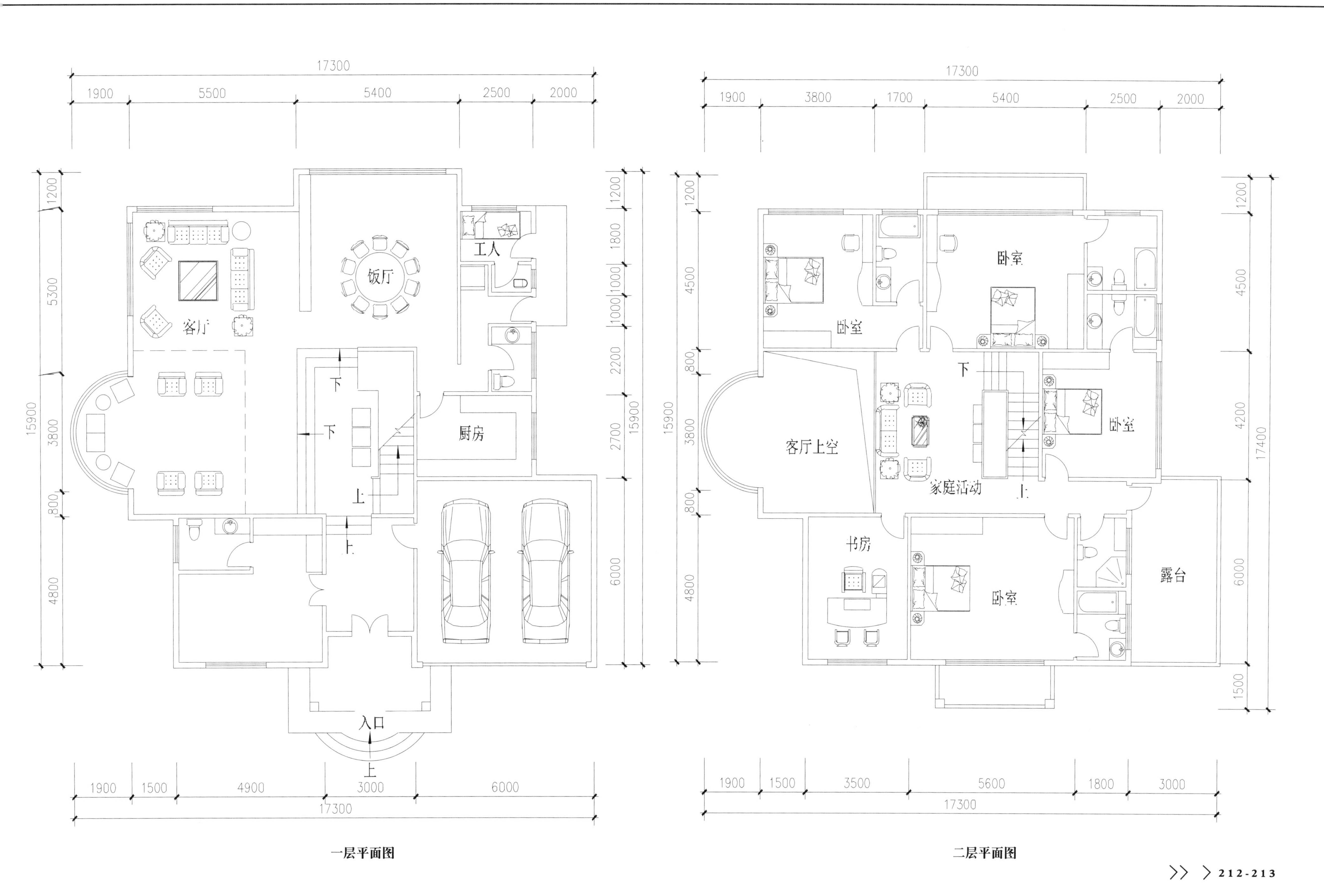
17300
1900
5500
5400
2500
2000
工人
饭厅
客厅
厨房
下
上
入口
15900
1200
5300
3800
800
4800
1800
1000
2200
2700
6000
1500
4900
3000
卧室
客厅上空
家庭活动
书房
露台
3500
5600
1700
4500
4200
17400

一层平面图

二层平面图

# >私人住宅别墅户型图集（21个）

**设计说明**

建筑类型：独栋别墅
高度类别：多层建筑
图纸深度：方案图
结构形式：钢筋混凝土结构

设计户型：21个
地上层数：4层

**内容简介**

本套图纸包括：各层建筑平面、立面、剖面图节点详图等，共21个户型。
设计功能包括：客厅、厨房、卧室、卫生间等。

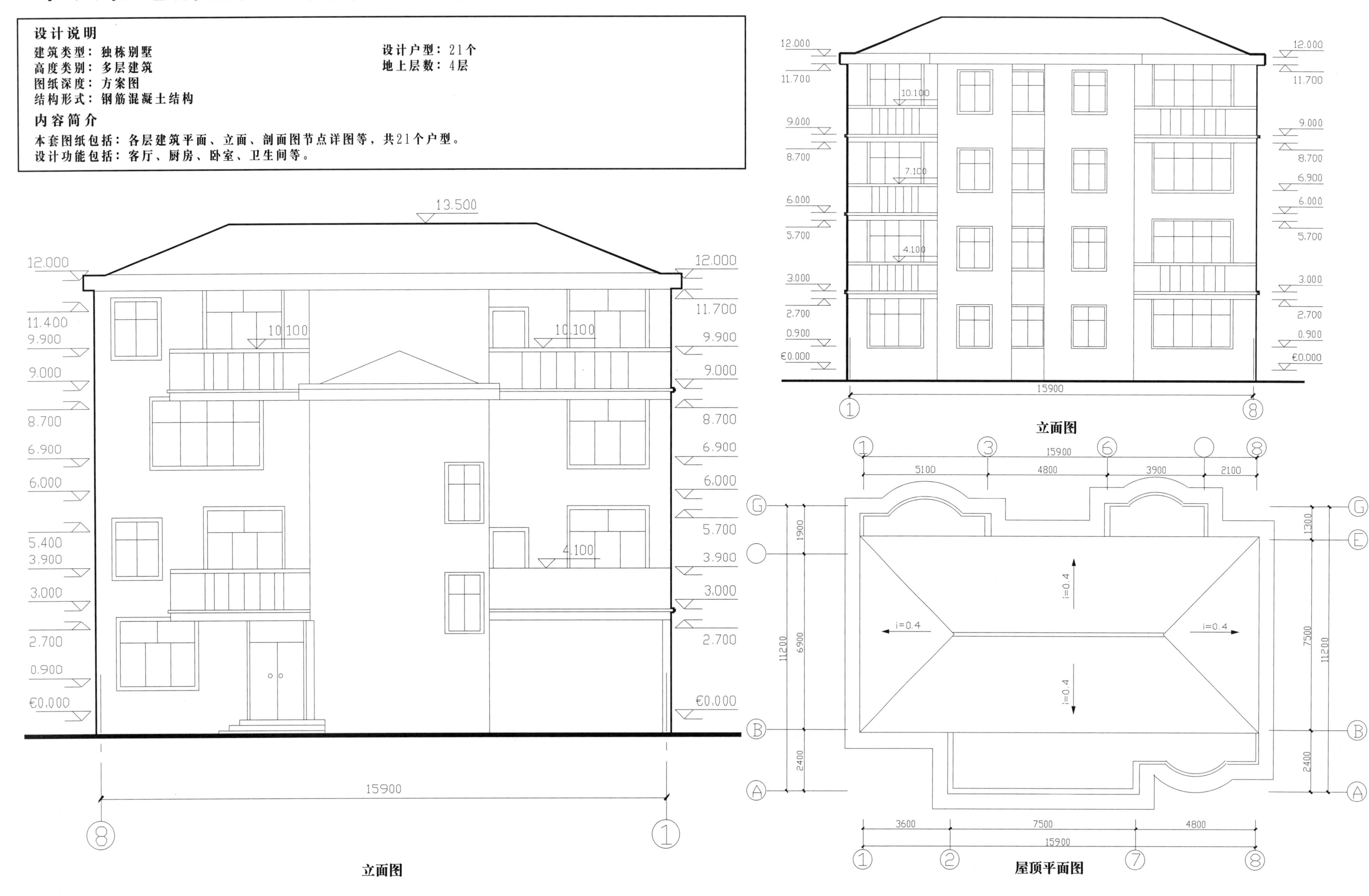


立面图

立面图

屋顶平面图

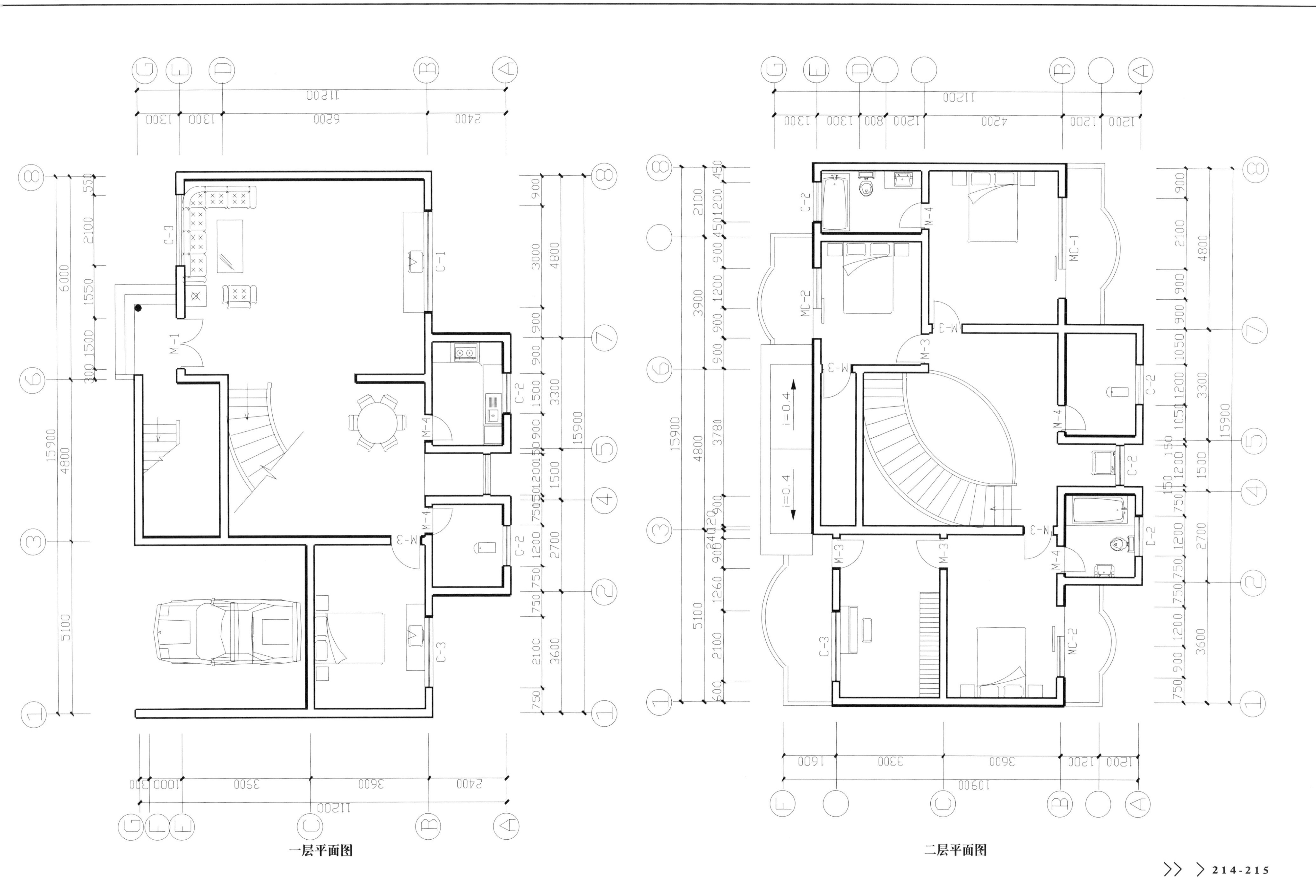
一层平面图
二层平面图
C-1
C-2
C-3
M-1
M-3
M-4
MC-1
MC-2
i=0.4
15900
11200
10900

# >别墅平立面施工图

**设计说明**

建筑类型：独栋别墅
高度类别：多层建筑
图纸深度：施工图
结构形式：钢筋混凝土结构

图纸张数：4张
地上层数：3层

**内容简介**

本套图纸包括：各层建筑平面、立面图等，共4张图纸。
设计功能包括：客厅、厨房、卧室、卫生间等。

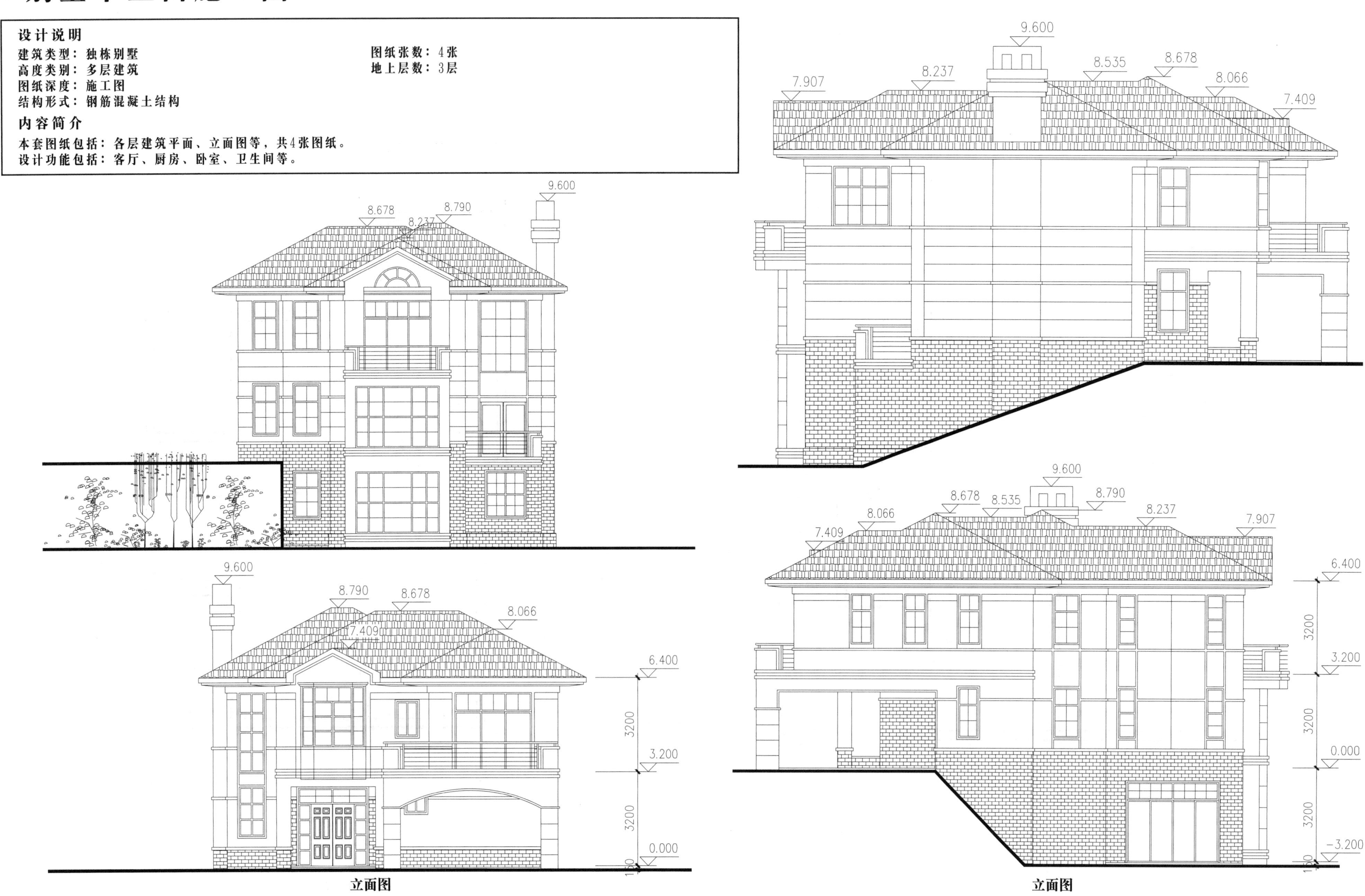

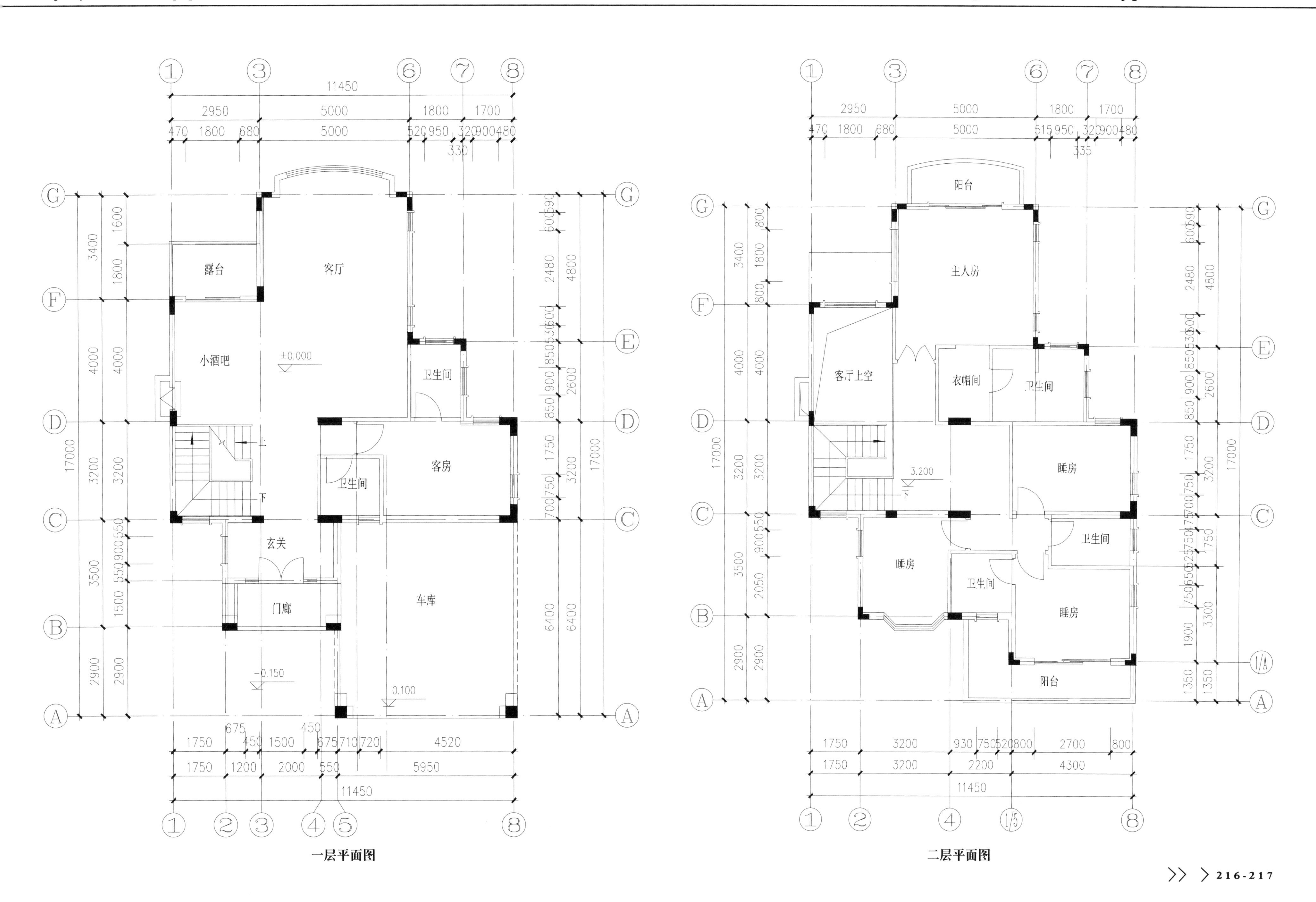
露台
客厅
小酒吧
±0.000
卫生间
客房
卫生间
玄关
门廊
车库
-0.150
0.100
一层平面图
阳台
主人房
客厅上空
衣帽间
卫生间
3.200
睡房
卫生间
睡房
卫生间
睡房
阳台
二层平面图

# >别墅建筑全套施工图（带阁楼）

**设计说明**

建筑类型：独栋别墅
高度类别：多层建筑
图纸深度：施工图
结构形式：钢筋混凝土结构

图纸张数：11张
地上层数：3层

**内容简介**

本套图纸包括：设计说明、节点详图、各层建筑平面、立面图等，共4张图纸。
设计功能包括：客厅、厨房、卧室、卫生间等。

北立面图

东立面图

西立面图

南立面图

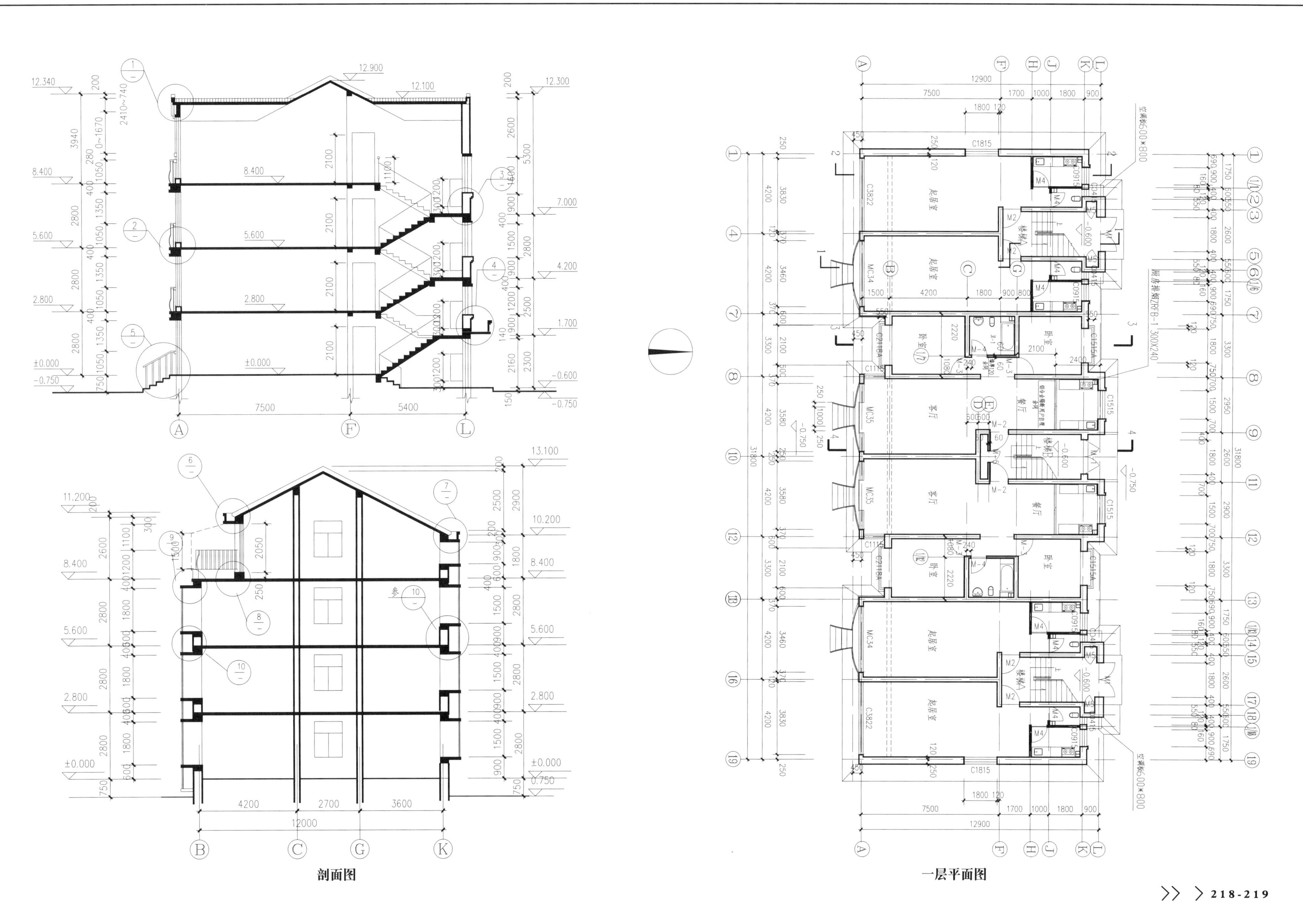
剖面图
一层平面图

# > 深圳华侨城二期别墅群建筑结构施工图

**设计说明**

建筑类型：独栋别墅
高度类别：多层建筑
图纸深度：施工图
结构形式：钢筋混凝土结构

设计风格：现代风格
设计流派：现代
地上层数：3层

**内容简介**

本套图纸包括：设计说明、节点详图、各层建筑平面、立面图等。
设计功能包括：客厅、厨房、卧室、卫生间等。

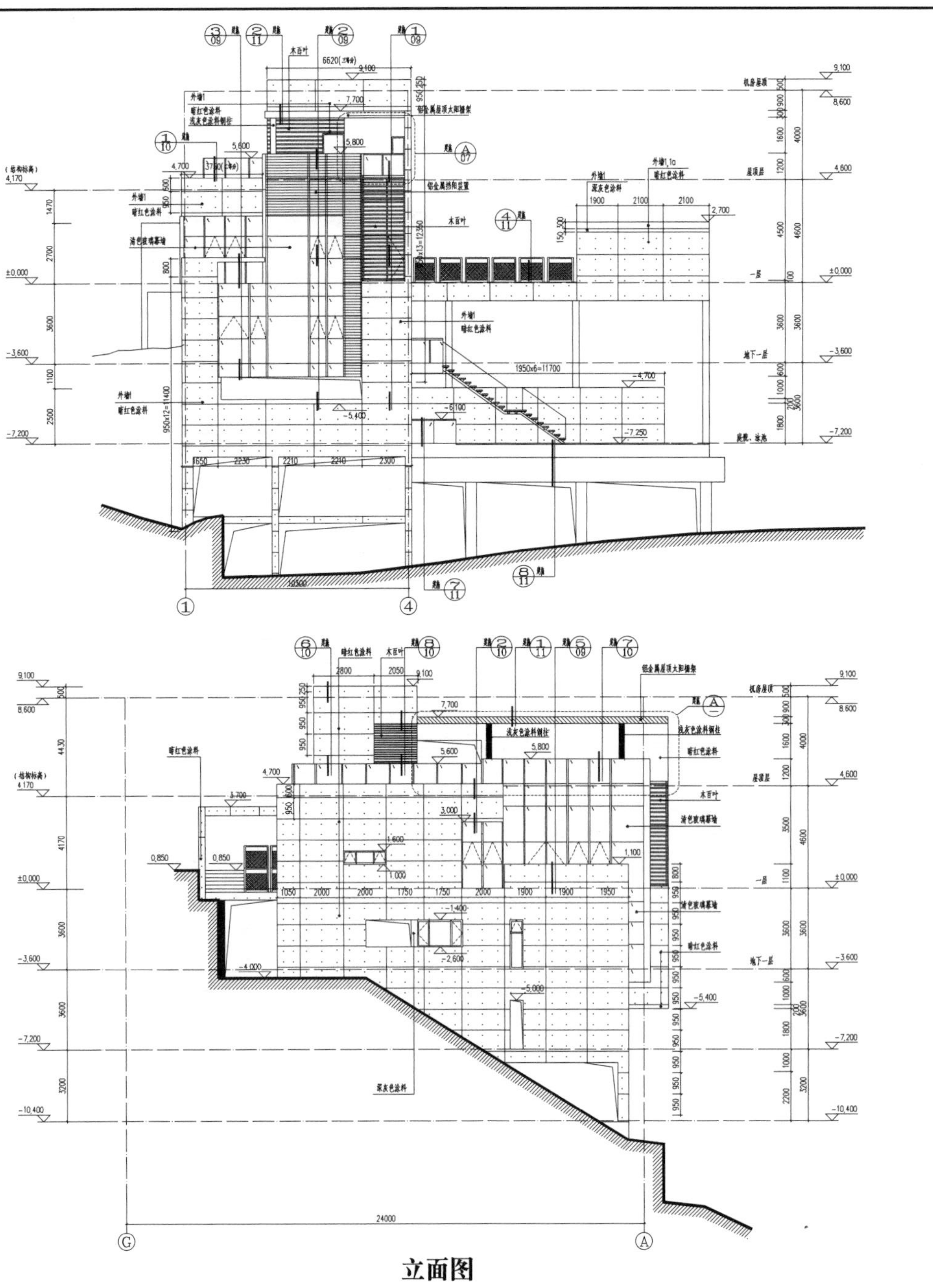

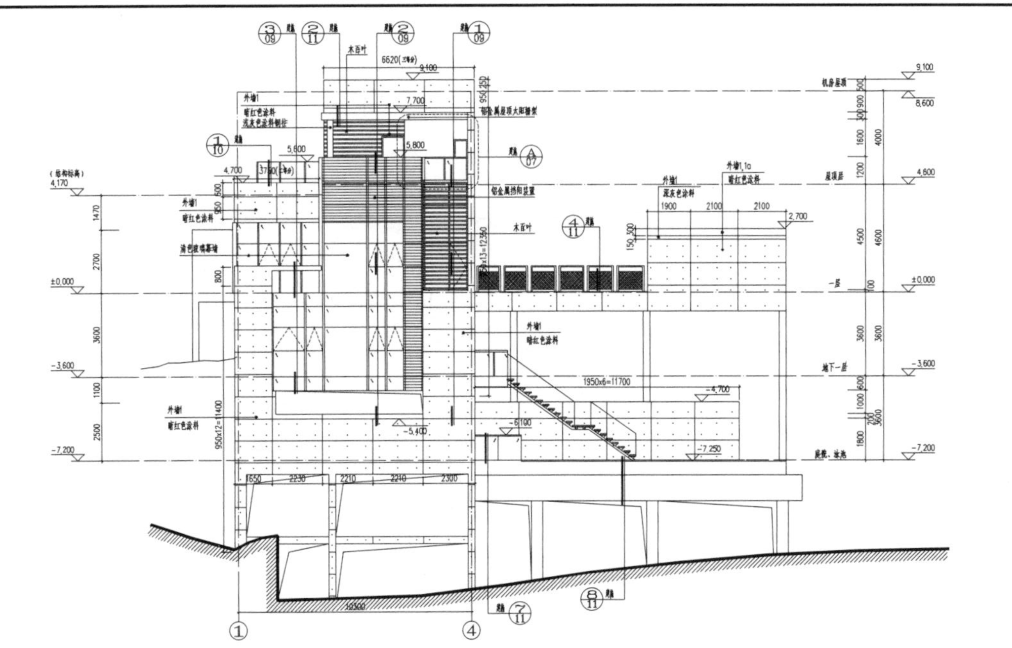

立面图

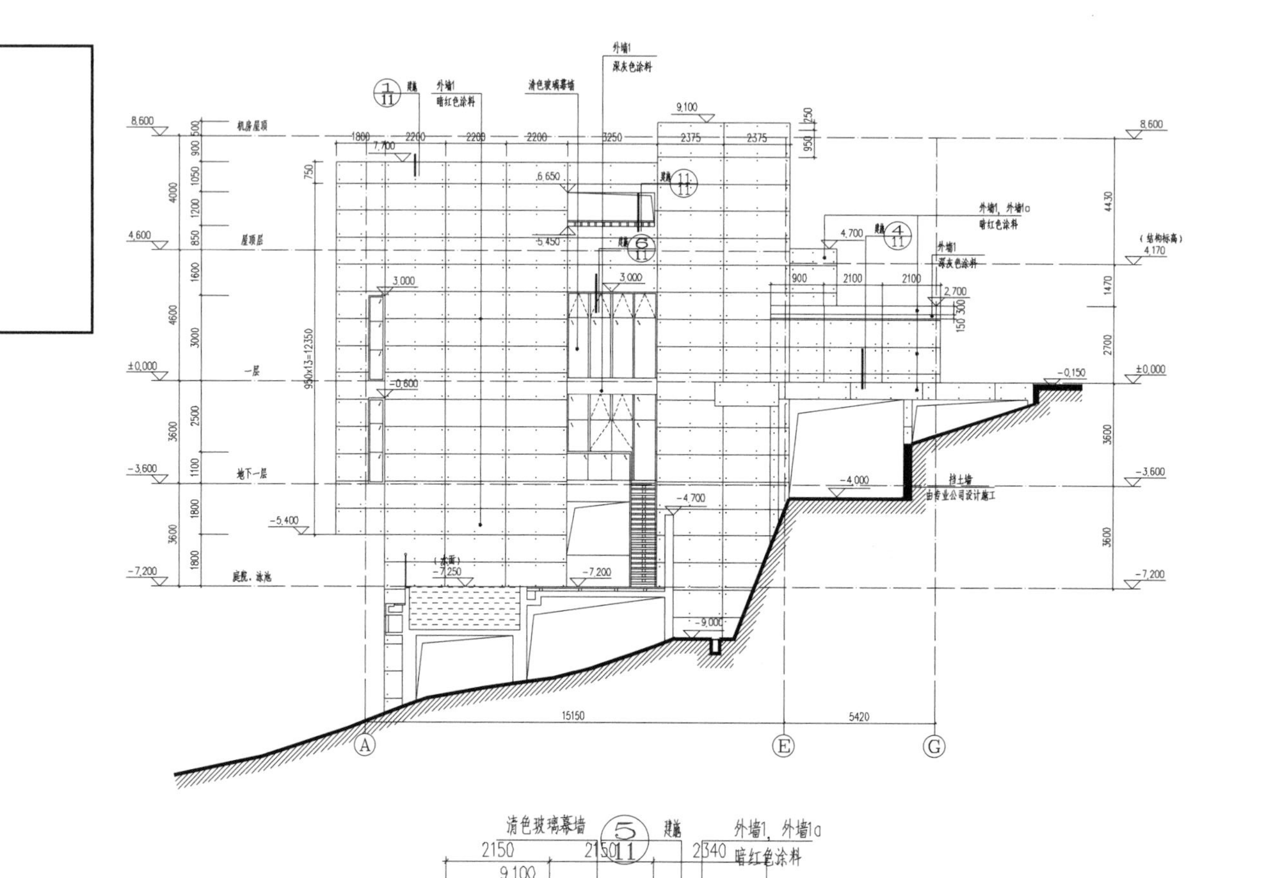


南立面图

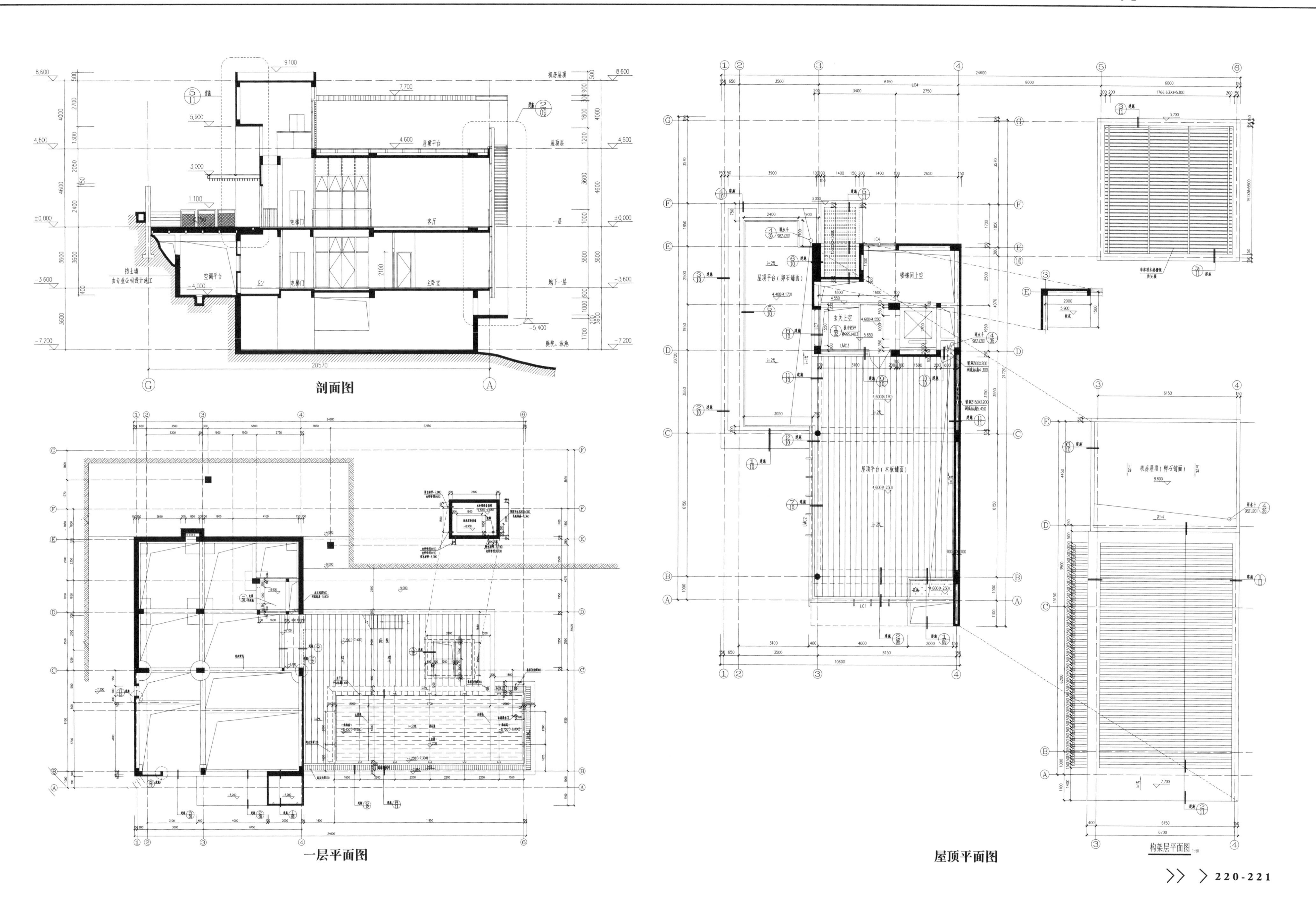
剖面图
一层平面图
屋顶平面图
构架层平面图

# > 别墅建筑结构施工图

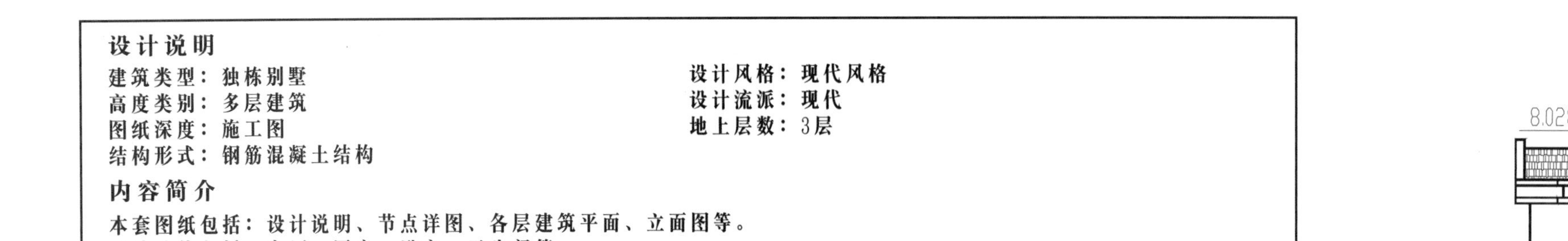

**设计说明**

建筑类型：独栋别墅　　设计风格：现代风格
高度类别：多层建筑　　设计流派：现代
图纸深度：施工图　　地上层数：3层
结构形式：钢筋混凝土结构

**内容简介**

本套图纸包括：设计说明、节点详图、各层建筑平面、立面图等。
设计功能包括：客厅、厨房、卧室、卫生间等。

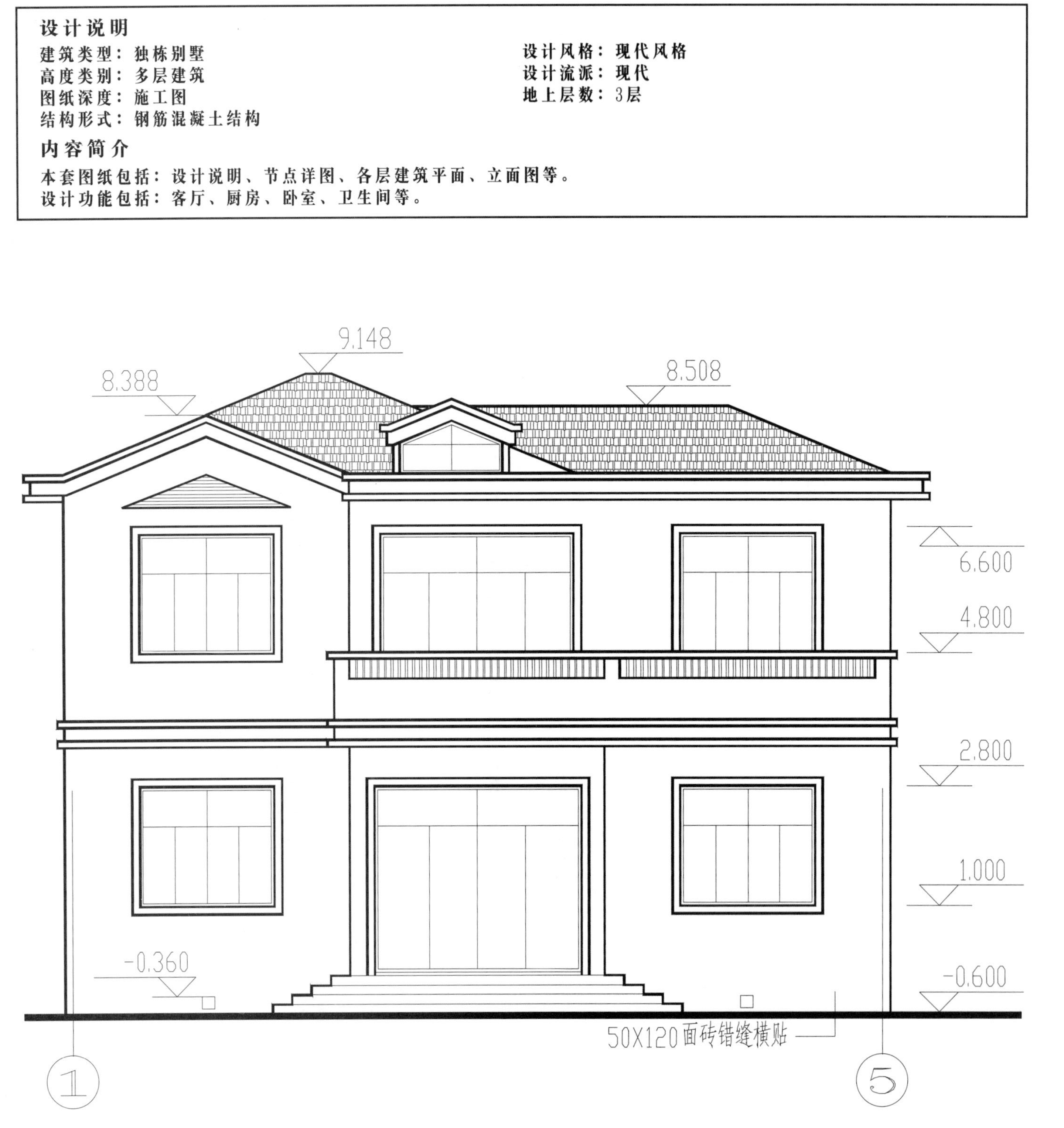


南立面图

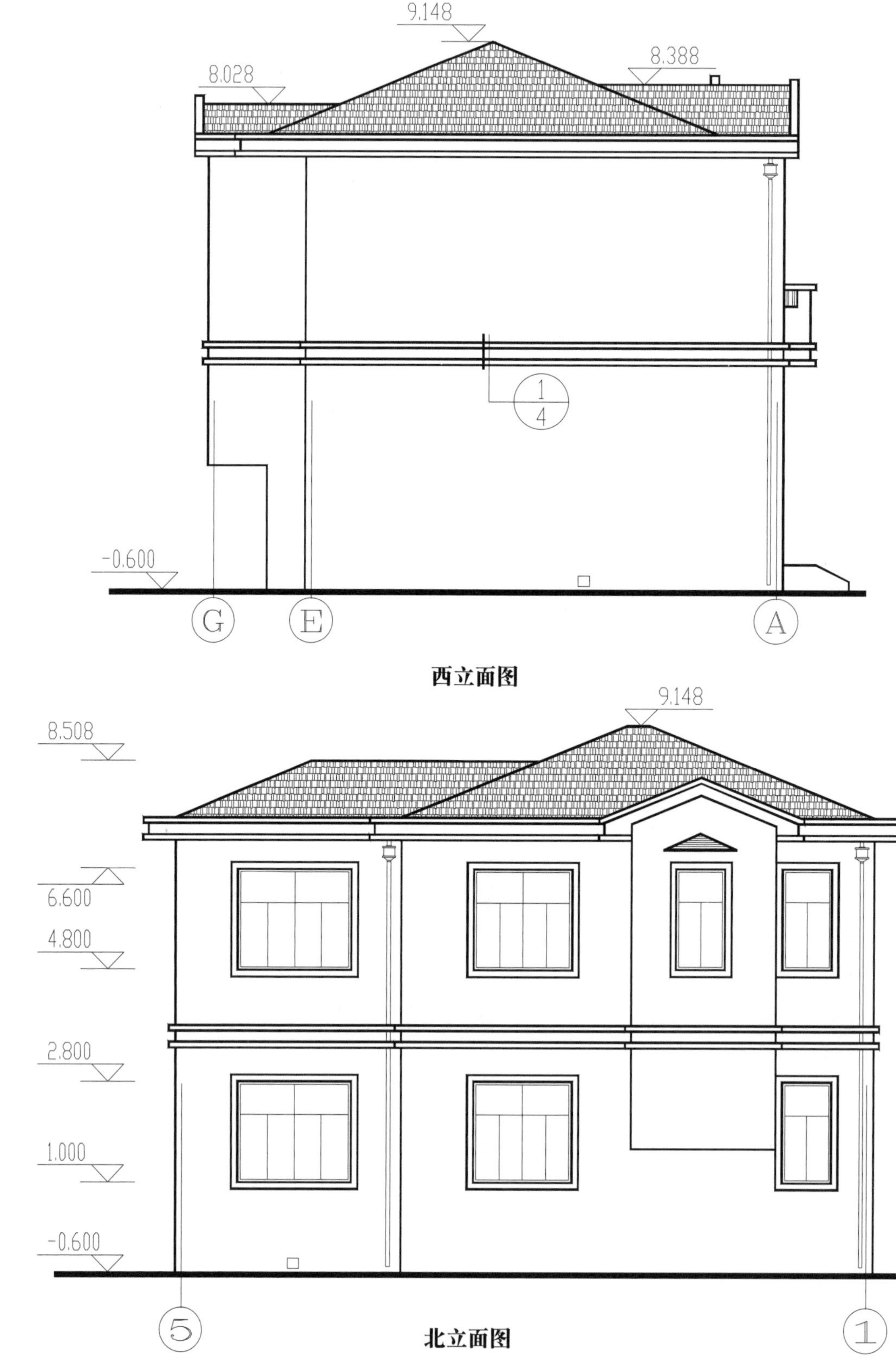


西立面图

北立面图

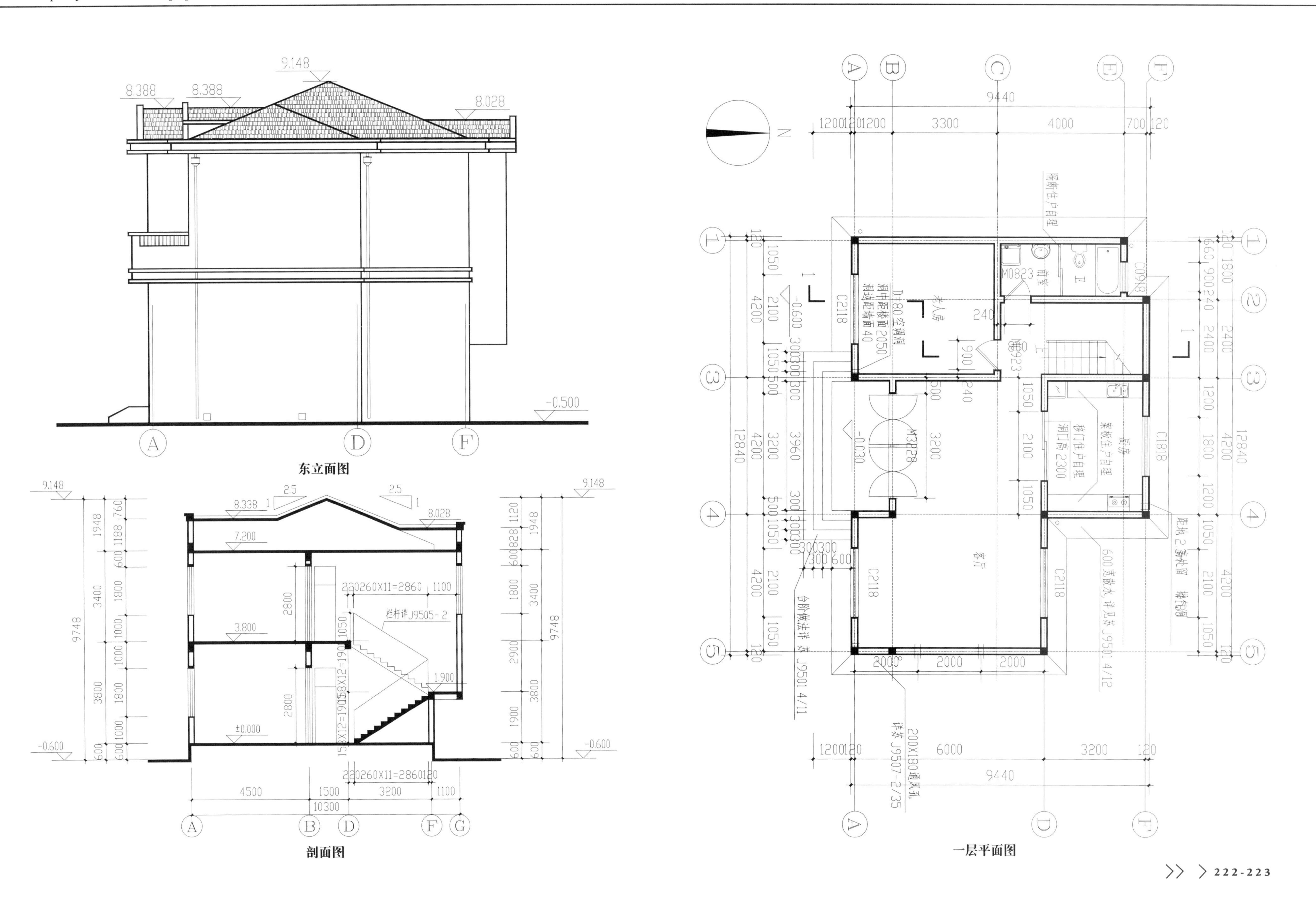
东立面图
剖面图
一层平面图
老人房
厨房
客厅
前室
卫
隔断住户自理
案板住户自理
移门住户自理
洞口高 2300
D=80 空调洞
洞中距楼面 2050
洞边距墙面 40
600宽散水, 详见苏 J9501 4/12
台阶做法详 苏 J9501 4/11
200X180通风孔
详苏 J9507-2/35
栏杆详 J9505-2
M3228
C2118
C1818
C0918
M0823
12840
9440
9748
10300

# 〉松江豪华小区建筑楼群建筑施工图

**设计说明**

建筑类型：独栋别墅　　设计风格：欧陆风格
高度类别：多层建筑　　设计流派：新古典
图纸深度：施工图　　地上层数：2层
结构形式：钢筋混凝土结构

**内容简介**

本套图纸包括：设计说明、节点详图、各层建筑平面、立面图等。
建筑面积：56654㎡　用地面积：71222㎡　容积率：0.7954㎡　建筑密度：25.2%

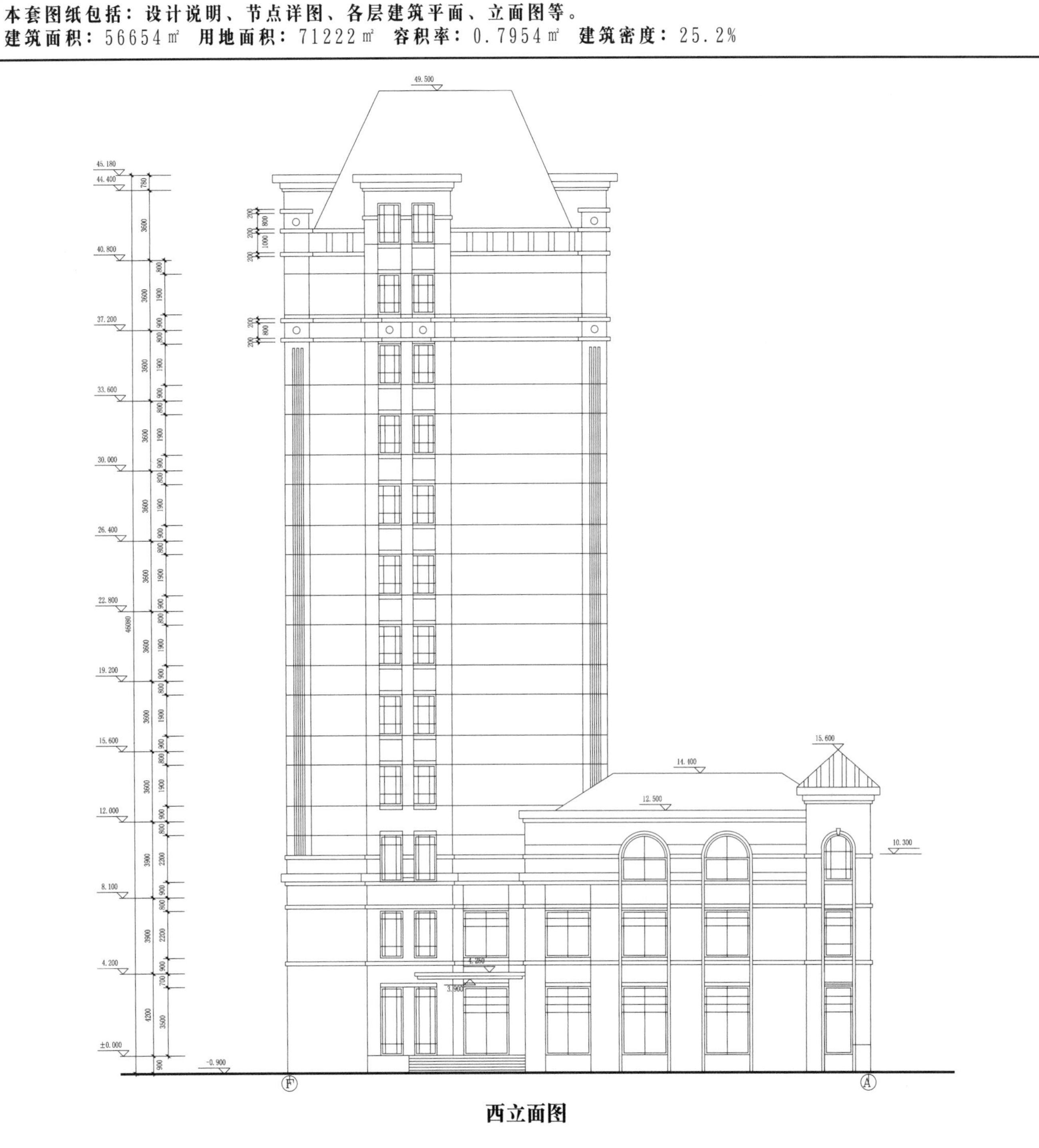

西立面图

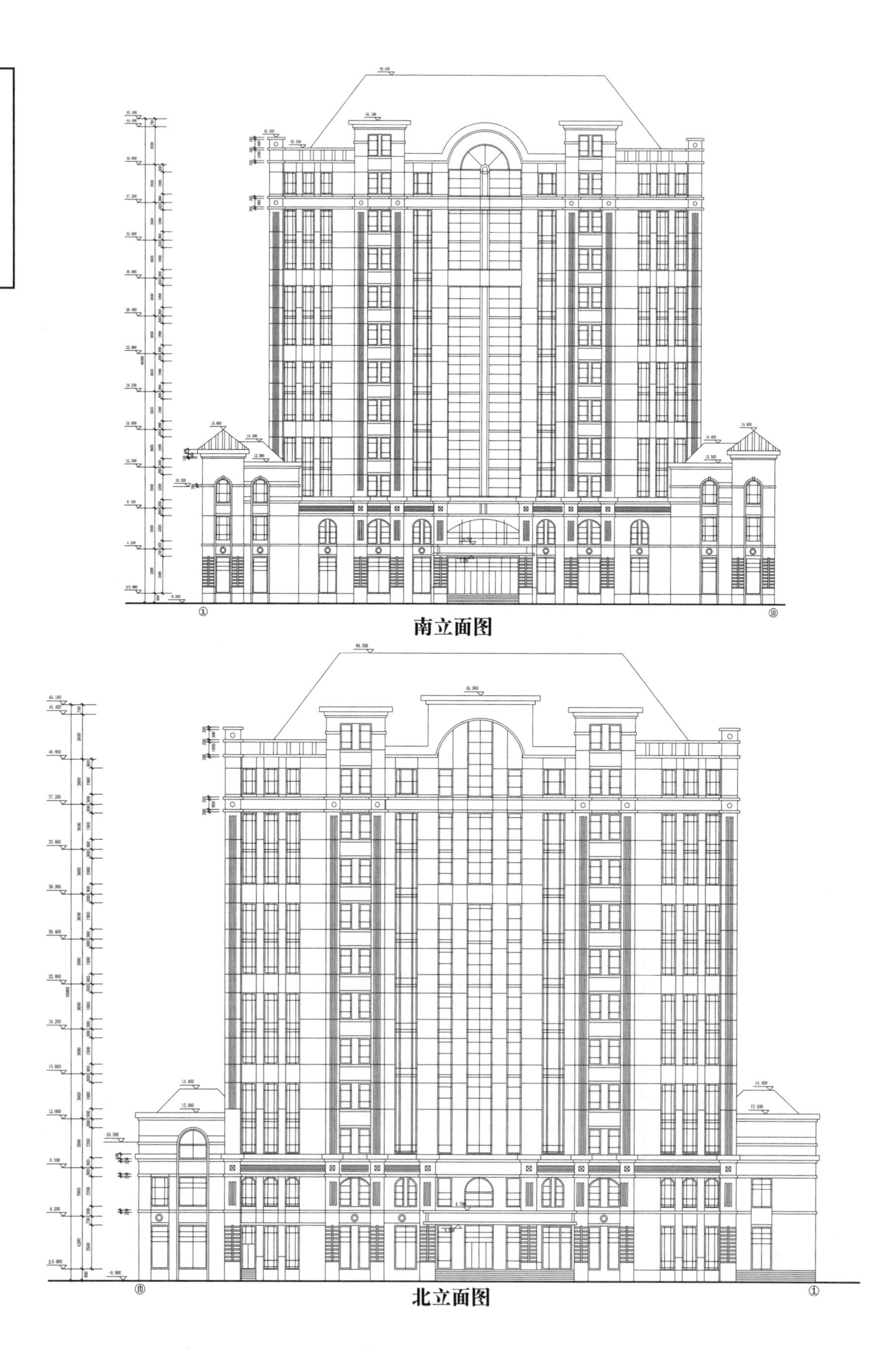

南立面图

北立面图

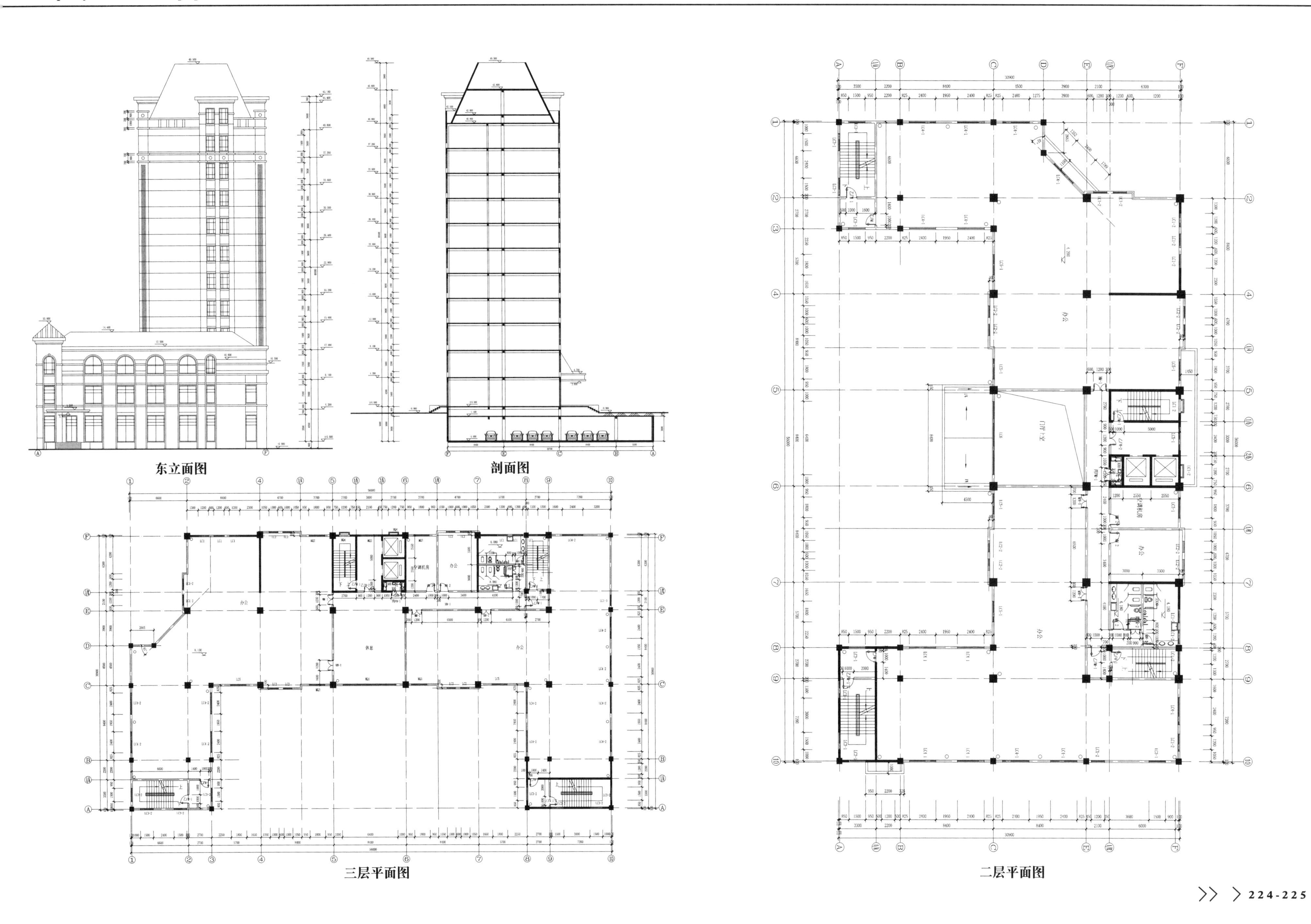
东立面图
剖面图
三层平面图
二层平面图
办公
空调机房
门厅上空

本项目解压密码：58538227

# >北方联体别墅建筑施工图

**设计说明**

建筑类型：联体别墅
高度类别：多层建筑
图纸深度：施工图
结构形式：钢筋混凝土结构

设计风格：欧陆风格
设计流派：新古典
图纸张数：6张
地上层数：2层

**内容简介**

本套图纸包括：平立剖面、节点详图，共六张图纸。
建筑面积为500平方米

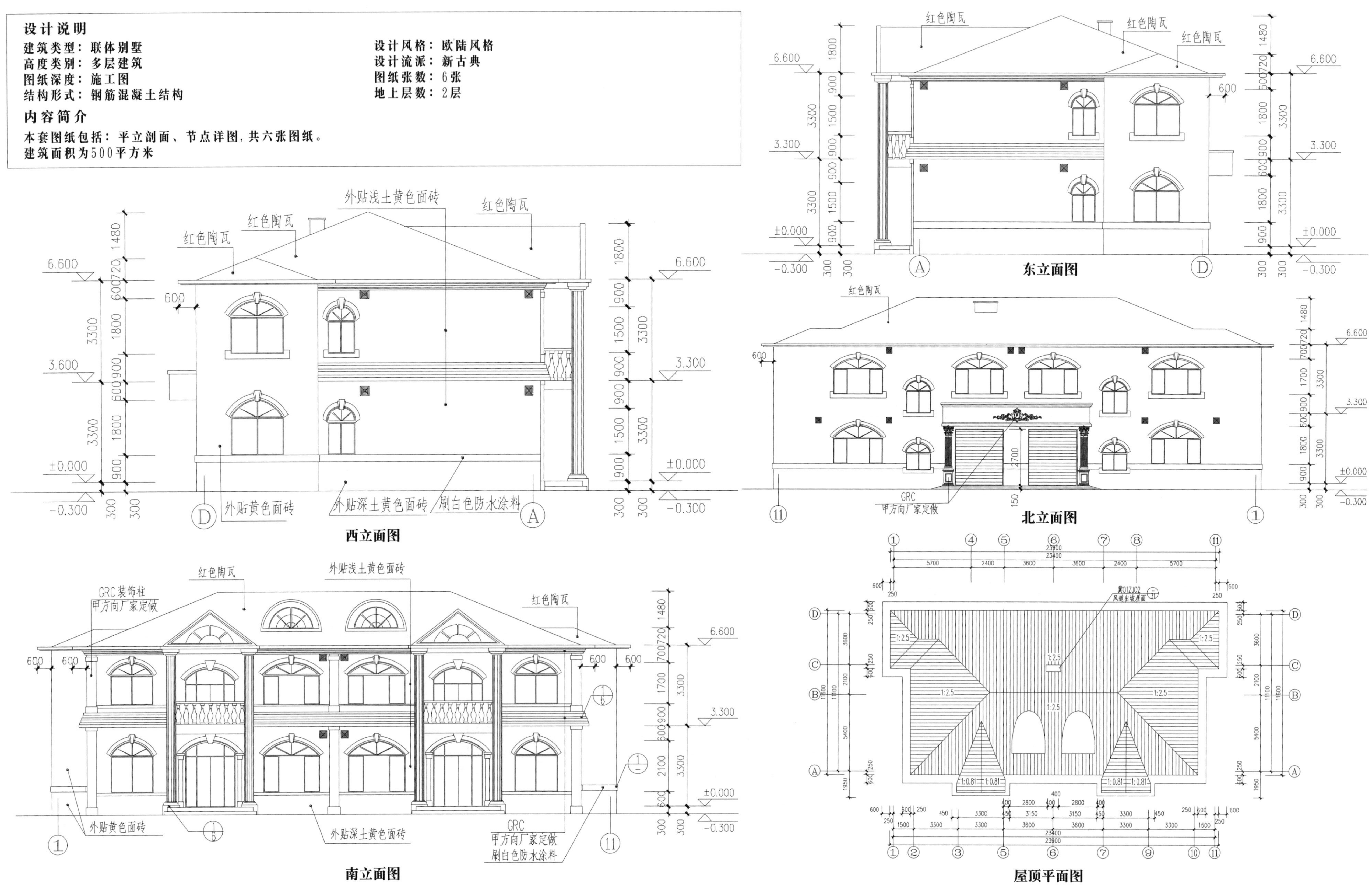

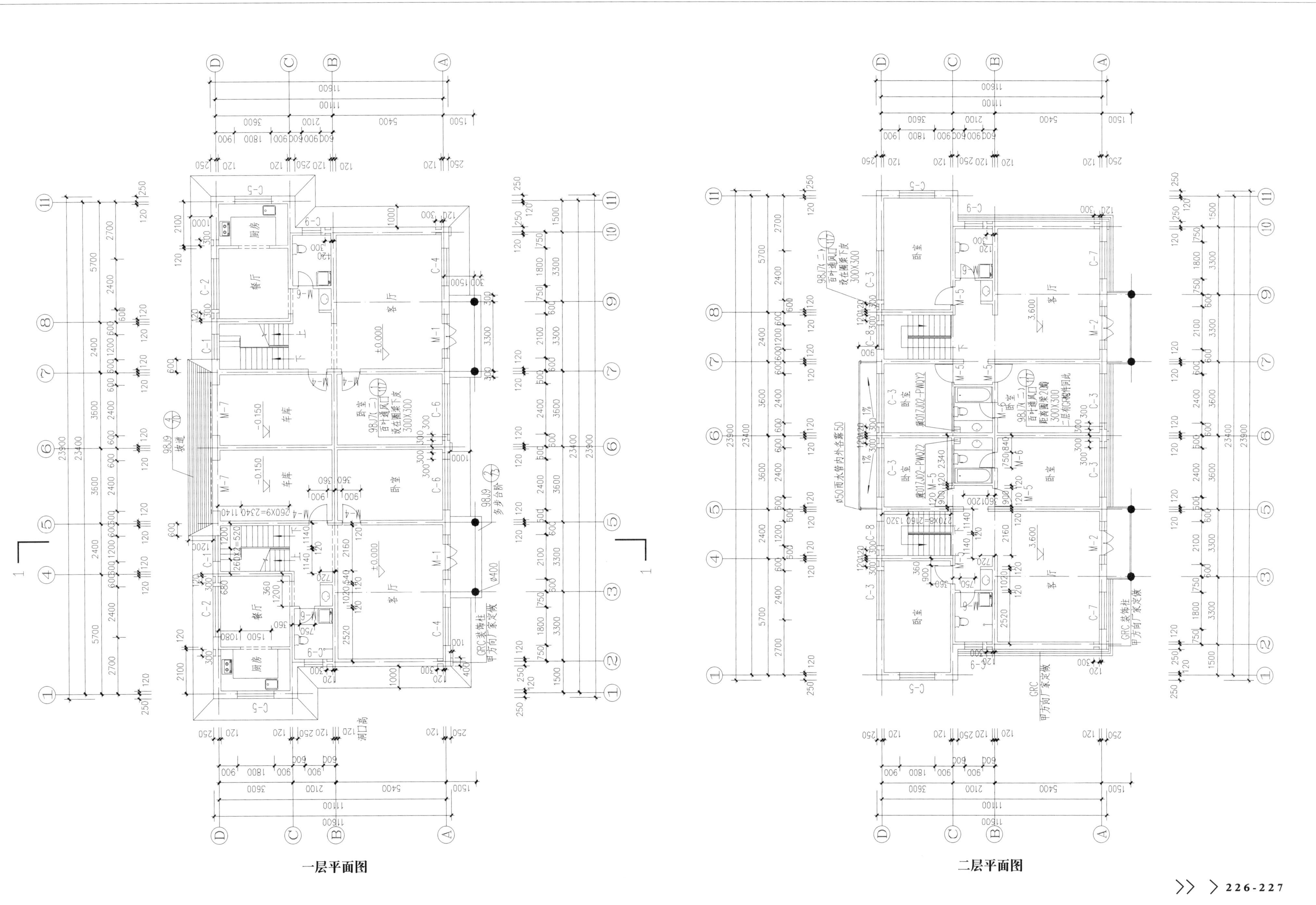


一层平面图

二层平面图

# > 别墅全套建筑结构图

**设计说明**

建筑类型：联体别墅
高度类别：多层建筑
图纸深度：施工图
结构形式：钢筋混凝土结构

设计风格：欧陆风格
设计流派：新古典
图纸张数：20张
地上层数：3层

**内容简介**

本套图纸包括：设计说明、楼梯详图、平立剖面、节点详图，共六张图纸。
设计功能包括：客厅、餐厅、卧室、卫生间、阳台等。

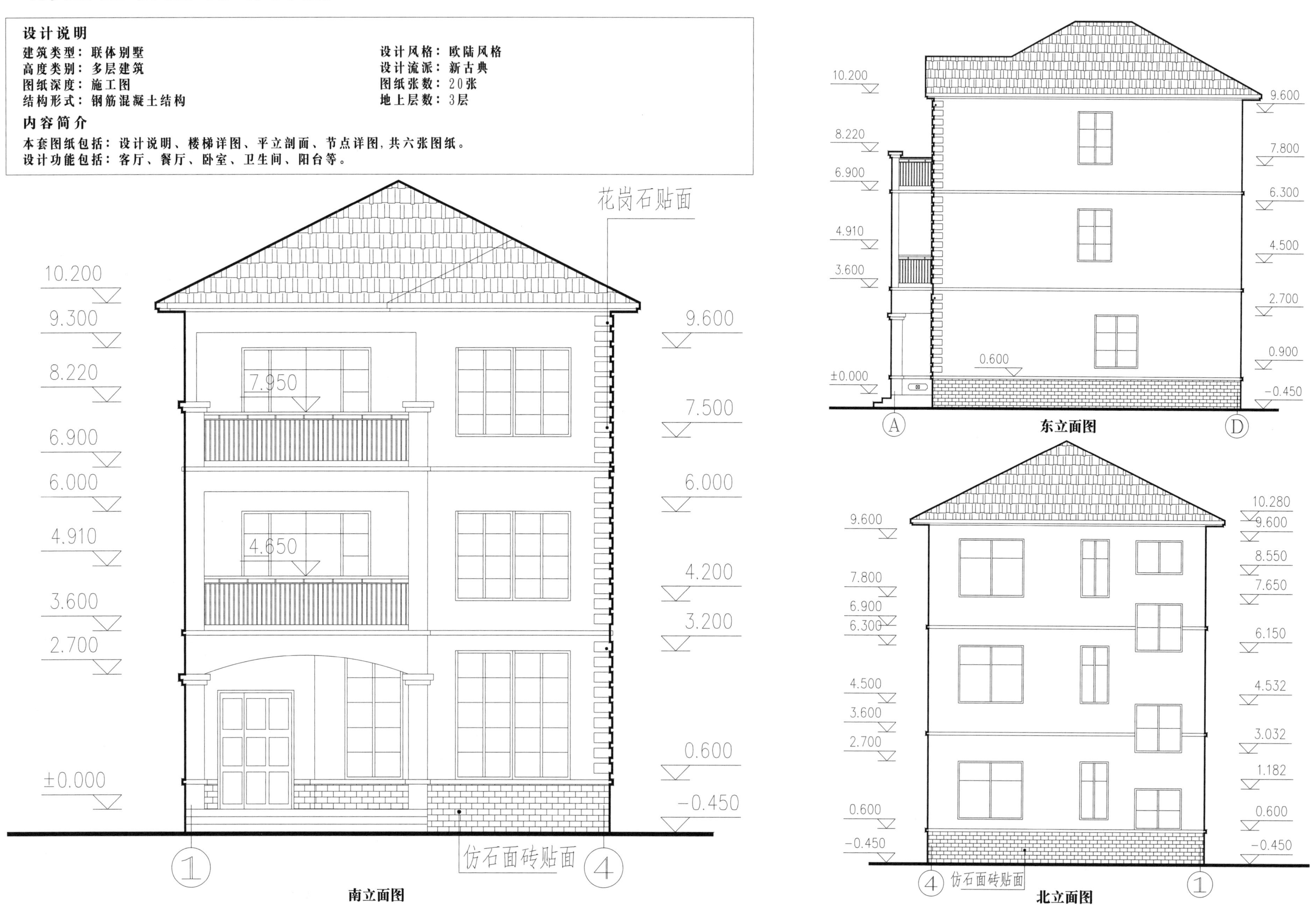

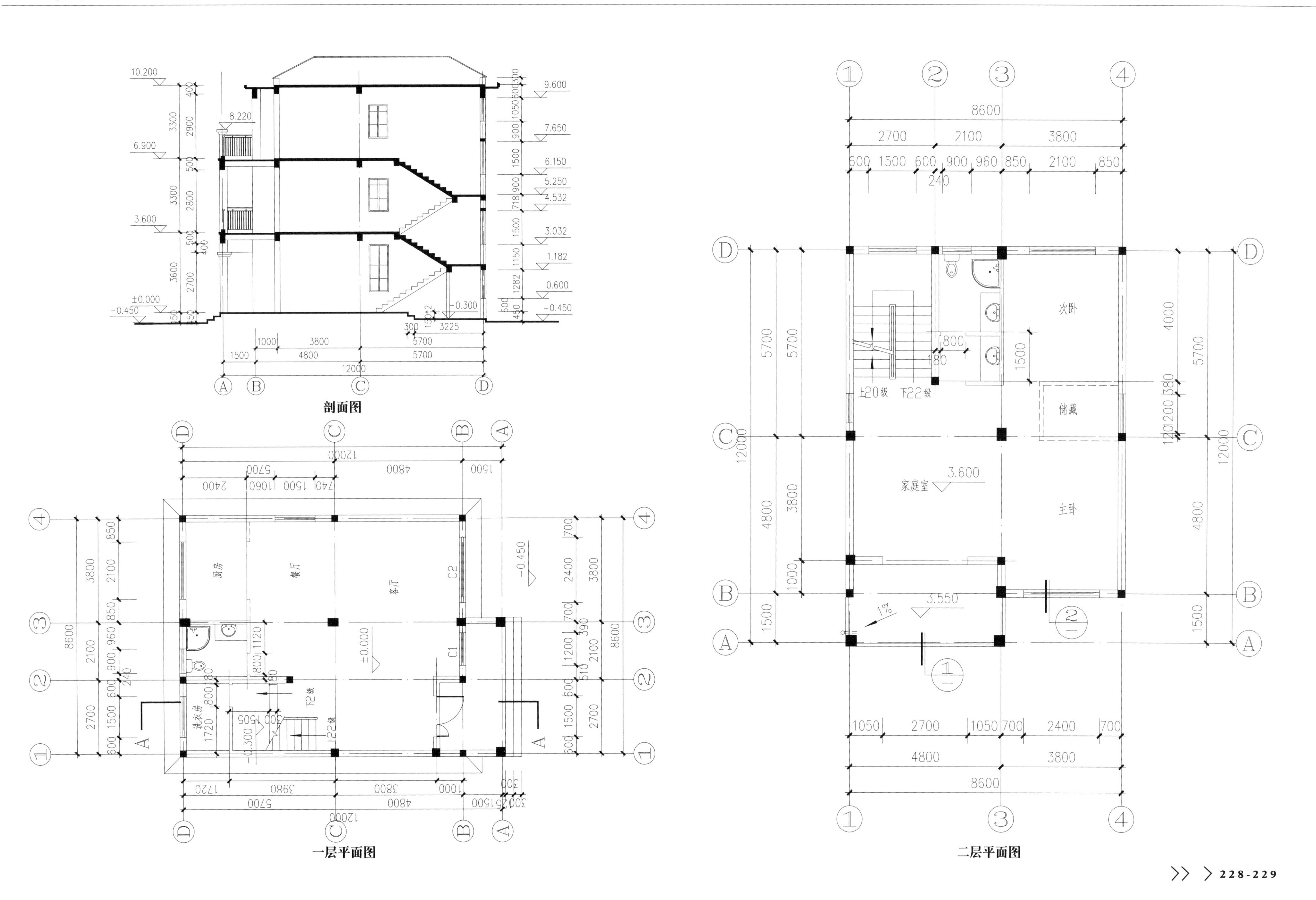
剖面图
一层平面图
二层平面图
厨房
餐厅
客厅
洗衣房
次卧
储藏
家庭室
主卧

本项目解压密码：76150880

# 》别墅建筑施工图

**设计说明**

建筑类型：独栋别墅　　设计风格：欧陆风格
高度类别：多层建筑　　设计流派：新古典
图纸深度：施工图　　图纸张数：6张
结构形式：钢筋混凝土结构　　地上层数：3层

**内容简介**

本套图纸包括：平立剖面、楼梯间详图、栏杆详图、卫生间大样、其他大样，共六张图纸。
设计功能包括：客厅、餐厅、卧室、卫生间、阳台等。

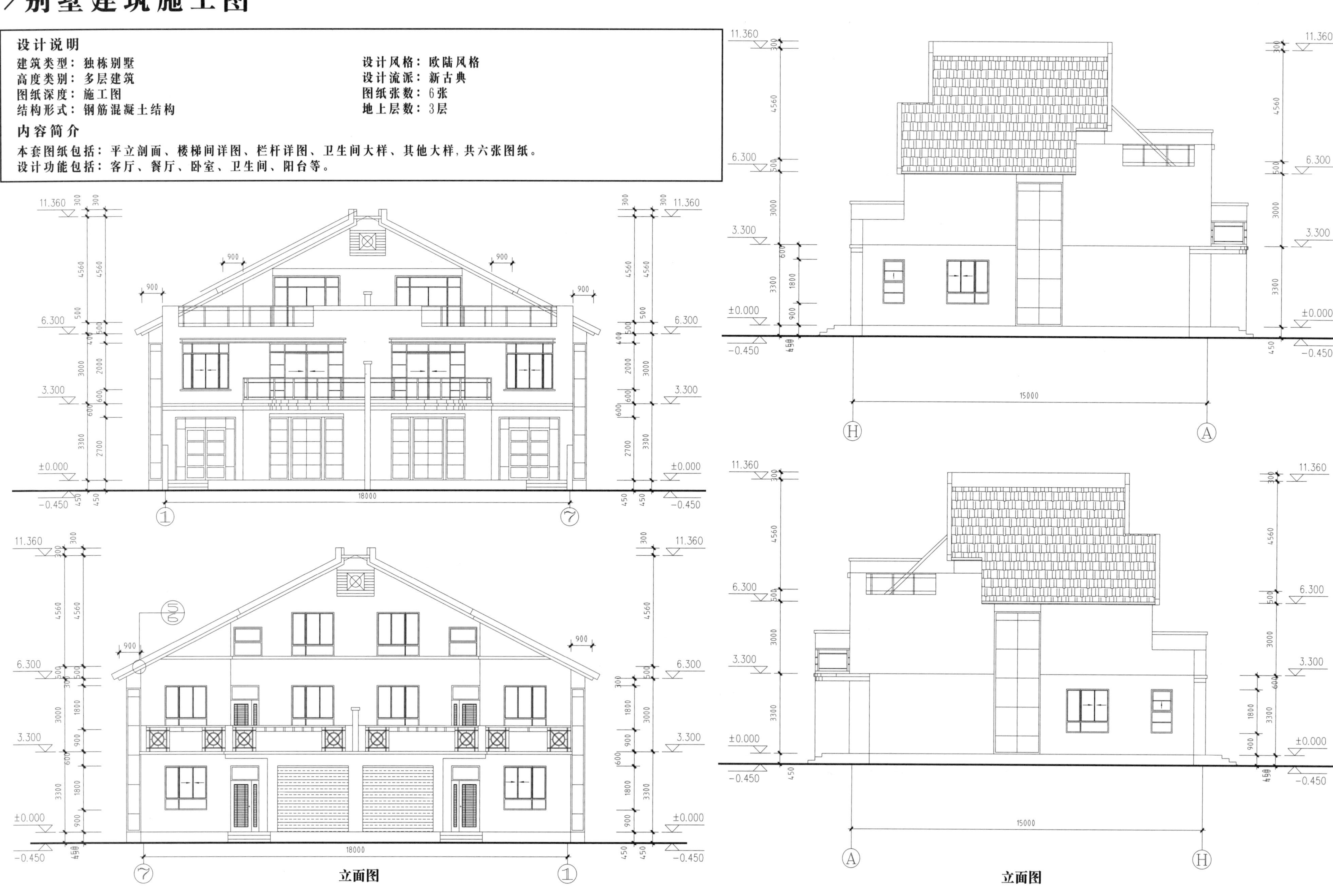

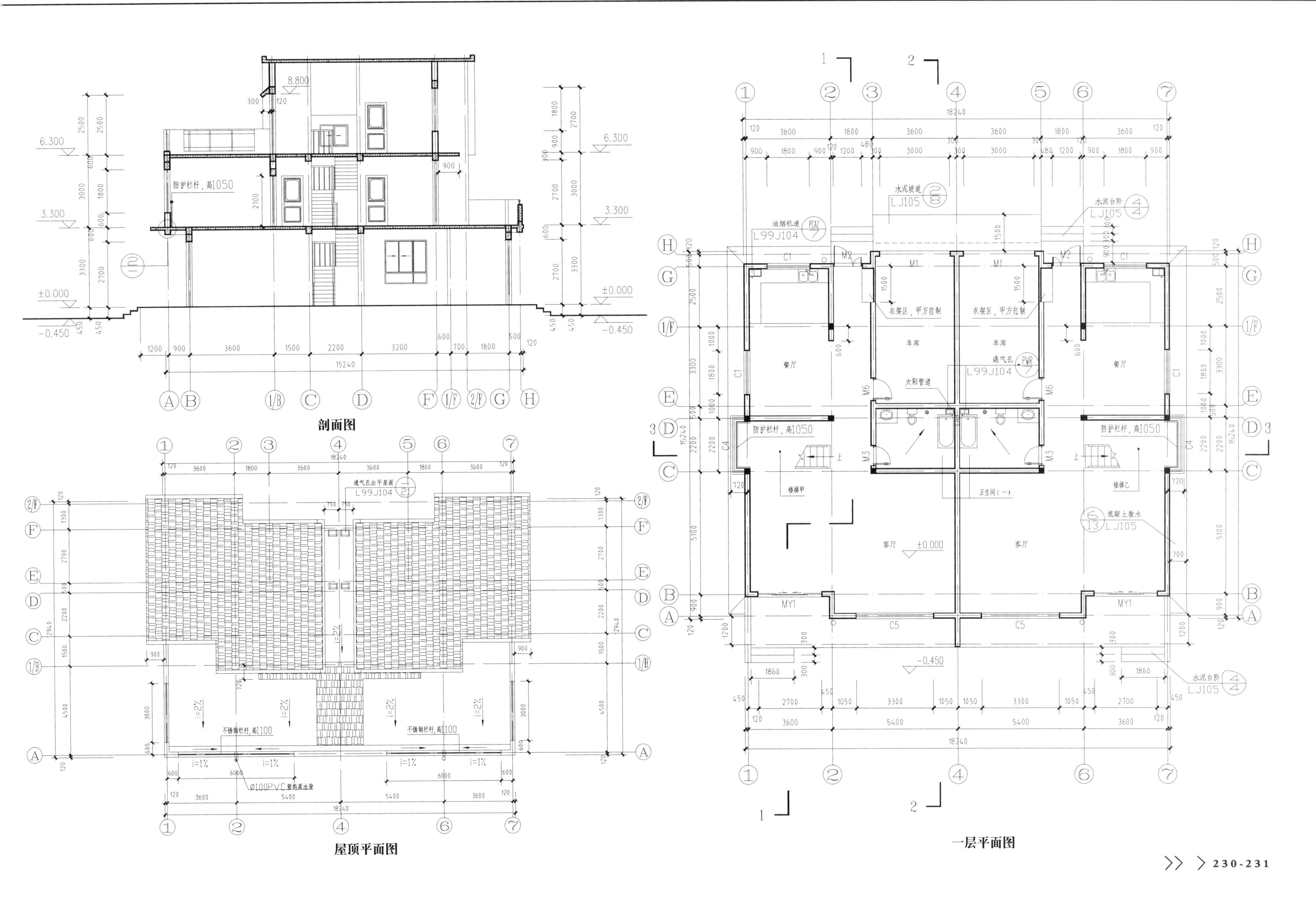
剖面图
屋顶平面图
一层平面图
防护栏杆，高1050
水泥坡道 LJ105
油烟机道 L99J104
水泥台阶 LJ105
衣架区，甲方自制
车库
餐厅
客厅
太阳管道
通气孔 L99J104
楼梯甲
楼梯乙
卫生间（一）
混凝土散水 LJ105
不锈钢栏杆，高1100
通气孔出于屋面 L99J104
Ø100PVC塑料落水管

# > 成套别墅建筑施工图

**设计说明**

建筑类型：独栋别墅　　设计风格：欧陆风格
高度类别：多层建筑　　设计流派：新古典
图纸深度：施工图　　图纸张数：24张
结构形式：钢筋混凝土结构　　地上层数：4层

**内容简介**

本套图纸包括：设计说明、平立剖面、楼梯间详图、卫生间大样、其他大样，共24张图纸。
建筑面积：663.82㎡　建筑高度：13.80m

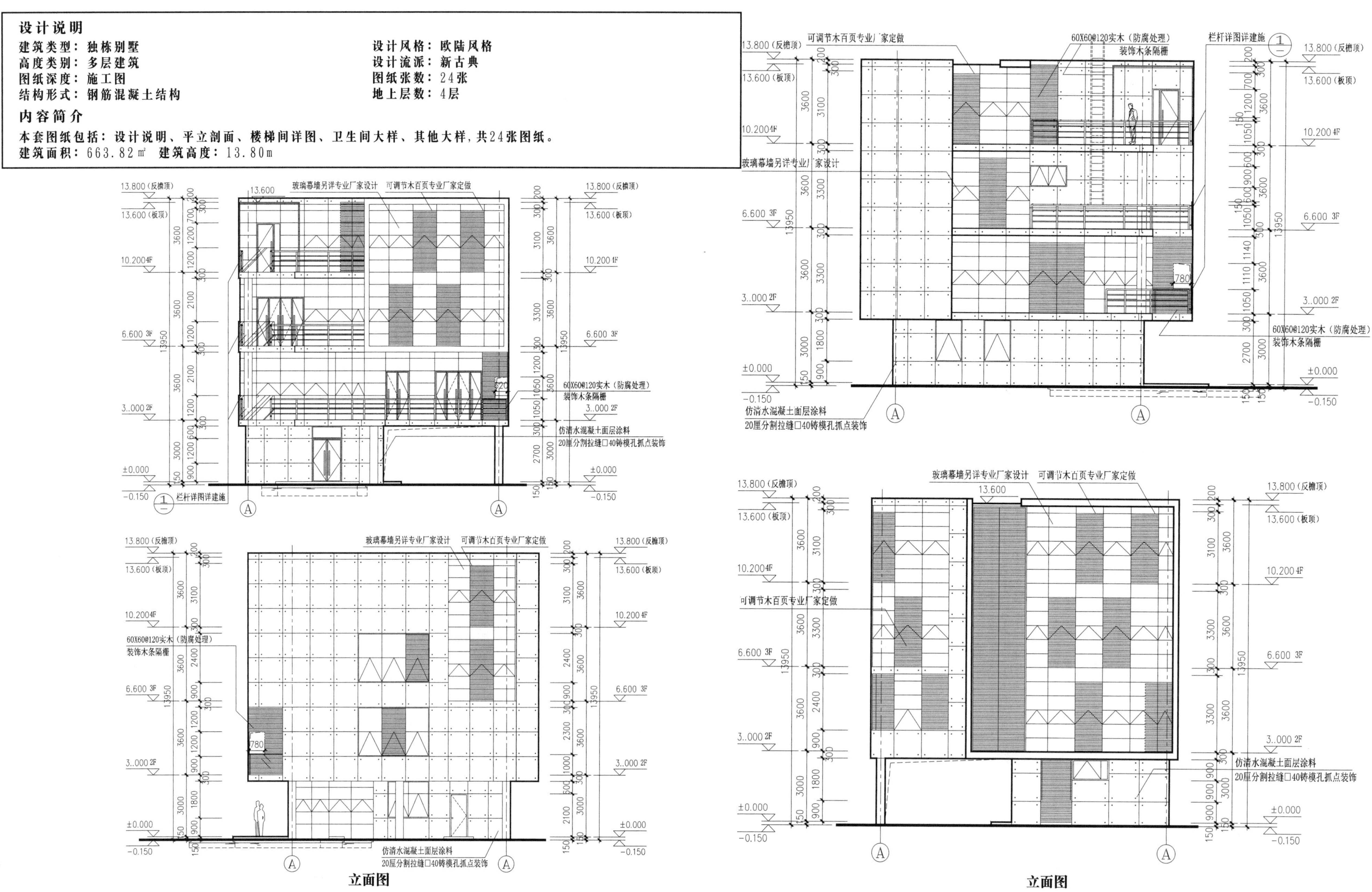

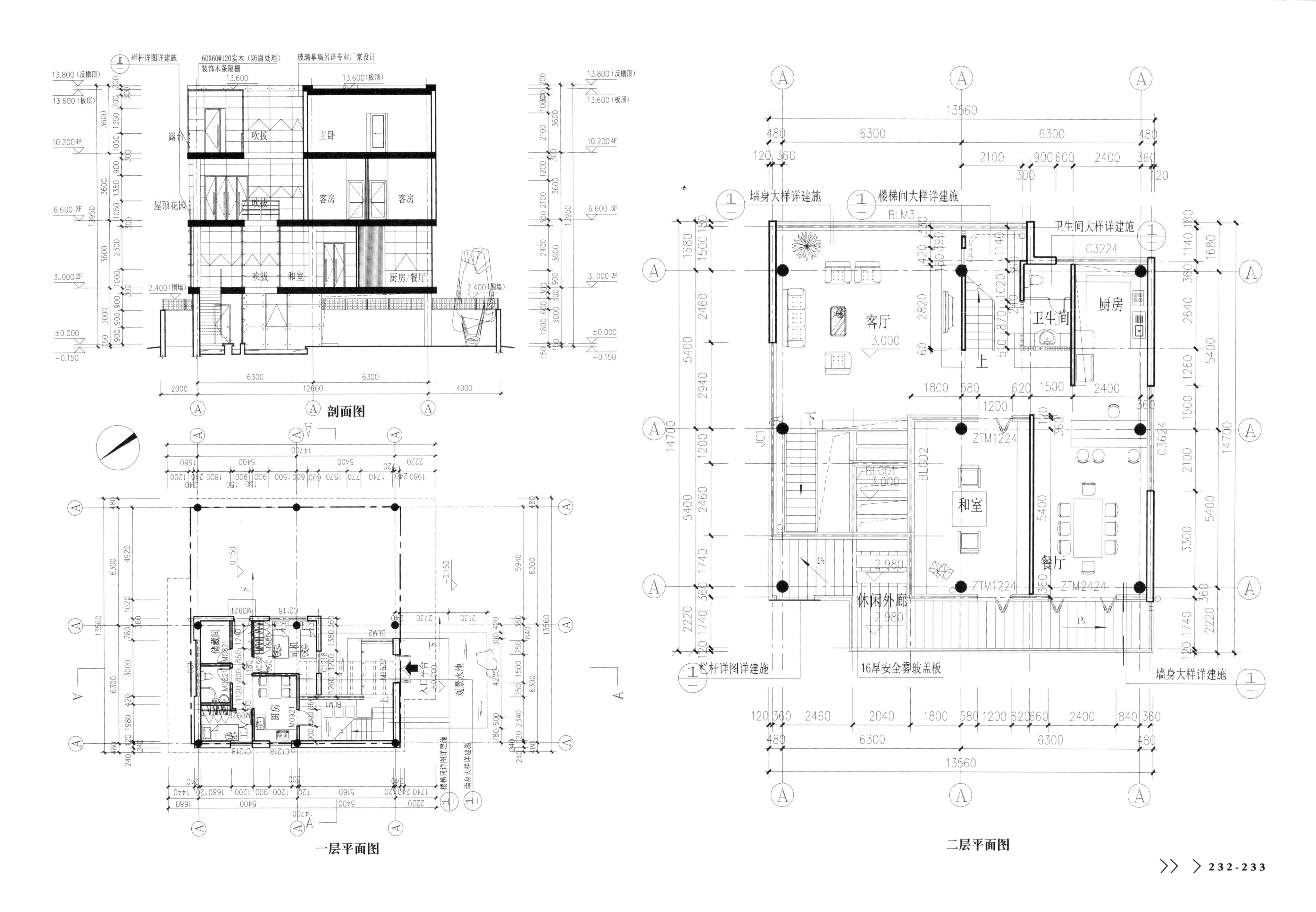


剖面图

一层平面图

二层平面图

本项目解压密码：62678634

# > 联排现代别墅建筑施工图

**设计说明**

建筑类型：联排别墅　　设计风格：现代风格
高度类别：多层建筑　　设计流派：现代
图纸深度：施工图　　图纸张数：6张
结构形式：钢筋混凝土结构　　地上层数：3层

**内容简介**

本套图纸包括：设计说明、平立剖面、楼梯间详图、卫生间大样、其他大样，共6张图纸。
设计功能包括：餐厅、客厅、卧室、卫生间、厨房等。

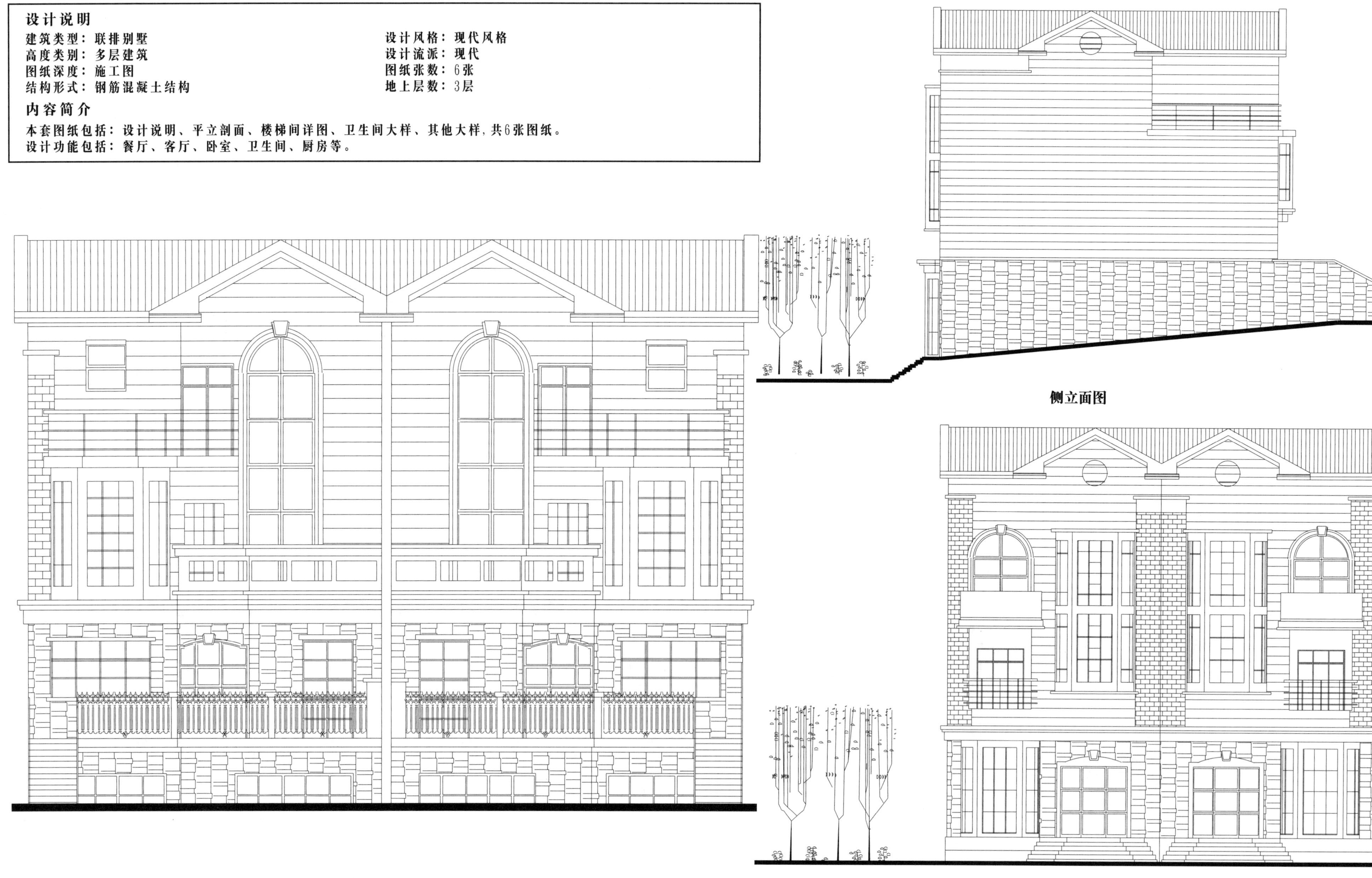

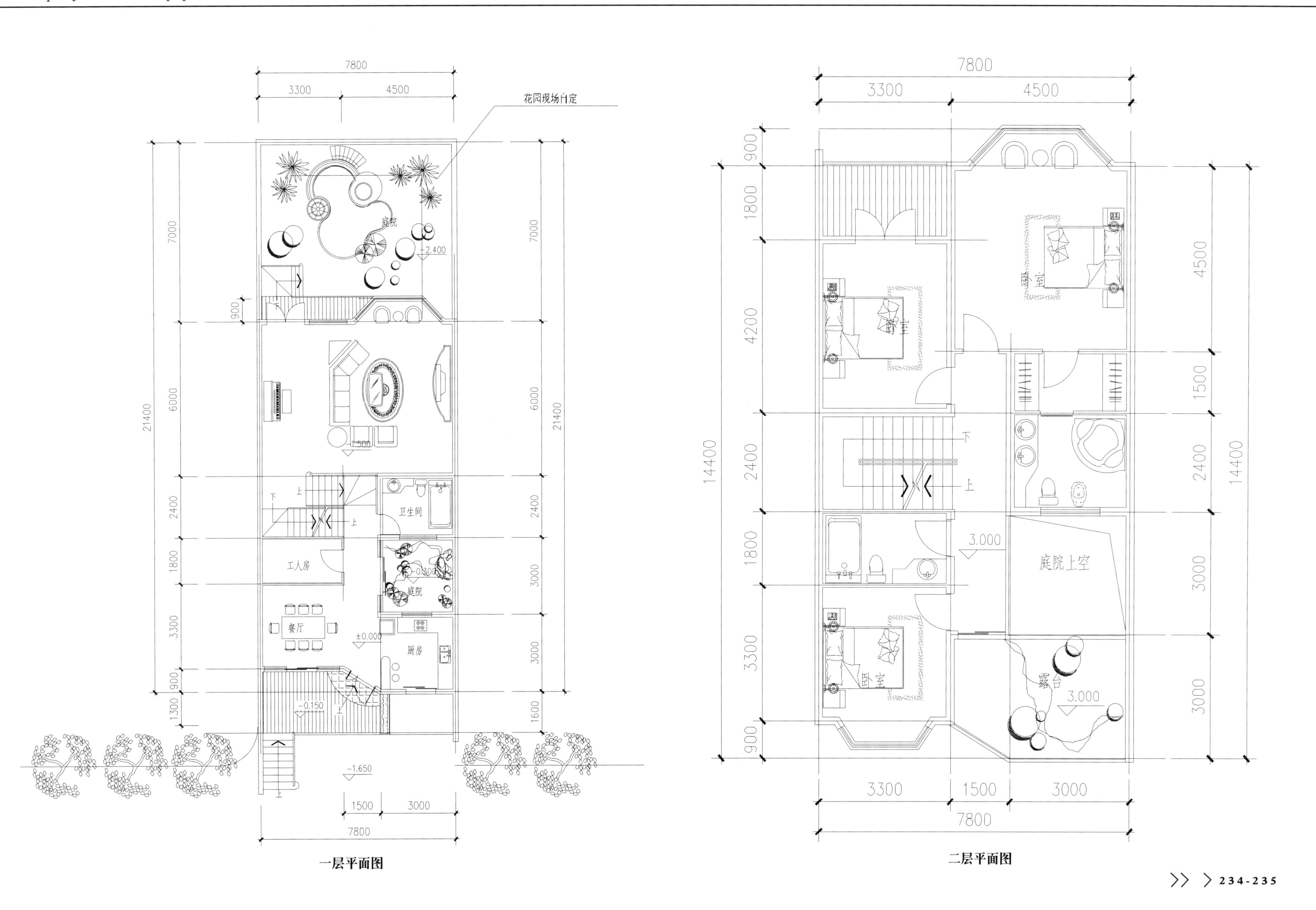
7800
3300
4500
花园现场自定
7000
6000
2400
1800
3300
900
1300
21400
3000
1600
庭院
2.400
1.500
卫生间
工人房
庭院
-0.300
餐厅
±0.000
厨房
-0.150
-1.650
1500
一层平面图
14400
4200
卧室
下
上
3.000
庭院上空
露台
二层平面图

# > 联体别墅建筑施工图

**设计说明**

| | |
|---|---|
| 建筑类型：联排别墅 | 设计风格：现代风格 |
| 高度类别：多层建筑 | 设计流派：现代 |
| 图纸深度：施工图 | 图纸张数：13张 |
| 结构形式：钢筋混凝土结构 | 地上层数：5层 |

**内容简介**

本套图纸包括：设计说明、图纸目录、平立剖面、楼梯详图，共13张图纸。

建筑面积：2050平方米

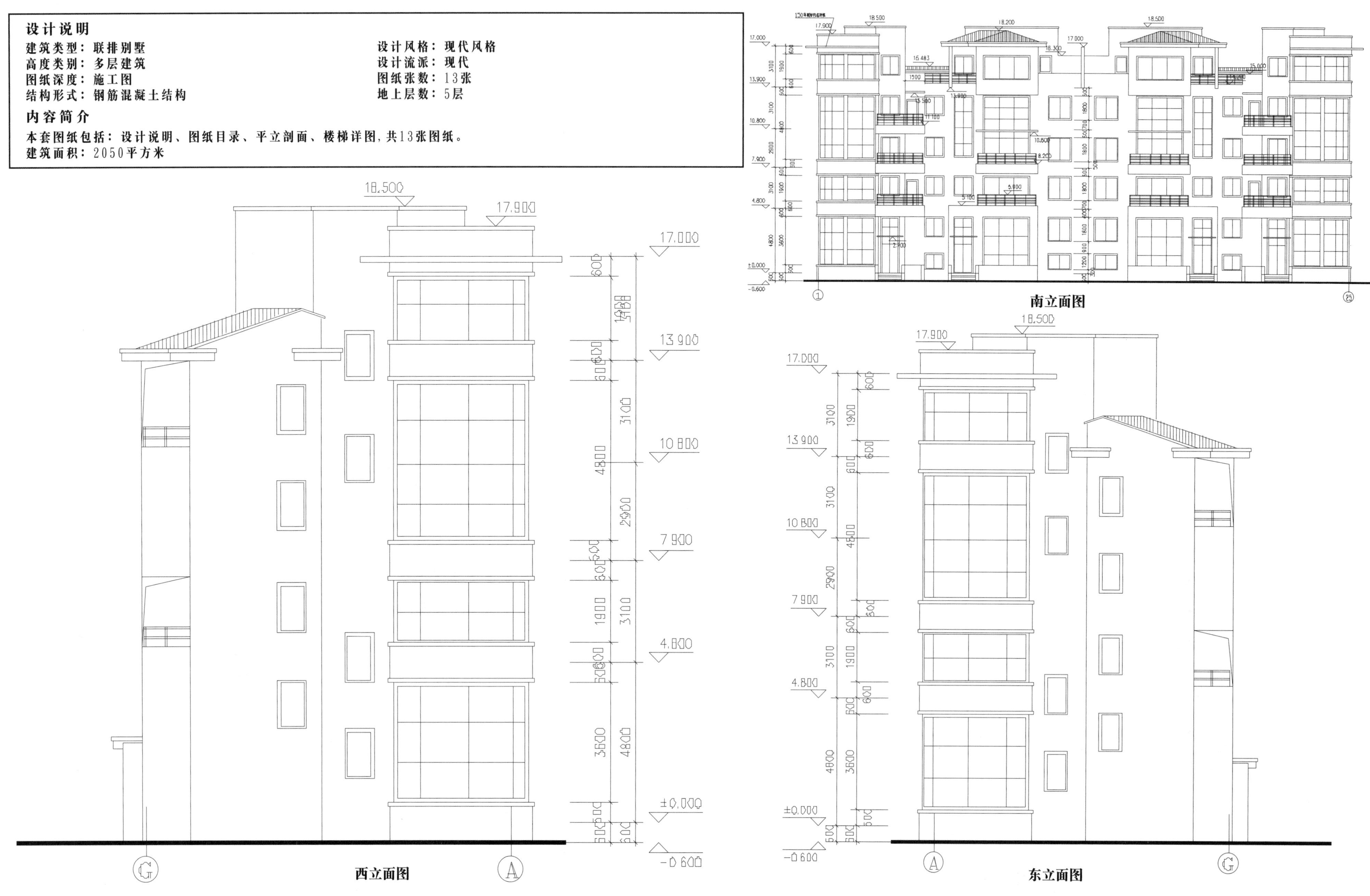

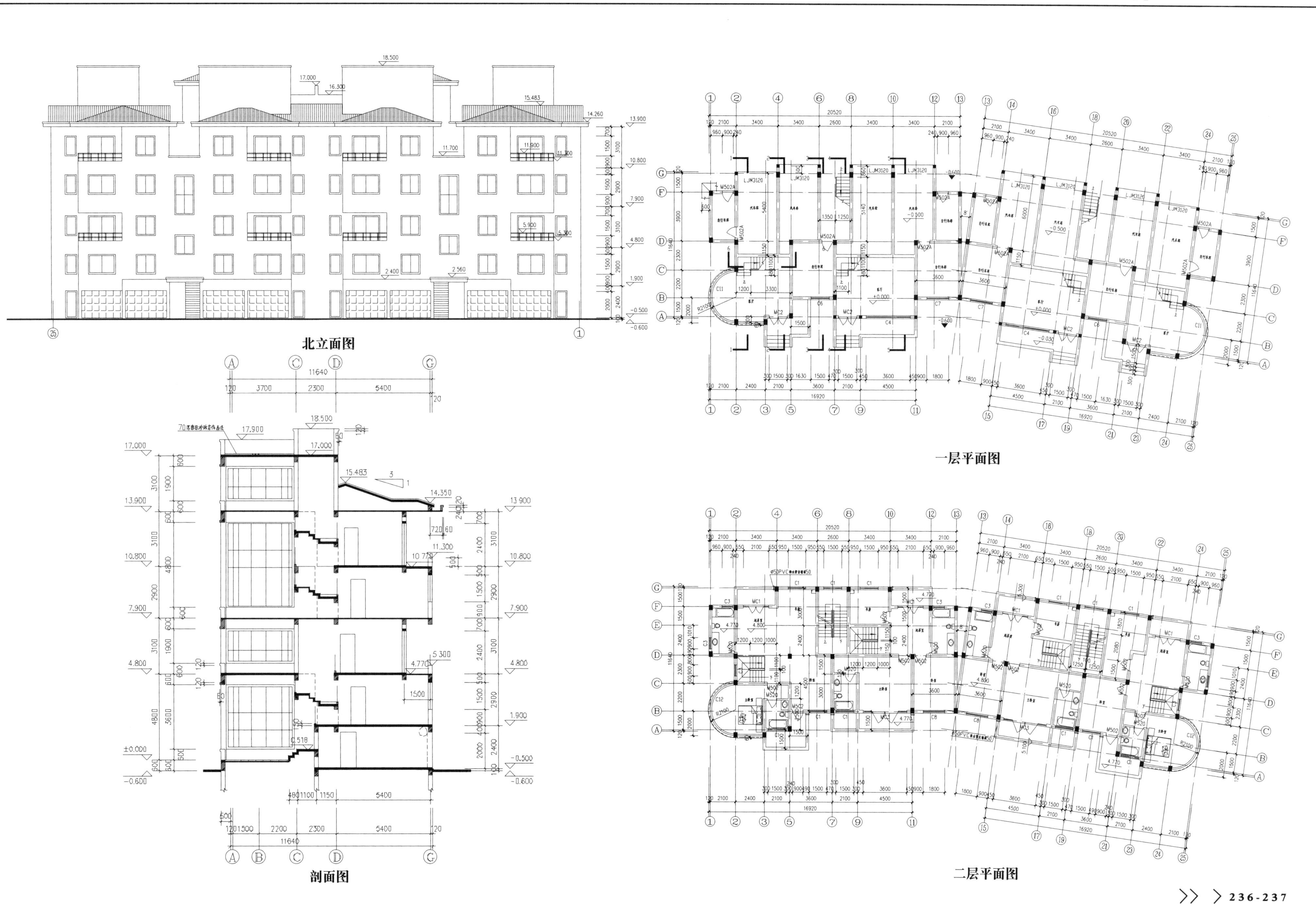

北立面图

剖面图

一层平面图

二层平面图

# 》独栋别墅建筑方案图（含效果图）

**设计说明**

建筑类型：独栋别墅　　设计风格：现代风格
高度类别：多层建筑　　设计流派：现代
图纸深度：施工图　　图纸张数：32张
结构形式：钢筋混凝土结构　　地上层数：5层

**内容简介**

本套图纸包括：各层平面图，立面图，剖面图，总面图，效果图，共32张图纸。
建筑面积：726㎡　用地面积：1563㎡　建筑密度：24%　建筑高度：7.12m　地下室建筑面积：240㎡

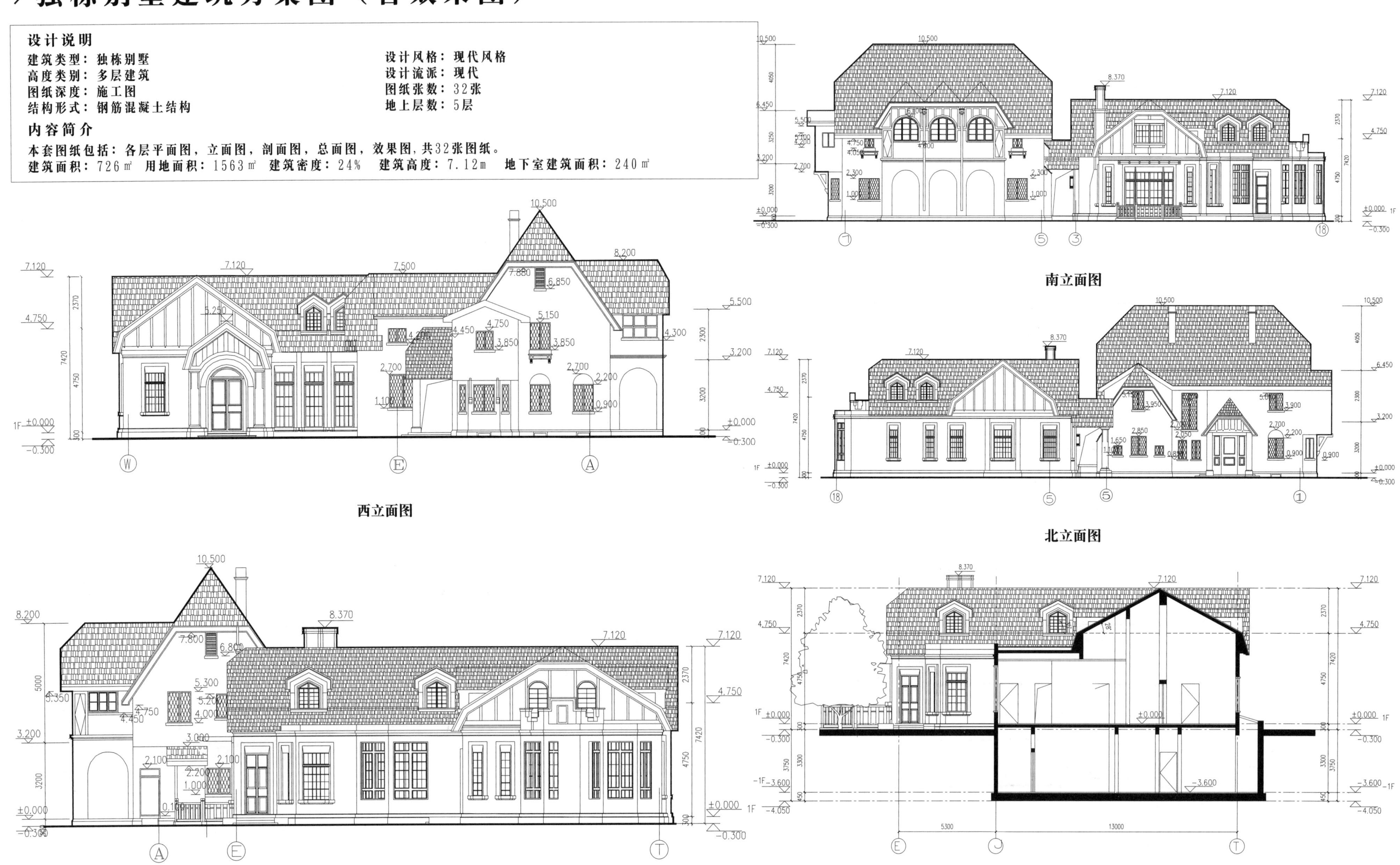

西立面图

南立面图

北立面图

东立面图

剖面图1

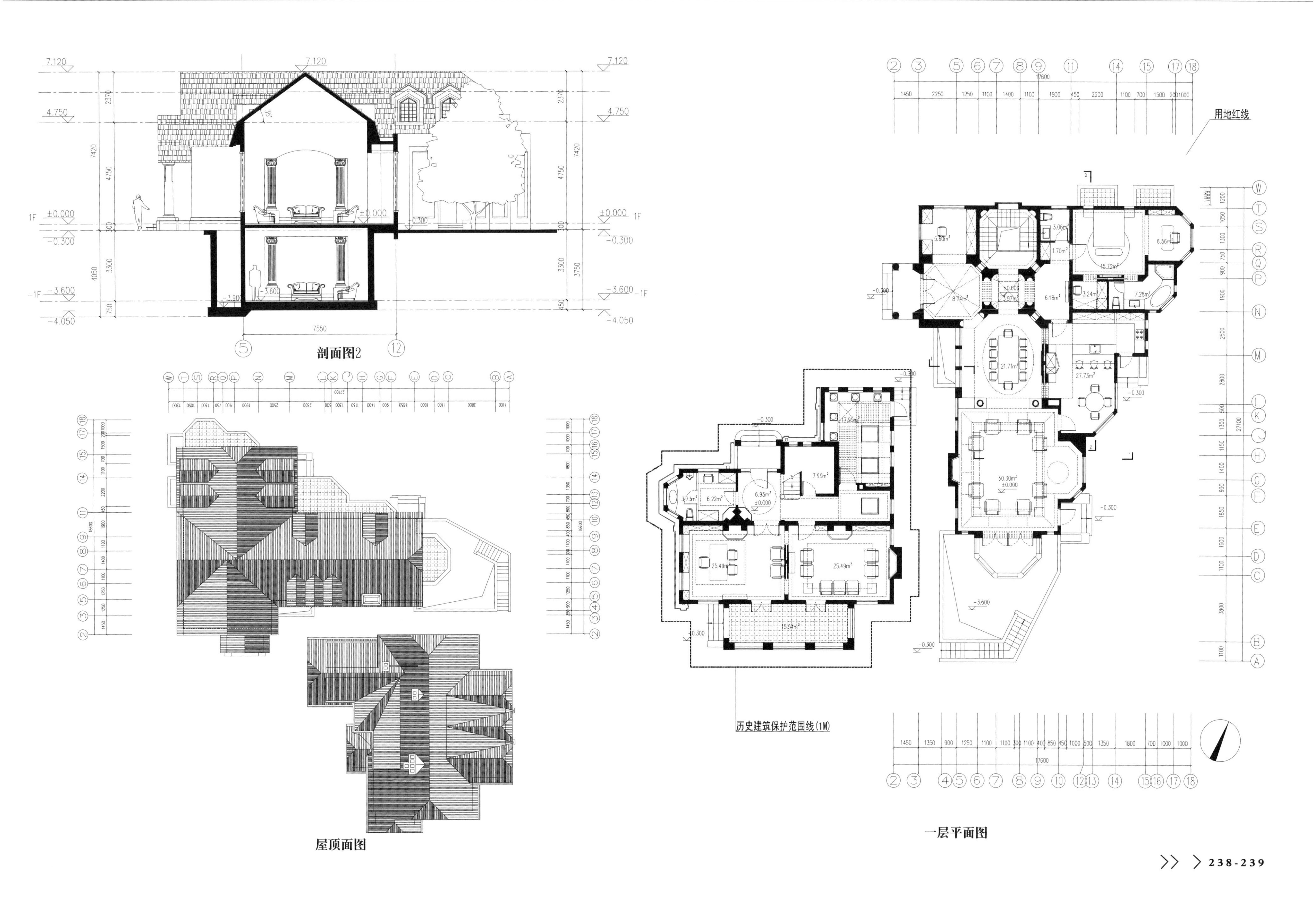
剖面图2
屋顶面图
用地红线
历史建筑保护范围线(1M)
一层平面图

# >度假村别墅建筑施工图

**设计说明**

建筑类型：独栋别墅
高度类别：多层建筑
图纸深度：施工图
结构形式：钢筋混凝土结构

设计风格：现代风格
设计流派：现代
图纸张数：8张
地上层数：2层

**内容简介**

本套图纸包括：立面图，剖面图，大样图，设计说明等，共8张图纸。
设计功能包括：客房、活动室、淋浴、大餐厅、卫生间等。

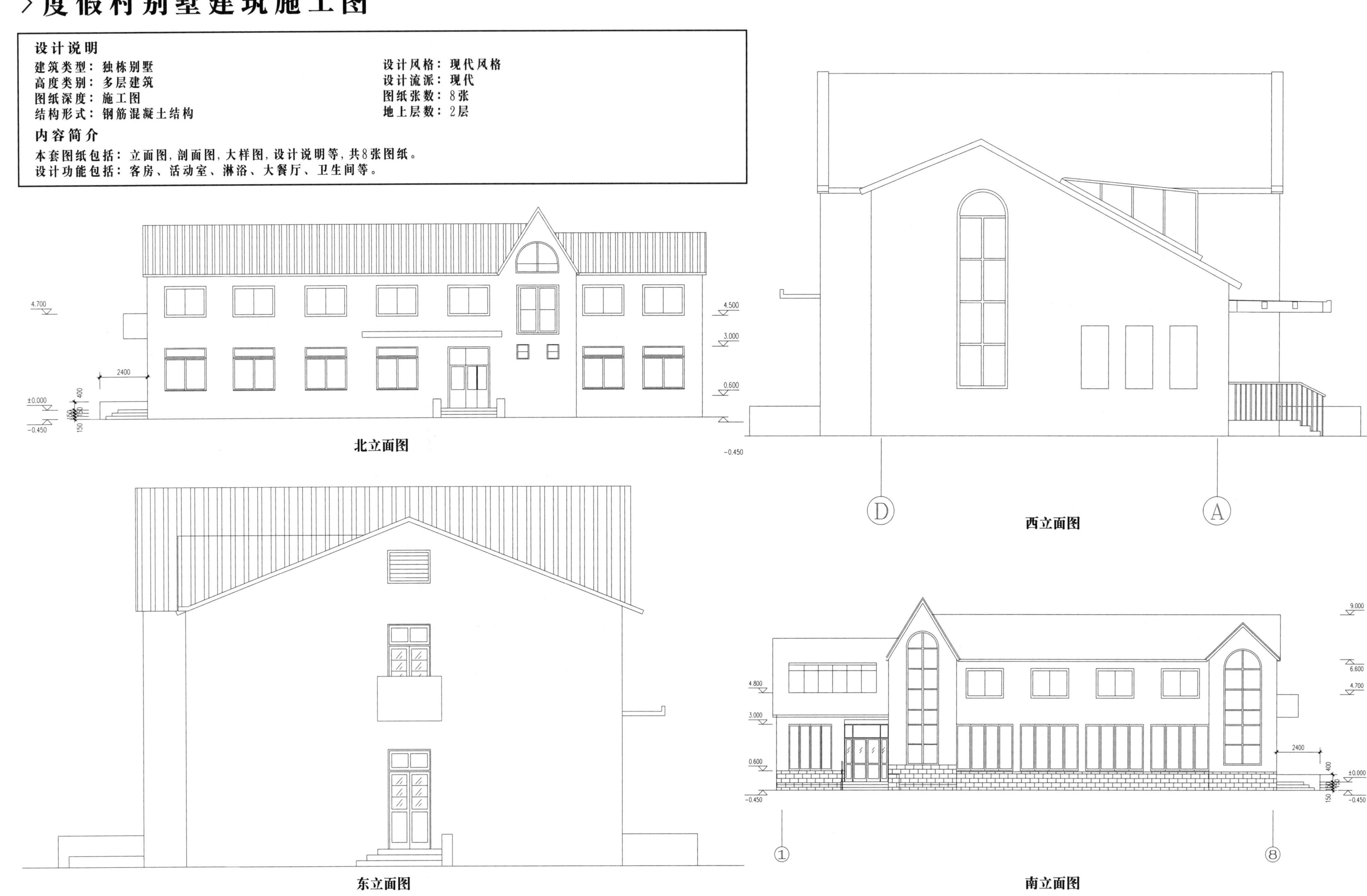


北立面图

西立面图

东立面图

南立面图

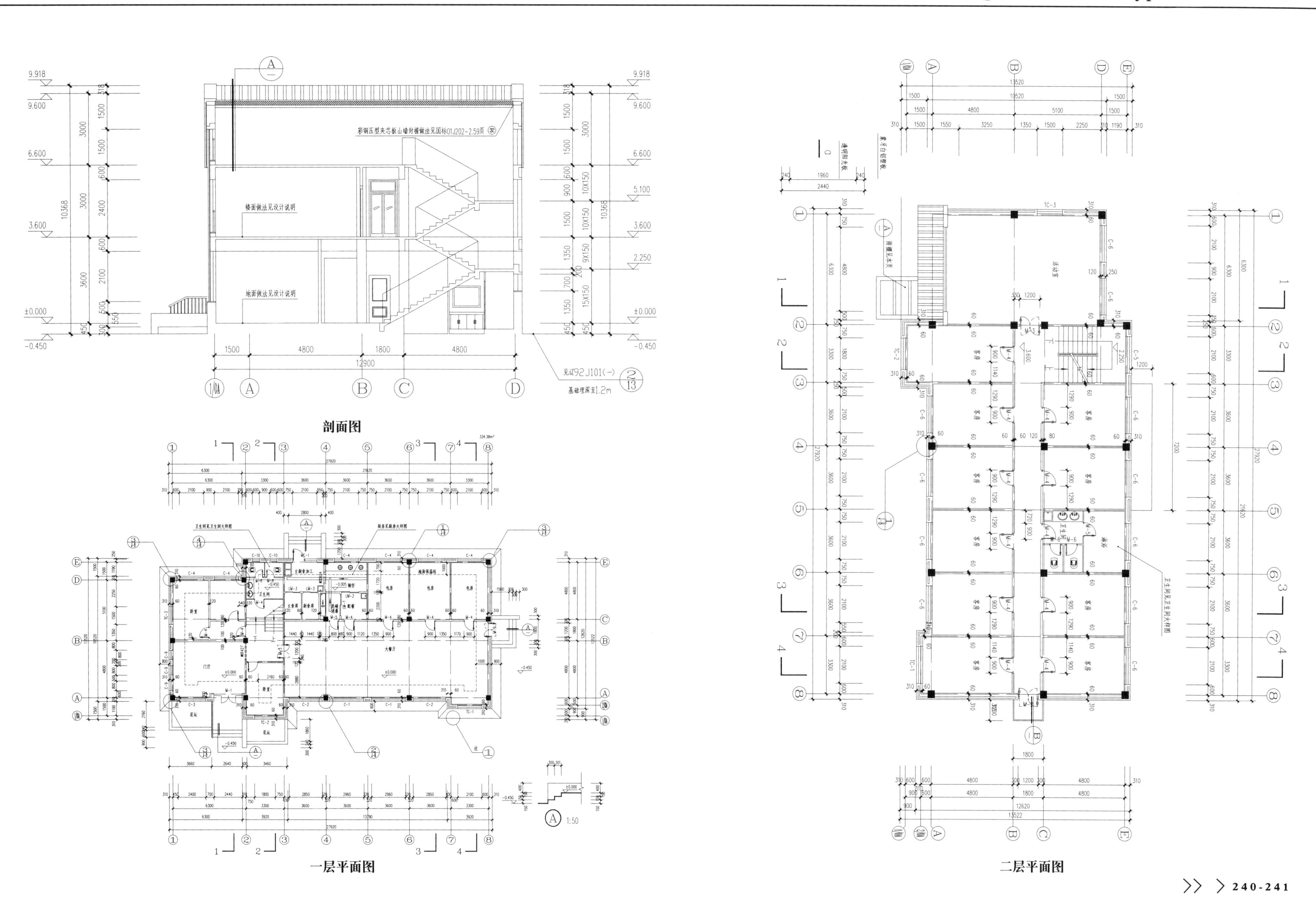
彩钢压型夹芯板山墙封檐做法见国标01J202-2.59页
楼面做法见设计说明
地面做法见设计说明
见辽92J101(一)
基础埋深至1.2m
剖面图
一层平面图
二层平面图
活动室
客房
卫生间见卫生间大样图
雨棚见本页
象牙白铝塑板
透明阳光板

# >花园酒店三套别墅建筑施工图

**设计说明**

| | |
|---|---|
| 建筑类型：独栋别墅 | 设计风格：欧陆风格 |
| 高度类别：多层建筑 | 设计流派：新古典 |
| 图纸深度：施工图 | 图纸张数：25张 |
| 结构形式：钢筋混凝土结构 | 地上层数：2层 |

**内容简介**

本套图纸包括：立面图，剖面图，大样图，设计说明等，共25张图纸。
建筑面积：1290㎡ 建筑高度：11.6m

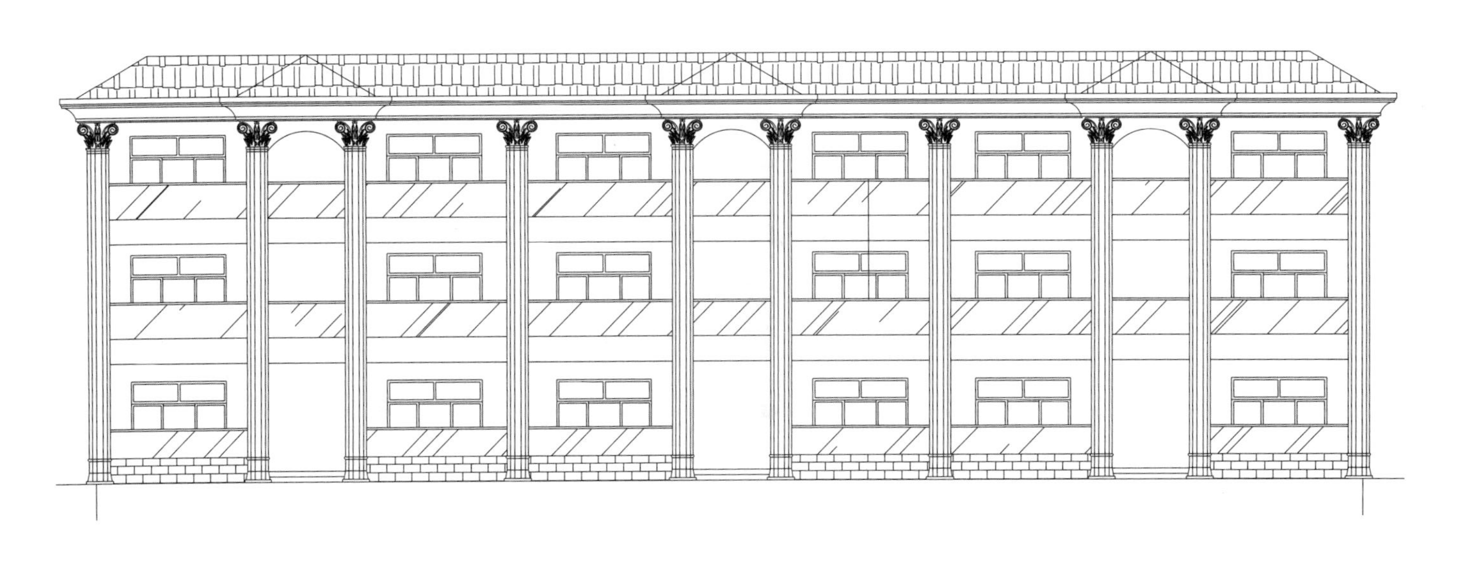

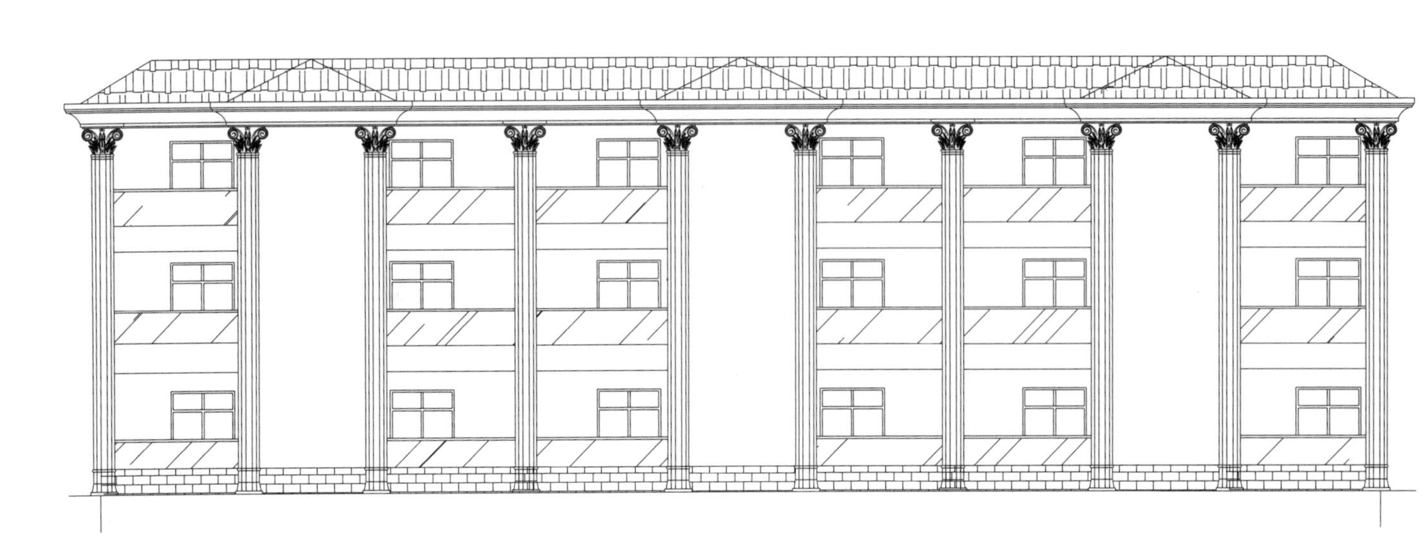

立面图

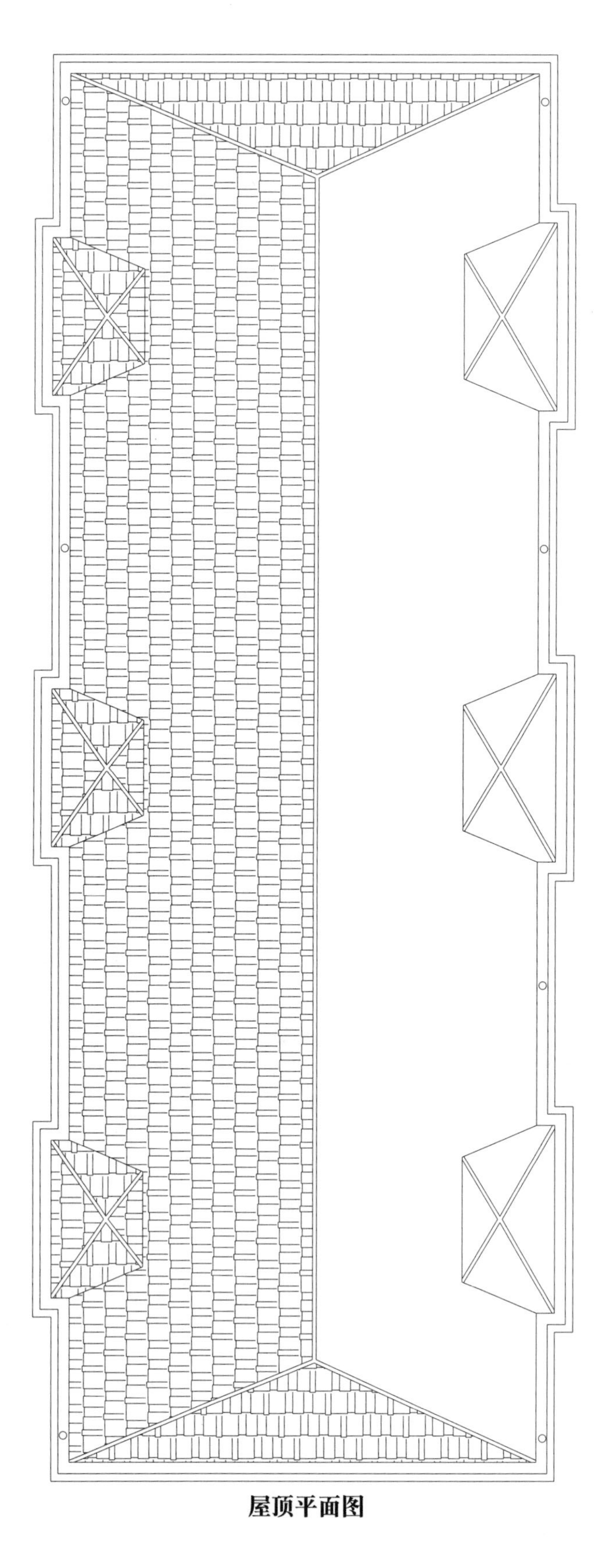

屋顶平面图

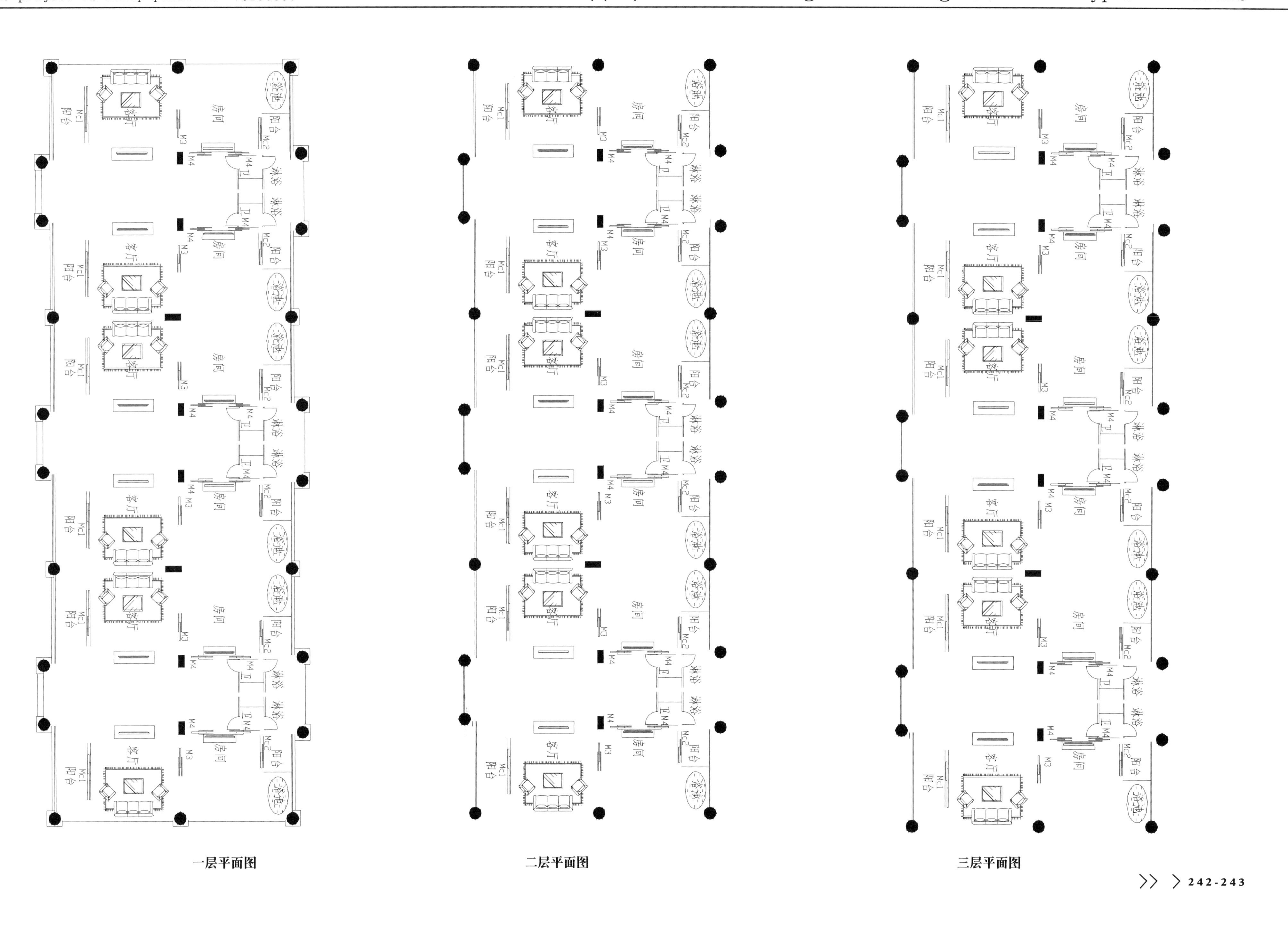


一层平面图

二层平面图

三层平面图

本项目解压密码：03746105

# > 重庆汇景台别墅方案设计

**设计说明**

| | |
|---|---|
| 建筑类型：独栋别墅 | 设计风格：欧陆风格 |
| 高度类别：多层建筑 | 设计流派：新古典 |
| 图纸深度：施工图 | 图纸张数：31张 |
| 结构形式：钢筋混凝土结构 | 地上层数：4层 |

**内容简介**

本套图纸包括：立面图，剖面图，大样图，设计说明等，共31张图纸。

设计功能包括：餐厅、卧室、客厅、厨房、卫生间等。

南立面图

北立面图

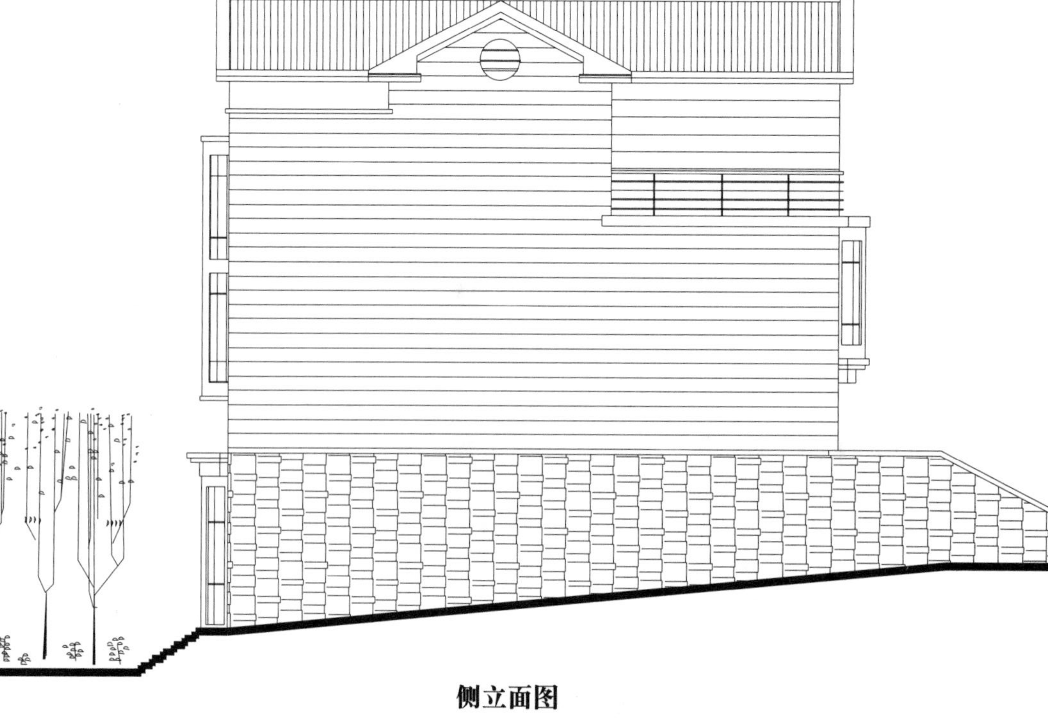

侧立面图

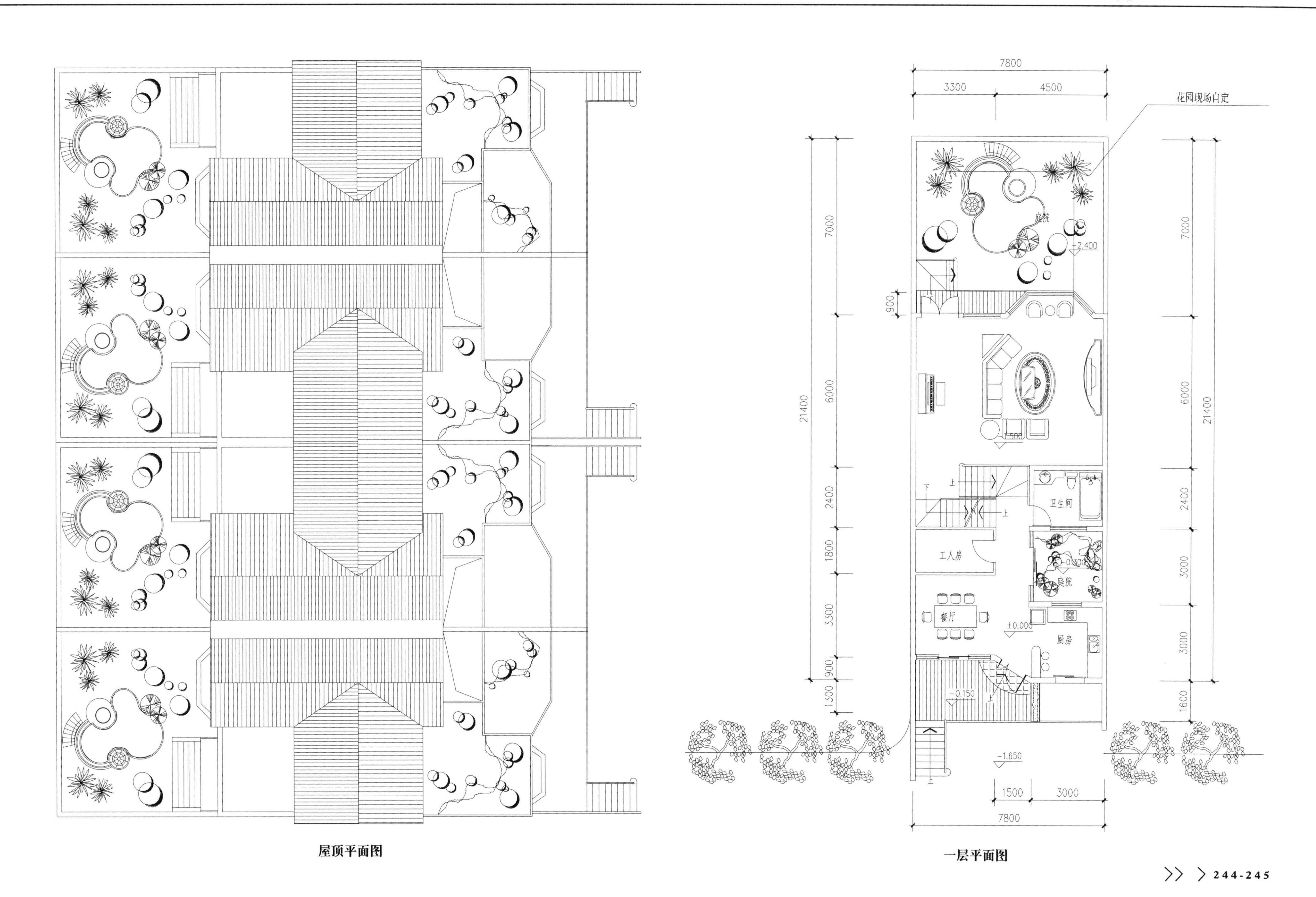
7800
3300
4500
花园现场白定
7000
6000
2400
1800
3300
900
1300
21400
3000
1600
庭院
工人房
餐厅
厨房
卫生间
±0.000
-0.150
-1.650
1500
上
下

屋顶平面图

一层平面图

# >什邡农村住宅建筑施工图

**设计说明**

建筑类型：独栋别墅　　设计风格：欧陆风格
高度类别：多层建筑　　设计流派：新古典
图纸深度：施工图　　图纸张数：10张
结构形式：钢筋混凝土结构　　地上层数：3层

**内容简介**

本套图纸包括：立面图，剖面图，大样图，设计说明等，共10张图纸。
设计功能包括：餐厅、卧室、客厅、厨房、卫生间等。

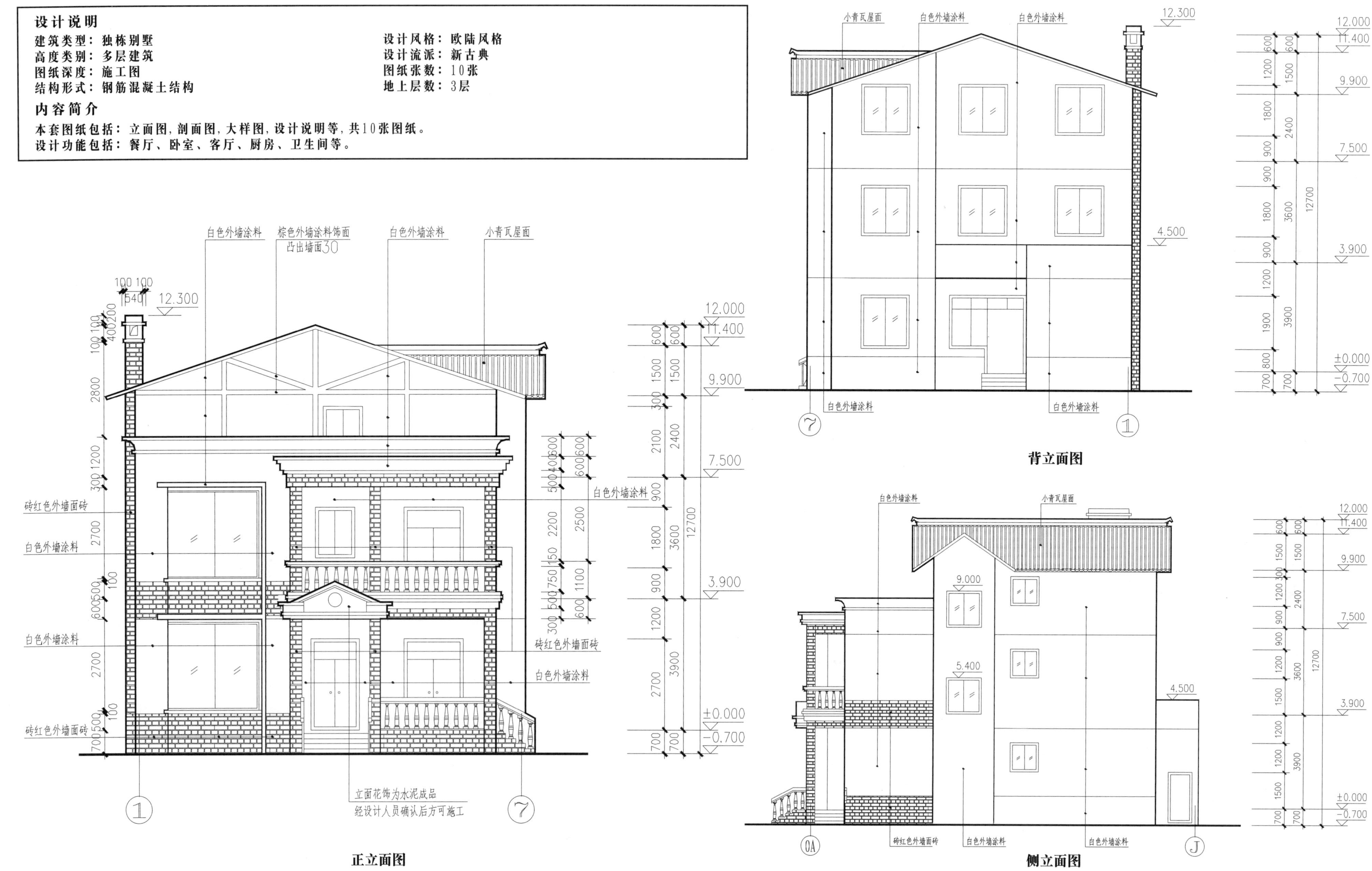


正立面图

背立面图

侧立面图

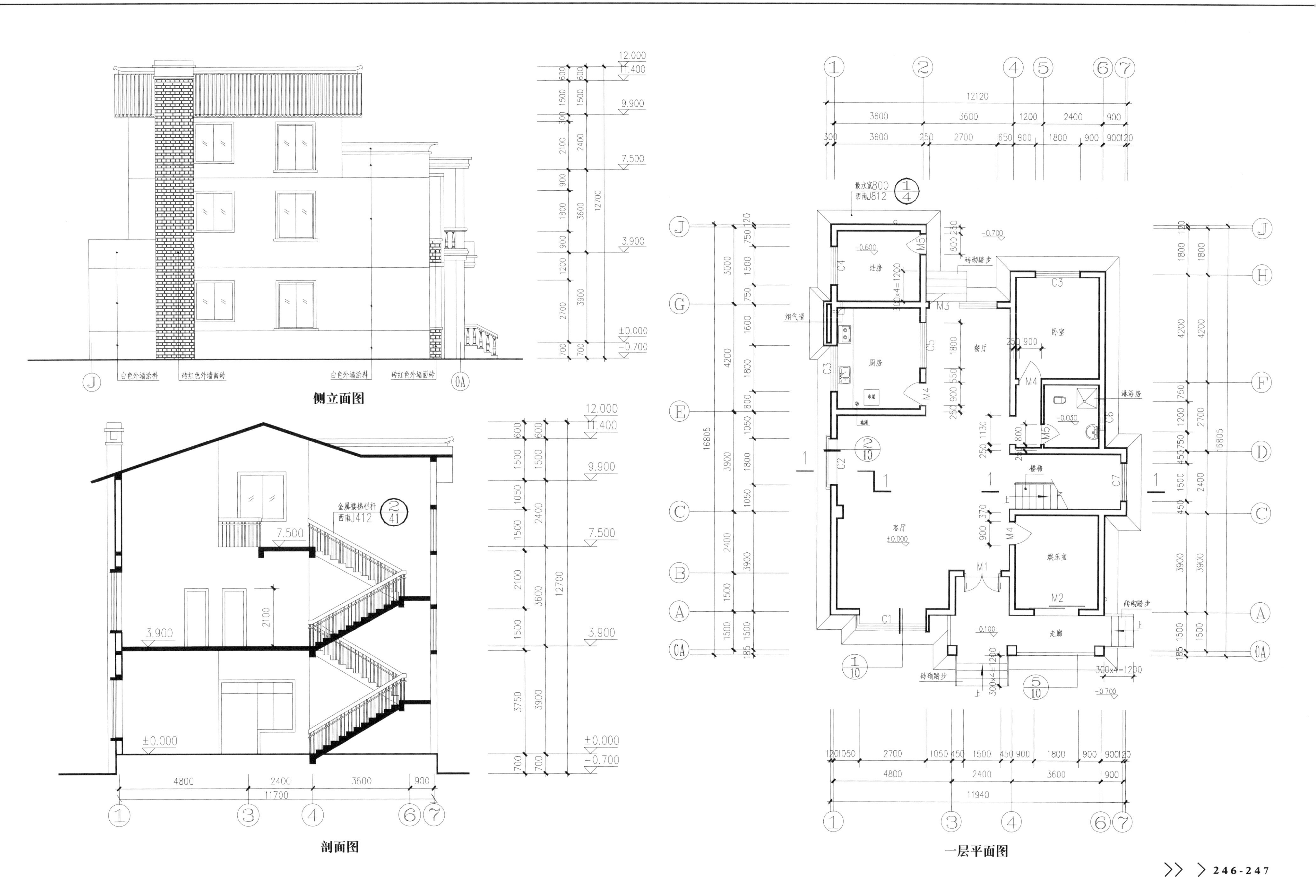
白色外墙涂料
砖红色外墙面砖
侧立面图
金属楼梯栏杆
西南J412
剖面图
散水宽800
西南J812
灶房
厨房
餐厅
卧室
淋浴房
楼梯
客厅
娱乐室
走廊
砖砌踏步
烟气道
一层平面图

# 四层别墅建筑、结构施工图

**设计说明**

| | |
|---|---|
| 建筑类型：独栋别墅 | 设计风格：欧陆风格 |
| 高度类别：多层建筑 | 设计流派：新古典 |
| 图纸深度：施工图 | 图纸张数：24张 |
| 结构形式：钢筋混凝土结构 | 地上层数：4层 |

**内容简介**

本套图纸包括：立面图，剖面图，节点详图等，共24张图纸。

设计功能包括：餐厅、卧室、客厅、厨房、卫生间等。

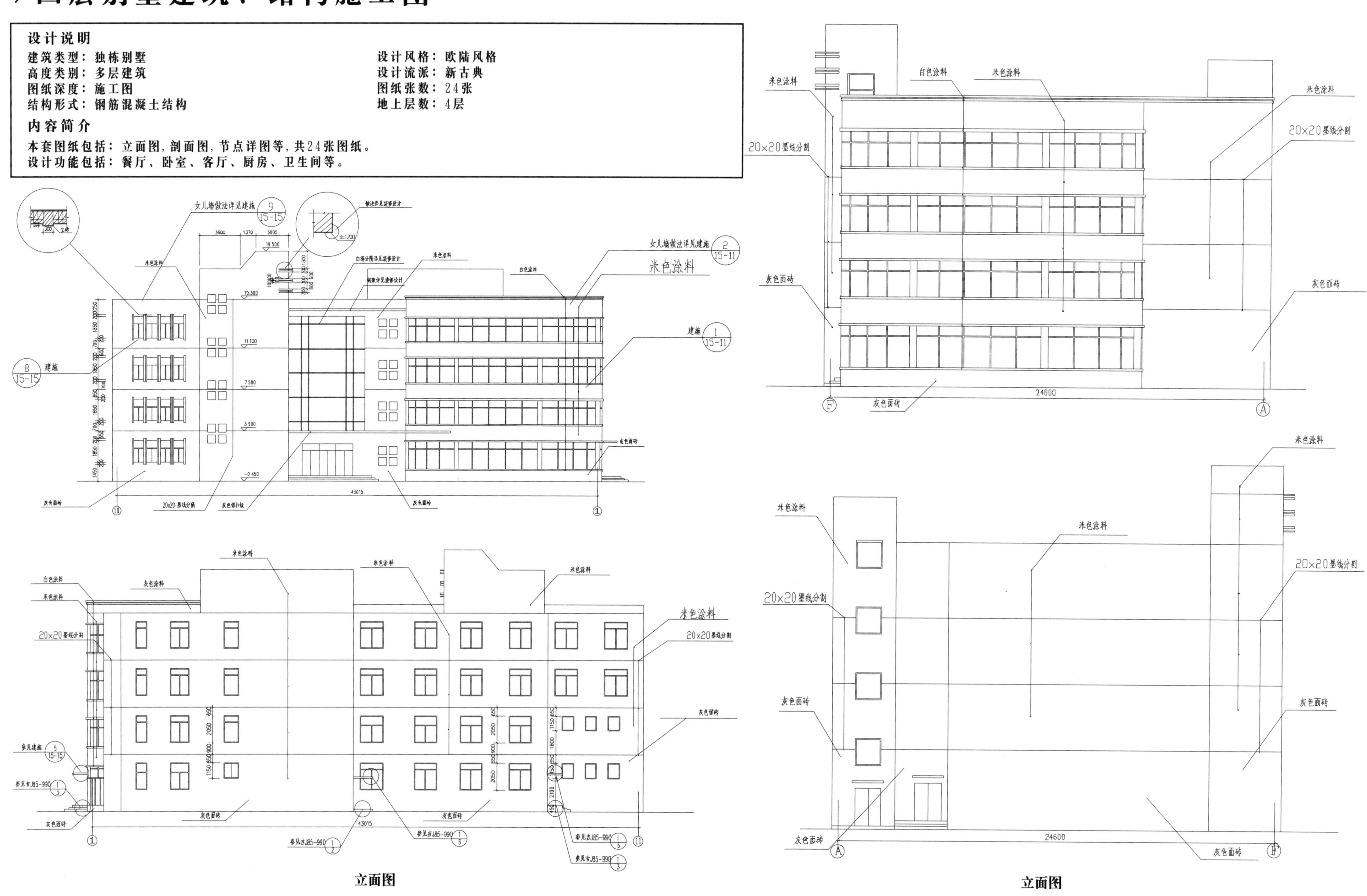

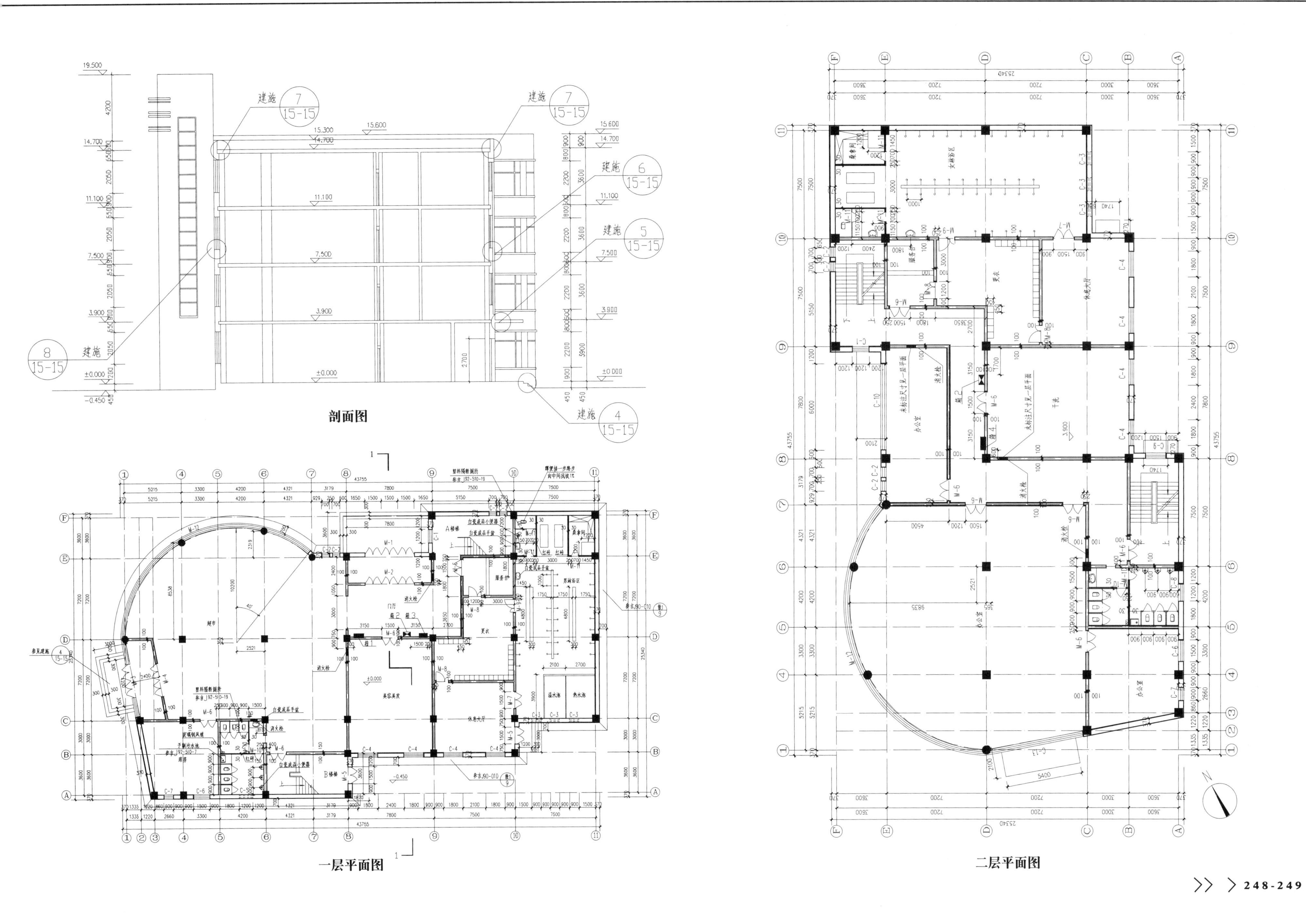

剖面图

一层平面图

二层平面图

本项目解压密码：58998364

# > 五层独栋别墅建筑施工图（含效果图）

**设计说明**

建筑类型：独栋别墅　　设计风格：现代风格
高度类别：多层建筑　　设计流派：现代
图纸深度：施工图　　图纸张数：13张
结构形式：钢筋混凝土结构　　地上层数：5层

**内容简介**

本套图纸包括：立面图、剖面图、各层平面图、设计说明等，共13张图纸。
总开间x进深：13.9x20.7米　建筑高度：12.4m

立面图

立面图

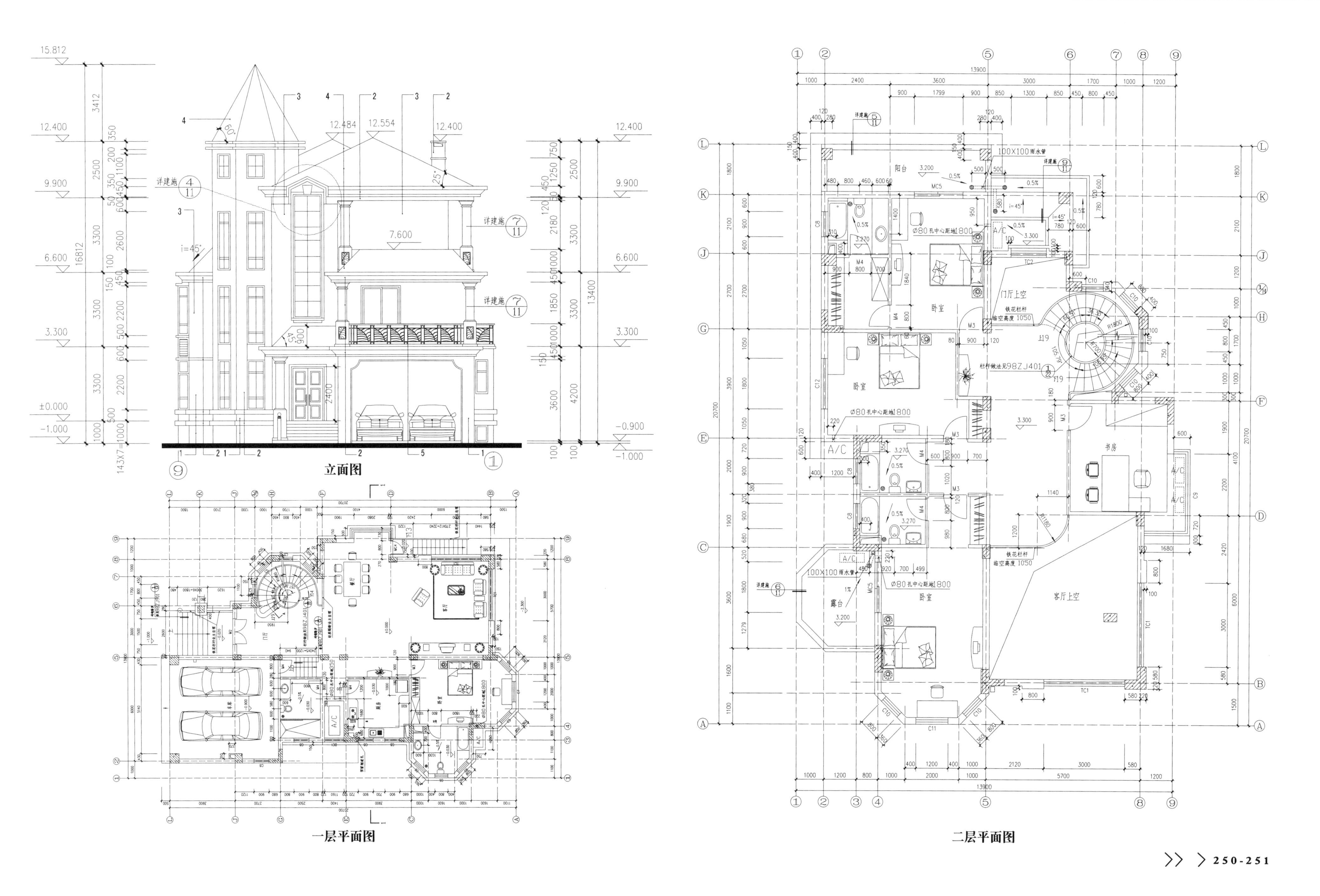
立面图
一层平面图
二层平面图
阳台
卧室
门厅上空
书房
客厅上空
露台
铁花栏杆 临空高度 1050
Ø80 孔中心距地1800
100X100 雨水管

# > 上海砖混结构别墅建筑结构施工图

**设计说明**

建筑类型：独栋别墅　　设计风格：现代风格
高度类别：多层建筑　　设计流派：现代
图纸深度：施工图　　图纸张数：13张
结构形式：砌体结构　　地上层数：3层

**内容简介**

本套图纸包括：施工说明、图纸目录、室内材料做法表，门窗表、各层建筑平面图、立面、剖面图、详图等，共13张图纸。

建筑面积：364.38㎡　用地面积：182.76㎡　建筑高度：9.45m

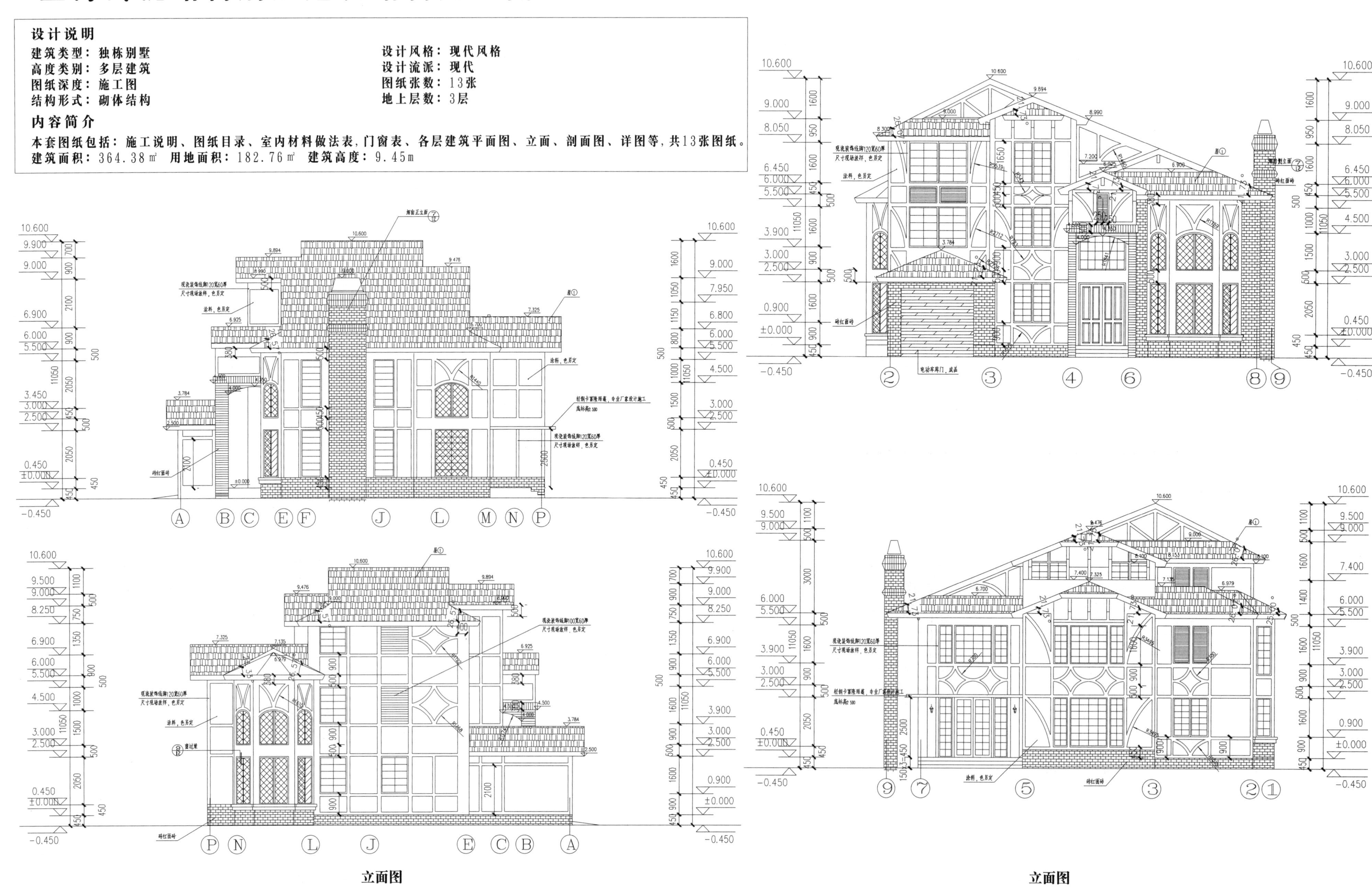

立面图

立面图

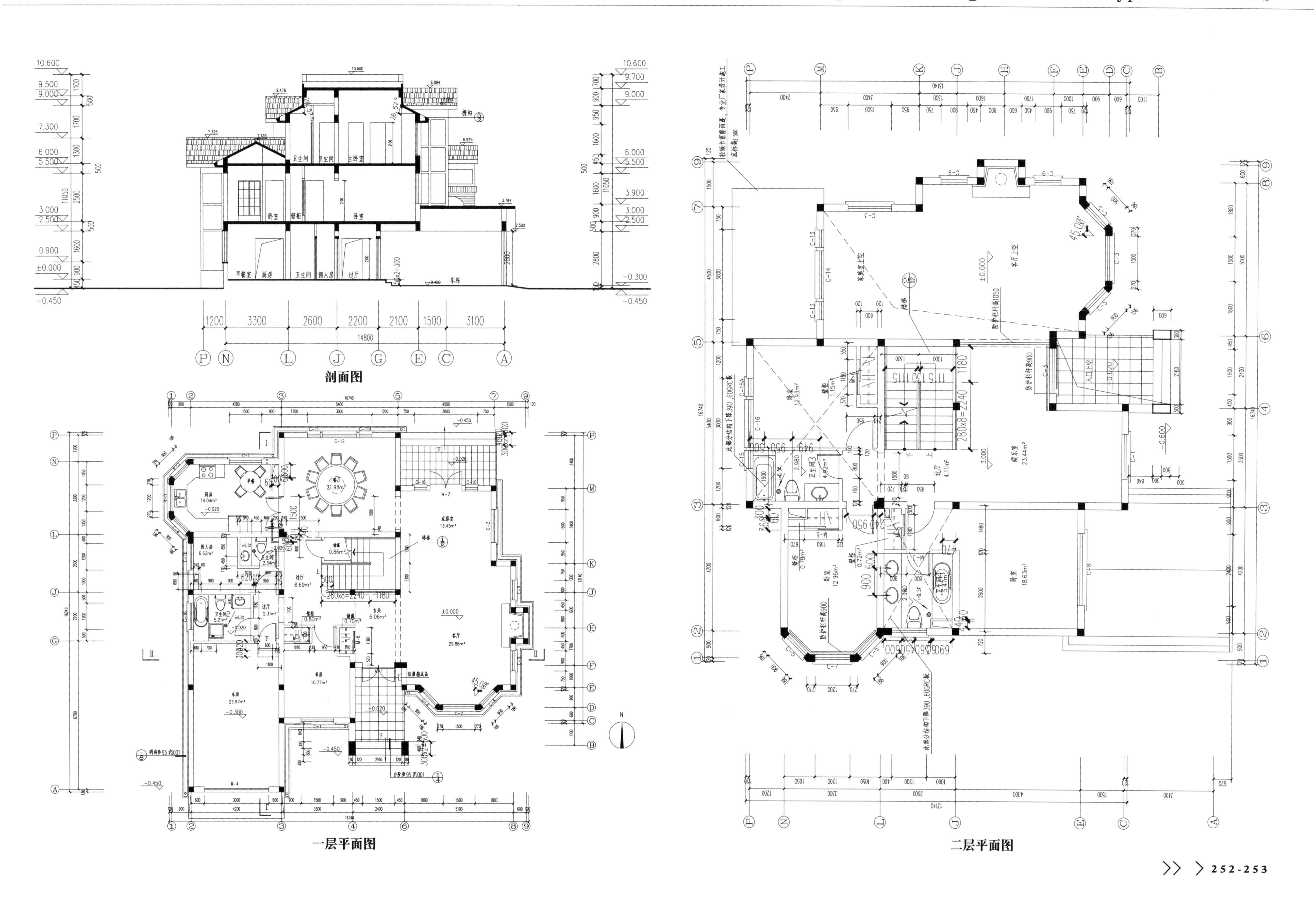
剖面图
一层平面图
二层平面图

# > 一套施工中的双联别墅建筑图

**设计说明**

建筑类型：独栋别墅　　设计风格：现代风格
高度类别：多层建筑　　设计流派：现代
图纸深度：施工图　　图纸张数：9张
结构形式：钢筋混凝土结构　　地上层数：3层

**内容简介**

本套图纸包括：施工说明、图纸目录、室内材料做法表，门窗表、各层建筑平面图、立面、剖面图、详图等，共13张图纸。
建筑面积：364.38㎡　用地面积：182.76㎡　建筑高度：9.45m

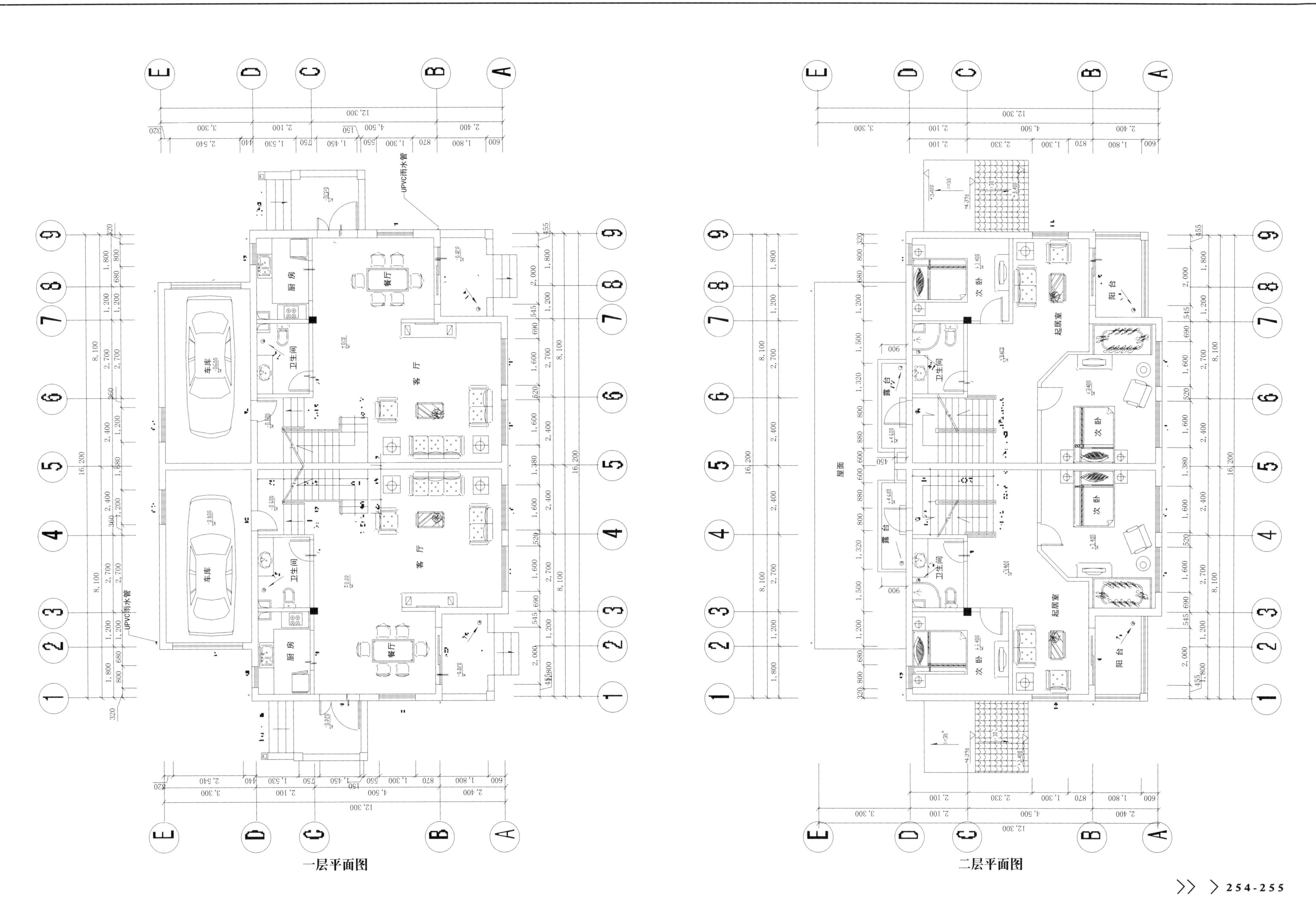


一层平面图

二层平面图